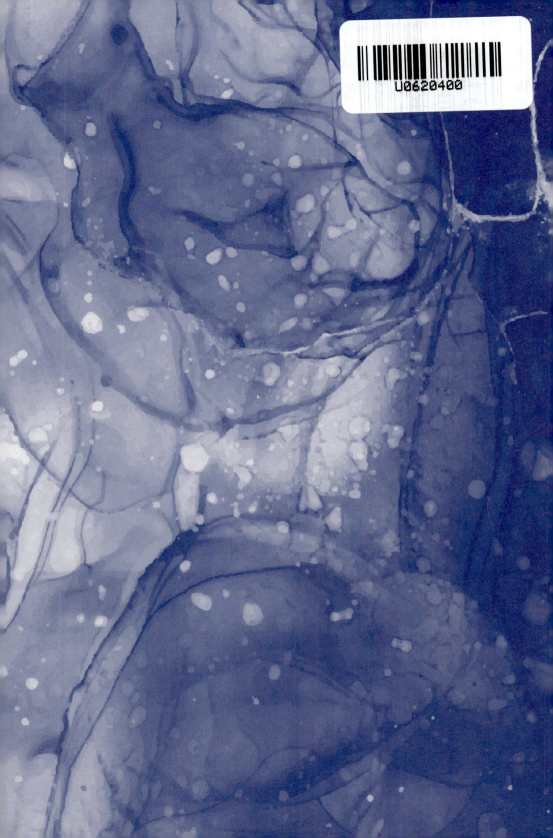

[美] 莱斯莉·贾米森 著

高语冰 译

在威士忌和墨水的洋流

The Recovering
Intoxication and Its Aftermath

Leslie Jamison

广西师范大学出版社
·桂林·

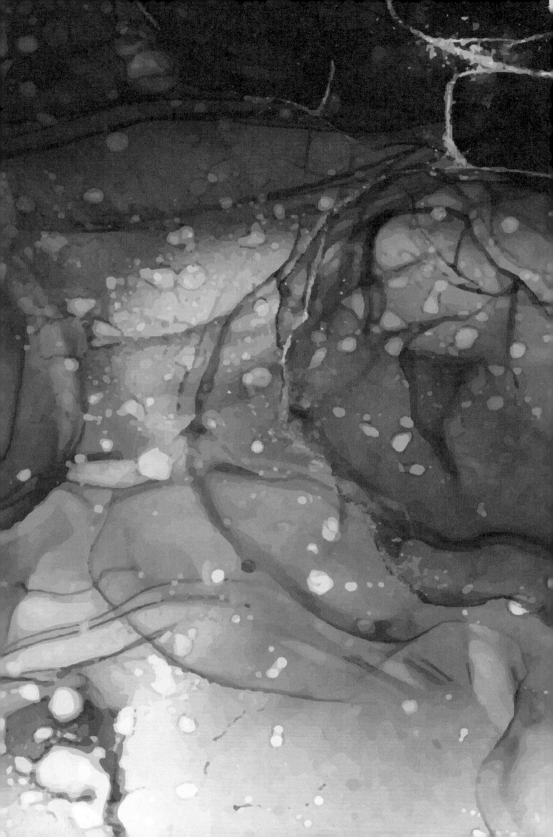

给所有上过瘾的人

目 录

一

惊 奇

我初次感受到它——那种沉醉，是快 13 岁的时候。我并没有呕吐或昏厥，甚至都没有自找难堪。我就是爱它。我爱开香槟时的噼啪声，它像热乎乎的松针一般滑下嗓子的感觉。当时，我们在庆祝我哥大学毕业。我穿了一条长长的细纱裙，它让我觉得自己像个孩子，直到我有了另一种感受：开了窍、发着光。我要控告全世界：你们从来没告诉过我，它让人感觉这么好。

我初次偷偷饮酒，是在 15 岁时。我妈出了城。我和朋友在客厅的硬木地板上铺了一条毯子，然后把冰箱里能喝的都喝了个遍——干白葡萄酒夹杂着橙汁和蛋黄酱。擅自闯入的感觉让我们眩晕。

我初次感到迷醉，是在一个陌生人的躺椅上抽大麻。我紧握大麻烟卷的手还滴着泳池的水，把躺椅都弄潮了。朋友的朋友邀请我参加了一次泳池派对。我的头发散发着氯的气味，潮湿的比基尼之下，我的身体颤抖着。在我的胳膊肘和肩膀上，仿佛有奇怪的小动物从这些弯曲相连的身体部位冒出来。我想：这是怎么回事？怎样才能一直有这种感觉？那是一种美好的感觉，总是：**还要。再来。永远。**

我初次和一个男孩喝酒，便任他把手放进我的衬衣里。我们在

1

一个救生员塔的木阳台上，垂荡着双腿，暗夜里的潮水拍打着下面的沙粒。我的第一个男朋友：他喜欢醉。他喜欢把他的女人灌醉。我们一度在他母亲的小货车里亲热。有一次，他来我家吃饭，兴奋地说个不停。"好健谈！"我的祖母说。她为他神魂颠倒。在迪士尼乐园，他打开一袋子干枯的致幻蘑菇，然后开始快速地喘息，一边排着巨雷山过山车的队，汗水湿透了他的上衣，他双手使劲抓着假山上橘红色的岩石。

如果要我说何时开始酗酒，始于哪个初次，或许我会说它始于我的初次昏厥，或是初次设法昏厥，为的只是缺席我自己的人生。又或者，它始于我初次酒后呕吐，初次梦到喝酒，初次为了喝酒而撒谎，初次梦到自己为了喝酒而撒谎。那种渴求已如此强烈，我已无法不全身心地投入其中，要么满足它，要么压抑它。

或许我的酗酒并非始于某个时刻，而是某种情形——每天喝酒。那是在艾奥瓦市，在那里，喝酒并不是什么带有戏剧性的或引人注目的事情，而是随处可见且不可避免的。喝醉的方式和地点如此之多：那间开在烟雾弥漫的两连式活动房屋里的小说酒吧，里面有一个毛绒的狐狸头和一堆坏了的钟；或是沿街走下去的那间诗歌酒吧，那儿的芝士汉堡不够味儿，施丽兹啤酒的广告闪着光，电光幕布在滚动——汨汨流淌的河流，霓虹色彩的、长满草的河岸，闪着光的瀑布。我把青柠捣烂在伏特加汤力水里，然后——在第二和第三杯之间的最佳时点，然后是第三和第四杯之间，再到第四和第五杯之间——瞥见我的人生似是由内而外散发着光芒。

在玉米地里一个叫农场之家的地方，在美国退伍军人俱乐部的周五炸鱼晚餐后，会有一些派对。在这些派对上，诗人们在装满杰乐果冻的儿童泳池里玩摔跤，在一大片噼啪作响的篝火映照之下，每个人的侧脸都显得很美。冬天冷得足以把人冻死。总有无尽的百味餐① 聚

---

① 百味餐，参加聚餐者各自带菜肴以供全体分享的聚餐形式。

会，年长的作家会带炖肉，年轻的作家会带塑料罐装着的鹰嘴豆泥，而大家都会带威士忌，都会带葡萄酒。冬天一直在持续；我们一直在喝酒。之后就是春天，我们也还是一直在喝酒。

坐在某个教堂地下室的某张折叠椅上的你，总会面临从何说起的问题。"让我在匿名戒酒会①发言总有一定的风险，"一位名叫查理②的男子在 1959 年克利夫兰的一次匿名戒酒会上如此开始他的发言，"因为我知道自己比别人说得好。我真的有故事可讲。我能把故事讲得更清楚。我能戏剧化地讲述。我确实能彻底震撼他们。"他如此阐释这种风险：他备受夸赞。他开始骄傲。他开始酗酒。现在，他要对一大群人讲，让他对一大群人讲话有多么危险。他在一次匿名戒酒会

---

① 匿名戒酒会，英文全称为 Alcoholics Anonymous，于 1935 年由美国退役大兵比尔和鲍伯医生共同创始于美国，近年来，在亚洲、欧洲和拉丁美洲亦有较大发展。有戒酒的愿望是加入该会的唯一条件。所有会员通过交流经验、相互支持鼓励，解决共同的嗜酒问题。在美国，该会的戒酒方案已帮助逾 200 万名嗜酒上瘾者走出泥潭。会员们戒酒的具体步骤被称为"十二步骤"（12 Steps）。这些步骤由该会早期会员经反复尝试后，总结经验得出，具体是：

第一步：我们承认，在对付酒精这件事上，我们自己已无能为力。我们的生活已不可收拾。

第二步：要相信，有一个比我们自身更强大的力量，能使我们恢复神志清醒和健康。

第三步：做出决定，把我们的意志和生活，托付给我们所认识的"上帝"。

第四步：做一次彻底的、无惧的自我品德上的检讨。

第五步：向"上帝"、向自己、向他人承认自己错误的本质。

第六步：彻底准备好，让"上帝"纠正我们一切人格上的缺点。

第七步：谦逊地乞求"上帝"纠正我们的缺点。

第八步：列出一份详尽的、被我们伤害过的人的名单，并甘愿对他们进行补偿。

第九步：在不伤害他们的前提下，尽可能直接向曾经受到我们伤害的人士当面认错。

第十步：继续经常自我检讨，若有错误，要迅速承认。

第十一步：通过"祈祷"与默想，增进与我们所认识的"上帝"的自觉性接触。"祈祷"中只求认识"上帝"对我们的旨意并祈求有力量去奉行旨意。

第十二步：实行这些步骤会令我们在精神上实现一种觉醒。我们设法将此传递给别的酒徒，并在我们的一切日常事务中实践这些原则。

② 指查尔斯·R. 杰克逊（Charles R. Jackson，1903—1968），美国作家，著有《失去的周末》。

上描述匿名戒酒会的险境。他清楚地表达着他的善于言辞，他戏剧化地描绘着戏剧化的艺术如何造就了他。他说："我想，我是做不动自己的英雄了。"15年前，在戒酒后，他曾出版过一本关于酗酒的畅销小说。不过，在那本书畅销了几年后，他又开始酗酒了。他告诉会员们："我写了一本被誉为将酒徒描绘得最为淋漓尽致的书，而那对我而言并不是一件好事。"

直到5分钟之后，查理才终于想到要像其他人那样开场。"我叫查尔斯·杰克逊，"他说，"我是个酒徒。"他通过回归老生常谈提醒自己，平常或许就是平常本身的可取之处。"我的故事跟别人的并没有什么不同，"他说，"这就是一个人被酒精愚弄的故事，一次又一次，一年又一年，直到有一天，我最终发现，我无法独自走出困境。"

我初次讲述我的酗酒故事时，面对的是一群已经戒了酒的人。那场景令人熟悉：塑料的折叠椅，泡沫塑料杯子装着温暾的咖啡，人们互相交换电话号码。开会前，我就在想象自己讲完后的情形：大家会赞美我的故事，或是我讲故事的方式，然后我会婉谢道："这么说吧，我是个作家。"耸耸肩，试着不把它太当回事。我会遇到和查理·杰克逊一样的问题：讲故事的高超技巧致使我谦恭不起来。我事先对着笔记卡片操练过，但在发言时，我并没用它们——因为我不想让人看出我事先操练过。

那是在我讲述完堕胎以及怀孕时喝了多少酒之后；在描绘完那个我并不称其为"约会强暴"的夜晚，以及礼节性地用语言再现数次断片的场面之后；那是在我道尽了我的疼痛之后——这些疼痛似乎无法与在场的其他一些人所经历的相提并论——那是在我说得一片含糊，包括说到戒酒、开始反复道歉，或是做出祈祷的肢体动作时，前排一个坐在轮椅上的老头大叫起来："这真沉闷！"

我们都认识这个老头。他在我市20世纪70年代同志戒酒团体的创办过程中起了关键性的作用。现在，他由一个比他年轻很多的男友照顾着。那是个说话细声细气的书虫，会给老头换尿布，虔诚地推着他参加这些小组会，任他在会上大骂脏话。"你这个蠢货！"有一次他这么喊道。还有一次，在小组会最后的祈祷环节，他拉着我的手说："亲亲我，姑娘！"

他病了，大脑中选择并控制语言的功能正在逐渐衰退。然而，他的话往往代表了我们的集体心声，他说出了那些没人会说出来的话：我不在乎；这真单调乏味；我听过这些了。他为人尖酸刻薄，也救过很多人的命。现在，他觉得乏味了。

其他在场的人在各自的座位上不安地挪动着。坐在我旁边的那个女人轻触了一下我的手臂，是在说别停下来。因此，我没停，我继续说着——结结巴巴、两眼发热、嗓子发肿——但是这个老头挑起了我内心最深处的不自信：我的故事不够精彩，或者我的表述有问题，我叙述自己的失衡时失败了，没能把它表现得足够大胆或有趣；复原令我的故事变得平淡无奇，毫无叙述价值。

当我决定写一本关于复原的书时，我为所有这些失败的可能性而担忧。我相当谨慎地抛出"漩涡般的酒瘾"那已经被用滥了的修辞，以及一个有关复原的故事那乏味的叙事架构和廉价的自我祝贺：受了伤。每况愈下。我又好起来了。谁会在意呢？这真沉闷！当我告诉别人我正在写一本关于酒瘾和复原的书时，他们往往回以呆滞的目光。"哦，那书，"他们好像在说，"我已经看过那书了。"

我想告诉他们，我写的书说的正是他们眼里的呆滞，正是酒瘾的故事如何总让人在没听之前就觉得我曾经听过这故事。我想告诉他们，我正试图写一本书，来让大家知道，酒瘾的故事讲起来很困难，因为酒瘾永远都是一个已经被讲过的故事，因为它不可避免地自我重复，因为，说到底——最终，对每个人来说——它都有同样的被推翻、简化以及循环再用的核心内容：欲望。喝。再来。

我在复原的过程中找到一个群体。一直以来我总是被告诫，故事要独一无二才会有听众，但这些人并未作此要求。他们让我感到，当一个故事毫无独特性，当它被视为已经发生过且还会再发生的事时，才最为有用。我们的故事恰恰因为 —— 而非尽管 —— 如此累赘，才变得有价值。别出心裁不是理想，美并非关键所在。

在决定写一本关于复原的书时，我并不想让它成为个人经历的记录。个人是无法完成复原的。我需要用第一人称复数，因为复原正是基于对他人生活的投入。为了使用第一人称复数，我在档案馆里和访谈上花了大量时间，这样我才能写出一本或许有点像是一次戒酒会的书 —— 可以把我的故事与别人的故事放在一起。我无法独自面对它。这话已经被说过了，我还想再说一遍。我想写一本书，坦诚地描述学着这样生活的坚毅、幸福以及乏味之处 —— 和众人一起，不带任何醉后那令人麻木的私隐。我想鞭辟入里地阐述自由，而无须使用引号惹人注目，也无须抛光上漆加以包装；并不执意以故事的独一性来判断这个故事是否值得讲述，而是要弄明白，为何我们会觉得真相是不言而喻的，或者说为何我总是这么觉得。

如果说酒瘾的故事引人入胜是因其暗黑色彩 —— 那让人昏昏欲睡的、不断持续的、每况愈下的危机的旋涡 —— 复原往往被看作毫无张力的叙述，隶属健康的沉闷领域，是引人入胜的故事的一个补篇。我也并未幸免；我一直被毁灭性的故事深深吸引。然而，我想知道，复原的故事是否可以和崩溃的故事一样令人无法抗拒。我需要相信它们可以。

我搬到艾奥瓦城时，刚过 21 岁生日。我开着辆黑色的丰田，副驾驶座上是一台电视机和一件连秋寒都抵御不了的冬衣。我住进了伯灵顿以南的道奇大街一座装有白色护墙板的房子，并径直奔向了新生活：树枝上挂满了白色圣诞小灯饰的后院派对、装满红酒的梅森瓶①、烤架上的当地油煎香肠。草地上，蚊子在闪动，萤火虫忽明忽暗，就像某个捉摸不定、难以企及的神明。或许那听起来荒诞无稽，

---

① 梅森瓶，一种有密封螺旋盖的家用大口玻璃瓶，用来腌制或保存食品。

它就是魔力。

比我年长 10 岁的——还有比我年长 20 岁、30 岁的——作家们在谈论他们锣鼓喧天的职业生涯和以前发表过的文章，还有过去的婚姻，我却发现自己的生活缺乏谈资。我就是来生活的。我就是准备把在这里参加派对的见闻逸事，带到将来其他的派对上去讲。那种希望萦回于心，我很紧张。我安静而迅速地喝着，牙齿都染上了西拉①的颜色。

我是来艾奥瓦作家工作坊攻读硕士学位的，而这所学校史迹般般。在我看来，这个课程总在让你证明你配得上它，而我对此并没有信心。我之前已经被申请的所有其他项目拒了。

一天晚上，我去参加百味餐——就在一栋砖楼的一间铺着地毯的地下室里——发现大家都围坐成了一个圈。他们在玩一个游戏：你得讲出最精彩的故事，绝对的最精彩。我记不得别人都说了些什么，我甚至不确定自己有在听其他任何人讲，因为我太担心别人不喜欢我的故事了。终于轮到我了。我拿出唯一有把握让大家发笑的故事，那是我 15 岁时去哥斯达黎加的一个村落参加社区服务活动时发生的事。有一天，在回家途中，我在泥泞的道路上撞见了一匹野马。当我试图将这段经历复述给我借住的人家时，我把西班牙语的"马"说成了"绅士"②。我看到他们一副担忧的样子，便试着安慰他们我其实很爱马，实际上却一直在说我如何喜欢骑"绅士"。就在那一刻，在那个铺着地毯的地下室里，我站了起来，做出骑马的动作，就像多年前我给借住家庭表演的那样。大家笑了，有那么一两下。做骑马姿势的那一幕让我感觉自己仿佛是过分积极地在玩哑谜猜字游戏。我静静地重又盘腿坐下了。

那个地下室里的游戏和这一课程的结构几乎如出一辙：每周二

---

① 西拉，红酒的一种。

② 西班牙语中，caballo 意为"马"，caballero 意为"绅士"。

下午，我们聚在工作坊，品评彼此的作品。讨论会的地点就在河边的一幢老木楼里，楼是米白色的，镶着墨绿色的边。我们会聚集在门廊那儿等开课。就在 10 月的红叶下，我抽着丁香香烟，聆听那甜美的噼啪声。曾经有人告诉我，丁香里有微小的玻璃片，因而我总是想象着，有无数玻璃碎片在我那烟雾弥漫的肺腔里闪耀。

轮到你的作品被评判的那一周，一整摞你写的故事的复印件会被放在木架上 —— 至少同班的同学都可以人手一份。如果同一课程的其他同学也对你的作品有兴趣，那一整摞的复印件就都会被拿光，你的作品便脱销了。不然，就还有余货。不论如何，你都得花 1 小时，坐在一张大圆桌旁，听其他 12 个人彻底分析你作品的优缺点。之后，你还得跟同样的一班人一起出去喝酒。

如果说在艾奥瓦的大多数日子就像在地下室交流故事的第一夜那样是场测试的话，那么，我有时及格，有时不及格。有时候，我喝高了，担心自己胡言乱语，虽然喝高的意义正在于让你不必担心是否胡言乱语。有时，我会在深夜回家后用刀自残。

自残是我在高中时就开始有的习惯。那是我初任男友 —— 就是在迪士尼乐园服用了过量的致幻蘑菇以至于害怕假山的那位 —— 的行径。他有他的理由：过往的精神创伤。最初，我告诉自己，我那么做只是为了更接近他，但是，最终我不得不承认，我自残有我个人的原因。它让我在肌肤上划刻出一种我无法用言语表达的不足感，一种模糊的伤痛感，因为它总是被笼罩在某种阴影之下 —— 它没有正当理由。正是这种模糊，让一刀见血的具体和清晰如此吸引人。那是一种我可以占为己有的伤痛，因为它就在我身上，无可辩驳，虽然我总是因为它是我自己一手造成的而感到羞耻。

童年时代，我总是害羞，怕讲话，因为怕讲错话：害怕那个受大家欢迎的费莉西蒂，那个把我逼到更衣室的角落并质问我为何没剃腿毛的八年级女生；害怕更衣室里的那些女生，她们抱作一团嘲笑我，最后还质问我为何从来不用体香剂；甚至害怕越野赛跑小组里那些善良的女孩，她们问我为什么从来不说话；害怕和我父亲大概一月一次的共进晚餐，当我不知道要说什么的时候，往往就会说一些愠怒或者顽劣的话，一些可以引起他注意的话。自残是做些什么的一种方式。当我高中时的男友告诉我，他觉得我们应该分手时，我感到如此无助——如此被摒弃——狠狠地往自己卧室的墙壁上扔了一大堆塑料杯子，直至一地碎片。我用这些碎片在左脚踝上划刻，那些划痕好似一架参差不齐的血红的梯子。

回顾自己发泄内心焦虑的戏剧手法时，我深感难堪，却也对那个女孩心怀恻隐。她想要表达内心情绪的激烈，并竭尽其所能：一次性野餐塑料杯，以及从抛弃她的人那儿照搬来的自残方法。我和他之间已经有了一种同志情谊——在南加州的夏天依然穿着长袖，这样家长们就不会看见我们手臂上的刀痕，还把脚踝上的创可贴解释为剃刀的刮痕。

我用自残和写作逃避自己总也克服不了的害羞——那仿佛就是一种旷日持久的失败。在艾奥瓦，我的短篇小说被称为"以人物为主"，因为它们没有什么情节。不过，我对我笔下的人物抱有怀疑。他们总是如此被动。他们遭遇疾病；他们遭受袭击；他们的狗得了心丝虫病。他们要么就是虚假的，要么就是我本人。他们残忍，也被残忍地对待。我让他们去受苦，因为我确信受苦一如重力，无法摆脱，而重力就是我想要的。我的作品就像一颗追踪热力的导弹一样，追随着痛苦。即使当我还是个小女孩时，我笔下那些公主的结局也更多的是死于龙息，而非嫁人。十年级时，我被分配到写一段话，对另一个学生的绘画做出回应。那是一幅画着红紫色旋涡的抽象画，而我写的是一个坐轮椅的女孩在一座房子里丧命于大火的故事。

在艾奥瓦的第一年，我和一个30多岁的女记者住在一起，有好几年，她都在为报刊撰写有关纽约艺术界的文章。她会在烤鸡里塞满整只的柠檬，烤好的柠檬是热乎乎、酸溜溜的一团糨糊。熟柠檬在我看来具有无可争议的成人特征，是跨越了某个门槛的标志。每逢周三夜晚，我们会开车去西城一个大粮仓里的农场拍卖会——有卖拖拉机、家禽家畜和房子的，还有卖旧唱片、用过的刀剑和旧可乐罐的，各种废物和珍宝混杂在一起。在那里，你可以买些漏斗蛋糕，在过道里看拍卖人骑坐在巨大的高椅上，说着别人听不懂的、断奏式的语言：现在是450——有出500的吗——后排500。回到家里，我们在厨房里忙得满身大汗，把融化的山羊奶酪和撕碎的罗勒叶揉进蒸粗麦粉，然后用勺子将它塞进炸南瓜花里。四处都是被油炸得冒泡的蔬菜皮的味道。那些日子就像那样：潮湿、坚决。我有个念头，煎炒令我成为一个成年人。

在一些焦躁不安、无法入睡的夜晚，我会驱车到I-80公路向东40英里①的全世界最大的卡车停靠站去。那里设有50英尺②长的自助餐区和卡车司机淋浴室，甚至还有一位牙医和一座小教堂。我在笔记本里匆匆地写下一些以人物为主的对话，一边一杯接一杯地喝着黑咖啡，咖啡里总是漂着一层油沫，仿佛破碎的睡莲一般。凌晨3点，我点了苹果布丁和香草冰激凌，然后把碗舔了个干净，环绕着我的是大片黑漆漆的玉米地。

在艾奥瓦城，似乎每个人都在喝酒。即使没有人一直在喝酒，在任何一个时间，也总有人在喝酒。当我不假扮自己骑着牛仔并试图以此为自己赢得一席之地时，我便在集市街上的作家酒吧——乔治酒吧和狐狸头酒吧度过那些夜晚，坐在皮凳子上平衡着身体。"作家酒吧"是个不具独有性的名称。的确，任何有作家喝酒的地方都可以是作家酒吧：枯木酒吧、地下都柏林酒吧、磨坊酒吧、山头酒吧、葡萄藤酒吧、米奇酒吧、客机酒吧、那个位于佩德购物中心的有露台的地方、另一个位于佩德购物中心的有露台的地方、那个离佩德购物中心仅一个街区的有露台的地方。

---

① 1英里约合1.6千米。

② 1英尺约合30.5厘米。

不过，狐狸头酒吧是最具作家气息的酒吧，也是烟味最重的。通风设备不过是有人在墙上的洞里塞了架电扇。女厕所的墙上到处都是马克笔写下的关于同课程男生的潦草文字：某某谁都想睡，某某会骑在你头上。因为我如此年轻，有些男生说我"刚过合法年龄"，而我好奇这个短语是否也会出现在男厕所的便池之上。我希望如此。成为一个引发黑市流言的人，那才叫生活。

即使艾奥瓦的天气越来越冷，我去狐狸头酒吧时也总是穿着那件最便宜的夹克衫，因为我不想让其他那些夹克衫沾上烟味。我最便宜的夹克衫是一件薄薄的、及膝的、带着假皮毛边的黑色丝绒衫。那件衣服大到我可以舒服地窝在里面——颤抖着，双臂紧紧交叉在胸前。数年后，我读到一则新闻，埃姆斯市①有个本科生醉死在雪地里，人们在某个旧农仓的楼梯口找到了他的遗体。不过，那时候我并没有想到要死在雪地里。我不停喝酒，直到我不再觉得冷。酒吧打烊后，我会跟一些男生到他们冰冷的公寓里喝酒，他们想借喝酒省下暖气费。

有一晚，我来到一个男生冰冷的公寓里。我喜欢他，或者说我以为他可能喜欢我——这两种可能性几乎难分难解，要不然前一种可能性便无足轻重。当时在场的有好几个人，有人拿出了一大袋可卡因。那是我第一次看见可卡因，而那感觉就像是走进了一部电影。高中的时候，感觉除我之外的所有女孩都是从会走路开始就吸上可卡因了。受人欢迎的、腿毛剃得干干净净的费莉西蒂，我确定她一直在吸毒，而我则在看PG-13电影②的时候喝健怡可乐，还花了好几周的时间挑选一条及踝的半正式蓝色蕾丝长裙。

说实话，我不太确定要怎么吸可卡因。我知道你得用鼻子去吸，但我不清楚具体的动作。我试着回忆看过的每一部电影。得靠多近？《危险性游戏》里的那个女孩从银十字架里拿出偷偷藏匿的毒品来吸的时候有靠多近？我不想告诉这个男生这是我第一次吸可卡因。我幻想自己已经吸了那么多次可卡因，数都数不清，然而，我却是那个需要被温和地提醒要用吸管吸的人。

"我觉得这是在教坏你。"那个男生说。他24岁，一言一行却让人感觉我们之间3岁的年龄差距仿佛是一条峡谷。确实如此。我想说：教坏我吧！我穿着一条亮白色长裤，上面有一个大大的银色搭扣。我跪坐在那个男生的茶几前，沿着信用卡（但其实应该是借记卡）划出来的直线，大声地吸着。

我对那种冰冷的"好东西"的爱毫不虚假，那种有这么多话要说的感觉。我们有一整夜的时间。那个带来可卡因的女人走了。大家都走了。我们可以一直聊天到天明。我想象着他对我说："我一直好奇你在想什么。"得到注意的总是其他人，那些费莉西蒂们，但是现在，这个男生放上了一张唱片——《血泪交织》，迪伦沙哑的声音充满整个冰冷的房间，可卡因让我那小鹿乱撞的心跳得越发快了。终于轮到我了。那种冰冷的"好东西"对我有信心，而且也对这一夜可能会发生的事有信心。我只吻过三个男人，跟他们在一起的时候，我都想象过未来会在我们之间展开。我现在又在想象和这个男生的未来了。我还没告诉他，不过或许我会的。或许我会在黎明破晓时分，坐在他的飘窗边，看着那片公园，告诉他。

"谁会穿白裤子？"他问我，"你见过这种裤子，但你想象不出会有谁真去穿它。"

我一连几个小时一直坐在他的沙发上，等他来吻我。最后，我问他："你要吻我吗？"——意即"你想跟我上床吗？"——因为我吸了足够多的可卡因，也喝了足够多的伏特加，足以撕下隔在这个世界和我要被这个世界认可的需求之间的任何薄薄的窗户纸。

答案是否定的。他并不想跟我上床，最多就是在我快要走时告诉我，"嘿，不是所有人都可以把白裤子穿得好看的"，就像是给我一个安慰奖。

我走的时候，他在门口亲了我。"这就是你要的吗？"他说。一阵呜咽从我的喉咙里涌出来，咸咸的、肿胀的。我喝醉了，但还不够醉。那是最糟糕的羞辱：这样被看待，并非被渴望，而是在渴望。我不能让自己在他面前哭，所以凌晨 4 点，我在回家的路上哭了。我穿过严寒，白裤子就像车头灯一样在黑夜里发着亮。

那晚到家后，我在上楼时绊了一跤，整个人脸朝下摔在了楼梯上，摔得还很重，以致第二天小腿上起了一大块乌青。那晚，刚刚被抛弃的我想看看他把我拒之门外的时候看到了什么。在镜子里，我看到一个人，红着眼——这个人一直在哭，像是过敏了。她的鼻子下面有些白粉。她用指尖扫起白粉，抹到她的牙龈上。她曾经在电影里看到别人也这么干。她很肯定。

我们并不是最早在艾奥瓦醉酒的人。我们知道。艾奥瓦城有关喝酒的神话就像地下的河流，与我们如今在地面上喝着的酒并存。这河流奔涌着，充斥着关于失衡的梦一样的故事：雷蒙德·卡佛[1] 和约翰·契弗[2] 在清晨时分飞速驱车到杂货店，为家中烈酒的存货补仓，轮胎驶过停车场发出长而尖厉的声音；约翰·贝里曼[3] 在迪比克街上的酒吧记账喝酒直到天明，一边不停地大声责骂惠特曼[4]，一边玩着国际象棋，而他的象一直身处险境；丹尼斯·约翰逊[5] 在葡萄藤酒吧喝醉，并写下了有关在葡萄藤酒吧喝醉的短篇小说。我们也曾在葡萄藤酒吧喝醉，虽然它已经搬到另一个街区的另一栋楼里。我们也明白这一点：我们如何不严密地占用这些老故事，我们又如何不过管中窥

---

[1] 雷蒙德·卡佛（Raymond Carver，1938—1988），美国著名短篇小说家、诗人。

[2] 约翰·契弗（John Cheever，1912—1982），美国短篇故事作家和小说家。

[3] 约翰·贝里曼（John Berryman，1914—1972），美国诗人。

[4] 沃尔特·惠特曼（Walt Whitman，1819—1892），美国著名诗人、散文家、新闻工作者及人文主义者。

[5] 丹尼斯·约翰逊（Denis Johnson，1949—2017），美国小说家。

豹一般，看到了并不完美的赝品。

我经常把艾奥瓦和那个**我们**联想到一起：我们在这里喝酒。我们在那里喝酒。我们以某种方式和后人一起喝酒，就像我们和前人一起喝酒一样。约翰逊有一首诗描绘自己"不过是一个可怜的普通人"，"跌跌撞撞地来到/失落的神灵饮酒的这片峡谷"。

当契弗跑到艾奥瓦教书时，他对这片峡谷心怀感激。他可以在这里喝酒，而不必面对质问他为何往死里喝的家人。在家乡，他一直把酒藏在车座下，还在冰柠檬茶里偷偷掺上杜松子酒。然而，在艾奥瓦，人们无须伪装。一大早，卡佛就开车把契弗送到烈酒铺——9点开门，他们8点45分出发——然后契弗会在车还没停稳的时候就打开车门。关于他俩之间的友谊，卡佛说："我和他在一起什么都没干，就光喝酒了。"

这些就是我继承下来的传奇故事。这里的空气因此而厚重。宿醉后的清晨，理查德·耶茨[①]会在客机酒吧的一个亭子间里待着，边吃白煮蛋边听投币自动唱机里芭芭拉·史翠珊的歌曲。在他相当难堪的一段日子里，他的学生安德烈·杜伯斯主动提出把老婆借给他。杜伯斯的第一本小说卖不出去，耶茨便带他去喝酒。我朋友的第一本小说也卖不出去，我也带她去喝酒——就在枯木酒吧，就在下午的"愤怒时段"——也就是"欢乐时段"[②]之前，折扣比"欢乐时段"更厉害。我试图说些什么，却说不上来。我在想，我能不能写完一部小说，又能卖出多少。

在1913年出版的小说《约翰·巴雷库恩》里，杰克·伦敦想象出两种醉汉的模样：一种是一边在下水道里步履蹒跚地走着，一边幻想着"蓝色的老鼠和粉红色的大象"，还有一种是在"酒精的白色之

---

① 理查德·耶茨（Richard Yates，1926—1992），美国小说家。

② 欢乐时段，一般指傍晚下班时分，一些酒吧店家为了招徕顾客，出售半价或打折的酒水小吃。

光"下看到了通往凄凉现实的道路:"白色逻辑那无情的、幽灵般的三段论"。

第一种醉汉的头脑被酒精摧毁,"被呆滞的蛆咬到呆滞",然而,第二种醉汉的头脑却因酒精而变得敏锐。他比普通人看得更清楚:"〔他〕看穿所有的幻影……上帝是不好的,真相是个骗子,人生则是个笑话……妻子、孩子、朋友——在他逻辑的清晰白光中,他们都暴露出欺骗和虚伪的本质……他看到他们的脆弱、他们的贫乏、他们的卑劣、他们的可怜。"对于这些"有想象力"的醉汉来说,能看到这些既是一种天分,又是一种诅咒。酒让你看清,但也让你为之付出代价,"突然涌出或者逐渐渗出"。伦敦将酗酒的悲哀称为"宇宙般的悲哀",不是微小的而是巨大的哀愁。在约翰·巴雷库恩最早出现的一首久远的英国民歌中,他是谷物酒的化身——这个神灵受到被酒击垮的醉鬼的袭击,那些人要找他报仇。在伦敦的小说里,他更像是施虐成性的神仙教母,将惨淡无望的智慧作为赠予人的严酷礼物。他肯定拜访过艾奥瓦的那些文坛传奇人物,他们将拉得长长的令人惊叹的影子,投射在我们的酒吧亭子间里。

卡佛的影子是醉得最厉害的。他的故事令人痛苦并且精准,就像被小心翼翼咬过的手指甲,满是缄默和威士忌,一轮又一轮的"再——来——一——杯——"和一轮又一轮的"下——一——杯——我——出——钱——"。他笔下的人物骗人,也被人骗。他们把彼此灌醉,然后把彼此喝晕了的躯体拖到门廊上去。有人被揍了,没什么大不了的。一个卖维生素的女销售员喝醉了,弄断了一根手指,醒来后的宿醉反应"如此强烈,就好像有人在她的脑袋里插了若干电线一样"。

我所听说的卡佛似乎让人联想到一个以烟酒为生的无赖:不好好吃正餐,因为他从烈酒里摄取了足够的糖分;还没付账就走出餐馆,把他上课的地方从英语系挪到磨坊酒吧——他最喜欢的酒吧之一——靠后的房间。就在系里要求大家不要抽烟时,他坚称"你没法告诉一帮作家别抽烟"。有一次，在一夜狂饮烂醉后，他还让一个陌生人住进了他的酒店房间：那个年轻人脱光衣服，全身上下只剩一条豹纹内裤，还拿出一罐凡士林。还有一次，卡佛不请自来地跑到一个同事家里，手里拿着一瓶野火鸡威士忌，说："现在，我们将交流彼此的人生故事。"

我想象卡佛狂欢作乐、身陷三角恋、小偷小摸、引诱别人的场面，他坐在打字机前全神贯注，连烟灰从他的香烟头上掉下来都不会察觉到，仿佛一夜豪饮狂欢后，驾着彗星的尾巴驶向个中残酷的至理。不论长醉不醒将他带到了什么通灵的峭壁，他在那些高处又看见了何等空洞，我想象他灵敏地将那种破釜沉舟偷偷融入其小说中无声的背叛和意味深长的停顿里。卡佛的一个朋友这样说："我觉得雷是我们认定的迪伦·托马斯[①]——带给我们勇气，去面对所有黑暗的可能并生存下去。"

当时，那是我既有的对"所有黑暗的可能"的认识：卡佛、托马斯、伦敦、契弗，这些白人作家以及他们艰苦卓绝的困境。论及酒瘾的问题时，我想到的不是比莉·荷莉戴[②]在西弗吉尼亚州被监禁一年，或是她在曼哈顿中城一家医院的病榻上被铐上手铐度过了最后的日子。我想到的不是那些每天早上在玉米地边、非作家酒吧外聚集的年迈的白人酒鬼，那些退伍军人和农民——对他们而言，醉酒并不是什么具有神话色彩的灵感来源，而是日复一日的、令人麻木的慰藉，他们并没有将自己的痛饮描绘成对存在的智慧的拂拭。当时，我总在想象卡佛在黎明破晓时分睡去，手上有烧伤的波点，大腿上堆着一叠令人心碎的纸页，他是个从生活残骸最阴冷的沙滩上走来的使者。我一直期待着在狐狸头酒吧的某个木亭子间，看到他为某个

---

① 迪伦·托马斯（Dylan Thomas，1914—1953），威尔士诗人。

② 比莉·荷莉戴（Billie Holiday，1915—1959），美国黑人爵士歌手，曾一度贵为美国爵士乐坛的天后级巨星，却命运坎坷，因为酗酒、吸毒坐牢，并在医院里孤独离世。

故事刻下的笔记。我只能想象他引发了马克笔写在厕所墙上的闲言碎语。

"即使就这么看着他，也令人非常难堪，"一个认识卡佛的人说，"他的烟酒如此之多，它们像是存在于屋里的另一个人似的。"在喝得最厉害的时候，卡佛声称自己每个月要花 1 200 美元在烈酒上，可见他给屋里的这"另一个人"的月薪还真不少。"当然，喝酒带有某种神话色彩，"卡佛曾说，"不过，我对那没兴趣。我就喜欢喝酒。"

我也喜欢喝酒，但我也对那个对喝酒的神话色彩没兴趣的人的神话感兴趣。我确信，我们都是如此。

卡佛非常喜欢伦敦的《约翰·巴雷库恩》。在午间饮酒时，他把这本书推荐给了一个编辑，并告诉他——相当坚决地——这本书讲的是"看不见的力量"，然后离席并走出了餐馆。第二天凌晨，同一个编辑接到县监狱的电话，卡佛在监牢的水泥地上昏睡过去了。

丹尼尔是个诗人，住在一家炸豆泥店的楼上，开的是一辆垃圾车。我遇到他是在枯木酒吧——城里一家有很多弹球机的酒吧。当然了，我们当时都醉了，对着突然亮起来的打烊的灯眨着眼。丹尼尔有着深色的头发和蓝色的眼睛，当有人说他长得像莫里西[1] 时，我还去查了查莫里西是谁。我任他把我带回家，把我平放在他那凹凸不平的蒲团床垫上。我们盖着他那令人发痒的羊毛毯，一边就着盒子吃巧克力冰激凌，一边看黄片。我想知道那个快递员是否会爱上那个护士。"这里头没什么情节。"他说。然而，他就是情节。丹尼尔有过很多不幸遭遇，而我总对这些故事百听不厌，仿佛我是一个小偷，到处翻找逸事：有一次他穿成海盗的样子，在自己公寓的楼梯井口醒来，全身都是呕吐物；还有一次在怀俄明，他的前女友在一家甜甜圈店门口的野餐长凳上，用通灵板请来了鬼魂。

---

[1] 史蒂文·帕特里克·莫里西（Steven Patrick Morrissey，1959—　），英国创作歌手。

跟丹尼尔在一起的日子是怪怪的、乱乱的、出乎意料的。它刺痛人。他吃起东西来很邋遢。他的胡子里有卷心菜丝，他的床单上有化了的冰激凌留下的一块块印记，他厨房的水槽里有结了硬皮的锅碗瓢盆，他浴室的洗脸池上到处都是细小的胡须。他在我卧室里堆着的那些旧的《纽约客》的封面上潦草地写下一段又一段话，它们或许是诗："现实就是生存……配备了几抽屉的内衣，几支浴室蜡烛，或许还有一根权杖……藏在阁楼某处。"有一次，我们去参加一个派对，大家一起喝单一麦芽苏格兰威士忌并写下品酒笔记。别人写的是："苔藓味""烟熏味""泥土味"，而丹尼尔写的则是："喝起来像是古罗马战车驶过，扬起的沙尘的味道。"我们一起吸可卡因时，那已经不是我的第一次了。有一晚，我们在城边的一处坟场做爱。我们驱车去新奥尔良，因为我们有了车。我取消了原本要教的课——或者让朋友去代课——这样，我们就可以到密西西比随便哪个汽车旅馆，躺在芥末黄色的毛毯下看历史频道。我们在下午就开始喝起了廉价威士忌，并在法国区的那些后巷里奔跑。

丹尼尔和他的朋友们——一群年长的诗人——会在傍晚用气枪射击喝空了的蓝带啤酒罐。我看着他的轮廓在篝火的光里闪烁。我对自己如此年轻感到有些不自在——才21岁——所以，我撒了谎，告诉丹尼尔我22岁。那个数字在当时感觉挺对。丹尼尔的朋友们让我感受到了威胁。他告诉我，他的朋友杰克睡过125个女人。我好奇杰克是否也想睡我。一天晚上，我告诉杰克，有时候我会在半夜开车去卡车停靠站，还曾经在那个便利店旁边的黑胶唱片小店工作，从那里看出去，满眼都是走道里那些铬金属的轮毂盖。"这一下子，你就变得有趣百倍了。"他说。当着他的面，我即刻试图将自己除以一百，想搞明白我在有趣百倍之前算什么。

在艾奥瓦，如果说包括诗人中的圣贤和散文的建筑师在内的所有人都崇拜一本书，那么，这本书便是丹尼斯·约翰逊的《耶稣之子》。

这本小说集对于我们来说是有关美和破坏的《圣经》，是我们如何以及在哪里生活的一番幻景，没完没了的农庄派对和宿醉的早晨，蓝天如此光亮，让你的眼球发疼。这本书有一半的情节都发生在艾奥瓦城的酒吧里。荒唐的事情在伯灵顿和吉尔伯特的转角发生，那里现在是一个"来去"连锁加油站。其中有一篇小说名为《紧急事件》，其标题来源于仁慈医院的一大标志：砖墙上那发光的红色字体，我总是把它们和冬夜醉后走路回家联系在一起——冷到麻木。在约翰逊的小说里，你凑近去呷你的烈酒，"就像蜂鸟盘旋于花簇之上"。这里曾有一间农庄，人们在那里吸食医疗用的鸦片，还说诸如"麦金尼斯今天感觉不佳，我刚毙了他"之类的话。

在《耶稣之子》中，即使是玉米地也是重要的。它像海洋一样包围着我们的城镇：夏天的时候，绿油油的玉米直挺挺的；9月的时候，玉米长高了，玉米地成了迷宫；余下的秋天里，玉米被摧毁，变成干枯的壳——沉闷的一行又一行干枯的、骨瘦如柴的棕色茎秆，就像约翰逊在时间的尽头喝醉后打电话来，告诉我们它们——这片广袤的田地，其边际在我们的视野之外——的意义。小说中有个人物把露天汽车电影院巨大的银幕错当成神圣的幻象："天空被扯开，天使们于一个光亮的蓝色夏日下凡，他们巨大的脸庞满是道道光芒和同情。"约翰逊错把我们所在的平凡的艾奥瓦当成了神圣之地，而正是毒品和酒精促成了这一点。

1967年秋天，约翰逊作为大学一年级新生来到艾奥瓦城。他写信给父母说，他在慈善二手店古德维尔一不小心买了些婴儿毯，因为他把它们错当成了浴巾——但是，他也很高兴地找到了一堆"充满个性色彩的领带"。他抱怨宿舍门外有个男人把班卓琴弹得很大声。他初次入狱是在那年的11月。在他入狱期间，他的朋友给他寄了一张从药房买来的贺卡，封面上画了很多卡通人物，他们下垂的脸上写满了焦虑不安："请回来吧！！！我们都非常想念你，而且……"贺卡里页还加了一句："我们安全了。"他的朋友佩格写道："小伙子，我一整天都在设法把你弄出来，但是他们就是不干。你上法庭的费用都已经支付了，因此你可以在周四晚出狱。"佩格混得还行——"现在，我在 I-80 公路的卡车停靠站吸可卡因"——但是，她想要让他知道："我们都在焦急地等待着你凯旋。"

约翰逊 19 岁时便出版了第一本诗集，21 岁时便因酒精引起的精神病被送进了精神病院。我听说《耶稣之子》不过是他在多年后为了付税，把束之高阁的一堆回忆卖给了出版社。

我喜欢在艾奥瓦住所的卧室里大声朗读他的一段结语："我彻底地吻了她，我的嘴在她张开的嘴之上，然后我们在里面相遇。它就在那儿。就是它。通往大厅那段长长的路。大门开启。那个美丽的陌生人。被撕碎的月亮重又归圆。我们的手指拭去眼泪。它就在那儿。"他坚称，一个痴痴的吻可以是重要的，一个神魂颠倒的片刻可以是重要的，即使是最普通的事情也可以是重要的——通往大厅的路，打开的门，甚至那个没有姓名的陌生人。所有这些都累积成某种东西。到底"某种东西"为何，谁知道呢？不过，我们可以感觉到它的褴褛。

约翰逊的痛苦在小说中有其美丽和必要之处。真相在毁灭和悲痛的边缘若隐若现。当有人受伤时，总有什么东西——像是一枚宝石或一只孵化的鸟——被创造出来。当一个女人被告知她的丈夫已死时，医院的门背后透出一道强光，就像"钻石在此焚化为灰烬"，她"尖叫"着，就像旁白"想象着一只老鹰会尖叫"，而他并不感到震惊，而是着了迷。"能够活着听到它让人感觉好极了！"他说，"我到处寻找那种感觉。"我的本科学生都觉得旁白对痛苦的追寻很残忍，但是我觉得我懂。我也会爬到医院的那扇门底下，去寻找那些钻石，去寻找它们的毁灭带来的巨大热量与尖叫。

在小说的结尾，旁白直接向我们发话："而你们呢，你们这些荒谬的人，你们以为我会帮你们。"然而，与其说我在寻求他的帮助，不如说在追寻他所看到的支离破碎的壮丽图景。小说中的人物扮演着喝醉的先知、大难当前的维吉尔[1]们。"因为我们都相信我们是悲惨的,所以我们喝酒,"他的旁白告诉我们,"我们有那种无助的、命中注定的感觉。"他的小说一再表明,我们身边所有的事物都是重要的:梦和丁香的烟雾和这个地方刺骨的冷。"它就在那儿,"他写道,"它在。"

当我想起与丹尼尔在一起的最初那几个月时,我更愿意回想其奇妙之处。然而,事实上,那些日子也充满了焦虑。对我而言,我们这么多次无忧无虑的冒险——心血来潮的新奥尔良之行、坟场做爱——都布满了重重疑虑,几乎谈不上自由。它们更像是为了向他和我自己证明,所有发生在我俩之间的事都是惊天动地的。我们在醉后跟跄地跑过法国区的那一幕,在我的脑海里像艺术电影一样放映着:锻铁的阳台、浅色系的猎枪小屋式公寓[2]。

我不只需要丹尼尔想要得到我;我需要他想要跟我一起做每一件事。少一点都像是拒绝。我想象得出,这让他疲惫不堪。我受不了介于陌生人和彼此热烈承诺终生之间那不清不楚的中间地带——也就是说,谈恋爱。我需要一切,马上:**还要。再来。永远。**我记得丹尼尔有一次这样告诉我:"我喜欢你,但并不确定我要娶你。"不过,我出于私心隐去了此话的前文,也就是我引起他说这话的话,可能类似于:"你不想娶我吗?"一个月后,如果他还是没娶我,我就会将此视为我的失败。和丹尼尔在一起喝酒,并不是为了把我自己交到他轻率的疯狂之手上,而是为了面对他的不确定性,继续存活下去。我把这种不确定性看作一道形而上学的难题,一次对于暧昧关系的可能性的全民公投,但事实上,这不过是一种诚实罢了。是一个住在炸豆泥店

---

① 维吉尔,古罗马最伟大的诗人之一,作品有《牧歌》10 首、《农事诗》4 卷等。因在《牧歌集》中预言耶稣诞生,也被基督教奉为圣人。其《埃涅阿斯纪》在中世纪被当作占卜的圣书,由此衍生出"维吉尔卦"。

② 猎枪小屋式公寓,指房型为直筒型的公寓。

楼上的 26 岁诗人的诚实。

一晚，我们离开烧烤派对后，踉跄着走回家。黑暗中，他傻乎乎地在人行道上让我停下。当他告诉我，"刚才，在那儿，我爱你嘴里吐出来的每一个字"时，那就像是对我的直觉的一种肯定。我一直猜想，爱情就是对于说对话的奖赏。

丹尼尔有个得了宫颈癌的前任女友。他把人乳头瘤状病毒传给了她，并觉得对她的癌症负有责任。虽然她康复了，他们也分开了，但他还是因为那段过往，以及要对她的病负责而心事重重。我并不担心她病情加重，甚至都不担心自己也会染上人乳头瘤状病毒；我只担心，我在他心中的地位永远不会像她那样。

有一个周末，我们——我、丹尼尔，还有他那帮年长的诗人朋友们——一起跑到麦克布莱德湖去露营。正值早春，空气里有潮湿的尘土味道，冰雪消融后一切如新。我害怕说错话，但也怕什么都不说。我还能就卡车停靠站再发挥些什么呢？我还有什么谈资？我吞下一杯又一杯啤酒，却几乎没碰我的汉堡。我记得自己很紧张，然后就不记得了。第二天早上，我在帐篷里醒来，丹尼尔告诉我，他们担心我。前一晚，我径自游荡到树林里，彻夜未归。他还以为我去上厕所，但我一直没回来。他去找我，最后发现我在一棵树下弓着身。我在那里干什么？他很疑惑。我们都很疑惑。

我开始学习在醉酒眩晕后进行对话的社交礼节，让某人告诉我，我都做了什么，然后向他分析，我为什么要那么做。"我做了什么？"我会问，"我怎么会那样做？"我想象自己步履蹒跚地走过那些树，有一种怪异的生存冲动在作祟，我想要给人留下深刻印象，但我的身体要逃脱这种欲望的控制。那个醉醺醺的我就像是我要为之负责的一个表妹——无可否认，让来客跑到树林里是我的错，但是我想不起我邀请了她。

1967 年，《生活》杂志刊登了一篇长达 8 页的有关约翰·贝里曼的人物介绍，其标题是"威士忌和墨水，威士忌和墨水"。文章还特别配上了一些照片：这位大胡子的天才诗人熟识都柏林所有的酒吧，他手里拿着泡沫被舔过的啤酒，那是他智慧的重负和威士忌的解药。

"威士忌和墨水，"文章如此开篇，"这些就是约翰·贝里曼需要的液体。他靠它们生存下去，并把自己和其他人——甚至是诗人——区分开来：他那非凡的、几乎是令人疯狂的、对于人类必死的命运那具有穿透性的感知。"

那跟白色逻辑不太一样，却很接近。威士忌并没有帮助贝里曼形成他脑海中的幻景，却帮他承受着此等幻景。这篇人物介绍依然点出了喝酒与黑暗之间、喝酒与明白之间那闪烁着微光的关联。那里头还有一整版的喜力啤酒广告。

贝里曼最著名的诗集《梦歌》像变魔术一样，呈现出满眼皆是酒和知情的备受煎熬。"我在，外面，"他的叙述者宣布，"难以置信的恐慌支配着……酒在沸腾。冰镇的／酒在沸腾。"甚至冰镇的酒都在沸腾，已经到了那个地步。代表贝里曼的人物亨利在文中常常用一种醉了的语气说话，大汗淋漓，一边自我责问："你有放射性吗，老兄？——老弟，有放射性。——你是否有白天的汗水和夜晚的汗水，老兄？——老弟，我有。"《梦歌》呼吸着一种奇异的、新的氧气。"嘿，外头的！——助理教授，满了，副教授——讲师——其他——任何，"亨利宣布，"我有发要缩①。"我有发要缩。他醉后的嗓音把醉酒表现得近乎荒谬，显示出要想有所创造必须先超越舒适的边界。贝里曼有个朋友曾经告诉他，他的生活方式让他像是"一生都无所庇护……因所见不堪而试着往别处看的双眼已经变得不协调"。

贝里曼接下那份临时工作，来到艾奥瓦时已经 40 岁了，身后是在纽约留下的一大堆包袱：刚刚与他离异的第一任夫人、一个正要堕胎的女朋友、一张他拖欠分析师的工资单。"现在，你已债台高筑，

---

① 亨利醉后口齿不清，将 I have a thing to say 说成了 I have a sing to shay。

这让你还没开始还就很泄气，"这个分析师写信给他说，"但还是请你开始还起来。"

贝里曼来到艾奥瓦的那一天，就从楼梯上摔了下来，摔断了他的手腕。他以在酒吧亭子间里赞赏惠特曼的长句，以及在深更半夜醉酒后致电他的学生而闻名。"贝里曼先生经常打电话给我，"贝特·西赛尔回忆说，"通常是在他非常焦虑的时候……常常语无伦次、信口胡扯……想要得到慰藉，确认他当天早上的课是'极其出众'或'非常出色'的。"他是个脆弱的圣贤。关于亨利，他这样写道：

> 他的饥渴与生俱来，
> 红酒、香烟、烈酒，要要要
> 直到他支离破碎。
> 碎片们坐起来写作。

饥渴是有家族史的。贝里曼的母亲写信给他，说她渴求自己母亲的疼爱："我，那个渴望得到她的爱的人，渴望能借助爱的抚摸来满足我的需要而以此度过一生的人。"贝里曼自己的需要让他支离破碎，但碎片们成就了他的写作。"我有受苦的权利，那些在我看来非凡的痛苦。"贝里曼坚称，而且他认同那些喝醉了的、受折磨的天才前辈们：哈特·克莱恩[①]、埃德加·爱伦·坡、迪伦·托马斯。他把自己和波德莱尔相比较：在"狂暴的脾气和对于耻辱极度敏锐的感受力"方面，他"无情的自我鄙夷和我相仿"。已故之人总是与他形影不离。他的父亲在他 11 岁时自杀身亡。

在一定程度上，贝里曼是爱上了他个人生活的悲剧及其余殃。他甚至写信给他拖欠了工资的分析师，承认自己对于一旦解决情感问题就可能没法再创作的风险感到焦虑。他把自己的情况跟里尔克相比。

---

① 哈特·克莱恩（Hart Crane，1899—1932），美国诗人。

他的分析师回答道："我不会把你跟里尔克相比较，也不会担心你的创作技巧可能会遭到破坏。对你而言，这些和你的情感问题并非紧密相连、盘根错节，因而一个问题的解决并不一定会导致另一个的毁灭。"

多年来，这是贝里曼的行事逻辑：痛苦会带来灵感，而酒则会带来宽慰，那是一种忍受苦难的威权的方式。朋友索尔·贝娄[①]也同样认为，贝里曼的酗酒帮助他承担起了其个人的幽暗智慧："灵感伴随着死亡的威胁而来，（而）喝酒能使人安定。它在某种程度上降低了毁灭的激烈程度。"然而，如果贝里曼相信这一点——喝酒可以让他幸免于其个人诗意幻景带来的毁灭之激烈，那么他不能否认这也同时留下了其他激烈的问题。由于在公共场所醉酒闹事、扰乱治安，他锒铛入狱，丢掉了在艾奥瓦的教职。

接触到贝里曼的传奇时，我在他的故事中找到了一种富有感染力的复杂性，那种甜美的、带着酒的气息的纠结和断裂。一个朋友写信给他说："看你的作品，我常常有种感觉，你的诗是来自一颗星星的光芒，而那颗星本身早已成了灰烬。"

戒酒对烈焰与腐朽的辉煌光弧可能会有什么样的贡献呢？

在《梦歌》中，我找到了知觉备受折磨的证据，以及折磨可以成就你的写作的证据。我看见贝里曼的碎片们坐起来写道："有关保持清醒的话可以（已经）说出 / 但很少。"

在艾奥瓦时，白天我诵读已故醉酒诗人的作品，夜晚又试图跟健在的醉酒诗人上床。我以爱的抚摸触及我未来的作品集。那光辉的混沌所迸发出的精神失常的火花，让往昔的传奇人物栩栩如生，也同样令我向往。我把那些最具代表性的醉酒作家当作偶像，因为我明白喝酒是他们内心极端气象的证明：反复无常且真实可信。如果你得喝那么多，那么你就得痛苦，而喝酒和写作是对同样的熔融的痛苦的不同

---

① 索尔·贝娄（Saul Bellow，1915—2005），美国著名作家。

回应。你可以让它麻木，不然，就让它发声。

我之所以会感到酒醉后的功能失调有吸引力——狂热地迷恋其与天才之间的关系——是因为我有幸从未真正受过那份罪。我的痴迷还要归功于苏珊·桑塔格①所谓的"对于'有趣'的虚无主义的、感伤的定义"。桑塔格在《疾病的隐喻》一书中描绘了19世纪的一个观念：如果你病了，你同时会变得"神志更清醒、心理更复杂"。疾病成了"人体的内部装潢"，而健康则被视为"平庸甚至粗俗的"。虽然桑塔格所描绘的疾病是肺结核，但个中逻辑却广泛适用——所受的折磨与心灵的敏锐程度、曲高和寡的想法以及"有趣"之间的关联。在我最初喝酒的那段日子里——在艾奥瓦那些嗜酒的传奇人物的阴影下，在福克纳、菲茨杰拉德和海明威、爱伦·坡和波德莱尔、伯勒斯②和他的瘾君子、德·昆西③和他的鸦片（一部当时我还没有意识到它非常有限的作品集）拉得更长的阴影下——上瘾是有生产力的。它很像内部装潢，是代表内在深度的装饰。

当我喝过某一道槛时——我将这道槛想象为某条存在主义的隧道，隐藏在第五和第六杯酒之间——我便会坠入一片黑暗，它看起来像是诚实。仿佛世界上那些光亮的表面都是虚假的，而地底下那些绝望的醉酒之地才是真实的所在。小说家帕特里夏·海史密斯④认为，喝酒让艺术家"再一次看到真实、朴素和原始的情感"。这一论点重又将杰克·伦敦的白色逻辑想象为某个看得见的核心，在酒将一切其他无谓的琐碎瓦解掉后，留下的某样至关重要的东西。这是我构建于喝酒和创作之间的复杂循环关系中的另一层意义：酒帮助你看见，然后又帮助你从所见中走出来。其吸引人之处并不仅仅在于酒醉

---

① 苏珊·桑塔格（Susan Sontag，1933—2004），美国著名作家和评论家。

② 威廉·伯勒斯（William S.Burroughs，1914—1997），美国著名作家。

③ 托马斯·德·昆西（Thomas De Quincey，1785—1859），英国散文家。

④ 帕特里夏·海史密斯（Patricia Highsmith，1921—1995），美国著名作家。

本身——作为一个出口，或是一条绷带——而在于创造力和酒瘾之间那诱人的关系本身：那种沉湎不能自拔的状态，那种独特的极端性。处于那种沉湎状态的人会比普通人更能敏锐地感知事物，他与黑暗共存，而最后那种沉湎——其本身——会变成写作的好素材。

然而，为什么总是他？那些逝去的、醉酒的传奇人物全都是男人。就好像他们用彼此的神话构建了自己的坟墓，带着膨胀的自我和被人崇拜的功能失调，传承着充斥睾丸激素的血统：卡佛热爱伦敦的白色逻辑；契弗想象自己像贝里曼一样死去；贝里曼想象自己追随着爱伦·坡、克莱恩和波德莱尔踉跄的脚步。丹尼斯·约翰逊说他在艾奥瓦当学生的那段时间只读一本书，而那就是马尔科姆·劳瑞的《火山之下》。正是劳瑞的男主人公——那个领事——如此坦率地说："女人无法了解醉汉生活的危险、复杂，是的，以及重要。"

或许伊丽莎白·毕肖普①在她连续三天狂饮，或是数十年服用安塔布司②的过程中，认识到了醉汉生活的危险和复杂。或许在 1979 年，当脑血管壁在酒精作用下变薄而最终破裂，她因此死于脑动脉瘤的时候，她明白了什么。"我不会再喝酒，"1950 年她写信给她的医生说，"如果我再继续喝下去，我会疯掉。"然而，20 年之后——"请你不要……就我以前的过失而指责我，拜托……我觉得我无法再一次承受因为喝酒而产生罪恶感。"

或许简·鲍尔斯③在丹吉尔④她最喜欢的吉塔斯酒吧脱光衣服时，或是在她 40 岁脑出血后依然大喝不止时，她认识到了醉汉生活的复杂性。或许玛格丽特·杜拉斯在喝下好几升的廉价波尔多葡萄酒后，

---

① 伊丽莎白·毕肖普（Elizabeth Bishop, 1911—1979），美国著名诗人。

② 安塔布司，一种戒酒药。

③ 简·鲍尔斯（Jane Bowles, 1917—1973），美国作家。

④ 丹吉尔，北非国家摩洛哥的一个滨海城市，曾经作家云集。

或是在接受了残忍的戒酒治疗并差点因此丧命后，认识到了这种复杂性。或许她懂得一个懂得喝酒的女人的羞耻。"当一个女人喝酒时，"她写道，"就好像是一只动物或一个孩子在喝酒。"

女酒鬼鲜有男酒鬼的那种无赖样。喝醉时，她们像动物或孩子那样：目瞪口呆、无助、羞愧。喝酒对她们而言，不太像是抗衡其惊人智慧的必要手段——维吉尔们来到这个失落世界的催化剂或救赎——更像是自我放纵或是情感剧，歇斯底里，一种无端的苦恼。女人或许对醉汉生活的复杂性有所体会，但是，她们跟男人不同，喝酒对她们而言永远不会是"重要"的——用劳瑞的话来说。她们如果不是像孩子那样在喝酒，便是不顾孩子而喝酒。一个借酒消愁的女人通常是一个对家人和家庭未尽到责任的女人。有一本临床教科书在描述有关男性和女性喝酒之间的差别的"传统观念"时，是这样写的："女人嗜酒被视为其在家庭关系方面的失败。"

没有人比简·里斯[1]更清楚这一点了。在巴黎，当她新生的儿子因肺炎住院时，她却在大喝特喝。1919 年初秋，身怀六甲的她刚刚到埠就花了一下午坐在一家街边咖啡馆里喝红酒、吃意大利小方饺。"我逃脱了，"她这样描绘她在巴黎的第一天，"一扇门打开了，我得以步入阳光。"

虽然里斯和她的丈夫、比利时记者兼间谍让·朗格莱既年轻又贫穷，但他们还是很快乐地住在巴黎北站附近的一家廉价旅馆里。每天早上，他会为他俩调好蓝色火焰[2]，还放上巧克力；每天晚上，他们会在锻铁阳台上一起喝葡萄酒。"巴黎让你忘记、忘记，放过自己。"里斯写道。然而，数年以后，她又担心太过自我放纵了："我从来不是个好母亲。"她让自己的宝宝威廉·欧文睡在阳台门边的一个小篮子里，而仅仅三周大的他就这样病了。"这个该死的婴儿，可怜的东

---

① 简·里斯（Jean Rhys，1890—1979），英国著名作家。

② 蓝色火焰，一种火焰鸡尾酒。

西，身体的颜色变得很奇怪，"她记得自己这么想，"而我却不知道怎么办，我这方面不在行。"

威廉被送到了儿童医院。几天之后，当医院通知说他得了严重的肺炎时，里斯焦急万分，因为他尚未受洗。她的丈夫为她带来了唯一可以让她镇静下来的东西：两瓶香槟。"当喝完第一瓶的时候，"她回忆道，"我们都大笑了起来。"翌日早晨，医院打电话来说，她的儿子在昨晚7点半去世。"就在我们喝酒的时候，他正在死去或已经死了。"她后来这样写道。

简·里斯在写喝酒时，作为一个沉湎于酒中无法自拔的人，带有一种无用的精确度。她写了四部企图解析其个人饮酒的情感历程的小说，却一直不断地把自己喝到失去知觉的地步——一生都在进行自杀性潜水。多少自我意识都不能让她保持清醒。"我了解自己，"她作品中的一个女主角这样告诉她的爱人，"你经常这样告诉我。"

里斯的小说中不断出现的女主角都是醉酒的女人，她总是大哭大闹丢人现眼，而里斯的作品直面这个女人，她不仅仅窘迫，还窘迫得毫无感染力，令人憎恶，总是死死抓住别人的同情——还有他们的爱和钱包——并且因为这种不断的死缠烂打而自取其辱。

里斯的女主角们穿梭于肮脏昏暗的酒店房间和令人失望的风流韵事之间。她们在巴黎的街边咖啡馆里和满是烟味的火车站旅店房间里喝酒。当她们想到爱情的时候，她们想象到一个伤口，慢慢在流血。她们看着自己陋室内墙纸上的印花，看到蜘蛛在爬。她们"为生活挣扎"，一位批评家留意到，"就像是一个睡着的人在为一条揪在一起的毯子而挣扎"。她们的人生很像是里斯自己的：流离的，在欧洲各大首都城市之间搬来搬去，往往在恋爱，往往醉着，往往身无分文。她的女主角们一直无法戒酒，总是又一杯白兰地，又一杯茴香酒，又一杯威士忌加苏打，又一瓶葡萄酒。公开的悲哀是她们罪行的一部分，酒则是她们的帮凶。其他人物问她们："你要来杯咖啡吗？""你要来杯热巧克力吗?"而那就像是一个循环往复的玩笑,永远都带着同样的笑点:"不,我想要来杯酒。"

在里斯最早的三部小说中,喝酒是个变形装置。它脱下各种取悦于人的华服,暴露其自身一直在试图逃脱始终如一的悲哀,结果却总是加深了那种悲哀。对里斯的一个女主角而言,刚开始喝酒的时候,葡萄酒赋予一道普通的城市风景以意义:"这太惊人了,空腹喝一杯葡萄酒后,一切变得多么有意义、有条理、合情合理。"葡萄酒将紧闭的窗门外那"阴郁"的塞纳河变成了辽阔的海洋。她想,"喝醉的时候,你可以想象那是海"。然而,喝酒最终变成了更令人绝望的东西。"今晚我必须喝醉,"里斯的另一个女主角在被情人送走后如此决计,"我必须醉到路都走不了,醉到什么也看不见。"

在里斯的第四本小说《早安,午夜》里,她的女主角萨莎有了"把自己喝死的绝妙主意"。甚至是小说的文字都体现出她的蚀坏,分解成省略号,漂移到被遗忘的、晕厥的白色空间里。萨莎在伦敦企图自杀,未遂后来到巴黎。她住进了一条死胡同里的一家廉价旅店,成天睡觉,服药后继续睡。她游走在这个城市,每一家咖啡馆、每一个街角都在提醒她青春的美好一去不复返:那段婚姻结束了,那个男婴死了。小说如实描绘了喝酒的代价——它让世界变得多么渺小,又多么耗尽人的灵魂——及酗酒的细节:空腹饮酒醉的轻而易举、对早年喝酒更易醉的怀念。

"有时候,我就像你一样痛苦,"另一个女人对萨莎说,"不过,那并不代表我要让所有人都看出这一点来。"一个酒保拒绝为她上酒。"你说过,如果你喝得太多,你会哭的,"她的情人告诉她,"我很怕那些醉酒哭泣的人。"萨莎毁了醉酒的天才的光辉形象:那个靠墨水和威士忌将醉酒变成诗句的诗人。萨莎的碎片无法坐起来写作。在她表情丰富的时候,她的表情是羞耻的,那正是别人叫她隐藏起来的东西:喝醉后哭泣的难堪,而非歌曲的华美。如果神话中的男酒鬼带着一种令人兴奋的放纵——那种不计后果、毁灭自我的对真理的追求——那么，女酒鬼则往往被更多地理解为放纵有罪，不管不顾之罪。她的酗酒触犯了其性别的核心戒律——你必照顾他人，而且是本质上很自私的、对于这一职责的否认。自我怜悯更加重了她的罪行，将其注意力从某个他人——真实的或想象的，孩子或丈夫——转向她自己。

里斯曾经写道，她早就明白"透露你的寂寞或痛苦不是个好策略"，而萨莎就是坏策略的大爆发。她仿佛是靠一架令人厌倦的水力发动机的引擎支撑着她的神志，打进去的是酒，泵出来的是眼泪。里斯一直害怕会变成萨莎这样一个怪诞的自我：一个被社会抛弃的人，以她的痛苦之深将所有人都逼走。"我可以拒绝承认自我，"有一次她在日记中这样写道，"然后，我就可以令他们都爱我并对我好……那一直是我的挣扎。"

对于萨莎来说，那种挣扎——去掩饰、去假装——已经不复存在了。她想哭就哭。她在咖啡馆里、酒吧里、家里哭。她在上班的时候哭。她在试衣间里哭。她在大街上哭。她在河边哭，喝酒喝到河流幻化成了海洋，然后继续哭。"现在我喝得够多的了，"有一天晚上她这么想，"我马上就要哭出来了。"

二

放　纵

　　我开始在没吃够东西的情况下就喝起酒来，并从此懂得了空腹饮酒的效率。那时，我大学一年级。我交了个好朋友——来自印第安纳州的艾比，她从小就是福音派教徒，后来也成了我一生最好的朋友之一——但当我们不在一起的时候，我就很孤单。在新生入学活动前的一次露营中，我的室友结识了一个帅到让人心慌的男友。似乎每个人都在新生入学活动前的一次露营中结识了男友。照镜子时，我看见一个高挑而笨拙的人，鼻子大大的，眼神中带着请求，有一堆厚厚的棕色鬈发。多数傍晚，我都会走进哈佛版的大一餐厅——一间古老的哥特式教堂那洞穴一样的内部，长长的餐桌上方冷酷无情的石雕滴水嘴兽在俯视着——一想到要找个人一起坐下，我就吓呆了。倒不是说我以为其他人都不会有这种感受，而是说我连想都没有想过这一点。我的孤独是一份全职工作。

　　我用公用电话打给我妈，这样，我的室友便不会看到我哭泣。跟我高中时的朋友约打电话的时间变得越来越尴尬，因为我们的生活不再对称，他们很忙而我总是有空："那个时间我也行！"我被告知我的前男友跟他大学的吉祥物——一棵巨大的树——好上了。

我感到不自在——在学校、在宿舍，等等——而让自己挨饿是一种表演方式，仿佛我并不完全存在于那个地方，仿佛我的人生暂停了，当我再次快乐起来的时候，我会再次按下播放键。我抬头看着那些有光的窗口，确信其他人在那黄油般闪光的玻璃后面是快乐的。我的体重下降了5磅[①]，后来是10磅，再后来是15磅。我在书桌抽屉里放了一本记录卡路里的笔记本，我在那上面记下了所有吃过的东西，还在衣柜里放了一架秤，显示屏上的数字是鲜红色的。我以那些红色数字为命根，不论它们显示的是什么。如果进程受阻，连续多日都是同样的体重，那么第二天就会变得很可怕，我得在冷风中艰苦地跋涉到法学院的健身房。在那里，哈佛法学院的新生们以机器人般的刚毅在跑步机上猛跑着，而我只能对此进行仿效。我住的宿舍楼里还有另一个患有进食失调症的女孩，她每次吃饭都会喝好几杯热水。我也开始这么做。我看起来病恹恹的。

有一晚，我拿着一罐花生酱来到宿舍楼地下室的垃圾站，因为我害怕会一口气把一整罐都吃下去，而且我知道，如果我把它扔在房间的垃圾桶里，我可能会把它拣出来再吃。在地下室，在扔掉它之前，我用手指挖了一些花生酱，大口地吃了下去。后来，我把罐子扔了。后来，我走到电梯口。后来，我又回到了垃圾站，找到罐子，把它打开，再次把手指插了进去。那就是真实的我：并不是那个骨瘦如柴、从来不吃东西的女孩，而是那个手指肮脏、往垃圾堆里钻的女孩。

我开始参加大学文学杂志《倡导者》的会议。杂志社在南街有自己的俱乐部会所木屋，甚至自己的标语——"危险是甜美的"——以及自己的徽章：一匹天马[②]飞向某处，天知道那是什么鬼地方。它从1866年就开始飞了，我们被告知。杂志社举办的派对赫赫有名，

---

① 1磅约合0.45千克。

② 天马，又称珀伽索斯，希腊神话中最著名的奇幻生物之一，长有翅膀并可以飞的马。从女妖美杜莎的血泊中诞生，其蹄在赫利孔山上踏出灵泉，传说诗人饮此泉水可获得灵感。

入会仪式恶名昭彰，我听说曾经有一个女孩被逼着吸浸在血腥玛丽里的卫生棉条。然而，要入会并不容易。我花了好几个月的时间免费服务——在哈佛，那意味着"想要某样东西"。对我而言，那意味着一个试用过程，我得写两篇文章，做一次演示，还要参加虚构小说委员会每周两次的会议，在会上讨论投递到图书馆木质信箱里的小说。当时，大约有 25 个人在为虚构小说委员会免费服务，而我们被告知大约有 5 个人会被选中。我们坐在"圣所"，其实就是二楼。那里的硬木地板永远都是黏的，还有一堆破烂的丝绒躺椅，里面的填充物和弹簧从布料的裂缝里露了出来。角落里有个吧台，堆满了微温的杜松子酒。每次发言前，我都会把所有的话在大脑的滚筒洗衣机里转一遍——擦洗、绞干、去除污渍——试图想好了再发言。

其他免费服务者肯定也很害怕，但我并没有看出来——至少那时如此。我只能通过有光的窗户看着他们的剪影，在那些无名身躯上投射快乐与合群——我自己缺乏的东西。那是把自私自利伪装成自我贬低，把全世界的寂寞都归于我自己，吝啬地拒将不安的状态与别人分享。

那年 10 月，当我入选《倡导者》的虚构小说委员会时，我兴奋极了。我想象着自己在入会仪式后就可以在餐厅的那些滴水嘴兽面前毫不畏缩地大步走向我的朋友们：托盘端得高高的，上面除了几杯热水外还能有些别的。我的入会仪式的主题是世界摔跤协会。我恭顺地穿上斯潘德克斯 ① 衣料的紧身衣裤，并立刻被带到了地下室。在那里，我和另一个新入会者的手腕被铐在了一起，而他的另一只手腕则被铐在了一根铿锵作响的铁管上。有人递给我一杯螺丝刀鸡尾酒——我人生的第一杯。

我所记得的接下来的事，便是 12 个小时后在自己的宿舍里醒来。一名编辑在白板上留了个条子："希望你没事。"我的室友告诉我，她

----

① 斯潘德克斯，即氨纶弹力纤维。

那个上照的男友彻夜未眠，一直在把我的脉，确保我没有死去。

这些对于我来说都是新闻。人可以完全失去一整夜的记忆对我来说也是新闻。我所记得的最后一件事，就是那第一杯螺丝刀：廉价的伏特加和柑橘混合在一起的强烈味道。关于那一晚，我有玻璃碎片般的回忆，有个男人和我一起躺在躺椅上，但我无法把这些碎片拼起来。我以为自己被下了药。之后的几个月，我都跟别人说我被下了药，直到有人跟我谈到了"断片"。

一年以后，当我告诉一个朋友我 9 岁之后就没再呕吐过时，她告诉我，我在入会的那晚坐在她车里，吐了她一车。我不自在地开了个玩笑，并再三道歉。数年后，我会以同样不自在的笑声，跟丹尼尔开相同的玩笑——和他的诗人朋友们在树林里度过的那一夜，我在一棵树旁小便，在夜色中消失：我做了什么？我怎么会那样做？我想象喝断片的自己，就像是一具陌生人的躯体——裹着斯潘德克斯、迫切想要合群——干着她的伏特加，喝下去，又吐出来。

我在大学第一学期就减了 25 磅。我开始感到头重脚轻。那证明了什么——具体是什么，我不确定。我为波士顿的一位移民律师工作，做一些调查研究，帮助她的客户寻求庇护。他们遭受的人权侵犯是否足以符合政治庇护的标准？我还找了第二份工作，将对患有艾滋病的母亲进行的访谈录音转录成文字。我个人的痛苦看起来微不足道得令人难堪，而且完全是咎由自取。

每天下午，为了到那个律师的办公室去，我得横穿波士顿市中心靠近南站的一大片混凝土广场。我记得在冷得让人麻木的 1 月走过那个广场：我冻得发僵的手指和我当时骨瘦如柴的身体里的寒气。有一天，就在人群中，我在严冬的日照下头晕目眩，不得不在寒冷的混凝土上坐下才不至于晕倒。穿着竖条西装的商人们绕着我而行。我的尾椎骨发疼。我还要帮忙处理厄立特里亚 [①] 的案子，而我已经迟到了 5

---

① 厄立特里亚，非洲东北部国家。

分钟。这种软弱是一种放纵，我知道这一点。

丢脸的是，我的悲伤没有什么特别的由头，不过是常见的离开家后的孤寂。因此，我为它找了套更极端的装扮——绝食。这才是错误。不过，本质上，我觉得自己更大程度上是个暴饮暴食的人，而非厌食症患者——限制进食不过是我精心设计的表象。除了那本计算卡路里的笔记本以外，我还有另一本日志，里面都是我从餐馆的菜单上抄下来的幻想之餐：南瓜乳清干酪意大利饺；香草豆荚芝士蛋糕配覆盆子及芒果酱；山羊芝士和瑞士甜菜挞。这本日志才体现了真实的我：我想把人生的所有时间都花在吃遍天下美食上。那本记录我实际吃下的东西的日志不过是一张面具——那个我想要成为却无法成为的人，那个什么都不需要的人。

"我渴望两样东西，而它们之间又互相矛盾，"里斯在她的日志里这样写道，"我想要被爱，又想要永远一个人。"她相信自己注定要悲伤，注定这一辈子都被告知要隐藏自己的悲伤。她把自己未完成的自传命名为《微笑吧，拜托》，这是她小时候拍照时摄影师给她的指令。那是她始终从外界感受到的压力：藏起你不礼貌的忧虑。小时候，她曾用一块石头把一个娃娃的脸砸碎，原因是她的妹妹得到了她想要的那个娃娃："我找来一块大石头，用尽我所有的力气，向她的脸砸了下去，听到砸碎的声音时，我很满足。"然后，她又为了那个娃娃而哭泣，把她埋起来，并在她的坟墓边放上了花。

里斯在西印度群岛的多米尼加长大，头发上缠绕着缅栀子花的花环。她这样描绘她土生土长的小岛："我想要认同它，沉迷于它……但是，它别过了头，很冷淡，伤透了我的心。"年迈时，她依然记得"调制鸡尾酒的声音，调酒棒和碎冰碰撞杯子的声音"，那就像是黄昏有规律的心跳声。缅栀子花的枝干流出的血是白色的，而非红色。一切都发着烫。在家中，一幢摇摇欲坠的旧宅里，里斯的祖母坐在那儿，一只绿色鹦鹉栖息在她的肩上，她的母亲则一边搅拌坩埚里的番石榴果酱，一边读着《撒旦的悲伤》。那个故事很简单，结尾是注定了的：撒旦想要风光体面，但那轮不到他。里斯从小到大都被一种毁灭感尾随。在她家的家传银器上方，摆放着一张苏格兰女王玛丽一世被带向刑场的照片。里斯的著作永远无法彻底厘清她正在承受却超越她自身的痛苦：奴役的狭长阴影，以及家族在其中扮演的角色。她个人的痛苦太令她与世隔绝了。

她12岁的时候，一个家族朋友把手伸进了她的裙子。他的名字叫霍华德先生。"你想要归我所有吗？"他问。她说她不知道。他说："我基本不会让你穿什么衣服。"

数年后，她写道："它就是从那个时候开始的。"

它是什么？一方面，它是那个他开始讲给她听的故事："那个我听了不知道数周还是数月的、连续不断的故事——有一天，他会劫持我，然后我就归他所有了。"在那些故事里，霍华德先生描绘了他们将要住的房子，他们将如何站在露台上，看着夕阳下蝙蝠在飞，月亮从水面上升起。另一方面，它是一种被诅咒的感觉，被写进她无法控制其情节发展的故事的感觉。

多年后，每当里斯回忆起这个故事，她只有在喝醉或写下自己的故事——那些帮助她明白自己满心悲哀的故事——后才能得到一丝解脱。"我把自己彻底毁灭了，"她在一次狂饮后写道，"或者说，我为自己的彻底毁灭迈出了最后一步——而你知道，我肯定能在哪里找到我自己吗？在霍华德先生的房子里。"

在里斯身上，我看到一个女人试图写就一个有关其个人绝望缘起的虚构故事，试图建造一座房子让它或许能住进去，建立一种逻辑或说法让它或许能有理有据。然而，我感觉到她的痛苦比霍华德先生的房子更古老，或者说他的房子只是表述另外一些无可名状的东西的方式——一种玷污或毁灭的感觉。

"我要是可以把这种贯串一生的痛苦弄明白些就好了，"里斯写道，"每当我想要逃脱，它就又伸出手来，把我带回去。如今，我已不再尝试。"接受它并不容易。"你完全不明白，亲爱的，"她在日志中这样写道，仿佛是在为写一封信而操练，"我一直是怎么喝酒的。"

里斯在很长的一段日子里都在酗酒。她一直都没能原谅自己在襁褓之中的儿子死去时正在喝酒，并且余生都保留了安葬他的收据：马车、小棺材和临时的十字架，一共花费了 160 法郎 60 生丁。她和朗格莱之后又有了一个孩子，她——一个名叫玛莉芳的女孩——活了下来，但是里斯无法照顾她。玛莉芳住在一间女修道院里，之后便主要跟着父亲——他一度坐牢，但在养育孩子方面还是比里斯要强一些。有一次，玛莉芳来跟里斯住，里斯却对照顾了这个小女孩一天的那个女人大发雷霆——为她们俩下午 4 点就回家而生气。"你回来得太早了！"里斯大喊大叫。里斯想一个人待着，喝酒、写作。

里斯从未将自己视为和同辈的醉酒男性作家一样的流氓天才，而是一直被迫将自己视为一个失败的母亲。那些把她的醉酒当成耻辱的象征、无法自控的标志的"传统观念"或许会这样陈述这个故事：当里斯喝酒时，她在索取。她渴望得到慰藉或解脱。当她写作或养育孩子时，她是在给予。她在创造艺术，或是维持生命。然而，给予她创作灵感的悲哀往往让她无法履行母亲的职责。她想要被爱。她想要孤身一人。

你的悲哀仿佛彻底占据了你的整个世界，以这种态度生活，存在着一个问题：你的悲哀从来不会彻底占据你的整个世界，且你的世界以外的人往往有他们自己的需求。6 岁的玛莉芳告诉朋友："我的母亲试图成为艺术家，而她总在哭。"

我厌倦了让自己挨饿，那令人厌烦并且寒冷——不论我喝下多少杯热水。我开始去看心理医生。当我告诉她我母亲的职业时，她往前靠了靠。"你的母亲是个营养师？"她说，饶有兴致起来。"你认为这样做是为了引起她的注意吗？"

我母亲不是**那种**营养师，我解释道。她的博士论文写的是巴西农村婴儿营养不良的情况。她在靠近福塔莱萨的一个小镇待了好几个月，为体重过轻的婴儿称体重。她营养师的职业生涯与她厌食的女儿那自我放纵的焦虑毫无关系。另外，我补充道，我已经得到了母亲的关注。我的母亲不是症结所在。事实上，我说，我的进食障碍更像是对于我母亲所有令人赞叹之处的可悲的背叛，特别是她与食物以及她自己的身体之间基本上很平和的关系，还有她对于确实值得关注的问题的无私奉献。医生提的这个问题无关得如此明显，令我相当恼火。

那个夏天，我本来要进行下颌手术，以矫正我几年前受的伤。那也就意味着，我的嘴巴要被缝起来两个月。然而，如果不增重，我就无法进行手术。因此，我让自己暂时增了点重，心里明白之后的手术是一份保险：我确定它会让我瘦回去的。

手术后的最初两个月里，我向臼齿和口腔后部之间的空隙注射了各种味道的安素^①。再次摄取浓度这么高的卡路里，让我感到震惊和恐惧。不过，因为我无法再吃东西了，我又松了口气。不过，我担心一旦他们给我拆了线，我再次开吃，就会停不下来。另外的那个我，那个一直被放逐在记录了我想象中的美食的笔记本里的我，会永远不停地吃下去。大二开学了，表面上我已经克服了进食障碍，可是另一个我——那个永远想要更多，那个我试图饿死的我——并没走。她要开始喝酒了。

之后的那几年，大学生活变成了闪烁发光的虚构故事。我加入了一个社交俱乐部，它就像是个魔术师的秘密藏身处，得通过一个秘密操控盘打开其前门。入会仪式上，我不得不带好干邑白兰地，挣扎着拿出巨大的勇气以及一张糟糕的假身份证（V.S.O.P.^②，那看起来应该代表比"陈酿"更迷人的东西）。大三、大四的学生们喝了我的白兰

① 安素，美国雅培公司生产的成人营养液。
② V.S.O.P.，白兰地的一种陈酿等级术语，全称为 Very Superior Old Pale，其橡木桶熟化时间至少 4 年。

地，我却在地板很脏的地下室喝着必富达杜松子酒，那里到处都有鸡笼铁丝网。我不得不一口气抽八支香烟——熟练地、不咳嗽地，还爬到一根4英尺高的柱子顶端，回答俱乐部成员的问题。如果我的答案不够机智，他们会用聚光灯照我的脸并刁难我。当我被要求当众细读一部虚构色情作品时，大家都发现我大醉后的细读本领远胜于我的手眼协调或我的常识。我凌晨5点回到家，身上散发着一股凝结了一半的生奶油的味道，就好像刚参加了一场扔食物大战，然后还得试图在中午的截止期前完成一篇关于弗吉尼亚·伍尔夫的文章。这就是活着。

喝酒给人的感觉与约束相反。它是自由。它是屈服于**想要**，而不是拒绝。它是放纵。**放纵**即不顾一切，却也是突然撤离：将那个挨饿的自己，它冰冷的、骨瘦如柴的躯壳抛下。在去法学院健身房的路上，我会看到一些透出光的窗户，而喝酒让我仿佛置身于那些窗户后面。

一个深夜，我和一个喜欢的男孩在《倡导者》杂志社的"圣所"里跳舞。那时候，我已经醉得站不直了。我穿着一条露肩裙，它滑了下来，大庭广众之下我的胸罩露了出来，他帮我把裙子拉了上去。后来，我们接了吻。第二天醒来时，我头晕而紧张。接下来会发生什么？接下来什么都没发生。我拥有的只是支离破碎的回忆，我的裙子下滑到我的腰际，他则轻轻地把它拉了上去。

在《倡导者》的时候，就像别人给我办入会仪式一样，我也给别人办入会仪式——让他们手工卷香烟给我，所用的纸就是学校有关欺凌的行为规则手册。按规矩，我应该要整他们的，但我在整人方面很不在行。"跪下来，乞求！"我会大声喊。然后，我又会降低声调说："如果那让你觉得奇怪或者不舒服，你完全可以不那么做。"我继承了一个名叫特丽莎的女人的过期驾驶执照——她戴着眼镜，根本不像我——并很喜欢戴眼镜的小兴奋劲儿，只为让我的假身份更令人信服。

大三的万圣节，我的一个朋友扮成了汉堡包，还问我是否想用配套的炸薯条服装。我说行。他是个不错的朋友。有一年的时间，我们一起一大早四处给杂志贴广告传单——"投稿！"——双手冻得发僵。有一张我俩的照片，一个汉堡包和一盒薯条一起坐在"圣所"里一张破烂的躺椅上，接缝处的丝绒都破了。照片里，我正毅然决然地透过薯条服装的袖孔抽烟，身旁是一只 Solo 牌一次性塑料杯。我假装冷静，但你看得出我是快乐的。他当了我一年的男朋友。他住在一座高高的水泥塔楼里，可以俯瞰河流。风很大时，整栋楼都会倾斜。我喜欢从派对归来，醉着爬上他的床，对着他的肩膀呼吸，吞吐我嘴里的杜松子酒味。醉酒并拥吻意味着我的躯体受邀到访，那是我平息一直挥之不去的、对自己身躯的忧虑的另一种方式，而正是那种忧虑让我计算卡路里、数我的肋骨、寻找出路。

　　当我喝起酒来，那种沉醉感和闪光感让我感觉自己像是那个在"圣所"被提到过的中国艺术家吴道子。传说中，他在皇宫的墙上画了个山洞口，走了进去，从此就消失了。

　　当我喝到某个阶段，酒后晕厥便不再是喝酒的代价，而是其意义所在。那是我在艾奥瓦的第二年，在一次分手之后。不是丹尼尔。我早就结束了和丹尼尔的关系——一旦它变得更平庸、更稳定、更安全，这都是我告诉自己想要却实际上无法忍受的东西——并找到了让我可以同样一头扎进去的另一个人，另一个诗人。我们的关系本身被易令人怀念的饮酒记忆装点，特别是我喝醉的那几次。我们曾开车到城外一座有遮盖的桥上去喝带着许多泡沫的冰蓝带啤酒，吃一篓油炸花椰菜，双腿悬荡在河面之上。我们有一晚带着一瓶葡萄酒跑到墓地里，并在翻盖式手机的微弱光亮下给彼此读诗。我开始出现在他的诗里，或者试图相信是这样："遇到你以后我喝得少了"，他在一首诗中这样写，仿佛战胜酒瘾是终极的赞美。我们依然喝酒。他喜欢我喝醉，他曾告诉我，因为这会让我变得和所有人一样蠢。他喜欢我说一些简单的话。

我搬离了道奇大街的那座装有白色护墙板的房子——因为我想要有自己的地方，而在艾奥瓦我是负担得起的。每个月区区不足400美元就令我租上了一幢旧木屋三楼的一个闷热单间：七号公寓。那里满是灰尘，过去住在这里的作家们留下了一层层的心潮澎湃和顿悟。房间里灰尘多的另一个原因是我从来不打扫。我感到此处可供一个年迈的人死去。房间的窗户位置设计得很完美，夏天完全不会有任何穿堂风。烤箱的刻度盘完全没有数字，那也就意味着每次烤东西都得操练圆形几何学和测算能力：325是……大概就是这里！我成了做香蕉奶油派的高手，因为那完全不需要烘烤。我独自一人坐在黑色仿皮的蒲团上看电影，用塑料杯喝葡萄酒。我对任何人概不负责。我喜欢那感觉：从窗口可以看到一条小溪——其中的一扇窗，不过你得贴着墙才行。即便如此我仍很欢喜。我喜欢溪水中有鸭子。我写信告诉所有认识的人："我有鸭子了。"仿佛它们是我的。

交往几周后，那个诗人就每天都到我的住处来过夜。他把我的备用钥匙挂在了他的钥匙圈上，我把那看作求婚的前奏，并告诉自己，我是一个不可救药的浪漫主义者，穿着一件雪弗兰科迈罗的古董T恤睡觉，上面写着"为速度而造"。不过，最终，他开始在外面喝酒喝到很晚才回家。在他告诉我他需要空间的那一夜，我不再听他说话，自行走回浴室，拿出一把刀片自残。三条隆起的线，上面有我一度熟悉的红点。他坐在墙壁另一头的厨房里。然后，我在自己的脚踝上贴上邦迪创可贴，走了出来，说："行。"他需要空间。我可以接受。

有一晚，我等他回来等得烦躁极了，便在凌晨3点开车去了卡车停靠站。我给他留了一条简短的留言，像是一首乡村歌曲："睡不着，开车到卡车停靠站。"我极度清醒，并因为他要离开我而我又无法阻止，焦灼得几乎要发疯。我开着车，想通过开得足够久来将我的迫切需求消磨殆尽。在轮毂盖店上方，我喝着那漂着油星儿的咖啡，但是那段车程感觉已不似从前，没有了从前的自由，因为它的地形线完全受制于他的拒绝。

他最终跟我分手是在我公寓的楼梯上。那是屈辱的舞台一幕：他试图走开，而我则将脸埋在双臂之间，请求他留下。我回到公寓，蜷缩在地板上哭泣。那块地毯依然肮脏无比。就在哭到一半时，我居然还打了喷嚏。

我的问题很简单，却又没有答案：我不想感受我所感受到的。然后，我看到了冰箱上的酒瓶：那一堆瓶子仿佛是个小村庄——橙味甜酒和百加得朗姆酒和鹰眼伏特加和蜜多丽蜜瓜利口酒。那算不上是云上的神明，却是有意义的。它是实际的。我在想：要喝多少才能昏过去？

那个冬天，我总是早早醒来，在寒风凛冽中，在房间外的太平梯上抽烟。有时候我把收录机放在厨房的窗边，大声播放汤姆·佩蒂的歌，他那青蛙一般的嗓音唱着《别再到这里来了》——一首有关放逐的歌。我想像切蛋糕一样把前任切掉，就像佩蒂在音乐录影里那样，把爱丽丝梦游仙境切成整齐的、撒着糖霜的一块块楔子。与其说我想要伤害我的前任，不如说我想要把他带回来。第一场雪来了，溪水结了冰。我在想我的鸭子们：它们会去哪儿呢？

每天，我一醒来就开始算计何时才能开始感觉好一点，心里明白至少要到 5 点，或者——也许，实际上是——4 点半，当我允许自己开一瓶葡萄酒的时候。还好那是冬天，天黑得比较早，那让我觉得像是得到了许可。我也喜欢在家里抢先一步自行喝起来，然后再到外头和别人一起喝。要是我在出门前就有点微醺，那有助于我在酒吧保持更平和的心境，耐心地等待其他所有人喝完他们的第一、第二轮，因为事实上，我已经喝到第四、第五轮了。

与此同时，我在教一个初级文学课程的两门课。当我们试着讨论《耶稣之子》的时候，我意识到约翰逊的主人公并没有名字。因为他的朋友们都叫他蠢蛋，我们也叫他蠢蛋：蠢蛋的角色弧度。蠢蛋的信仰危机。我的学生们很喜欢看到他喝高以后，其世界变得何等荒谬。"他想要逃离什么？"我问他们，之后就往家赶，例行我傍晚的活动。我知道像我刚开始喝就喝那么多，意味着我在摄入好几百的额外卡路里——往往超过 1 000 卡路里。因此，限制我食物中的卡路里作为补救之策，是合理的。吃得少还能让人更容易醉。一石二鸟。说真的，我不确定为什么会有人在喝酒前吃东西，那感觉像是浪费了空腹喝酒的陶醉感。

如果我独自吃饭，那么晚餐永远都是一样的。我有四个盘子，我会使用其中的一个，放上两圈午餐肉（每圈 30 卡路里）以及八块苏打饼干（每块 12 卡路里），再把每圈切成四等份。然后，我把那八份午餐肉逐一放到八片饼干上：开放式三明治。自从我开始进食失调方面的治疗，把减掉的体重又增回来后，我的体重便在我认为是自己生命底线的水平徘徊——能维持月经的体重。有时候，我会让自己的体重低过那条线，为的是向自己证明，我可以做到。那就像是我和自己生命之间的秘密对话。喝酒给我另一种方式来表达我的悲苦，把我的感情转化成一系列行动。

一晚，我坐在朋友车里的乘客座位上，叫他对我说，我比我的前任好看。那是傍晚 6 点，而我已经喝醉了。他完全照着我的意思说了那话，而谁又能怪他呢？因为除此之外，他要怎样才能把我从他的车里赶出来呢？我上了楼，并在日落之时昏睡了过去。

我告诉自己，我的酗酒跟前任有关。然而，他的离去不过是我给自己找的理由。我要求生活中的一切都是全情投入的，即使是窗外的那些鸭子。它们的生存具有史诗般的意义。到了春天，它们又回到了楼下的小溪，和以前一样——存活过冬天之后，它们并没有什么不同，也没有变得更好。

在她的初恋离开后，里斯说："我正在发觉喝酒是多么有用。"在我看来，这很对。心碎并不是你喝酒的原因，但它可以成为一个契机，让你发现喝酒或可产生的效用。

里斯的初恋是一个叫兰斯洛特的男人，他曾把她称为他的小猫咪。"小猫咪，"他曾写道，"你有时让我心痛。"当里斯在被兰斯洛特伤透了心而因此怀上了另一个男人的孩子后，兰斯洛特并没有让她回到他身边，但为她支付了堕胎的费用。他送给她一株玫瑰和一只长毛波斯猫。里斯到海边待了一个礼拜。她把波斯猫放在尤斯顿路的一家收容所里，等她回来时，他们告诉她，那只猫已经死了。她坐在一辆伦敦巴士的顶层哭泣。她开始一天睡 15 个小时。"然后，它成了我的一部分，因此如果它离开了，我会想念它，"她写道，"我说的是悲伤。"她失去了一些东西——男人、猫咪、胚胎——然而她得到了另外一样东西：对于在她心里住得最久的那个租客——悲伤——的新的体会。**如果它离开了，她会想念它。**这个条件时态充满了令人筋疲力尽的预言。它一直都没有；它永远都不会。

她的朋友弗朗西斯·温德姆写道："就在那平淡无奇的背叛带来的震荡之后，对她而言，整个地球都变得没法住了。"里斯总是受到指责——来自其他人、文学评论家、读者——说她太过夸大那些平淡无奇的困苦了。她知道别人指控她自怜自艾，并时而为此憎恨自己，时而又骄傲地予以承认。有一次，她写信给朋友："你看，我喜欢情感。我赞成它——事实上，我可以**沉湎**其中。"她是沉湎中的山鲁佐德①，她从泛滥的沉迷中编织故事，她差点儿没死于沉迷。她的小说对于喝酒的很多事都写得很对：封闭性，诱导和转向，如何向她承诺自由但最终又让她呕吐着跪下来乞求。

兰斯洛特离开后，里斯参加了一个音乐综艺秀节目组的巡演，在英格兰中部和北部那些阴郁的城市兜了一圈：威根、德比、伍尔弗汉普顿、格里姆斯比。甚至它们的名字都带有一种掠夺意味，颇为

---

① 山鲁佐德，《一千零一夜》中的苏丹新娘，以夜复一夜地给苏丹讲饶有趣味的故事而幸免于一死。

贴切。节目组里有个男孩画了张草图勾勒这种巡演生活——阴暗的小巷、点着灯的房间——并加上了一个简单的标题："我们为什么喝酒"。

不过，里斯从来不需要"为什么"，不然的话，她有太多个"为什么"了。兰斯洛特不过是众多借口的开始。有一篇评论这样说："在一幅延伸开去的画布上，我们会更清楚地意识到醉酒的不可餍足性，当它作为对所有考验和烦恼的一种疗愈时。"

结果，里斯以她的心碎成就了一番事业。她把被兰斯洛特抛弃的耻辱——以及此后她对自己的毁灭——变成了她第一部手稿《黑暗中的航行》的素材。她的女主角安娜是一个名叫沃尔特的男人的情妇，后来又被他抛弃。即使到了那个时候，安娜还是没办法恨他。"我不痛苦，"她说，"我只是想喝杯酒。"房东太太因为她在鸭绒被的真丝被套上留下了葡萄酒的污渍而骂了她。

在沃尔特离开之后，安娜的人生满是留下了污渍的被子和干瘪卷曲、没人要吃的培根。男人们在半夜上过她以后，在她的钱包里塞上5块钱、10块钱，或者更多，然后写信给她，这样他们可以再来，或者不再写信——故事永远那样结尾：不再写信。

当我第一次读《黑暗中的航行》时，安娜的落魄让我感到生理不适。不是因为我厌恶它，而是因为我认同它。我看着她夭折的信笺洒了一床："亲爱的沃尔特，亲爱的沃尔特，我爱你你必须爱我我爱你你必须爱我。"喝酒和想念男人，喝酒和想念钱，喝酒和想念家——所有这些都纠结在了一起。当她因非法堕胎失血过多时，安娜说："我想要喝一杯。在餐边柜里有一些杜松子酒。"

1913年圣诞节那一天，在兰斯洛特请人送了一棵树到她宿舍之后——此时他俩的关系已结束数月之久——里斯决定要喝下一整瓶杜松子酒，并从她卧室的窗口跳下去。一个朋友来到她的住所，看到那瓶酒，还问她是否要开一个派对。"哦，不，"里斯说，"算不上是个派对。"当她说出她的计划时，朋友说，跳楼不会致死，只会瘫痪——"然后你就会生不如死。"

里斯没有从窗口跳下去，但是她喝了那瓶杜松子酒。然后，她买了一本笔记本，并开始用它写作。至少她是这样讲这个故事的：她几乎要死了，但又因为写作而复活了。事实上，她以前也收藏了一些笔记本，不过，或许她在这一本里写的文章更好一些，或许把写作想象为她的复活，这个念头深深吸引着她。

吃苏打饼干三明治的那个冬天，我开始跟更多男人睡觉。喝醉的时候，这变得更容易。那个说脱口秀的，那个拖车司机，那个在为他自己造房子的男人。醉后性关系是一种清除感受的方式，把它抽干并放到另外一个地方，就像收集煮熟的肉里剩下来的油脂，把它倒进一个罐子，放在一边，才不至于堵塞下水管。

在最后一个学期，工作坊的讲师在我们讨论的几乎所有学生作品中都找到了严重的错误，而且他会花 1 个小时分析为什么那种语言行不通。有一周，他翻遍了一整篇故事，试图找出他喜欢的一条短语。我花了相当长的一段时间才相信他不是个混蛋；他对我们严格是因为他相信我们的作品有可塑性。他觉得我的第一篇稿子没什么意义。然而，他的智慧中有一种诚实和精准，让我渴求得到他的表扬。得不到只让我更渴求。

课程以外，我遇到了一个年纪更大的男人，他住在城外。我会到他的大房子里去，在那里，烤箱刻度盘的数字全都很清晰。我会给他做炒鸡肉，那是我唯一会做的菜。我们会一起喝醉——或者我会喝醉。其实，我完全不知道他是否喝醉了。我们会做爱，然后我会穿上他的某一件篮球针织套衫，跑到厕所里去哭。那时候，我为自己感到难过。现在，当我回首往事，却会为他而难过——这个女孩跑到他家里，给他做的炒鸡肉像橡皮一样，还要求他回以夸赞，然后又跑到他的厕所里去哭。她显然是想从他那里得到什么，但那是什么呢？我们俩谁也不知道。

几周后，在吃完饭时，他告诉我，他吃不出我做的菜是什么味道。他并不是在比喻，他没有味蕾，他从一出生就是这样的。不知出于什么原因，这在我看来是悲哀的——不仅在于他没法尝到任何滋味，而且在于我一直在给他做饭，却不知道他尝不出任何滋味。不论我们在做什么，我们都不是一起在做。我被需要的欲望像是某种从身体里喷出来的物质——需要需要需要——而那让我恶心：我成了一个破水龙头。有个男人告诉我，他想跟我发生关系，他轻轻地对着我的耳朵私语，那就像是啜第一口威士忌，那温暖的一击，直入我的五脏六腑。最初的感觉总是最好的：口干舌燥的早晨、陌生的床、床单上的汗渍。

我试着过得好一点。我试了瑜伽。我买了一小株室内盆栽，碰巧的是，有个朋友也给我买了一小株室内盆栽，我决定为此开一个小派对。或许我们会喝酒。其中一株盆栽——那株垂叶榕——挂在我的厨房里。它的下面就是另一株盆栽——一小盆蕨。我用安德鲁·马维尔的诗命名它们俩："湮灭一切 / 幻化为绿荫下的绿色遐想。"大一点的那株盆栽叫"马维尔"，小一点的叫"湮灭者"。我决定要办一个绿色的派对，一切都要成为绿荫下的绿色遐想。那意味着要有青柠味的小杯果冻酒、带有色素的开心果曲奇、芹菜、菠菜鹰嘴豆泥，以及别人的盆栽。我在那天早上调制果冻酒，却无法打开那瓶 1 升的伏特加，因为我买了最便宜的那一种，而那盖子有点儿问题。我不得不以最快的速度跑到街角的小店——我的果冻正在一点一点冷却下来——并在早上 8 点要求买一瓶伏特加。

我调好了果冻酒，但是它们太猛了。厨房里太热了，里面挤了太多人。没有人像我想的那样，觉得"湮灭者"的名字有意思。一个朋友前一天刚刚因为醉驾被捕，并在监狱里过了一夜，她在角落里流泪。另一个朋友抽了太多的大麻，结果晕倒在厨房的地板上。我的家似乎有毒气，仿佛你只要在那里待一会儿，就会产生问题——一种脆弱的状态，或是一种荒谬的绝望。

在我和前男友分手的几个月后，朋友们开始温和地、体贴地问我，我怎么还老说起那件事。我怎么如此念念不忘？老实说，我也不确定。被摒弃是一条虫，不断地往我心里以及我平淡无奇的背叛中越钻越深，而我一直试图把它挖出来，刨根问底地想弄明白，对他而言，为什么我还不够好。我开始到学生服务中心看治疗医师，就当是个实验。他说话带着一种口音，让人很难理解他的某些微笑。"爱情就像烤面包机，"他告诉我，"它一来便摧毁一切。"

我想，不，爱是大收录机里播放的汤姆·佩蒂。我想象着自己被烤过的心那焦了的边缘。结果，他想要说的是旋风，不是烤面包机①，而那年春天确实有一场旋风。一场真正的龙卷风将一家姐妹会会所的屋顶整个掀掉了。它劈开了枝繁叶茂的树，把车掀起来打到树干上。它把我后院的顶棚抛到了溪水里。我为那些鸭子祈祷。**我的鸭子们**。这就是艾奥瓦，一个极其明显的、可悲的谬论：你谈及爱情，然后，有关它的比喻便成了现实；你周身的一切都乱了套。

我决定写一个有关那次分手的故事，因为我满脑子都是它。然而，一个分手的故事似乎像是一场艺术性的自杀，我已经可以联想到工作坊的讲师如何在课上翻阅它，指出其中有关分手的平庸表述。无论如何，我还是写下了那个故事，但是我下了功夫，把自己的心碎表现得更戏剧化。我的主人公把一杯葡萄酒砸向冰箱，然后舔掉米色冰箱门上红色西拉缓缓流下来的痕迹。我一直都只用水杯和塑料杯喝葡萄酒，但是碎玻璃和舔绯红色的酒痕似乎比我自己多余的大喝特喝，更像是对痛苦的巧妙描绘。

到了我的作品被品评的那天，我们的讲师说："这篇小说唯一的问题是它没有页码。"那是我在艾奥瓦写下的唯一一有人真正喜欢的作品，那也证实了我的直觉：世界变得黑暗，你就从这黑暗下手写作。

---

① 医师说的是 twister（旋风），不是 toaster（面包机）。

心碎可以成为职业生涯的开始。

那时候我不会照顾自己，我自己和我的垂叶榕——7月的暑热使它枯萎成了脆片。我把它放在太平梯上，这样我就不用看着它死掉。我想要相信，我的这种新的饮酒方式——故意地、明确地、自觉地喝到晕厥——正把我引向我从来不知道的那一部分自己，我正摸索着它的外形，而它就像是幽暗水中的一个物体。酒后吐真言是喝酒最吸引人的承诺之一：那不是堕落，而是启发，它并非掩盖，而是揭示。如果那是真的，那我的真相便是，在彻底醉掉之前，在夜里独自边看爱情片边喝酒，还没看完便晕过去了。

三

归 咎

每一个有关上瘾的故事都要找个反派角色，然而美国人一直犹疑不决，上瘾者到底是受害者还是罪犯，上瘾到底是一种疾病还是一种罪行。因此，我们以各种精神上的分工来减轻认知失调带来的困扰 —— 有些上瘾者得到同情，有些则受到责备，而这种分工总是应我们的需求而重叠、演变：酗酒者是备受折磨的天才，吸毒者则是诡异的行尸走肉；男性醉酒者令人兴奋，女性醉酒者则是坏妈妈；白人上瘾者承受的痛苦有人可以证实，有色人种上瘾者则得到惩罚；上瘾的明星得到奢华的马术治疗，上瘾的穷人则受苦受难。在她那本名为《新吉姆·克劳法》[①]的书中，法律学者米歇尔·亚历山大对大规模监禁做出了开辟性的描述。她指出，上述的许多偏见反映了一个更深层次的问题："谁被视为可摒弃的 —— 那些被一个民族扫地出门的人 —— 以及谁又不是？"这些介于黑人和白人上瘾者、酒瘾者和吸毒者之间的差异，并不是次要的差异，而他们成了

---

① 该书全名为《新吉姆·克劳法：无肤色偏见时代的大规模监禁》。《吉姆·克劳法》泛指1876 年至 1965 年，美国南部各州以及边境各州对有色人种（主要针对非洲裔美国人，同时也包含其他族群）实行种族隔离制度的法律。

我们貌似想要保护一些人实则却想要诋毁另一些人的那种需要的牺牲品。

"我们为何怨恨吸毒者？"理论家艾维托·罗内尔问道，并引用了雅克·德里达的话来回答，"因为他断绝了和这个世界的关系，自我放逐于现实之外，远离城市和社会的客观事实以及真实生活；因为他逃到了一个充满假象和谎言的世界……我们无法接受这样一个事实：他的快乐来自一种虚无缥缈的经历。"这种看法将上瘾者视为背叛的代表，正削弱我们共同的社会工程。这一形象在犯罪学家德鲁·汉弗莱斯所谓"毒品恐慌"的说法中不断出现。这是典型的美国题材，把某一种物质单独挑出来，以其作为惊慌的理由——往往是武断地，在没有任何证据表明使用有所增加的情况下，目的是让一个边缘群体成为替罪羊。同样的事情发生在19世纪加利福尼亚的华人移民和鸦片问题、20世纪早期南部的黑人和可卡因、20世纪30年代的墨西哥人和大麻、20世纪50年代的黑人和海洛因、20世纪80年代的贫民区和快克①大泛滥、21世纪之初贫困白人阶层和甲基安非他命的兴盛上。甲基安非他命被称为"人类历史上最致命、最易上瘾的毒品"。美国各地的仓库都有人在掉了漆的墙上潦草地涂鸦："甲基安非他命即是亡命。②"那看起来像是某种预言。海报和电视广告里出现了一长串一长串的食尸鬼，他们骨瘦如柴、牙齿蜡黄，挤着脸上的疮，对他们的婴儿视而不见。然而到了2005年，当《新闻周刊》一篇封面故事将甲基安非他命称为"美国新一轮的毒品危机"时，其使用率已连续几年都有所下降了。

将"毒品恐慌"的说法称为有毒题材，并不是在否认毒品可以造成的伤害或是上瘾造成的破坏，而只是确认"上瘾"总是同时关乎两件事：一组被扰乱了的神经传递素，以及我们讲述的一系列关于扰

---

① 快克，高纯度可卡因。

② 英语原文为：METH IS DEATH，有押韵。

乱的故事。上瘾成了一种可传染的流行病，一种对公民责任的故意否认，一种对社会秩序的勇敢反叛，或是一个被折磨的灵魂高尚的抗议。得看是谁在讲故事，又是谁在吸毒。哥伦比亚大学精神科学家卡尔·哈特写下了没有怎么被报道过的吸毒故事，那个"不是特别令人兴奋的、从未被提及的、非上瘾的故事"。就像哈特提醒我们的那样，那是大部分吸毒者的经历。即使如此，上瘾还是被表现得既不可避免，又具有单方面毁灭性，以便达到某些社会性目的，其中最突出的是反毒战争①。

在 20 世纪，美国的反毒运动实际上是由一个名叫哈里·安斯林格的人发起的。1930 年，就在禁酒令刚刚开始瓦解的时候，他接管了联邦麻醉药品管制局。安斯林格实际上是把惩罚性冲动的矛头从禁酒转向了禁毒，那是一种把上瘾视为软弱、自私、失败和危险的冲动。它并不仅仅是一种比喻意义上的关联，或是精神上的升华：安斯林格的麻醉药品管制局实际上也接管了禁酒局之前使用过的阴森的办公室。

然而，在之后的数十年里，在大众想象中，美国的法律系统把酒瘾和毒瘾分化成不同的类型：前者是一种病，而后者则是一种罪。人们很轻易地就会把"烈性"毒品和上瘾，或酒和消遣画等号，但实际上它们之间的区别主要在于社会标准和法律的实施，而且并不是一直都如此。

《哈里森麻醉药品法》于 1914 年出台，该法旨在对麻醉剂和可卡因的分销进行控制并征税。在此之前，你可以轻易从西尔斯·罗巴克②的商品目录上订购麻醉药品，针管和可卡因的套装售价为 1.5

---

① 反毒战争，原文为 War on Drugs，最早由尼克松在 1971 年提出，旨在消除、阻截、监禁。

② 西尔斯·罗巴克公司曾经是美国乃至世界最大的私人零售企业。

美元，你也可以从当地的药店购买用吗啡制成的温斯洛夫人舒缓糖浆①。然而，到了 20 世纪 50 年代，安斯林格把大部分海洛因上瘾者描绘成了"精神变态狂"，他们"经由与已有毒瘾的人接触而出现"。我们为何怨恨吸毒者？安斯林格关于传染性的言论合成了两种对立概念——疾病和恶习，并将上瘾者想象成了道德败坏的零号病人②。这让他在禁酒令时期、在巴哈马工作时使用的辞令再度出现——当时，他呼吁海军围捕走私犯，声称他们携带有"令人憎恶并具传染性的疾病"，会传染给喝了他们的酒的人。安斯林格将自己视为一个道德卫士，但穿得像是一个黑手党暴徒，和他的政策养起来的一帮人一样，穿着发亮的西装、打着印有中国宝塔的领带。在他所发起的反毒运动早期，他一直挣扎着要保住其麻醉药品管制局不至于倒闭，在 20 世纪 30 年代中期，当经费被砍掉一半后，他于 1935 年因精神崩溃住进了医院。

　　也就是在同一年，在他的监督下，美国麻醉药品相关的立法又迈出了激进的一步：麻醉药品农场——在肯塔基州列克星敦市外，专为吸毒者而设的联邦政府设施——在那年 5 月开幕。麻醉药品农场既是监狱，又是医院，由联邦监狱局和公共卫生局共同管理，是美国与上瘾之间矛盾关系的制度化身。（它也是一个有实际产出的牛奶制品农场，这也是其别名的来源；不过，不止一个管理者担心它会被误以为是种鸦片的地方。）在任何时间点，列克星敦的 1 500 名"病人"中，大约有三分之二是被判违反了联邦政府麻醉药品法的囚犯，另外三分之一则是寻求治疗的自愿者——不过这些"自愿者"往往已违反了法律，并在寻求除法律制裁以外的选择。如果上瘾既是罪行又是疾病，那么麻醉药品农场的居住者便既是囚犯又是病人："自愿者"和

---

① 温斯洛夫人舒缓糖浆，于 19 世纪 40 年代出现，主治婴幼儿感冒和咳嗽，风靡英美。这种药每盎司含 65 毫克吗啡，不仅会成瘾，而且会导致婴儿死亡。

② 零号病人原指盖坦·杜加，他曾被美国疾病控制及预防中心推断为艾滋病从非洲传入北美洲的零号感染源，但这一推断在 2016 年得到了推翻。

"犯人"。他们同时在接受惩罚和康复治疗。

当麻醉药品农场于 1935 年开始运行时，美国人并不知道要怎样看待上瘾——是惩罚它还是治愈它——而麻醉药品农场的一切也反映了这一困惑：它的名称、有关它的媒体报道、它的管理，甚至它的建造。它有像监狱一样高耸的墙和装着铁栏的窗，但也有很多像酒店一样的房间，从巨大的窗户可以俯瞰肯塔基延绵不绝的绿色山丘，房间的拱形天花板和高高的圆弧又有一种宗教意味，像是一个修道院——象征救赎的建筑。

哈里·安斯林格并不仅仅是一个制定政策的人，还是一个讲故事的人。然而，他所讲述的上瘾故事大都没有救赎的部分，它们只是关于异类行为的故事——目的是引起恐惧并证明惩罚的合理性。在他提出"向吸毒者宣战"的过程中，安斯林格喜欢引用一位洛杉矶警察的话："我觉得这些人跟麻风病人属于同一类，社会对他们的唯一防御办法便是尽可能地区别对待及隔离。"

在安斯林格的预算被大大削减后，他变本加厉地制造恐惧。20世纪 30 年代后期，为了制造理由让他的机构继续存在，他一直在煽动公众对于麻醉药品的焦虑，并在运动中无情地利用了种族恐惧。他提出大麻解放了黑人男性对白人女性的性欲，对众议院拨款委员会发表演讲，内容为："有色学生"与同校的白人学生一起参加派对，并以种族迫害的故事博得同情，而结果是怀孕。

种族妄想向来是美国人有关毒品恐慌的叙述的一部分，尽管一直以来大部分毒品使用者是白人。甚至在安斯林格之前，正是这种妄想令《哈里森麻醉药品法》获得了公众支持。《黑人可卡因"恶魔"成为南部的新威胁》——这是《纽约时报》1914 年的一则头条新闻。类似的报道都在传播这样一种虚构故事，黑人"恶魔"几乎成了超自然的敌人。1914 年，一篇刊登在《文学摘要》上的文章声称，"在南部，白人女性受到袭击的案例，大多是由因可卡因而发疯的黑人直接引起的"。

1953 年，安斯林格出版了一本名为《麻醉药品的非法交易》的书，以此为宣言，捍卫他花了 20 年时间对毒品开展的战争。这也是替他所支持的新法的出台铺平道路：1956 年的《麻醉药品管制法》对销售分发毒品罪制定了最低刑期（初犯 5 年，再犯 10 年），并扩充了 1951 年的《博格斯法》的条款，允许将出售海洛因者判处死刑。

20 世纪 50 年代后期，詹姆斯·鲍德温[①]出版了《萨尼的蓝调》。这部短篇小说戏剧化地呈现了每一宗上瘾都存在于公众和私人经历的交叉点的这一事实。这是一个试图从局外理解上瘾的故事，并聚焦于两兄弟之间的关系，两人都是在哈勒姆[②]长大的黑人：学校老师哥哥试图解析他那爵士乐手弟弟对毒品不可思议的依赖。在鲍德温的叙述中，上瘾既有其社会性，又关乎个人内心。虽然在 20 世纪中叶，对于住在哈勒姆的黑人来说，海洛因是其生活现实的一部分，但它也反映了深层的个人内心矛盾。萨尼与毒品抗争着，它既带给他极乐，又把他困在往往令人无法忍受的"某种东西的底部"。

安斯林格的《麻醉药品的非法交易》比这部小说早出版 4 年，自我标榜为"第一本权威地对待可怕的全国性毒品问题的书"，但它的姿态与鲍德温的书完全相反：它并不尊重上瘾者意识上的矛盾和深度，而是创造了卡通人物式的恶棍，这样更有利于证明应该把他们关押起来。这本书的勒口处坚持说明它的写就"不是为了满足病态的、耸人听闻的欲望，而是对现今形势的一番基本描述"。它仅旨在"引导全国人民对一种令人不安的威胁、犯罪活动的源泉和年轻生命的毁灭因素进行根治的意愿，并付诸实践"。

这里没有"耸人听闻"，仅仅是年轻生命的毁灭。安斯林格不过是要告诉你，某个恶魔吸食大麻，并强奸了 9 岁女孩；某某杀害了一

---

① 詹姆斯·鲍德温（James Baldwin，1924—1987），美国黑人作家。

② 哈勒姆，美国纽约的黑人区。

个寡妇，某某"残暴地袭击了"十六位女性，偷了她们的钱"去买葡萄酒和大麻烟卷，同时喝酒、抽大麻"。你几乎可以听到那种歇斯底里："同时"！安斯林格并不是要"满足病态的、耸人听闻的欲望"，但是他要让你知道，当法官给予犯人可自行决定的"假期"，而不是对其判处严刑时，会有坏事发生。此处的案例是：某大麻贩子持有"17 000粒大麻"，却仅被罚款25美元；隔年，"大麻中毒"的他强奸了一个10岁的女孩。

安斯林格将他自己的书说成是"期待已久的、可靠的考察研究"，意即他拒绝迎合毒品恐慌的趋势。然而，这种句法只是一个花招。在过去的20年里，他花了大量时间为这种恐慌煽风点火，为的是支撑他那岌岌可危的联邦机构。最恶毒的计划往往会自我伪装成纯粹的文字记录。

在他的宣言中，安斯林格坚称自己不喜欢一概而论。他只是观察到毒品上瘾者想避开这个现实世界。"普通人"不需要超越他们"惯常的感情平面"，上瘾者却总是贪得无厌地追求欢愉。安斯林格的指控让人想起德里达的论点：我们怨恨上瘾者，因为他从"虚无缥缈的经历"中获得快乐。

在《麻醉药品的非法交易》出版6年后，威廉·伯勒斯写下了"'罪恶'的那张脸，总是完全需要的脸"[1]，但是安斯林格忙着把完全需要的脸重塑成罪恶的脸。他的疾病观念是选择性的、自私自利的：他声称上瘾者是有传染性的，但对任何把上瘾者称为病人的人一概不予理会。

《布鲁斯吉尔德宝贝》——一本有关一位名叫乔治·凯恩的海洛因上瘾者的自传性小说，其作者也叫乔治·凯恩（且也是海洛因上瘾者）——于1970年出版，差不多是在安斯林格那本宣言出版20年之后，但依然留有安斯林格那场惩罚性运动的痕迹。这部小说中，蒙

---

[1]　语出自伯勒斯的小说《裸体午餐》。

受耻辱的一幕令人印象深刻：当乔治为了戒除毒瘾而去看医生时，他得到了罪犯一样的待遇。这是在问同一个问题：上瘾者病了吗？

乔治是个黑人，而这并非巧合。他也刚从监狱出来，罪名是持有毒品，但到了小说结尾处，他却因为停止吸毒而深陷痛苦之中。即使是他的呕吐也表现出挣扎的迹象："在吐出来的液体里有活着的东西，青蛙和昆虫在蹦跶。"当乔治的女朋友南蒂建议他去看医生时，他清楚实情。他告诉她："医生没用的。"的确如此，乔治刚告诉医生他是个吸毒者，那医生便立刻证明了乔治的以上想法是对的。他从书桌后面起身，拿出了一支手枪。

这一幕剧情的展开与其说是两个人之间的冲突，倒不如说是对于上瘾的不同叙述之间的冲突。乔治和南蒂坚持认为上瘾是一种疾病——"他是个病人。你是个医生。"南蒂说。而乔治则坚持道："我病了，就像任何来你这里的人一样承受着痛苦。"——但是医生和他的枪不会放弃上瘾是罪孽的叙述："在我报警之前，滚出我的办公室。"

我恰恰就是那种中上阶层白种乖乖女，与成瘾物质的关系被视作良性或值得同情的，应该得到关心，或是耸耸肩，而不是惩罚。从来没有人把我叫作麻风病人或精神病人，从来没有医生拿枪指着我，从来没有警察在我过马路并准备掏钱包的时候射击我，或是因醉驾拦下我的车——我醉驾过很多次，多得我自己都数不清。我恰当的肤色允许我喝醉。就上瘾而言，特权的抽象性最终取决于如何讲有关你身体的故事：你需要被庇护而不致受伤，还是要被防范而不致伤害他人？我的身体一直被理解为某个需要保护的对象，而不是需要防范的对象。

在她的自传《黑人之地》中，马戈·杰斐逊描述了美国黑人女性如何一直被"剥夺屈从于抑郁的特权、把神经症作为社会和精神复杂性的标志来夸耀的特权"，那是唯有白人女性才能享有的奢侈。一直以来，"白人女性所承受的折磨在文学作品中得到颂扬"。

我花了好几年才明白，我的内在从来不是内在的——我与自身痛苦的关系，一段感觉本质是私密的关系，其实毫无私密可言。它的存在都是因为一些叙述让人觉得白种女孩很可能受伤：那些故事将她的痛苦表现得很有意思，这种痛苦证明的是脆弱而非罪恶，应该得到同情而非惩罚。

当我开始喝酒，真正地喝酒时，不仅意识到其中的愉悦，也意识到它是一种逃避时，我感到既耻辱又骄傲。我急于抽离自己的企图表明，有某些黑暗而重要的东西——抑郁、神经症、神经复杂性——需要我从中抽离出去。倒不是说我把痛苦像衣服一样穿在了身上，而是说我试图将痛苦理解为精神的肥料，某种有着美学意图的东西。我希望它让我变得更复杂、更深邃。

我大部分未受惩罚的醉驾都发生在加州，就在我从作家工作坊毕业的那个冬天。当时，我和祖母——我父亲的母亲，德尔——住在她那位于山顶之上、充满阳光的家里，我大部分的童年时光都是在那座房子里和我的家人一起度过的。我在试着写一篇小说。她已临终。

那几个月，我住在一间没什么家具的空房间里。我活着就是为了下班回家后坐在蒲团上独自喝酒的快慰。当时，我在距离住处10分钟车程、靠海的一家住宿加早餐旅店当管理员：上完夜班——通常边上班边偷偷喝酒——后，我总是很焦急地微醺着开车回家，想要在自己的房间里继续喝，在那里我什么也不用担心。

每天我都尽早起床，然后在一个小小的木阳台上抽烟。那时候，每天都是相同得有点诡异的完美蓝天和太阳，而每天我都以一口一口的烟污染着带盐味的空气，还在被风刷过的木板上留下一撮一撮灰色的碎烟灰。我的手指泛黄了。我给德尔做了燕麦粥，坐下来看她吃，心里却因为我想要把时间花在写作上而厌恶这个时刻，然后又为我的厌恶感到愧疚，因为我想要成为不会感到愧疚的人。

德尔一直出现在我的童年记忆里，跟我们一家住了好几年。她是一个慷慨、机敏、精神坚毅且十分忠诚的女人，极其爱我们——我和我的哥哥们，抚养了两个躁狂抑郁的女儿，有过一个酗酒的丈夫，并从那段婚姻中走了出来，曾因为不认同美国革命女儿会的政策而离开。不过，有关德尔最美好的回忆还是那些小事：我们每周的桥牌课，每条诡计都被她书架上的瓷老鼠们悉心看在眼里。她一直警告我们叫价太高很危险，但实际上她在叫价的时候相当狠。我们玩的金额很小。我爱德尔，尊敬她的坚忍和无私，并记得她关爱我的所有细节——想要把那关爱回馈给她，但觉得她所需要的远远超越了我能给予的，并讨厌她需要那么多。

我的哥哥和嫂嫂也跟德尔住在一起，我便没把自己的空酒瓶拿出来跟大家一起废品回收，而是放在我的柜子里，单独的一个塑料袋中，这样他们就不会看见我累积了多少酒瓶。德尔摔倒的频率越来越高，有时会在躺椅上睡着时摔下来，身旁是一摊凉了的、洒出来的咖啡。她开始混淆各种药片，而我甚至不知道她在吃些什么药。我为她，也为我自己感到害怕极了。我要怎么照顾她呢？我一直很喜欢一张放在她卧室的我俩的照片——她怀里抱着还是婴孩的我。她看起来是如此快乐，如此十足的能干。在那年冬天的几个月里，她几乎从未抱怨过疼痛，也没抱怨过她活动能力越来越差。相反，没什么可抱怨的我却因自怜自艾而像带毒的电流一样，一惊一乍。

最终，我们装了一种叫作"生命线"的医疗警报系统，德尔一旦跌倒，就可以直接用挂在脖子上的一个按钮打通电话。有时候我回到家时会发现她已经跌倒在浴室里，或是躺在地毯上流着血，身旁是结了块的、洒了的鸡汤。一天早上，我发现那个机器在一个角落哗哗作响，电话的那头有个声音在问："你还好吗？"我试着跟他对话："我在这里。"我说。那个声音问："你是看护者吗？"老实说，我真的不知道要说什么。我是，又不是。我正试着帮助德尔脱掉浴袍，因为那上头全是洒了的咖啡。我在哭，德尔问我为什么要哭。我试图假装没有哭，我在想那张照片，那时我还是她怀里的婴儿，然而现在电话那头的声音在问："这是看护中的情形吗？"就像在那架机器里有某个遥远的、无用的神，在评判着我们。

"这是看护中的情形吗？"哥哥、嫂嫂和我正尽力而为。那显然是不够的。我的父亲和姑妈都一心一意地爱他们的母亲，每天都打电话来，但是他们俩都住在美国的另一头。理智上，我明白延长她的寿命并非我的职责，但感觉上，我还是应该那么做。

有时候，我和嫂嫂一起去杂货店买东西，把推车堆满甜食——盒装咖啡蛋糕、薄荷巧克力片冰激凌、粉色香槟——然后大吃特吃，为的是得到彻底放纵带来的宽慰和解脱，通过往我们的身体里填东西，来提醒自己我们的生命来日方长。我和饮食之间的关系有个兴衰的周期，往往是屈从于突发的放纵，然后又在接下来的数日里通过几乎不吃来弥补。喝醉的时候，依然比较容易进食。有一晚我病了，我们租了《燃情岁月》的录影带，我喝了一剂苯海拉明①，又喝了三纸杯廉价粉色香槟，便蜷缩在躺椅上昏睡了过去。醒着意味着不可想象的筋疲力尽。看着布拉德·皮特的长发像窗帘般在不同的知觉状态间飘摇，我睡着了。

在那些日子里，我给母校高中的一些学生上补习课。他们的父母对我的资历印象深刻，又对此等资历带给我的生活状况略感沮丧——一直在给他们的孩子上补习课。上完课后，我开车到那家住宿加早餐旅店，带客人们看他们的房间：配备带有流苏的印花窗帘以及按摩浴缸的套房。当他们通过电话订房间时，已婚的女人通常会说："我们需要一张加大双人床。"而你也知道她们说这话是认真的。我也想象自己成为那些我帮着办入住手续的客人。我带着渴望和幸灾乐祸帮他们提着行李，潜入我为他们设计的精神生活里——对他们的配偶有所不忠，或是奇迹般地依然爱着他们，那爱的背景幕布是全海景或半海景。

---

① 苯海拉明，一种抗组胺药，用于缓解过敏、花粉热和普通感冒的症状。

每个傍晚，我都会拿出葡萄酒和芝士给客人。等客人都走得差不多了，我便会拿出葡萄酒和芝士给自己。我从来没把这当成在工作时**喝酒**，虽然严格地说——或者从任何一个角度来看——那就是。通常，我都喝得很小心，足以感受到飘飘然，但不会多到表现出来，或是搞乱每晚的那叠信用卡；不会多到当客人走进厨房来闲聊的时候，失却我特别给自己培养的酒店管理员的平静。我想象自己不经意地说出"我的祖母又在家里摔倒了"，说"拉把椅子随便坐"。我吃着放有小块芝士的苏打饼干以吸收体内多余的酒，或是用勺子像吃酸奶那样挖冰箱里的曲奇生面团吃。我通常会在厨房里留一两瓶酒，把它们放进我的包里，小心翼翼地走出去，这样酒瓶不会相互碰撞发出声响。有时候，我会在瓶子间放一件毛衣。傍晚的葡萄酒和芝士有个重大秘密：客人可能会喝半瓶霞多丽，也可能喝三瓶，有谁会知道呢？我有点空间。

每天晚上我都开着红色的道奇霓虹——我花了 1 000 美元买来的手动挡汽车——回家。酒店后面那座陡峭小山上的停行标志令我特别焦虑。我总是在拉动离合器的时候让引擎加速，一直都很害怕加速会引来偷偷隐藏在黑暗中的警察。即使在平坦的路上，我也开得很慢——那显然很可疑——车身在我不断换挡的过程中猛烈晃动着。

一旦到了家，我便会回到自己的小卧室，喝从小旅店里偷来的酒。我并不在意那酒没有被冰过。当你在喝名为"两元抛"的廉价霞多丽时——而且还是独自一人坐在蒲团上喝，一边用谷歌搜索着高中同学，查看他们工作的房地产公司——酒温并不重要。我坐在那块蒲团上，喝着温热的葡萄酒，无法否认喝酒就是为了醉去，一直以来都是如此。

在加州的那些日子里，我依然抱有某种浪漫的幻想，想象自己是一个孤独的作家，喝得很厉害，但会在每天早上醒来写小说——其实，不是"但"，更像是"以及"，更像是"因为"。那些独自饮酒的夜晚和我开始构想的那篇令人沮丧的小说一样，都是我精神沉沦的结果。小说写的是一个寂寞的年轻女人照顾她临终的祖母。除此以外，没有别的情节。

这跟白色逻辑的传奇——杰克·伦敦笔下有关酒醉先知和其真知灼见的琼浆传奇——大相径庭。我和祖母以及兄嫂住在一起，靠两份工作勉强过活，像个懦夫一样躲避极少的责任；靠粉色香槟和凉了的药昏睡过去，奇怪的睡梦中有个长发飘飘的布拉德·皮特出没。这样的生活不是有着当地油煎香肠和挂满灯饰的树的后院派对；它不是和其他酒醉的作家一起，在刻满更出名的酒醉作家姓名首字母的吧台边喝酒。这不过是一个蒲团和一瓶室温下的霞多丽。有时候我会把葡萄酒倒出来，有时候不会。杯子开始显得有些矫揉造作。

1944年，一部小说的出版将白色逻辑彻底推翻。查尔斯·杰克逊的《失去的周末》不接受喝酒是迈入形而上学这道门的想法。在这部小说中，酗酒并没有什么特别的意义，它就是酗酒。小说的情节大致如此：一个名叫唐·伯南的男人喝醉了。他喝醉过，并且还会再喝醉。他喝酒、醉晕、醒来。他不断地喝，直到身无分文，然后又弄些钱继续喝。有一次，他试图把自己的打字机当掉换成现金，但走了差不多一百个街区后，才意识到所有的当铺都在犹太人赎罪日关了门。还有一次，他偷了一个女人的钱包，想侥幸逃脱。他没成功。

这差不多就是故事的全部了：酗酒，更凶地酗酒。就像评论家约翰·克劳利观察到的那样，这本小说在其坚定不移的简单和重复方面，是史无前例的：它拒绝接受一个流传已久的神话。唐·伯南之所以是一种新的主角，并不是因为他是个醉汉。他是一种新的主角，因为他的醉酒表现出他的病态，而不是存在主义无法摆脱的忧虑。唐的消沉并不是因为世界的毁灭，或战争的恐怖，或爱情的残酷，就像欧内斯特·海明威笔下典型的喝醉的大丈夫那样，或是威廉·福克纳笔下烂醉的南方族长，或是F.斯科特·菲茨杰拉德笔下挥霍无度的贵族丈夫。唐只不过是依赖于某一种特定的物质，他的酗酒是可悲且反复无度的，这种行为没有令他受到形而上学的烦忧那微妙的掌控，而只是意味着他在整个曼哈顿中城出尽了洋相。

《失去的周末》在 1936 年杰克逊 41 岁时——他（第一次）戒酒成功的 8 年后——得以出版，并立刻成为畅销书。在杰克逊的有生之年，这本书最终卖了接近 100 万本。《纽约时报》称其为"自德·昆西以来最令人瞩目的、对于上瘾类文学的贡献 [①]"，并提出它可以成为"匿名戒酒会之类的组织的教科书"——杰克逊在当时是鄙视这个组织的。

1942 年，当他草拟这部小说时，杰克逊写信给纽约贝尔维尤医院的精神病医师史蒂芬·谢尔曼医生，要求去探访他的嗜酒者病房，目的是做研究。杰克逊自己就曾经是那里的病人，然而——并不叫人意外的是——他对此记得的不多。他也给谢尔曼医生寄去了新书的前几章，想要得到他的反馈意见，或者只是他的肯定。谢尔曼医生认为这部小说"应该有权威性的科学意义"，还说它比他大部分的病人"更令他明白嗜酒者到底在想些什么"，特别是它唤起的孤独感和"自我感觉像是被遗弃的天才"的情绪。

在小说中，唐对于写下自己的人生故事有宏大的计划。他想，"如果他能写得够快"——假设他不去当掉打字机——那么，"他就能把它写得极其完美。"然而，唐为这本书设想的标题表现出他内心的不安："唐·伯南：一个没有小说的英雄"或"我不知道我为何告诉你这些"。他纳闷别人怎么会对他的人生故事有兴趣："谁会想读一本关于笨蛋和醉汉的小说！"显然，成为笑柄的是我们——他的读者们，我们正做着唐不能想象有人会愿意做的事情：读一本关于笨蛋和醉汉的小说，一个将要成为作家却无力保持足够的清醒以讲述自己醉酒故事的人的小说。

唐对其个人故事中所有审美上的缺陷做了有益的记录：它没有高

---

① 德·昆西的成名作为散文《一个吸食鸦片的英国人的自白》。

潮，也没有最终的解脱。它不带有任何感情悬念。他已经知道自己在第一杯和第十杯酒之后会有什么感觉，在宿醉后的早晨醒来会有什么感觉，因为他早已经感受过这一切。接近尾声处有个特别尴尬的"高潮似的一刻"，唐发现自己在和一个女佣对峙，试图让她打开锁着的酒柜，并因为一个文学性很明显的自我憎恶时刻而不知所措："连续剧！他的一生都未曾经历过如此老套、表演如此拙劣的情节。他感觉自己像个白痴。这有违他的品位、他对事情的尺度的把握、他最深的智慧。"

"我不知道我为何告诉你这些"：杰克逊在写自己的故事时是感到耻辱的，并把那种耻辱嫁祸给了他的主人公。唐不仅因为他的行为，更因为他的类型、他的酗酒并没带来任何令人信服的结果这一事实而感到耻辱："它甚至算不上戏剧化，或悲伤，或不幸，或耻辱，或滑稽，或讽刺，或其他任何什么——它什么都不是。"

在我 9 岁、我父亲 49 岁的某天下午，我问起他喝酒的事。人们为什么喝酒？为什么有些人喝那么多？当时，我们站在父母的卧室里，那扇巨大的玻璃窗因为强烈的阳光而发热，天空是蓝色的，无限地伸向远方。

我还能回想起当时我的父亲站在哪儿，他正关上衣柜的滚动杉木门，轮子在轨道上滚动着，嘎吱作响；我还能回想起他皱巴巴的卡其长裤，它像一团引人注意并分心的云雾，被他穿在身上行动时，就仿佛他个人的天气系统。我记得这些细节，仿佛它们已在我内心留下了烙印，说，"注意"，说，"听着"。听什么呢？

有一刻：那天，父亲告诉我，喝酒并没有错，但它是危险的。它并不对所有人都构成危险，但它对我们而言是危险的。

与父亲分享任何一种"我们"都令人兴奋。对我而言，他是一个神秘的人。他总有某一部分身在别处。每隔几周，我家就会举行晚间"日程会议"，父亲会在一张可擦拭的白板日历表上，在他要出差的日子的格子里，画上蓝色和紫色的斜线——会上尽是简慢的语气、解释、讨价还价。有时候，他开玩笑说，他想要用一种颜色标记下他没有实现的出行计划。作为空军家庭的孩子、一个酗酒飞行员的儿子，他从小到大一直在搬家——到日本、加州、马里兰州。长大以后，我的父亲成了所有以稀有宝石和金属命名的常旅客俱乐部的成员。他是里程之王。

他是个经济学家，从事发展中国家健康政策的制定，因为工作的原因，会飞到泰国、瑞士、卢旺达、印度、肯尼亚、缅甸、墨西哥。在那些遥远的地方，他会与他见到的其他有影响力的人——我想象他们都是男人——合计出如何最有效地用钱"缓解全球疾病负担"，这是我从小就会的一个短语。那些他乐于讨论的话题似乎永远都涉及我所不知道的内容。我知道什么呢？霍皮娃娃，还有马克·吐温的真名。每当父亲夸奖我聪慧时，那就好像是森林里的一点面包屑。如果我能继续那样做，他就会继续关注我。

我认真听着，让他看到我是个好学生，汲取他所教我的一切。他跟我讲到了协和式客机，它的飞行速度超过声速，如果你在减速时去洗手间，那么尿液会如何往后流。他见过我想象不到的地方。有一次，他向我描绘他吃迷幻药后产生的幻觉，还说那是他第一次感到或许死也没什么大不了的。他喜欢杏仁曲奇和上好的勃艮第葡萄酒。他打网球时戴着有条纹的吸汗带。他的开怀大笑最有感染力。他从所有住过的酒店给我带回超小瓶的洗发水——那是为记录他缺席的账目、白板日历上的那些斜线而给出的道歉。数年后，我才听说他的情事。他经常出轨，甚至会背叛他的情妇。驱使他的并不是恶意，从来不是，而只是某种焦躁。

我六七岁的时候，父亲送给我一只名叫威妮弗雷德的绒毛老虎。他给她起的名字比我自己给她起的要好得多。似乎他把自己的一部分放进了她的绒布条纹里，他出差的时候，威妮弗雷德还在。当他回来时，就会跟我讲她在他所到之处经历的奇遇：如果他去了曼谷，她就会在热带丛林里探险；如果他去了中国，她则在戈壁滩探险。我不记得自己是怎么理顺这些故事的逻辑的——威妮弗雷德的躯体还在这儿，却有另一个版本的她在我不可触及的远方过着蛛丝一般轻盈的生活——不过，我能想象，自我或许可以分裂的念头会令人感到宽慰：一个人的心灵或头脑也许留在家中，而身体却去了别处。

父亲很喜欢讲他在医院走廊里看到刚出生的我的故事，我也很喜欢听他讲：他怎么看着我粉色童帽下的双眼，看到我的注视中带着某种具有穿透力的东西——他一直以来就很喜欢的一种好奇。那一幕象征着我们之间最初结下的某种纽带。偶尔有那么几次，我妈在外出差，我和他一起住，我们只吃拉面、爆米花，喝奶昔。那是人间天堂。那是我们的秘密，我们的另一条纽带——就像他说喝酒对"我们"而言是危险的，把我包括在同样的危险中。

我9岁时，他开始因为工作在国内搬来搬去长达18个月，当他回到洛杉矶时，我的父母便正式分居了。也就在那段时间，我的哥哥们——分别大我9岁和10岁——进了大学。短短几年时间，我们从一个五口之家变成两口之家：只剩我妈和我。男人们都走了。在我二哥上大学后，我画了一幅我在他的卧室哭泣的画，因为我是如此想念他，我甚至给这幅画起了一个名字：《妒忌的悲伤》。有些真相变得像玻璃一样透明，因为它们已如此根深蒂固：人大约总要离开的，只不过是时间问题。别人的关注是我需要靠努力博取的，而不是什么理所当然的东西，我得每时每刻都去引诱。

我的两个哥哥风趣而富有同情心，但也颇冷酷、聪明且缄默——不愿意随便施舍他们的笑容和赞扬。（大哥朱利安在我7岁时就教会我如何解x方程式。"很好，"他说，"但如果两边都有x，你能解出来吗？"）我疯狂地、放肆地爱着我的哥哥们，爱他们就像是扑向某样东西——就像我总是扑向他们高大的身躯，用我40磅重的身躯的全部力气，要求他们爱我。我总是被爱着，但我也总是在想，那爱取决于什么。它似乎并不是无条件的。我在想，我要怎么做才能永远值得这种爱。我不记得有哪一次吃晚饭时我不在努力想着要说什么，特别是法语之夜——所有人都在操练一种我不懂的语言。

我 11 岁那年父母离婚，之后父亲住进一间公寓，从那里可以俯瞰一小片桉树林。也许每年有那么一次我会在那里过夜，从冰箱里扫荡可以作为第二天学校午餐的东西：半瓶喝过的矿泉水，吃剩下的寿司，下面有一小包挤扁了的、包装袋破了的酱油。在那些日子里，我不知道怎么跟他说话，所以当他问我为什么期中成绩册上世界文化这门课只得了 B- 时，我只是面无表情地干瞪着电视。我渴望得到他的认可，就像我渴望得到完美的成绩、完美的测验分数，或者说我渴望得到这一切，就像我渴望得到他的认可。取得好成绩是一个小女孩在餐桌上努力想着接下来要说什么的自然延伸。在青春期之初，我要么就面无表情，要么就冷嘲热讽——在学校我很害羞，确信自己身上有股臭味，像长颈鹿一样赫然出现——而跟父亲在一起时则很安静。当时，我无法提出什么要求，因为我不知道自己想要什么。爱他永远像伸手去试图触及某样发光体，仿佛伸手去触及就是爱的感觉。

父亲的爱总在那儿——在一只老虎身上，在奶昔中，在他的注视里，在他的笑声中——但当我的身体遭遇险情时，我才最切实地感受到他的关爱。我得了进食障碍的那一年，他到大学来看我，给我留下几百页有关厌食症的学术文章复印件。他用担忧的眼光紧紧盯着我。

我记得我俩之间有那么一刻美妙得不可思议：那是在大学一年级之后，我进行下颌手术之前。当时，我要到手术室里待 6 小时，躺在医院的加温毛毯下，因为打麻醉针前吸的笑气而头晕目眩，安定片让我觉得自己像条软乎乎的被子一样昏昏欲睡。父亲看着他们把轮床上的我推走，他的眼里泛着泪光，而我想要告诉他——基于笑气和安定片带给我的慰藉——一切都会好起来的。

如果喝酒对于我们而言是危险的，那么，我逐渐明白它对我们其中一人尤其危险：我的姑妈菲莉丝。菲莉丝是我父亲的二姐，一个我从没见过的女人。她与我们家族失和的故事只是粗略地被提起过，是个模糊的故事。然而我长大后，她与家族的疏远便总是被说成是因为喝酒和精神病，就像两个旋钮的转动完成了显微镜的聚焦一般。菲莉丝先动的手。她掌掴了我的祖母。有一次，她拿着把刀追着某人跑。

小时候，我对菲莉丝十分着迷——她与家族的疏远及其谜一样的起因，对于她以前和现在是什么样子的疑问。父亲甚至不确定她还活着。我央求着拿到了家里人所掌握的她最新的地址，并写了些充满希望的信给她——"你好，我是你侄女！"——却从未得到回音。长大后，我开始认同菲莉丝或她不复存在的、鬼一样的人影。除了她显然无法按照世俗要求生存在这个尘世之外，我对这种认同找不到什么合理的原因。我一直按照世俗要求生存在这个尘世，然而，在那温顺的表象之下，我感觉到自己的内心有一只动物，我有点想和她一样：挑起争端、大吵大闹、支离破碎。

小时候，我把菲莉丝想象成一个浪漫主义的英雄——把她的疏离归咎于我的家人，想象她孑然一身地被放逐在外——然而，长大后我便意识到这个故事没这么简单，你可以一次又一次地全然投身于某个问题缠身的人，但那可能永远都不够。

回到童年的住所，看着祖母渐渐死去，我一直在想象菲莉丝：她在哪儿？不论她在哪儿，她想念她的母亲吗？她怎么会不想她呢？我并没有像她那样喝酒，但是我在想，我们心中是否有些计划并非如此不同。每个早晨到外面去抽烟时，我会经过那扇衣柜门，我依然可以回想起父亲如何站在那里：喝酒并不对所有人都构成危险，但它对我们而言是危险的。

上瘾一直都对某些人更为危险。当尼克松于 1971 年 6 月打响最初的反毒战争时，他把毒品称为"头号人民公敌"。然而，遭到监禁的却是活生生的人。

《布鲁斯吉尔德宝贝》——在此前一年出版的乔治·凯恩的小说——实际上在尼克松的反毒战争正式开始之前就对其有所预言。"他们说你因为犯罪、毒品、卖淫、盗窃和谋杀被捕,"在小说中,乔治这样想,"但这些不是把你关押起来的理由。"在数十年后的一次采访中,尼克松的内政主管约翰·埃利希曼也承认了这一点:"我们在毒品问题上是故意撒谎吗?当然了。"他说尼克松政权无法将黑人非法化,但可以把黑人群体和海洛因联系在一起:"我们可以逮捕他们的领袖、查封他们的家、解散他们的会议,在晚间新闻中不断地诽谤他们。"

凯恩和所有人一样明白海洛因带来的劫掠,他的小说把那种毁灭表现得淋漓尽致:为了让一个吸毒过量的女人苏醒过来,一个毒贩将冰块塞进她的阴道,抑或是一群鬼缠身的瘾君子聚在一起,"点着头、散发着臭味、发着热、神志恍惚",被一台播放着卡通片的电视机照亮。当乔治回到出生地时,他找了个名叫"菲克斯 ①"的吸毒者帮他买毒品,此人病入膏肓,极度渴望从毒品买卖中分到一点:"枯瘦且双颊凹陷……头部皮肤紧紧包着头颅……全世界的毒品都无法满足他的需要。"然而,凯恩也明白,将上瘾者判为罪犯只会加重上瘾造成的破坏,而《布鲁斯吉尔德宝贝》在某种程度上是一本任务艰巨、问题复杂的书,因为它要讲述两个难以放在一起讨论的故事:毒品带来的破坏和这种破坏如何被另行发挥,成为说教的煽动性言辞。

反毒战争的正式发动有两次。尼克松于 1971 年向毒品宣战,然而一直到差不多 10 年之后的 1982 年,当罗纳德·里根动用武器时,这场战争才真正发动。到了 1982 年,吸毒的情况实际上已有所好转,且只有 2% 的美国人认为毒品是国家面临的最重要的议题。然而,里根政权通过发动这场战争有效地制造了一个敌人——安斯林格所谓

---

① 原文为 Fix,意为"注射毒品"。

的"上瘾犯罪者"的另一个版本。就像社会学家克雷格·雷纳曼和哈里·莱文描述的那样，用快克大泛滥这一"意识形态的遮羞布"遮掩涓滴经济 [①] 带来的灾难性冲击，要比直面这种冲击容易些。

里根的反毒战争接过了安斯林格反上瘾者运动的火炬，在已经为人们所熟悉的有关道德败坏、逃避现实和不负责任的风尚等诸般叙述的基础上，又创造了一批新的上瘾者原型——吸食快克的母亲们、服用甲基安非他命或安非他命的"推客"、服用快克和自由基 [②] 的"基头"。《时代》杂志 1986 年刊登了一篇名为《城门失火》的特别报道，是最早以快克为主题的主流媒体报道之一。文章将上瘾者表现得如同一出注定悲剧的伦理话剧中的恶棍：

> 警察称，这场争执起于贝弗莉·布莱克指责她的男友将他们最后的 15 美元花在了快克上。上周的某一晚，她冲出他们伊利诺伊州弗里波特的单间公寓，试图去借一些食品券 [③]。达朗·詹金斯，23 岁，是个失业的细木工匠。他偷偷来到布莱克熟睡的儿子巴蒂克的床边。快克是一种极其有效并易成瘾的可卡因，詹金斯在服食后神志恍惚，据称将小男孩活活打死。巴蒂克原本将于这个月迎来 3 岁生日。

这样的行为可怕之至，令人难以置信，但经过精心安排，它被用来激起大众对上瘾恶棍的愤慨，而这类人的原型可以追溯到安斯林格

---

① 涓滴经济，里根政权采取的经济政策，指不给予贫困阶层、弱势群体和贫困地区特别的优待，而是由优先发展起来的群体和地区通过消费、就业等方面惠及贫困阶层和地区，带动其发展和富裕。或指认为政府财政津贴可经过大企业陆续流入小企业和消费者之手，从而更好地促进经济增长的理论。

② 自由基，指加热后吸入的可卡因。

③ 食品券，指发放给低收入者的生活补贴，但多数情况下仅限于在规定的超市购买该福利制度许可的食品。

描绘的那些强奸女孩、杀害寡妇的吸大麻的恶魔。文章并没有呈现上瘾者所承受的痛苦，只陈述了一个上瘾者杀害了一个幼儿。达朗是个无业游民，所有的时间都花在买毒品而不是做木柜上，他的女朋友也决计不让她的不良习惯阻挠她滥用福利的决心。该文就像一篇充满异国风情的游记，通过一些充满暗示的省略内容，将中产阶级读者带入一个非法的下层社会："'快点克，快点克。'毒贩子在绿树成荫的公园里私语着……"

快克恐慌通过将快克想象成一种带有掠夺性质的"流行病"——其传播者是要为其行为负道德责任的黑人上瘾者——而成功地把上瘾同时描述为疾病和恶习。这种恐吓战术带来了叙述上的刺激感，引起了斗争的伦理责任感。就像美国缉毒局纽约办公室的一名主任提到的那样，"越战结束后，快克是最热门的斗争类报道题材"。到了 20 世纪 90 年代中期，这一战争比喻被赋予更实际的内容。联邦警察的各部门从国防部得到价值数百万美元的军事器械：火箭炮、掷弹筒、直升机、夜视镜。他们接受了军事培训并配备了特警队，他们有权没收在缉毒过程中逮捕的人的现金、汽车和房子。

然而，很多参与其中的人痛恨这场战争。一位政客将政府反毒政策的相关立法形容为"与快克一样"。他认为，这些政策只会给予短期的快感，其长期效果是灾难性的。旧金山的一位法官在判处一名船坞工人 10 年监禁后坐在长凳上哭泣——那名工人是为了帮助一个朋友才携带了毒品。

那些上瘾故事的公开讲述产生了一系列后果。1980 年到 2014 年间，被监禁的毒品犯罪者从 4 万出头增加到了接近 49 万，他们之中多数是有色人种。1993 年的一项调查显示，仅 19% 的贩毒者为非裔美国人，然而他们占了被捕人数的 64%。米歇尔·亚历山大这样描述："通过向吸毒者和贩毒者宣战，里根成功履行了他的承诺——制裁以种族定义的'他者'，那些不配得到的人。"

南希·里根于 1982 年开展她著名的"就是说不"运动，运动口号传递的与其说是忠告，不如说是含蓄的反责："就是说不"也就意味着"有些人说了是"。就像 10 年之后乔治·H. W. 布什的《全国毒品控制策略》里写的那样："毒品问题反映出某些意志自由的个人做出的糟糕决定。"美国毒品政策一直坚持拒绝把上瘾者视为受害者，实际上是沿用安斯林格的论调，不满于"利他主义者"把上瘾者称为病患。里根于 1986 年签署《反毒品滥用法案》，对首次被定罪的毒犯执行强制判决，并设定了臭名昭著的 100∶1 比率。根据这一比率，被查持有快克的人与持有可卡因粉末的人被判处的徒刑极其不平等。[①]这项政策将反毒战争的种族恐吓战术转变成了实际的徒刑。

1995 年的一项民意调查询问参与者："你能否闭上双眼 1 秒钟，想象一个吸毒者的样子，并向我描绘那个人？"虽然非裔美国人仅占全国吸毒者的 15%，但是 95% 的应答者都想象到了黑人。这个虚构的吸毒者正是数十年有效洗脑的结果。

我亲身经历的故事有所不同：失去意识的过程中呕吐，蹒跚着上楼梯时在小腿上留下瘀青，鼻尖留下的可卡因粉末就像一块咖啡味蛋糕上的糖粉，这些都是相当不值一提的机能障碍所留下的一目了然的痕迹。我酗酒生活的某些部分成了回忆中令人快活的经历 —— 小杯的威士忌、鲁莽的夜晚 —— 但与逐渐死去的祖母共度那几个月的回忆却让人快活不起来。我最懊悔的是那种怨恨，我如何希望自己远离而非身在此处，我如何讨厌每天早上起身给她做燕麦粥。

一天晚上，我在旅店上完夜班后回家，喝了瓶常温的葡萄酒，在手提电脑上看了部电影，说的是有个男人蹲在阿拉斯加森林中一辆废弃的巴士里，当溪水随着春天的到来解冻并上涨时，他便被困在其中。到了凌晨 1 点，我开始想象自己身在他的拖车之中，希望自己是独身一人，尽管那根本不是故事的寓意所在。

---

① 如 5 000 克可卡因持有者与 50 克快克持有者的徒刑相同。

在加州的那些日子里，我发现自己实际上更喜欢独自喝酒。在没有旁人看我喝多少或期待我拿出些什么来——俏皮话、欢笑，或解释——的时候，我更舒坦。"因为我不去酒吧，我才能更好地享用它，"贝里曼曾说过，"我只是把酒带回家，定心坐下慢慢喝。"

有一晚，我和嫂嫂回家后发现祖母全身赤裸地躺在靠近前门的地砖上。她告诉我们，她在去浴室的途中跌倒，但她离浴室还很远。她讲起了我的祖父，他俩已经离婚数十年了。我记不得她上一次提起他的名字是什么时候了。嫂嫂拨打了911，我则走进浴室，试图猜测她服用的是哪些药丸，因为"生命线"过往的来电教会我，他们可能会问及这些。然而，她所有的药丸都撒在了洗手台上和水槽里。

当急救员赶到时，他问我平时一般都是谁照顾她。"你才23岁，这对你来说很难应付，"他说，"但是她应该得到更好的照顾。"

德尔被送到医院并在病房睡下后，我和嫂嫂立刻跑到医院对面的IHOP[①]买了一份巧克力碎片松饼。我把一小瓶朗姆酒倒进了咖啡，那是我与嫂嫂之间无声的谋叛——这是可以喝酒的时刻，可以谅解——但我渴望的是另一种喝法：独自一人，沉浸在自私的隐秘中，喝一瓶葡萄酒。

几天后，德尔心脏病发作。她在加护病房的病床上死去，周身插满了管子。后来，他们拿走了生命维持系统，只剩下吗啡和她水肿的脸以及手指。

弥留之际，她没有提自己的生理不适，而主要在讲我的父亲和姑妈——依然留在她生命里的两个孩子，以及她多么为他们感到骄傲。她在过去差不多70年的时间里一直都是个好母亲——如此长的时间，如此始终如一，那些带去学校的午餐、那些为孩子担忧的夜晚，对我而言是难以置信的。我尝试想象她死时的痛苦，也知道她对二女儿一

---

① IHOP, International House of Pancake, 直译为"国际松饼之家"，是美国著名的早餐连锁店。

样努力尝试过了，然而还是失去了她。

追悼会之后，我的家人找到了菲莉丝在蒙大拿的地址，写了一封信告诉她母亲已去世。我们收到了菲莉丝的回信，她说她一个人住在一条土路尽头的一间小屋里，她觉得那或许是全家人在末日相聚的好地方。这样的姿态似乎包含了什么——仿佛她依然想要给我们提供些什么，我们这些她多年未见或从未见过的人——那令我动容，即使从中也能看出她还病着。

我正在写的那部小说开始变形。菲莉丝，或者说菲莉丝的原型，不知不觉地走进了故事。小说中那个正在照顾祖母的年轻女人开始寻找她从未谋面的姑妈，一个名叫蒂莉的与家人疏远多年的女人。她找到蒂莉时，蒂莉正在内华达荒漠的一部房车里喝得烂醉如泥。

这样的情节算不上是我的人生经历，而是我对于自己未曾经历的人生的一番假想。蒂莉大致上是以菲莉丝为原型的，也就是说，对于我所不了解的那部分菲莉丝，我只能靠想象写作，填补空白。然而，从蒂莉的角度写作让我有机会描述一个酗酒者的沉迷，而不必说，那全都是我。我在工作的时候偷了廉价的霞多丽，坐到蒲团上去喝，蒂莉则在从事餐饮工作时偷了廉价的酒，跑到柜子里去喝——那柜子是我上大学时每天早上躲进去称体重的柜子的另一个版本。然而，当我描绘她肿胀的脸时，我却是对着镜子，看着自己清晨宿醉的脸：浮肿的、张口结舌的、目光呆滞的。

我小心地在我们之间筑起一些栅栏：我笔下的蒂莉最爱喝杜松子酒，因为我喜欢喝伏特加；她在一个黑暗的柜子里狂饮，那里头满是腐烂的食物和喝空的酒瓶，而我则喝白葡萄酒，每天都会把空酒瓶扔掉，每天都带着紧握的双拳和决心准时去上补习课，教那些青少年学生类比的不严密逻辑时——绷带之于血，就像石膏之于伤势？或灰比诺①之于孤寂？或小说之于日记？——允许他们跟我稍稍调调情。

---

① 灰比诺，一种产于意大利的干白葡萄酒。

我故意把蒂莉的人生描绘得比我自己的更为极端——那是一种情景腹语，将我自己的声音扩散到远处——但把自己所有逐渐变得清晰的部分放在她身上：想要夜夜喝醉的刻骨铭心的欲望，逐渐将喝酒视为人生最核心的部分、最重要的安慰的看法，以及关于应当如何喝酒的更清晰的愿景——独自一人，没有规则或见证者，也没有耻辱。

不过，当然会有耻辱。曾经有过很多种耻辱：每当经理检查旅店厨房的存货时，我都会紧张起来，担心她怀疑我们多用了多少瓶酒；每当有客人来时，我就拿出一片口香糖，这样他们就不会闻到我嘴巴里的霞多丽；每个礼拜五，当大家把回收垃圾桶拿到街边等待回收时，我会把装满自己空酒瓶的塑料袋扔进陌生人的桶里。每次都像是逃脱了什么，他们没法追溯到我。

就像查尔斯·杰克逊在无数匿名戒酒会上说的那样，写一本关于酗酒的书并没有帮助他戒酒。当《失去的周末》于 1944 年出版时，他已经戒酒 8 年，但他又在 3 年后重新开始酗酒。他间或戒酒的那些时间——有时是不情愿的，有时又是积极投入的，却总是充满忧虑——成了他人生各种悲剧之间的顿点：一连串的饮酒作乐以及之后的住院治疗，越来越多的朋友疏远他，以及越来越多的债务。他的妻子不得不卖掉一件貂皮大衣来支付煤炭费。在身患肺结核的几十年里，他坚持每天抽四包香烟。他试图自杀的频率如此之高，以至于它们变得即使不算随意，至少也雷同得可怕。

然而，从某些角度来看，中城酒吧昏黄的灯光下，杰克逊的酗酒带有传奇人物的光辉色彩。他的资料库里有一份长达 4 页的酒吧账单。他在疗养院治疗肺结核时的一个病友记得，有天早上他醒来时发现，一摊干了的葡萄酒勾画出杰克逊足印的轮廓。

杰克逊第一次戒酒是在 31 岁，用的是皮博迪法。这种方法基于实际考量，而非心理分析、精神性或同伴关系。它强调的是诚实和修复。杰克逊跟着一个名叫巴德·威斯特的无牌照治疗师，每天进行严格的自我提升。"我们在没有弗洛伊德帮助的条件下，有条理地、有益地调整我们的生活，"杰克逊在一份进度报告中这样写道，"近来，在戒酒和认清真实自我的基础上，我赋予了自己全部的责任。"

然而，《失去的周末》字里行间呈现的却是另一个"真实自我"，或者说是让读者意识到，任何自我都是复数的。你可以感觉到一个戒了酒的杰克逊透过他笔下的主人公在喝酒：唐先后在一家上城的酒吧和一家下城的酒吧喝了威士忌，然后摆出他最喜欢的假装老练的喝酒姿势——窝在皮椅子上，拿着酒杯，听着古典乐。

在我写这本有关我自己酗酒经历——从戒酒4年，再戒酒5年，又戒酒6年的视角出发——的书的那几年里，我时而会陷入过往的回忆当中，仿佛它们是一张舒服的躺椅，令我瘫倒在从前那种诡异的、无声渴望的魔咒之下。它不仅仅是可预见的怀旧感——《倡导者》杂志社那泛着深褐色光芒的木地板，还有黏黏的杜松子酒在上面——也是更令人吃惊的怀旧感：那些令人焦躁的清晨宿醉，口干舌燥且满嘴发酸，筋疲力尽但无法入眠。甚至于**那样**的不适也开始自行披上一丝陈旧的光辉。

《失去的周末》对于哪怕是喝醉的尴尬，都以轻柔得近乎怪异的怀旧感来看待。杰克逊让唐在喝醉酒后打电话给F. 斯科特·菲茨杰拉德——就像杰克逊亲身经历的那样——并告诉他他有多喜爱他的作品，却遭到礼貌的回绝："你何不就此给我写封信呢？我觉得你现在有点醉。"

让自己的主人公在小说中打电话给菲茨杰拉德是杰克逊对个人文学抱负和内心不安的心酸供认。他希望自己能成为伟大的酒醉作家当中的一员，但他不知道自己对于个人酗酒的描绘——在解除了"悲剧意义"的枷锁后——是否足以使他晋升这一行列。当唐想象自己要写的小说时，他想到了宛如曲折织线的一连串事件，当中总有酒出现（"那与安娜的漫长情史，那酣饮"）。然而，故事的情节最终被酒淹没，甚至是在假想的提纲中，甚至直到狂饮之间的逗点都消失不见了："起了头又放下了的书，未完成的短篇小说，喝酒喝酒喝酒。"

其实，杰克逊做了一件独树一帜的事：他拒绝将笔下人物的酗酒描绘成其内心复杂的标志——让唐将"你为何喝酒"的问题视为无关紧要而予以驳回："'为何'早就已经不再重要。你是个酒鬼，就这么回事。你喝酒，句号。"唐不想窜改他喝酒的故事，通过夸大的理由使其显得高尚。不过，他也担心如果不这么做，故事还有什么价值："它甚至都算不上有戏剧性。它什么都不算。"然而，它肯定有些"什么价值"的，因为依然有数十万读者被这本旨在劝退读者的书深深吸引。《失去的周末》的迷人之处是一种带有侵略性的奴役——一种屈从。虽然我明知不应该，却还是忍不住支持唐喝酒。我能理解他的欲望有一种令人感到挫败的力量，也希望他不再受制于这股力量。然而，我也希望他的欲望得到满足。

我们喜欢看到我们的醉汉英雄喝醉。我们不喜欢看到他们戒酒。当评论家刘易斯·海德在贝里曼死后 3 年写到《梦歌》时，他批评人们将贝里曼的酗酒理想化。"我并不是说评论家本可以治好贝里曼的病，"海德写道，"但是我们可以提供一种不那么令人恶心的氛围。"海德讨厌《生活》杂志上那篇名为《威士忌和墨水》的人物介绍对贝里曼的描绘——这个醉酒的诗人成了偶像级的人物，在都柏林的酒吧里接见仰慕者。海德憎恶那些人把贝里曼的躯体视作某种象征，借着他那被风吹起的胡子以及指尖夹着的香烟，酒成了他智慧的证明，而非他令人作呕的、咕嘟咕嘟喝酒的病态的核心。

贝里曼自己却很喜欢《生活》杂志上的那篇人物介绍。它向他展示了一个他愿意看到的自己——审视着那一大堆空酒杯的先知——并令他继续产生错觉，而这些错觉又令他继续喝酒。查尔斯·杰克逊在《失去的周末》中提到的那种没有"为何"的酗酒应该更令人难以接受。那种小丑般的——略带滑稽、不顾一切的——酗酒并不像诗人以他那颤抖的心灵触角指向死亡的姿态般吸引人。

海德有关贝里曼的文章成了表现愤怒的、极吸引人的工艺品。它是对《梦歌》的抨击，矛头直指贝里曼。海德提出："我的论点是，《梦歌》归根结底是贝里曼的创造力与酒精之间的一场较量。"海德拒绝以"失落的认识论那花哨的标榜"来理解这些诗，坚称它们不过出自"一个顾影自怜的酗酒诗人"。海德认为，如果这些诗在酒和创造力之间引起了一场战争的话，则赢的是酒："我们可以听到酒在说话。它的语调是一种不变的呻吟。它的主题是不公正的痛苦、愤恨、自怜、骄傲，以及一种想要统治世界的极端欲望。它有着骗子的风格，以及骗人把戏的情节。"

海德并没有指责贝里曼的病态，但他为贝里曼因病态而赢得光环感到气愤——也因为希望贝里曼可以康复而气愤。他想要一个不同的结局：贝里曼不是在明尼苏达一个刺骨的冬天从华盛顿大道桥上跳下去，而是顺其自然地活下去。海德猜测，"那不会很容易。他或许得放弃大量的写作，他或许得离开 20 年来帮助他以痛苦为生的朋友们"。

当我第一次读到海德有关贝里曼的文章时，我已经戒酒好几年了。我悄然对自己说"阿门"。我想要相信，放弃酒并不代表放弃激情，而海德也认为，酒后写作的成果并不光荣，带有巨大的妥协性。在这里，有人正对一种没有事实根据的观念说"去你的吧"，而我也终于意识到，这种观念是带有腐蚀性和误导性的。我爱海德，因为他抵制那些把上瘾浪漫化的有毒滤镜，也因为他清楚地道出了我对过去的某个自己所感到的某种愤怒。我的那个自己被自怜吞噬，如今看来，那自怜更像是严重的自我放纵。

要想否定海德的文章并不难：把它说成尖刻的或清教徒式的，是一个墨守成规的反对喝酒者漫无边际的人身攻击。就像有个女孩在泳池边漫步（我有一次就是那样），尖叫着让所有人都从按摩浴缸里跳出来，因为那里不安全，他们会被石头砸到（我也被砸到）。然而，我就是喜欢海德文章的这一点——它毫不时髦的愤慨：坚持表述喝酒的可怕之处，将它光鲜的假象都抹掉，坚信这些可怕之处并非创造的引擎而是其束缚。

不过，海德的愤怒是哪里来的呢？在文章的开头，他承认自己曾在一间戒瘾诊所当过2年护理员。他曾亲临其境。基于此，他需要承认，在那张诗人与威士忌的照片背后，还有一个有血有肉的人。贝里曼的神话自有其超自然的神奇力量——威士忌是他汲取的液体，墨水是他挥洒的液体，两者都替代了普通人的血液——但贝里曼的身体里也流淌着普通人的血液，酗酒渐渐毒害的血液，他的生命中还有很多并非墨水的液体：颤抖和退缩时的汗水，生病时的呕吐物，裤子上的大小便。在有关威士忌和墨水的咒语那些抒情的对比后面，有一个小腿青肿、一半的人生都在昏厥中度过的人。他的肝脏因为毒素而如此肿胀，甚至可以从皮表摸到。这可不是神气活现或荒唐可笑的酗酒，这是逐渐通向死亡的酗酒。

在比莉·荷莉戴的人生中，出现了有关上瘾者的两种观点的碰撞：备受折磨的艺术家的浪漫主义想法，以及离经叛道的吸毒者的道德故事。她被推崇为光辉的自我毁灭的天才，然而她也是一个被起诉的罪犯。这位20世纪20年代出生于巴尔的摩贫困之家的黑人女性，一直是司法系统双重标准执法的对象。她没有像风中的贝里曼那样，以同样的自由被写入同样的神话。

然而，与贝里曼相似的是，刚开始，人们把荷莉戴的传奇与她所受伤害的光与热紧密联系在一起，就像水蒸气从烧开的水里升起一样，仿佛她歌声的曼妙是从她的痛苦中升起的。作家伊丽莎白·哈德威克为荷莉戴"光辉的自我毁灭"着迷，而哈里·安斯林格则在20世纪30年代末至40年代初将荷莉戴作为他个人斗争的目标之一。一名被派去调查她的联邦缉毒员把她称为"非常有吸引力的客户"，因为他知道，如果他们能把她拿下，便是对联邦麻醉药品管制局绝好的宣传。

当荷莉戴 20 多岁开始注射海洛因时，她重拾了自我。"我有个习惯，我知道它不好，"她写道，"但它让我知道有个人叫比莉·荷莉戴。"一个朋友说她"害羞至极，几乎是用耳语在说话"。然而，当她歌唱，她的嗓音使她成为曼哈顿爵士乐俱乐部的传奇人物。她被告知没有人可以像她那样唱出"饥饿"一词。她在位于西五十二大街、褐砂石大楼地下一层的俱乐部里唱歌，酷爱吉米炸鸡店，因为在那里，端上来的威士忌是用茶杯装的。荷莉戴给她的两只吉娃娃狗——彻姬塔和佩佩——喝杜松子酒，还有传言称她给小拳师犬米斯特注射毒品。哈德威克惊异于"她罪恶之深重"，又赞叹于她将其罪恶幻化成其非凡艺术的强大神力。荷莉戴仿佛走出了自己痛苦的深渊。哈德威克对荷莉戴"严酷的才能和巨大的创伤"深感敬畏，并写道："一个人必须要经得起那种巨大的破坏力。"

对于哈里·安斯林格来说，荷莉戴的罪恶之深重提供了另一个机会。她的自我毁灭并不是光荣的，而是犯法的；她的知名度则成了一个便利的挂钩，让他可以把自己创作多年的种族主义剧本亮出来，支持其反毒运动。他的夙愿不在于塑造上瘾的罪犯，而在于塑造上瘾的黑人罪犯。在努力缉拿荷莉戴的同时，他忙于告诉朱迪·嘉兰①，她应该在拍摄间隙休更长的假期，来戒除她吸食海洛因的习惯。

20 世纪 40 年代末，安斯林格派了好几个缉毒员追查荷莉戴，他们数次突击搜查并逮捕了她，包括在 1947 年判她有罪并将其关押在西弗吉尼亚的奥尔德森联邦监狱营地将近一年。在奥尔德森，荷莉戴收到全球逾 3 000 粉丝寄给她的圣诞贺卡。实在想喝威士忌的时候，她会用杂货店买来的土豆皮酿酒。

安斯林格派去追查荷莉戴的缉毒员之一吉米·弗莱彻最后还喜欢上了她。有一次，他们在一个俱乐部一起跳舞，还有一晚，他和她以

---

① 朱迪·嘉兰（Judy Garland，1922—1969），童星出身的美国白人女演员及歌唱家。

及彻姬塔坐在一起，聊了好几个小时。数年后，他在回忆起他俩的友谊时充满了悔恨。他说："当你与某人产生了友谊之后再去对那个人犯罪，便会感到难堪。"弗莱彻第一次缉查逮捕荷莉戴是在 1947 年的春天，她当时下榻于哈勒姆的布莱多克酒店，弗莱彻假装来给她送一份电报。在光身搜查的过程中，荷莉戴逼着弗莱彻看她小便：迫使他看清他工作的侮辱性和侵略性。

在那次缉查大约 40 年后的 1986 年 7 月，美国广播公司在新闻中向美国公众介绍了简——一个一天要抽 500 美元自由基的上瘾者——以及她早产的双胞胎，每个胎儿体重仅 2 磅 2 盎司[①]。1988年 10 月，美国国家广播公司在新闻中报道了特蕾西、埃洛西莉亚以及斯蒂芬妮的故事：埃洛西莉亚生下早产婴后，在医院的病床上复原；斯蒂芬妮把她的婴儿留在医院里，自己却要去快克之家[②]；特蕾西在全国电视观众面前吸快克。正如犯罪学家德鲁·汉弗莱斯提出的那样，媒体有效地创造出"快克母亲"这样一个意在轰动社会的人物角色。虽然大部分上瘾的孕妇是白人，但媒体的目标几乎全是少数族裔。这样的"快克母亲"偶尔会有悔过之心，但更多时候不知羞耻。她几乎总是黑人或拉美人，总在为人之母这一首要职责上一败涂地。

"快克母亲"媒体脚本的问题不在于其描绘的快克成瘾对个人和社会未曾带来巨大破坏（它的确带来了巨大破坏），而在于"快克母亲"引起的民愤实际上重新将公众对上瘾的定义从疾病转向了罪行。这种愤怒给导致上瘾的更深层次的弊病——都市贫困、涓滴经济、系统的种族主义——提供了合宜的替罪羊，并掩盖了其中的科学性。艾拉·查斯诺夫医生曾就可卡因对胎儿的影响发表早期报告，进一步引发了媒体的狂热，但他最终推翻媒体的"过早定论"，并解释说他

---

① 1 盎司约合 0.96 千克。

② 快克之家，毒品交易及吸食场所。

"从未见过'快克孩子'"，也不相信他将来会看到这样的孩子。

"快克母亲"的形象把视上瘾为罪行而非疾病的想法打造成一把充满恶意的利刃。"快克母亲"不只在自我残害，她还在残害体内的另一个人。"如果你因为无法自控而给孩子吸毒，那便是虐待儿童。"最终令一位"快克母亲"受审的检察官杰弗里·迪恩这样说。迪恩的措辞中有一处他拒不承认的矛盾："无法自控"说明那是病，"虐待儿童"则是罪。

"快克母亲"不仅被描绘成不负责任的形象，她们似乎还对为人之母有种错觉。"特蕾西非但不表示羞愧，还在公开的谴责面前表现出轻蔑。"汉弗莱斯写道，"斯蒂芬妮非但没有流露出自责，还对她留在医院的婴儿漠不关心。"男性天才的上瘾被理解为精神复杂性或内在极度痛苦的象征，相反，女性则被描绘成因其上瘾而情感发育不健全或有所残缺，抑或因上瘾而显露出其原本潜在的情感缺失。另外，当吸毒的白人孕妇被媒体（罕有地）曝光时，她们通常都被描绘成处在懊悔及复原过程中的粉状可卡因吸食者，并常常以为婴儿洗澡或以其他方式照顾婴儿的形象示人。然而，少数族裔的"快克母亲"恰好符合早已存在的种族主义成见。这样一来，她们不仅仅是"不配得到的"穷人、享受社会福利却损害自身公民健康的吸毒者，她们还在毁掉自己的孩子。

"快克母亲"并不仅仅因为她们的毒瘾而被批评，她们还因此被起诉。她们跟大多数上瘾者不同，是通过医院进入刑事司法系统的——医生们开始被要求将怀孕的病患移交司法部门。检察官们用新的方式歪曲人们熟悉的法律：在梅兰妮·格伦的女婴比安卡在一周大的时候死去时，他们以过失杀人的罪名起诉格伦。詹妮弗·约翰逊被判有罪，罪名是给她未出生的婴儿服用了一种管制药物。在约翰逊案中，检察官声称约翰逊实际上是把脐带作为一条国家高速公路、她们共同的血液作为毒品买卖，向她的新生儿"贩卖"可卡因。"或许把一个女人送进监狱就像用一把猎枪打死一只苍蝇，"一位法官这么说，"但我有别的顾虑。我为一个未出生的、无助的孩子感到担心。"

"快克母亲"是与上瘾天才相反的负面形象：她对毒品的依赖没有给她提供创造力，对毒品的依赖意味着她未能尽到应尽的责任。

当比莉·荷莉戴在1956年出版的自传《蓝调女伶》中讲述自己的故事时，她无意于散布被套用到她身上的有关上瘾者的两种观念：光辉的自我毁灭者或道德败坏的罪犯。她意在告诉人们，海洛因对他们毫无益处。"如果你以为吸毒是为了获得刺激和兴奋，那你一定是疯了，"她写道，"小儿麻痹症或靠人工呼吸器存活会给你带来更多刺激。"

荷莉戴的合著者、记者威廉·达夫狄认为，上瘾可以成为一个"促销噱头"，帮助他们把自传卖给出版商。然而，书中对于上瘾的表述其实平淡无奇，更多的是令人疲惫的逻辑思考而非光鲜亮丽的描摹。"我一度上瘾，又一度戒毒，"荷莉戴解释说，"我在那玩意儿上花了不少钱。"她的兴趣不在于滔滔不绝地诉说自己的痛苦，而是肯定上瘾的循环往复、它的逆转和倒退、它的乏味和不断的魅惑呼唤。每次复发，她都把自己称为"没胆的荷莉戴"。她并没有把上瘾作为精神深度的证据来呈现，而是想坦陈其他人如何因之受苦："一个习惯，绝对不是该死的个人地狱。"另外，她很清楚地表达了这一点："毒品从来不会让谁唱得更好，或演奏得更好，或把任何事做得更好。听戴小姐的。她吸得够多了，看透了这一点。"这并非为了她的书而创造出来以供说教的人物形象。她有一次对她的钢琴手卡尔说："不要再抽这种垃圾了！它对你没有好处！离它远点！你可不想落得我的下场！"

荷莉戴真心想要戒毒 —— 大量口述历史材料可以证实这一点 —— 但是对一个不过是把治愈作为惩罚的幌子的系统，她充满了藐视。"我要你知道，你以违法犯罪者的身份被判有罪。"一位法官这样告诉她。然而，荷莉戴想知道：他会把一个糖尿病患者当作罪犯吗？

在荷莉戴的记忆中，她一直被当作罪犯对待。她生于1915年，就在针对鸦片和可卡因使用及分销的《哈里森麻醉药品法》实施的1个月后，仿佛她的一生注定要与此法的后续发展捆绑在一起。对于一个像她这样贫穷的黑人公民来说，此法带来的更多是惩罚而非保护。当10岁的她差一点被强奸时，她被当成了罪犯——因教唆罪而被捕，被送往一所感化学校。当十几岁身为应召女郎的她轻蔑地回绝某个客户时，她被当成了罪犯——因卖淫罪被送往监牢。当她因上瘾而生病时，她被当成了罪犯——被送往奥尔德森。在《蓝调女伶》里，荷莉戴写道，她想要她的国人对毒品问题"有所醒悟"，"为的是那些本该被送往医院却被送进监狱以致一生被毁的年轻人"。她在1956年提出这样的恳求，但也就在那一年，国会通过了《毒品控制法》，正式批准更严厉的最低刑罚。

面对20世纪50年代日益严酷的毒品法，另一种人物形象开始产生邪教般的吸引力：不思悔改的吸毒者。威廉·伯勒斯以"一个未得到救赎的吸毒者"为副标题的《瘾君子》于1953年出版，与安斯林格《麻醉药品的非法交易》出版是同一年。《瘾君子》的封面根本就是低俗小说式的：一个衣冠极其不整的男人，领带乱飘，试图追一个金发碧眼的泼妇，而她正要伸手拿她的毒品。（不过，实际上，伯勒斯的瘾君子从未试图阻止任何人吸毒。）小说中的非正统派主角对当下的救赎故事毫无兴趣。小说的叙述者知道，"一旦得到配合"，他的医生"便会在8天内让我精神崩溃并重新做人"。然而，他并不想配合。伊丽莎白·哈德威克对荷莉戴的看法——一个"并不恳求戒毒或改变的"吸毒者——是这个人物形象的另一版本。哈德威克写道：荷莉戴"以冷酷的愤怒"，"讲述着各种强加于她的治疗方法"。

不思悔改的吸毒者一直很有吸引力。2007年，在荷莉戴出版《蓝调女伶》半个世纪之后，艾米·怀恩豪斯①的单曲《康复》风靡一时。《康复》一曲又让我们长久以来的沉迷发挥了作用："他们试图送我去康复，我说不、不、不。"②这是一首很棒的歌——真实且直接，潇洒且绝妙——怀恩豪斯非凡的嗓音如此娴熟、灵活、深沉，就像黑胶唱片和皮革；副歌部分直截了当且令人讶异，当你预期或许会有自怜自艾的恸哭低吟时，那嗓音却充满了反抗。拒绝康复治疗本身就是在申明权力："当我归来时，你会懂、懂、懂。"③"不"变成了"懂"：抵抗变成了认知。这不只是拒绝，它是存在的宣言，而且，《康复》作为一首反康复的颂歌的成功，有赖于怀恩豪斯作为一个无法康复的女人的吸引力。在怀特岛的一场音乐会上，醉到口齿不清的她唱到《康复》的结尾处时，把一大塑料杯红酒扔了出去。一条绯红的弧线划过舞台。"不、不、不。"她唱着。她不去康复治疗，而是在这样做。

网上那些怀恩豪斯演唱会的视频，特别是那些她显然已经醉了或在台上扭动的视频下面，有成千上万条评论。有人予以指责："多少人做梦都想成为歌手，站到舞台上，而艾米就这样浪费了。"也有自鸣得意的同情："我看到了一个心碎了的人。"

在贝尔格莱德，她最后一场演唱会上，她对着麦克风不知所云地嘀咕。一位新闻播音员疑惑地问："他们为何总把她推上舞台？他们肯定知道她有问题。"另一位播音员说："这原本应该是她重整旗鼓后的演出，而她却彻底搞砸了。"她上瘾故事中的某一部分令人感到愤怒，然而，他们的愤怒并不那么简单。那个写下"艾米就这样浪费了"的女人有她自己的故事："至于说意外服药过量，那是瞎扯。我爸吸食海洛因过量时从来没发生过任何见鬼的事故。我和我的兄弟只

---

① 艾米·怀恩豪斯（Amy Winehouse，1983—2011），英国歌手、作曲人，《康复》（*Rehab*）是其代表作。后文引用的两句歌词即出自此曲。

② 此句为《康复》一曲中的歌词，原句为：They tried to make me go to rehab, I said no, no, no。

③ 原句为：When I come back, you'll know, know, know。

是站在那里，看着急救人员给他做复苏。"

另一个人问："现在她想回去做康复了吗？:P"

怀恩豪斯从未试图戒毒这一说不过是个幻想（她曾四次入住康复中心），就像荷莉戴不想戒毒或改变这一说是个幻想一样，仿佛对于一个为上瘾受尽痛苦的女人来说，唯一的出路就是成为一个自我放弃的女人。就像哈德威克所说的那样，虽然荷莉戴"以冷酷的愤怒"讲述着"各种强加于她的治疗方法"，更令荷莉戴愤怒的是**强迫**，以及伪装成"治疗"的惩罚，而非治疗本身。

那个不思悔改的上瘾者以令人兴奋的、必要的方式，抵抗丧心病狂的说教以及那些伪装成康复的社会控制手段。她那没有预设的故事抗衡着那些劝人改过自新的一本正经的说教，相当有吸引力。然而，盲目崇拜不思悔改的上瘾者会导致忽略她想要康复的真切意愿。或许哈德威克很愿意将荷莉戴想象为一个以毫无悔改之意的尊贵面对自己人生废墟的女人，然而，并不出奇的是，一位白人女性将荷莉戴的自我毁灭说成是光辉的，而荷莉戴自己完全不这么认为。她太清楚个中代价了。

祖母死后，我有 5 个月的时间一直在打两份工——教补习课和当旅店管理员——为的是攒一笔钱，买一张去尼加拉瓜的机票，并能在那儿付第一个月的房租：一幢黄色小房子里的一间单人房。我渴望光辉——那可供谈论的趣闻逸事，就像人生中闪烁着微光的星群——以及一个远离祖母过身之处的地方。在一个叫格拉纳达①的城市，我白天在一所只有两间教室的学校当志愿者，以假装咬掉自己手指的方式教小学二年级学生减法，晚上喝酒，喝得比以往更不顾一切、更戏剧化。这种酗酒貌似比之前坐在祖母家的蒲团上喝微温的葡萄酒更具异国情调，但它依然是每日必需，依然是我一醒来就渴望得

---

① 格拉纳达，尼加拉瓜最古老的城市。

到的宽慰。

我在尼加拉瓜的第一篇日记是这样开始的，没有想法，只有东西。从马那瓜出发，沿途一堆堆燃烧着垃圾。一座微型充气城堡前放置的一架立体声音响高声播放着萨尔萨舞曲。教堂外的煎锅上，一块块小煎饼在冒泡。一条狗背脊上的莫霍克式皮毛。我用干瘪的面包和从市集上买来的捣碎的牛油果做三明治，往杯状的手心里倒一大把盐，再撒到从当啷作响的推车上买回来的乡村风味芝士上。我用一个剪掉了盖子的1升苏打水瓶倒水洗衣服。我一直没有弄死房间里的蟑螂，因为有人告诉我，如果你压死一只怀孕的蟑螂，她肚子里所有的卵都会孵化出小蟑螂。我确信那些流浪狗可以闻到我的月经来潮。

格拉纳达是一个由旅客、空降的行善者和当地人构成的持续演变的生态系统，而我成了其中一部分。每当有人在卡尔扎达大街偷钱包时，一小撮从国外移居过来的人就会对其狂追烂打，他们的人字拖都飞到了路两边；然后会另有一个人小心地捡起这些人字拖，再把它们整齐地排好，以期得到一点小费，同时还会看看我们扔掉的通纳啤酒瓶里是否剩几滴啤酒。我偶然遇到一群荷兰女孩，她们比我年长，也比我更国际化。我的西班牙语比她们的好，但那是我的第二语言，她们的第四语言。我们在阿波由湖边的吊床上度过了一个下午，喝着冰啤酒，吹着暖风，吃着火烤全鱼，在火山盆地里游泳，那里冰冷的和炙热的水流像丝巾一样打着旋交织在一起。晒了一天忽强忽弱的太阳光后，我梦见自己发高烧，并在几晚之后真的发起了高烧。我能感觉到它轻抚我的骨骼。我在烛光边度过了24岁生日，醒来时嘴里是前夜喝的桑格利亚汽酒酸酸的味道，我的衣服有一股烟味。

我和那群荷兰女孩每天下午一起喝通纳啤酒，每天晚上一起喝朗姆酒。我并不特别喜欢朗姆酒，然而，在尼加拉瓜就只有这个，所以我也就喝了：富佳娜，当地人的最爱；或自由尼加——基本上就是朗姆酒加可乐，就像自由古巴一样，仿佛尼加拉瓜的那场革命不过是从大哥的模子里刻出来的一个小弟。那时奥尔特加[①]刚开始他的第二段任期，每天晚上都有好几个小时的灯火管制，政府正在研究如何将电力行业改制为公用事业。灯熄灭的时候，我们在大教堂外看火焰杂耍者表演。小男孩们拿着装满开心果的篮子，往我们身上塞。一个魁北克来的刻薄男人在问，每天早上他们都怎么处理树上掉下来的芒果。温热的黑暗包裹着我的醉意，就像黄昏时分毛毯堆砌的堡垒。我们从中央公园角落里一个女人那儿买来玉米粉蒸肉，然后就着烛光，或者在黑暗中——用手摸索着——吃起来。有时候，我们会在夜晚挤进没有标志的黑车，一路开到奥斯卡酒吧。在那里，人们跳舞、吸可卡因；破晓时分，小小的黑苍蝇被震颤着的纱布从水中捞起。一个四处游走的、拄着拐杖的魔术师差不多每晚都会来，他少了一条小腿。他显然是个酒鬼。我记得自己当时这么想：你应该把自己照顾得好一点。

在我做志愿者的学校，我会在课间带着大家玩乌诺纸牌游戏。我渐渐懂得孩子们玩游戏的方式：莱蒂西亚希毫不手软，并且对任何会手软的人都没有耐心；一个格洛丽亚出牌很快，另一个格洛丽亚则很慢，给其他人足够的机会恳求她选某种颜色："黄色！""红色！""绿色！"她喜欢那种权力。学生们给纸制小丑涂色。他们从站在生锈的秋千旁的女人那里购买大蕉薯片，以及某种像用糖做的牙膏一样的东西。在我看到索尔头发里的虱子后，我跑到当地昏暗的、水泥砌成的小药店——在那里我模仿虫子在头皮上爬，以确保买的那一小瓶棕色毒药是用来治虱子的。

有生之年，我第一次开始真正意义上的宿醉：嘴巴发酸，两边的太阳穴跳得发痛；整个脑袋像是个垃圾桶，塞满了一团团废纸，在我点头的时候都会彼此摩擦。料理一场宿醉：你必须照顾好酒醉之后的

---

① 何塞·丹尼尔·奥尔特加·萨维德拉（José Daniel Ortega Saavedra, 1945— ），尼加拉瓜桑地诺民族解放阵线领袖，现任尼加拉瓜总统。

事，像照顾你生出来的孩子那样。

我开始跟一个来自马那瓜的、名叫菲利普的男人一起喝酒，每次喝醉后，他都会谈及酒精沉迷。在他看来，酒精沉迷并未令他与众不同。对于他，以及许多和他一起长大的人来说，那不过是既成事实。他并没有把酗酒的习惯打包带上国际航班，或带到他在圣莫尼卡小旅馆的工作岗位上。他没有责备总是飞来飞去的父亲。他并不觉得自己特别可怜——那不过是一种生活方式，且并不是只有他那样生活。

菲利普和我喝了个烂醉，我们跑到湖边的奥斯卡酒吧跳舞，在黎明渐亮的天空下亲吻。苍蝇如薄雾般从浅绿色的水上升起，沐浴着晨光在我们身边扑腾。菲利普用西班牙语对我说了一些话，一些如果用英语说会让我很不好意思的话：Quiero tu boca, quieres mi boca?……我开始翻译——"我想要你的唇，你想要我的吗？"——直到我逼自己放下，停止翻译，靠在他身上，沉浸在那酒醉之中。

我的酗酒正像八爪鱼一样将它的触须伸向一切，像之前在洛杉矶以及再早前在艾奥瓦，但如今的布景完全不同——暗黑的石子路，1美元六个的芒果，不可靠的电源，飘忽不定的烛光，濒于哭泣的声音。这部戏比起我之前坐在蒲团上一边用电脑看电影一边喝酒更有动作情节，但核心的主题是一样的：想喝，喝上了，又想喝。有一晚，我正从一间酒吧走向另一间——醉着——在一条安静的小街上，一个陌生人揍了我一拳，打破了我的鼻子又拿走了我的钱包。我的裙子上溅满了血。

有那么一晚，我和一个叫麦基的陌生人在一起，我不记得那到底是他的姓还是绰号。我的记忆像一堆垃圾，湿乎乎的散发着酸味。我记得自己坐上一辆没有标志的黑车，膝盖顶着别人的膝盖，小小的车里人声鼎沸，车在坑坑洼洼的路上颠簸着，夜色下未完工的二层建筑那凸出的螺纹钢、带刺的栅栏和垃圾堆吸引着路灯的余光。我记得自己在一大群陌生人中间，坐在他的大腿上，感到他的手指插进我的身体，我不想要那样，但又醉得无法叫他停下——也很难堪，不知怎的，仿佛这是我的酒醉招来的。

我不记得带他回我的住处，却记得他在我卧室外面的天井里脱光了我的衣服。我意识到夜班警卫就在不远处的阴影里站着——不是因为他想站在那里，而是因为那就是他的职责。

在某个时刻，我们到了床上，我不想跟他做——但我醉得太厉害也太累了，以致无法不跟他做，所以我只是躺在那里，一动不动，安安静静，等着他完事。某些瞬间，那场景会聚焦，我的意识会清晰起来，然后我会想，这不是我要的，但之后焦点又柔和起来。

我记得事后躺在那里，半睡半醒，不想让他睡在我身边，不知道他会做些什么——但又疲惫至极，酒醉令我无助又混乱，与此同时，电风扇随着电流时断时续而间或发出可怕的昆虫般的嗡嗡声。我记得冷风吹着背上的汗，感觉就像针刺一样痛。然后，他试图把我翻过来，想跟我再做一次，我滚到一边，睡着了，他把我弄醒，又试图把我翻过来，我又把他推开，他又把我弄醒，试图把我翻过来，我又把他推开，然后——如果我告诉你，我记得他有多少次把我酒醉的身躯翻过来，试图跟我再做一次，那我就是在撒谎。我能告诉你的是，之后，我只是在那里躺了一会儿，心神游走于躯体之外，祈祷他离开。

我跟他做是因为那比不跟他做要容易，因为不做与我们相遇的基调相背离，会显得我很虚伪——仿佛我让他到我的房间来，就是承诺了他什么，就是对于他想上我这一微不足道的馈赠所欠下的一笔债。我那流着朗姆酒的血液相信，每个男人的欲望都是他给我的礼物，也是我对他的承诺。然而，超越一切"因为"的还有这一点：事情之所以发生，是因为我喝醉了，且因为他没有停下来。

第二天，警卫告诉我："不准再带访客来。"我想到我们在他面前的所作所为，多么粗鲁，多么肆无忌惮。

我回到学校。我教学生减法。我玩乌诺游戏。宿醉冲击着我的头颅，像寻求解脱一样。天气热得让人透不过气。我站在教室后面一条干了的水沟里，直想吐，大口喝下橙子味的芬达汽水，更想吐。我为昨晚的酩酊大醉向一位荷兰朋友道歉，她耸耸肩，并没有恶意，更像是在说"你的人生，不是我的"。之所以道歉，是因为所发生的事好像需要一个道歉，或许我可以通过向某人、任何人尽量道歉而释然。

四

缺 失

在尼加拉瓜一次又一次宿醉后那些口干舌燥的清晨，我触碰到自己内心某种不那么对劲的东西，某种不设防的、汗渍斑驳的、松松垮垮的东西。因此，当我那年秋天回到美国，准备到耶鲁攻读博士时，我决定要换种方式喝酒：不再碰啤酒，不再碰朗姆酒。只喝烈酒——当我想象它流经血液时，感觉似乎更纯净些——以及白葡萄酒。喝很多。我对橙子街上那家葡萄酒小店的男人撒了谎——"我要办一个小型晚宴，哪种酒配三文鱼合适？"——心里很清楚那晚我将独自饮酒，或许还会吃一些盒装的薄脆饼干。"我们有8个人，"我会对他说，"你觉得我应该买2瓶还是3瓶？"把满嘴饼干屑、口气发酸的我说成**我们**，假装有那么一小群人。假装我不习惯这种计算。在那些我真的请人来家里喝酒的夜晚，我还得买更多酒。

我在纽黑文最早结识的朋友之一是一个叫戴夫的研究生——一个风度翩翩、交游甚广的诗人。准备报读耶鲁时，我曾经在他和他女友位于亨弗莱街的寓所借宿。那是一个温暖、灯火通明、铺着硬木地板、书架多到数不清的地方，完全不像我在加州的那间陋室，只有蒲团和藏在衣橱里的一塑料袋空酒瓶。戴夫的女友比我们大几岁，接近三十，他俩对于家庭生活的专注以及这种生活的**成人感**似乎令人沉醉：格兰诺拉麦片早餐、过期未还的图书馆借书、周末的远足。

奇怪的是，我意识到自己早就见过戴夫，大概 10 年前，当时我们还都是高中生，不过是在这个国家的两头。一次全国性的艺术活动上，20 名获得某奖学金的高中生在迈阿密一家酒店里参加为期一周的课程。"我记得你，"我告诉他，"你那时留着山羊胡！你在酒店大堂弹吉他！"我没说出口的是：我躲在一棵盆栽后面的暗处看他——就在他有说有笑地对着一群人弹奏时——随后悄悄回到房间，因为太害羞而没有加入他们。

"当然了！"他说，"太奇妙了！"他似乎对这一巧合感到很高兴，不过，令我讶异的是，他居然对我还有印象。虽然那次活动只有 20 个学生参加，但我确信自己毫不起眼。

搬到纽黑文一周后，我邀请戴夫和他女友到公寓共进晚餐，他们是我新住所的第一批客人。我像以往那样边喝酒边做饭——依然是为祖母的追悼会做的意大利调味饭，配上切达干酪和她最喜欢的科罗娜啤酒。我用室友的切片器切了梨片放在沙拉里，切片器令人生畏的横向刀片切下来的水果片薄如蝉翼，我都能看见其中的脉络。在第三杯葡萄酒后，我把大拇指伸向刀片，不太像被割了一下，更像是我损失了大拇指的一部分——一小片肉色的水果，也许可以放进沙拉里。我发短信给戴夫："你可以拿一片创可贴来吗？？？"接着又发短信："实际上，我还需要几片。"再接着："我保证没有把血滴到你的食物上！！！！"因为觉得这一系列短信有些可疑，我又发了最后一条："！！！！！！！！！！"与此同时，我在流血的拇指上包上一叠一叠的手纸，再用发带把它扎紧。它看起来像一个小小的鬼魂。

戴夫和他女友带着创可贴和橄榄油蛋糕来到我家。谁知道还有橄榄油蛋糕这种东西？我收下他们的创可贴，但害怕揭开手纸，因为不希望再让指头流血，毕竟一开始花了很长时间才止住血。我们坐在客厅天窗下的一张圆桌前，窝在倾斜的阁楼屋顶下。我靠四根手指以及一只蓬松的白枕头来支撑高脚杯的杯脚。指头整晚都是麻木的。

纽黑文是座灰扑扑的、充满矛盾的城市，到处都是大型砖房公寓，后街满是古朴的维多利亚式小屋，还有哥特式宿舍楼和宏伟的粗野主义风格的混凝土大厦，其不带窗户的侧面如同没有眼睛的脸。在素食主义咖啡店和乱糟糟的二手书店被一美元店和美沙酮①诊所替代、废弃的步枪工厂被植物园侵占的地方，你可以感觉到某种隐形的边界。被打破鼻子后，我很怕独自在夜里行走——虽然我也为自己的紧张感到羞耻。

那个秋天，我迅速而贪婪地陷入了一场让人掏心掏肺的恋情。那个男人叫彼得，也是个研究生。在阁楼公寓里喝白葡萄酒的我似乎远离了因喝朗姆酒而醉倒在尼加拉瓜黑暗小巷的危险；同样的，跟一个聪明绝顶的、亨利·詹姆斯的追随者谈恋爱的我，似乎不再会让陌生人在沾满汗水的床单上侵占我。彼得和我会在当地的咖啡店共度晨光，一边描绘我们的梦境，一边分吃垒球大小的麦芬蛋糕；然后我们会道别，这样就可以在那天余下的时间里互写邮件，告诉对方早上忘记描绘的梦境。有时，在接到他的短信后，我会故意拖延一段时间再看，好让它未曾被阅读的潜力像一股温暖的光亮一样，停留在我的五脏六腑，那有点像是想象喝第一杯酒的那股光亮。知道何时再见彼得就等同于知道何时再喝酒，永远是**那晚**，因为我们在一起的时候永远在喝酒。我们会买廉价的 1.5 升的西拉葡萄酒，以及装好盘的奶酪和饼干，经常连晚饭都不做。恋爱是唯一可以真正跟喝酒媲美的感觉——那种沉醉和飘走的感觉，那种让人沉浸其中的、纯粹的力量——跟彼得在一起，恋爱和喝酒便利地交织在一起。

彼得高而缄默，但他的观察充满尖锐、机智的判断。他的眼睛是蓝色的，水晶般清澈，眼神中带着固执，美得犀利而充满怀疑。他是

---

① 美沙酮，一种鸦片类药物，适用于缓解疼痛，可帮助戒毒人士摆脱鸦片依赖。

我见过的最聪明的人之一。他的思维缜密且绵延不绝，言语如贝雕般精雕细琢至臻完美。他无时无刻不在解析自我的意愿、能力以及真实冲动，是我所遇到的自我意识比我还过分的人。我们像两个紧挨着的、24小时不间断挖掘的考古现场——就在你以为我们要停下吃午饭时，我们却挖得更深了。

我俩老是喝醉也就不出奇了；我们不过是想要该死的休息一下。酒精让我既活在当下，又不必理会自我意识喋喋不休的注释，就像是终于到了某个美好的地方度假，而不必总是为了拍照搔首弄姿。1.5升的葡萄酒让我们变得简单、随性。自我意识像烟雾一样燃烧着散去。我们躺在他的宜家床或我的宜家床上，看《全美超模大赛》，对那一对有可能得了厌食症的同卵双胞胎进行猜测：谁会先被淘汰？另一个怎么办？

我们之间感情的深度和强度为喝酒提供了完美的借口。彼得肯定不是在我不愿意的情况下跟我醉后毫无知觉的身体做爱。他正在为论文动脑筋，还会给我买烘焙食品——朗姆酒蛋糕和花生酱巧克力碎曲奇。那一整年我们基本上就是在喝酒、吃甜食。

有时，我们约在州立大街的爱尔兰酒吧见面——那里的桌子上放着装满花生的小篮子，地上到处都是破碎的花生壳——然后喝伏特加汤力，直到在秋日刺骨的寒意中跌跌撞撞地走回家。我开始提前到达酒吧，以便在彼得来之前就先喝完一杯伏特加，后来越来越提前，在他来之前就先喝完两杯，然后又变成三杯。彼得来之后，我们永远有那么多话要说：我对于维多利亚时代疾病回忆录的所有想法，或是关于小时候爸爸给我的那只毛绒老虎，或是关于"使得"这个词的词根。我从不失水准，永远都在努力给他留下好印象，把自己献给彼得多少我都不嫌多。他想了解我的每一次观察，每一回冲动。过去几年里，我只遇到过想跟我过一夜或一个月的男人，而如今，我仿佛终于找到了依靠。我想把自己寄存在他身体里，就像把自己放在保险库里一样。我们写给彼此的信足以支撑一段异地恋，但我俩的住处相距不过三个街区。

　　很难想象我们会想逃避什么，更别提逃避彼此了；然而，事实上，我在逃避某种更微妙的东西：任何距离、任何裂缝、任何静默、任何破裂的可能性。我们谈论一切，包括我们也许喝得太多了，于是我们决定周一不喝酒。我开始厌恶周一。接着变成不是每周一都不喝酒。那样好些。再后来，周一不喝酒的事被彻底忘掉了。

　　我一直相信——一开始并无意识，后来很明确——我必须有趣才能赢得喜爱和爱情，所以我疯狂地努力让自己变得**该死的有趣**。一旦撞上对的恋情，我便会竭尽所能施展我的有趣，像应对一场准备了一辈子的毕业考试。成败在此一举。

　　理论学家伊芙·科索夫斯基·塞奇威克提出，上瘾并不那么关乎物质本身，而更关乎上瘾者投射在该物质上的"过多的神秘色彩"。她写道，赋予这种物质以提供"慰藉、安歇、美或能量"的能力，"只会侵蚀自我，进而将自我理解成一种匮乏"。一旦你开始越需要一样东西，不论是一个男人还是一瓶葡萄酒，就越在无意间——本能地、间接地——说服自己，没有它你就有所缺失。

　　20多岁时，我经常醉后在日记里潦草地写下同样的问题：我是个酒鬼吗？当酒鬼就是这种感觉吗？于我而言，嗜酒的耻辱并不在于对自己酒后的所作所为感到难堪，而在于我起初有多想把自己灌醉。醉成了我最想要的一种感觉。在《梦歌第十四首》中，贝里曼的叙述者回忆起母亲在他年幼时告诉他的话："一旦承认你厌倦了/也就意味着你没有了/内力。"想要喝醉——至少是像我那么想要喝醉——仿佛是一种类似的承认。

　　数年后，我采访了一位临床医生，他把上瘾描绘成一种"曲目的缩减"。对我而言，那意味着我的全部生活都以酒为中心收缩起来：不单是在喝酒上花的时间，还有在期待喝酒、后悔喝酒、为喝酒道歉、考虑何时及如何再喝酒上花的时间。

　　这种想要扰乱意识的欲念并不新鲜——使它变软、变钝、变形、用极乐充斥它、掩盖它的清醒。从意识存在开始，就有了改变意识的欲念。那是另一种描绘生存之道的方式。我们总是不断发现可以放进体内的新事物，以此更剧烈、更突兀地改变自己：为了感到解脱、亢奋或焦虑的减轻，感到与**众**不同，感到这个世界变得奇怪、变得更迷人，或者只是为了有更多的可能性。禁酒运动称烈酒为"恶魔之饮"，一种将我们寻求躯体之外的液体和粉体的欲望——寻求逃离、失重、亢奋、极端——外化的方式。

上瘾并不令我讶异。更令人讶异的是，有些人没有任何瘾。从感受到那种沉醉的第一晚开始，我就一直没弄明白为何不是人人都夜夜买醉。上瘾者往往把每次喝高说成对第一次喝高——最纯粹、最有启示性的那一次——的某种赶超，像精神病医师亚当·卡普林所说的那样，试图再次捕捉第一次"过旋转栅门"的感觉。卡普林医生告诉我，他的嗜酒病人中有一位艺术家，一直记得第一杯伏特加带来的从头到脚的温暖——那种确凿的回家的感觉。

科学家将上瘾描述为中脑边缘多巴胺神经系统中神经传输功能失常，大致是说你的奖赏路径完全失灵了。它是对生存性神经冲动的"病态攫取"。那种使用上瘾物质的、难以抵制的冲动压倒了所有正常的生存行为，比如寻觅食物、屋舍和配偶。又是那种缩减：这个，就只要这个。

匿名戒酒会的一张早期图表把酒精上瘾说成鲁莽的簿记："无节制饮酒的实际利弊图表"。它由并排的两列构成："资产"和"负债"。每项"资产"都有对应的"负债"，也就是对应的代价。"漠视常规"对应的是"言行失检的责罚"，"离经叛道的快感"则带来"惧怕清醒时看清消耗殆尽的自我"。随着疾病加重，接近图表底部的"负债"列越变越宽，"资产"列只能相应越变越窄，整张表最后以大写字母和感叹号结束："脑水肿。**社会收容机构。死亡！！！**"

神经药理学家、全美酒精滥用及酒瘾研究院院长乔治·科布把这种纵向瓦解称为"一种痛苦/上瘾的螺旋式循环"。这种循环包含三个互相关联的阶段：一心想喝 / 期待、暴饮 / 酒醉，以及停止 / 负面作用。在有关酒瘾的大众科学读物中，用于解释痛苦 / 上瘾的螺旋式循环图表看起来像龙卷风，中间画有一个向下指的箭头，旁边一张有关神经传输介质活动的示意图中，那些神经元感受器看起来相当高兴，只等着被激活，完全不知道等待它们的是什么。

在回放自己人生某些瞬间的同时看着荧幕下方字幕般的生物学注解，这令我产生一种奇怪的复视感，像在被剧透了捉弄人的结局后才去看这部惊悚电影。我可以把在男生的茶几上吸食成列的可卡因理解为阻止多巴胺再摄取的感受器被激活了，多巴胺因此在我的神经元突触之间滞留得更久。但我觉得，阻止多巴胺再摄取就是我发自内心的呼唤。它是蛇蜕下的皮，在挣脱恐惧。

当回忆起在尼加拉瓜和陌生人度过的一夜时，我可以说自己神经元中的 GABA 受体被血液中的朗姆酒 —— 他们会说那是一种增效剂 —— 以及伏隔核①和杏仁状复合体内累积的多巴胺激活了。虽然这些大脑的构成部分听起来很陌生，但它们是我大部分的自我感的具体所在。当回忆起那满是汗渍的床单时，我可以理解酒精在抑制前额叶皮质时产生的作用。我可以看清醒来后的宿醉状态 —— 那种心烦意乱的、焦虑的、愧疚的头痛 —— 也明白毫无节制的谷氨酸摄入令人暴躁易怒、坐立不安，试图回忆他如何对待我的身体让我反胃，厌恶自己，不舒服到想要再喝一杯。

一个人逐步走向酒精依赖，某种程度上是因为他几乎无法想象如何过没有酒的生活。无可避免性成了一种托词或借口。"我喝醉不要紧，"里斯笔下的一位女主人公说，"我知道就算不喝酒，我也没别的什么事可做。"那个喝醉的自己成了被显露出来的自己，而不是被转变的自己，一个一直潜伏在内部的身份：极其需要关怀的，孤注一

---

① 伏隔核，也称为依伏神经核，是一组波纹体中的神经元。在大脑的奖赏、快乐、笑、成瘾、侵犯、恐惧及安慰剂效果等活动中起重要作用。

掷的，厚颜无耻的。在尼加拉瓜，当早上又见到前一晚目睹我和陌生人发生关系的警卫时，我相信他看到了一个比我展示给世人的我更真实的我。通常，我要么太谨慎，要么太害怕，才不表现出这样一个自我：一个没有底线、满怀痛苦、永远都想要抓住些什么的自我。

更准确地说，我觉得酒既表达了又创造了这个自我。喝醉并没有以一种绝对的、不变的、明确的方式显露那个曾经的我，而是暴露了一个我害怕变成的我。我觉得喝醉的我不过是一种需求。

当我谈及那个尼加拉瓜的男人时——那并不经常发生，且通常是在提及自己如何、为何戒酒时——我总会说："我是说，那不是强奸。"我给了他某种许可的信号，比如我并没有明确说不。然而，醉后的许可依然是我无法用语言描述的东西，仿佛我已经把一个没有尊严的自己拿了出来，而要成为另外一个人无疑是虚伪的。到了那个阶段，喝醉通常只是为了达到一个自我放弃的点。那一次，刚好他在场。

跟彼得相恋差不多一年后，有一次我发现自己醉卧在玻利维亚的一个庭院，正要和另外一个人发生关系。那是州长选举的前一天，在选举期的周末买酒是非法的，因此我们早就囤好了。我们把橙味苏打水和辛加尼——当地人用安第斯山上的葡萄酿造的一种白兰地——混在一起，制造一种名叫楚弗莱的邪恶东西。

我在玻利维亚待了一夏天，为了提高自己的西班牙语水平，以达到博士项目的要求——我想，我也确实这么做了，鉴于我动用了部分项目经费——但玻利维亚之行也是我的一次逃离，逃离与彼得之间愈来愈令人窒息的关系。我们在纽黑文的生活千篇一律，起初令人愉悦的互相依赖后来却让我们感觉与世隔绝：每晚调侃电视里的模特新秀，吃不饱的晚饭和太多的甜点，无数象形文字一样的沙袋鼠跳过7美元一瓶、有黄尾袋鼠标识的西拉葡萄酒酒瓶。我甚至数不清自己把人生中多少个小时投入讨论彼得有关亨利·詹姆斯的论文中。这位作家似乎通常只关心他笔下的人物对他们的感受有什么**想法**，他们似乎从来没有真正感受到什么。我渴望有什么东西可以绕开这些纷杂的计算 —— 比如真实的情感，那种被我定义为突然的、非凡的、强烈的东西，而不是知晓某人最爱哪种麦芬蛋糕之类的琐碎日常。彼得对我死心塌地，我却不能说不腻味。

尽管有项目经费资助，我还是负担不起玻利维亚之行的全部费用，便只好靠借钱成行。原本的计划是彼得一个月后在苏克雷与我会合，之后，我们准备一起旅行，想象着将我们的活力向更宽广的天地释放：盐湖、安第斯山脉、丛林。

如今，彼得在一周后就要来了，我却在和另一个人追寻某些荒谬的、类似更宽广的天地的东西。他是个爱尔兰人，喝了很多辛加尼，因为他 —— 和我一样 —— 明白需要在禁止买酒的日子到来前做好准备工作。康涅狄格州的星期天教会了我这一点。那个爱尔兰人在跟我讲他骑摩托车横穿拉丁美洲的故事，而我在想象某一天自己会如何告诉另一个人，有个男人告诉我他如何骑着摩托车横穿拉丁美洲。与此同时，我在跟他说，或许我需要少加一点苏打水，多加一点辛加尼。

爱尔兰男人的头发长长的，有些发红，像玉米须皮一样下垂，衬托出他那张苍白的脸。他走路有点跛，在智利乡下遭遇的一场严重摩托车事故里摔断了锁骨和一条腿。修摩托车的时间比他自己康复的时间还要长，于是，他便在苏克雷待了下来。与他产生的第一丝火花就像是一根火柴，点燃了我和彼得相恋一年的导火线。那是泡在酒里的一年，因例行公事而变得枯燥贫乏，被宜家的书架以及乏善可陈的研讨会回应文章环绕。这场选举以及这个受伤的爱尔兰人更接近我在尼加拉瓜经历的冲动、狂热，更像一个在展开的故事。当时我以为这种吸引力与大胆寻求新鲜感有关，然而回想起来，它似乎更平庸 —— 一种对于熟悉的畏惧。

苏克雷是一座古老的殖民城市，鹅卵石小巷被延绵的棕色山丘包围，山丘在安第斯山脉的强光笼罩下微微泛白。我当时住的小屋在楼上，下面是蕨类植物满布的庭院。早餐是烤肉馅饺子，我把饺子皮戳出洞，吃里面的炖肉。天气很冷。我们在山上，当时南半球已入冬。我到小镇边上的集市去买件大衣，我走过那些在盖着柏油帆布的摊位上卖炸面团和洗碗机的小贩，他们的矩阵是一种古老的暴雨排水系统，兜售着一桶桶表皮像蜥蜴皮般的释迦果，以及玩具屋大小的、冒着汗的、苍白的咸芝士。

我们喝醉后，那个爱尔兰人问我是否想到他住处的顶层看一看。有个阿根廷男孩租了阁楼上的一间房，几个月前死了。男孩的家人没有来取他的东西，房东也不知道怎么处理它们，因此它们还在那儿。那是一次阴森恐怖的参观——走进死去男孩的房间，墙上贴着他踢足球的照片——就像观看慢镜头下的一场车祸。我站在那里，怀疑自己是否有勇气真的去做我准备做的事。不能说如果我没喝醉，我就不会出轨，而是说，我为了出轨而喝醉。我把自己喝到失重的状态，也就是海明威所谓的"朗姆之勇"和劳瑞所谓的"龙舌兰之无畏"。我们的楚弗莱很快变成了纯辛加尼，这表明苏打水已一滴不剩。

我醒来时躺在空荡荡的白色房间里一张陌生的床上，身体很不舒服，体内的酒精在凝结。我想把自己的身体从内翻到外，像拧一件湿衣服一样彻底拧干。

我为自己真的背叛了彼得而吃惊。"我可以这么做吗？"你想，然后你看着自己，"我猜可以。"与其说我成了一个出轨的人，倒不如说我发现了真实的自己。辛加尼抹掉了我的表层，将其清漆瓦解，露出底下可怕的真实面目。我没有忘却，这是一种继承——或许是流淌在血液里的东西。

回想起来，那次随性的出轨——跟一个无关紧要的人，尚处在一段完全不必维持的恋情中——看起来有因可循，也不足为怪。不过是选择以一场轻微的火车事故的戏剧性替代相比之下更乏味的差事——拯救一段已经变得陈腐的恋情。我内心那个充满负疚感的声音如此响亮，缓冲着相对静谧的、现实的不确定性。我躲在网吧里，在不熟悉的键盘上给家里的朋友胡乱敲下带有奇怪标点的句子："我做了什么 }"

许多科学家倾向于使用"化学依赖性"，而非诸如"上瘾""毒品滥用"这样的措辞。自从贝里曼将自己认定为酒鬼，他便这样说："我们都是有依赖性的人。把我们的化学物质拿走，我们还得再找别的东西依赖。"然而，我们确实都是有依赖性的人，真的全都是——任何人类。那么，是什么让你依赖某种特定的物质呢？

你可以说我是由需求堆砌起来的。你可以说每个人都是如此。你可以说幼年时期持续的父爱缺失引发了我的需求，或者说引发了某种不断制造需求的异性关系。你可以说我的父亲喝酒，他的姐姐喝酒，在此之前，他们的父亲也喝酒。你可以引述那个为期 20 年的研究——其在 2 255 个"受到酗酒严重影响"的家庭身上，发现了特定的染色体模型——并得出结论，认为某些大脑更易产生引发化学依赖性的神经适应。你可以说，这一切取决于神经元对体内神经调节物质的反应，取决于你的基因型当中那复杂的特质的组合，且这些反应会被如何看待或惩处，取决于你有多少钱，以及你的肤色。所有这些解释都有道理，却又都不够。往往让人觉得最接近真理的是，承认任何一种解释都是片面的、暂时成立的，这样或许能填补"为何"这个大问题当中的那块空白。

每当我喝醉时，我都可以准确地告诉你，我为什么喝酒。每次的原因几乎都不同：因为我应该从自我意识的负担——我内心那无休无止的独白和自我评价——中解脱出来；因为在我内心的最深处，有某种被我用过多的现实性掩饰的又黑暗又破碎的东西，而喝醉是我予以承认的唯一方式。喝酒是一种自我逃避，也可以是一种自我对质，就看我对自己讲什么故事了。

然而，我对这些故事的不充分之处也相当感兴趣。在我当时写的小说中，两个主人公都很悲伤，他们的悲伤都没有什么缘由。早期的草稿中并没有明确指出存在任何创伤，致使他们产生自毁的冲动。我想探究的正是这种冲动的神秘之处，探究在搞明白为什么想毁掉自己的过程中真正毁掉自己的可能性——就像对着冷空气呼气会让你看见自己的呼吸。我的一个男友告诉我："你的字里行间到处是吊挂痛苦的挂钩，却没有关于有毒大衣出处的说明。"他是对的。要在对缘由的推断上附加某种痛苦，假装可以找到那件有毒大衣的布料，貌似有些自欺欺人。

这就是我喜欢《失去的周末》的部分原因——它拒绝相信你可以轻易或自动地赋予喝酒意义。它坚称你无法一劳永逸地用某种清晰的心理分析来解释自我毁灭："'为什么'早已不重要；你是个酒鬼，就这么回事；你喝酒，句号。"杰克逊的叙述仿佛是在告诉我们，喝酒比那更为神秘，且或许没那么高尚，不过是一堆残骸，没有那么多深奥的大道理作为支撑。

在伊丽莎白·毕肖普生前未发表的诗《一个醉鬼》中，她把自己的酗酒归咎为孩提时代目睹一场火灾留下的后遗症。"天空是鲜红色的；一切都是红色的，"叙述者回忆道，"我口渴极了，但妈妈没有听见 / 我叫她。"妈妈正忙着把食物和咖啡送给那些因大火而无家可归的陌生人。

第二天早上，那个小女孩搜遍了烧焦的破瓦残砾，捡起一只女人的长筒袜。"把那放下！"她的母亲说。那一刻的责骂被认定为欲望的种子，萦绕在女孩心头多年：

> 然而，自从那一夜、那一日、那一声斥责之后
> 我便一直极度饥渴——
> 我发誓那是真的——等到
> 二十还是二十一岁时，我已开始
> 喝酒、喝酒——我喝不够……

所有这些在我听来都很真实：饥渴或许来自对于某个不会来的人的持久渴望。在某人缺席或离去的阴影下，饥渴与生俱来。强烈欲望的根源或许可以追溯到训斥————一种被世界规训或追捕的感觉。

然而，最让我感兴趣的还是那首诗的最后几句，不是在解释而是在暗示任何解释都是徒劳：

> ……你肯定留意到了
> 我已经半醉……

> 而我对你说的一切都可能是个谎言……

一位评论家称其为一则"三心二意的免责声明"，但对我来说，它是整首诗的重点————指出了任何有关需求的论点都存在不确定性，并认识到，渴望明确的因果关系是另一种强烈的饥渴：喝酒是因为我随了母亲，是因为母亲不在身边，是因为这一刻，是因为这个创伤。相形之下，这首诗刻意模糊有关根源的说法，提出喝酒（"我已经半醉"）引发了一系列多米诺骨牌似的缘由。

"你为何喝酒？"贝里曼曾在一段笔记中如此自问，然后又写道，"（不用真的回答。）"不过，他还是回答了：为了"化无聊为生机……平复激动……减轻痛苦"。他还列下了其他原因：

> 缺乏安全感的夸大带有自我毁灭性：我和迪伦·托马斯、爱伦·坡等一样伟大，且一样孤注一掷。
> 错觉：为了艺术，"我需要它"。
> 反抗：去你的吧。我能把控。

他不相信任何一个单独的理由。他认同所有理由，又不认同任何一个理由。"不用真的回答。"然而他还能如何？重温其理由是他一直在做的事情之一，希望借此帮助他戒酒。

一位叫加博尔·马泰的温哥华医师花了十多年时间研究贫民窟的上瘾者，将每个案例都上溯到童年创伤——就像在犯罪现场一样，为其精神奴役画上清楚的边界线。在回忆录《中央车站的冬天》中，李·斯金格追忆了他作为一名无家可归的快克上瘾者在纽约中央车站地下隧道生活的日子。斯金格将上瘾的起因描绘成一出围绕着其母之死展开的三幕剧：第一幕、第二幕、第三幕。这种形式让他将自己的毒瘾与悲伤联系起来，同时承认这种关联本身是被精心设计出来的——它如何将一个简洁的架构强加到渴求这一凌乱得多的、根系般的问题之上。

有关上瘾的故事总是坚称，上瘾是无法全然被解释清楚的，这是此类题材通用的理念。"我告诉他我喝了很多，"玛格丽特·杜拉斯在描述一个她刚遇到的年轻男人时写道，"告诉他我刚因此进了医院，而且不知道为什么自己喝了那么多。"就像杰克逊说的那样："为何"这个问题早就不重要了。在《瘾君子》当中，伯勒斯预先提出这样的问题——"你究竟为何要尝试麻醉品？为什么你持续使用它到了上瘾的地步？"——但拒绝回答："毒品不战而胜。"他写道，多数上瘾者"都不记得他们因为什么缘由而开始吸毒"。

这些反驳并不是对客观事实的陈述，而是对个人经历实质的描述。它们拒绝下定论，证明上瘾创造了自己的势头、自己的逻辑，能维持自己的高速度；它似乎是自主的、不受束缚的、自生的。这些反驳拒绝接受三段论的简便，以及任何简洁的、悲剧和上瘾之间一对一的对应关系，并坚称自我永远都比我们想象的更难以名状。没有一枚简单的钥匙可以打开"为何"的锁。

约翰·霍普金斯大学教授卡普林医生曾将上瘾者的第一次描绘为"过旋转栅门"。当我向他提出这个"为何"的问题时，他表示很无奈——有限的精神分析案例完全掌控了 20 世纪中叶医学界对上瘾的认识：酒瓶即猛兽。卡普林医生并没有全然忽略童年和对爱的长久渴望的重要性。他只是在抗拒那种一刀切的、按图索骥的心理故事——情节千篇一律的简单——就像斯金格的斜体字，在给出上瘾的起源故事时，同时也提出质疑。

当伯勒斯拒绝回答"为何"时，他也在向体面政治的要求说不。他不会给那些医生——那些想要剖析他进而治愈他的人——他们想要的东西。伯勒斯不想被肢解成一串解释，然后被重新配置出安康。他想高举他的副标题："一个未得到救赎的吸毒者"。因果的三段论承诺转变的希望，但他对那种救赎并没有兴趣。

在玻利维亚的夏天接近尾声时，我来到一个叫作太阳岛的小岛，它就在的的喀喀湖的中央。我天天喝酒，独自一人，刚过中午就已经醉了。我在小岛南部的尤马尼待了一周，租了一间混凝土砌成的房间。房间里破旧的抽水马桶没有盖，浸在陌生人尿液中的厕纸造成了马桶阻塞。太阳岛很可能是我所见过的最美的地方，但它的美是无情的：那里的水闪耀起来像是玻璃碎片，那里的蓝天明亮到具有杀伤力，燥热的光造成皮肤皲裂和中暑，在梯田式山丘上围有木栅栏的羊圈里，羊驼的驼峰此起彼伏。

彼得到苏克雷和我会合后，我们一起度过了糟糕的一个月。我没告诉他出轨的事，但它已渗透到我们共处的几周中——我的气恼和语气中的尖刻、将我俩关系推向破裂的种种举动——因为我已经厌倦了这种绷紧的镇静和距离。我觉得自己很自私，且这种自私带有一种熟悉的自贬意味。然而，这种自私背后充满了惧怕。我从来没想到自己会是一个惧怕亲密关系的人，因为我热爱谈论感觉，仿佛很少做除此之外的事。然而，亲密关系的其他种种让我害怕：紧张、单调、熟悉。

我还害怕静默，无论在何处：在酒吧，当我们看着酒保教他10岁的儿子如何用碾碎的草莓和红色的芬达调制桑格利亚酒时；或在那个满地泥泞的、叫作塞普赛普的小镇，当我们爬上山，见到一片满是破碎特奎纳啤酒瓶的废墟，寻找标有白旗的棚屋——代表他们出售奇恰——时。奇恰是玉米经人咀嚼成糊进而发酵的一种私酿酒。在其中一间有白旗的棚屋里，一位老妇人用两只陶碗从一个约4英尺高的蓝色塑料桶里舀酒。我们就站在泥地上喝。那是一种我熟知的、荡涤我全身心的宽慰。不论它来自哪里——满是壁灯的酒吧里的伏特加汤力，或蒲团上的一瓶常温的葡萄酒，或土路上陶碗里某个陌生人吐出来的东西，那都是同样的软化：好吧。就是它。来吧。

在城外布满灰尘的一间酒吧里，我们喝特奎纳啤酒，吃一大盘的 pique a lo macho——切碎的牛排、柔软光滑的西班牙香肠片、白煮蛋和炸土豆。上方是挂在墙上的两只空威士忌酒瓶，一只套着小婚纱，另一只套着燕尾服。我们搭上一辆开往科恰班巴的通宵巴士。凌晨3点左右，我下了车，在车头灯刺眼的光照下，到路边解手。之后的旅程我都靠在彼得身上，睡眼惺忪且疲惫万分，为有他在而心存感激。他似乎给人一种安全感。他的头脑散发着智慧之光。我想要一种与之前不同的感觉。我们在阿亚库乔大道的一个小破帐篷里观看马戏团表演：系着银色铃铛和银色皮带的舞者们，身穿粉色紧身连体衣、看起来有些宿醉的小丑。当你宿醉时，很多人看起来都像宿醉。

彼得的某些部分开始令我厌恶：他对我俩的关系和他自己缺乏信心，他渴求我的宽慰。这些与我内心始终渴求宽慰的部分相似，或许这就是我作呕的原因。然而，当时我并没有意识到这一点。我只意识到他用和我一样的护唇膏，他连选择自己的牌子都做不到。

这种和男人之间的双重捆绑并不新鲜。它是一种不断被复制的模式：我全身心投入地追求着某些不可得的东西，说服自己想要他们也全身心投入，却在如愿以偿后感到幽闭恐怖——在失去了对于目标的追求所带来的动力后，我变得焦躁不安。就像卡普林医生说的那样：你一直在追寻第一次走过旋转栅门的感觉。这种模式始于我和高中男友之间——那个开着小卡车、爱吃蘑菇、心地善良的男生：当他表示上大学后不想和我住在一起时，我的心都碎了，然而一旦他改变主意，我便立刻开始想象我们的分手。

有感觉像是望不到尽头的那么几天——具体地说，是3天——彼得和我住在贝尼河河岸上的一间小屋里。在玻利维亚的亚马孙丛林中，没有酒，也没有电。我躺在我们的床上，被蚊帐遮盖，在他的触摸下整个人蜷缩了起来，看着巨大的蟑螂快步小跑。我焦灼不安。我感觉被剥夺了，因为没有酒可喝。想看看能否在客栈前台买些酒，但发现没有。那里只有一个木柜子，里面装满高洁丝卫生棉和品客薯片。

我们步履艰难地走向清醒的日子。真正到了完全搞不到酒的地步——最近的也在下游数英里——我才意识到酒有多么不可或缺。如今，我们都如此本色，如此孤单。我们把一条类似食人鲳的鱼当午餐：那炖好了的、一块一块的、被包裹在蕉叶里的白色鱼肉。我们推着一架很老的木制甘蔗榨汁机，周围有若干小猪在尖叫，它们就像沾满泥的小苹果那么大。一切都被我们持续不断的拉扯——他的欲求和我的退缩——以及我持续想要喝酒的欲望玷污了。我想喝酒，并一直在纳闷为何如此想。其他的一切都不过是粗鄙的替代品。狗一样大的蜂窝悬挂在树上。内心的不满让我即使身在荒谬的美之中也能鸡蛋里挑骨头：我们徒步穿过丛林，我确信我的袜子里爬满了蚂蚁；我们来到一片诗情画意、与世隔绝的洞穴游泳，我开始注意脚踝上肿起的蚊子块。我曾读过有关肤蝇的描述——这种寄生虫的卵寄存于蚊子身上，再在人的皮肤下孵化成蛆——并且深信自己身上有一只。我们被以交配为生的金刚鹦鹉愚弄，它们看起来华贵得不可思议，像两道彩色的弧线划过天空。

在一间潮湿的、带有一台破风扇的汽车旅馆房间里，我终于跟彼得做了了断。那是最糟糕的时点——我们被困在亚马孙河流域的一个小村落里，离下一班去拉巴斯的飞机还有3天——也是一种解脱。我们的关系破裂了，但如今至少不用假装一切如初。我们需要一起等几天，但至少找到了一间带茅草屋顶的酒吧，那里卖一种酒，它的名字可以粗略地翻译为"睁不开眼的灰土路"。我们每天很早就开始喝酒。我们一边驱赶飞到鸡蛋上的苍蝇，一边打牌。我的麻木当时令我困惑——我告诉自己："我们刚刚分手，我应该感到伤心。"——不过，现在我不再困惑。那酒被誉为"睁不开眼"，是有原因的。

彼得飞回家后，我搭了巴士又坐了船，来到太阳岛。岛上没有卖烈酒的店铺，但有一些咖啡厅，酒水单上有什么就整瓶卖给你什么。每天中午我会买一瓶玻利维亚葡萄酒，一饮而尽。之后，我回到那间混凝土砌成的房间，昏倒在那张坚硬的床上。有一天，我居然吃了午餐：湖里抓来的鳟鱼，被炭烧到鱼皮都裂开。

能看到地球上这片奇妙、冷酷、美丽的土地——安第斯山脉间一座破烂的小岛，用借来的钱——我实在是幸运得离奇。黄昏醒来，我后悔自己没再多喝一点，昏睡久一点。我会立刻翻开羊毛袜，摸一下蚊子块，它已经成了脚踝上一个坚硬的圆锥体。蚂蚁在我的另一条腿上咬了一个巨大的肿块，这时已经变成一个扁了的红圈，像一小摊倒塌的蛋白酥，这让我更慌张：其他咬伤都在自然发展，为什么脚踝上的没有呢？肯定有一只肤蝇的蛆在里面。从逻辑上说，这是唯一的答案。我已经好几天没跟其他人说话了。

太阳岛上没有电脑，因此无法没完没了地在谷歌上搜索"人肤蝇的症状"，就像我在玻利维亚大陆满是灰尘的网吧里那样。我想象自己把症状抄到纸上，折起来，夹进护照后页。别针形状的呼吸孔？打钩。我会每隔 1 小时拉下袜子，检查叮咬处：这个孔是不是比 1 小时前更接近别针形状？起初的刺痛感就像一把小刀插进了我的脚踝。我听过一些无稽之谈：你应该把点着了的香烟对着叮咬处，把肤蝇熏死，或涂上凡士林，让肤蝇窒息，然后趁它虚弱之时，用钳子把它夹出来。

我告诉自己，不要再去想那可能存在的肤蝇了。"要为彼得的事感到悲伤。"我告诉自己。然而，每当黄昏醒来——睡眼惺忪，全身发冷，半醉半醒，羊驼毛帽子下的头皮发痒——我只想再睡过去。

我从太阳岛回到玻利维亚大陆时，发现有一封来自彼得的电子邮件等着我，他说他在回程途中病了。我回了他一封邮件，用三句话表达了：我希望你没事，多喝点水，我在想象你发烧的样子；然后，又用了差不多二十三句话来表达：我真的觉得有一只肤蝇的蛆在我体内。我是那么的自我沉醉，应该还有一个别的词来形容我。当然，如果能有一个别的词来形容我的话，我会求之不得。

数月的狂饮依然令我宿醉。不论出于什么原因，我的脚踝依然肿着。就这样，等我回到纽黑文时，我终于看到了那只蛆：一小团白花花的东西快速钻出脚踝，又快速钻回去，消失在皮下。那时刚过午夜，我打车到医院急诊室，接待处的护士问我近期是否服用过任何影响心智的物质。我想：我倒希望现在有这么一种物质。当班医生告诉我，他从没听说过肤蝇，也不能为我做什么。事实上，或许他可以为我做一件事。我心存感激地从他那儿拿到了安定①。它给我一种舒缓的感觉，唯一遗憾是，这种感觉被浪费在急诊室那间米黄色的小隔间里。我极其缓慢地转着头，慢到足以清晰地意识到："我在转头"，这些字眼就像余波，在我的肌肉里荡漾开去。一切都变得简单自如。我的脚踝里有一只蛆，没错，不过那只是千百条真相之一。

一个皮肤科医生最终把那只肤蝇的蛆从我的脚踝里切除，然而我几乎立刻觉得还有一只肤蝇在里面——在伤口血肉模糊的皮下蠕动。我好奇要喝多少酒才能让它蜷缩着在里面死掉。

既然我们又回到了纽黑文，我便告诉彼得，我想要和他重修旧好。然而，他很小心。他有他的道理，他觉得我们应该好好谈一谈到底发生了什么。我们待在一起的那一年时间，基本上都用在向对方解释自己上了，然而对于这些选择——分手、复合——我并不想加以解释。对于不安，我的回应是彻底的、绝对的：如果在一起感觉不对，我就想要分开；如果分开感觉不对，我就想要复合。停留在一种

---

① 安定，苯二氮平类药物，主治焦虑症、失眠、癫痫、酒精戒断症候群等。

僵局之中并试图从核心入手解决问题，或者消极等待，对我来说都更为困难。这也是喝酒能在一瞬间带来的神奇变化：它把你从一种状态带入另一种状态，而无须多言。

我告诉彼得，在玻利维亚，我彻底摆脱了某样东西。我把某样东西彻底从体内排了出去，现在只需把第二只蛆从脚踝里剔除。我那漫无边际的自私正试图寻找某些有边际的东西。把精力集中在一只假想的寄生虫上，比试图回答那个含糊的问题——我们为何在潮湿的玻利维亚汽车旅馆里哭了好几晚——要简单。于是，我们拿来维生素罐的盖子，在里面填满凡士林，再用封箱带把它固定在我的脚踝上一整夜。早上，我们找来一个镊子，准备在它闪闪发光的监狱中，除掉那只我确信会爬出来的、几近窒息的肤蝇。当没有任何肤蝇出现时，我并未感到如释重负，只有失望。要是它出现的话，我就能把它除掉。

五

羞 耻

从玻利维亚归来数周后，我有一次和戴夫一起去喝酒。我第一次见他是在多年前，那时候的他弹着吉他，留着山羊胡。自从第一次共进晚餐——我包扎自己的拇指的那次，他就成了我在纽黑文最亲密的朋友之一。当晚，他只喝了一杯红带啤酒。如今，时隔近10年，我依然对那杯啤酒印象深刻，因为我也限制自己只能喝一杯——如果他不喝第二杯的话，我实在不好意思再来一杯，但心下想，我们就喝这么点吗？

那个夏天，戴夫刚刚和女友分手，搬出他们那间漂亮的公寓——我准备报读耶鲁时借宿过的地方。也就是在那里，他的女友说过："我们的早餐有好几种选择。"他们的生活仿佛是真正的成年人生活的象征：在洒满阳光、铺着油地毡的厨房，吃着传统技艺手制的格兰诺拉麦片；我的生活则恰恰相反：塑料碗里塞满烟蒂，在床垫上用手提电脑看电影，等到了垃圾日才把空瓶扔进陌生人的回收桶里。

戴夫在分手后告诉我，他们的生活让人觉得有些幽闭恐怖——不过，当我在他们那里借宿时，它看似如此精致典雅、天衣无缝——完全纠缠在一起，那是一种我一直渴望的稳定关系。当然，别人的生活从来表里不一。"我们深陷这种一心只顾家庭生活的、稳定的常规之中，"戴夫解释说，"它已一成不变。"

虽然我正试图与彼得重修旧好，但我也乐于捕捉活跃在其他男人身上和对话中的火花。这种充满可能性的男人和对话存在于昏暗的、每周周中有特价酒的酒吧。当我告诉戴夫我和彼得在玻利维亚分手的故事时，我试图让自己听起来像个鲁莽且充满戏剧性、被别人追求多于追求别人的人。那是我对于权势的现行定义：被别人需要高于需要别人。对于和彼得的复合，我却没怎么提。

那年秋天，戴夫开始请我去他的新公寓共进晚餐。我吃着他做的玛莎曼咖喱和焦糖布丁，开始待到很晚才走。我们并没有承认自己的行为，但这就是我们的实际行为。11月初，他邀请我一起参加研究生会组织的自驾游，前往弗吉尼亚为奥巴马拉票。40年来，我们将首次把那个州由红变蓝①。我把这次旅行说成为尽公民职责，但这并不是唯一的目的，还有在想象此行中或可发生之事时产生的内疚和兴奋所带给我的那种沉醉感。

沉醉感遮蔽了一切——比如我依然爱着彼得，却不知怎样面对一种已经变得紧张且晦涩的关系。把它一锤子砸碎再重新开始会更容易一些。我成长的家庭环境里，几乎每个人都离过至少一次婚，似乎爱情最终腐烂或消失殆尽是一条自然法则。你尽了力，然后逃离现场。这种代代相传的方式令我直觉它如此合理，已然成为我的一部分。它似乎是不可避免的。

第一天拉选票的前夜，在一个铺着地毯的小地下室里，我和戴夫坐在一张折叠沙发上，看一部叫《动物的坏行为》的自然纪录片：吐痰的青蛙、横冲直撞的羊驼。我捧着有螃蟹图案的杯子喝水，夜越来越深，我一杯接一杯地喝着。1小时后，我们终于面向彼此。当我们

---

① 红色为支持共和党，蓝色为支持民主党。

亲吻时，我觉得他既坚实又充满活力。内疚感像另一条脉搏，在体内不停跳动。这充满刺激的一刻——逾越第一道防线，承认想得到彼此——给我的感觉和"脏马天尼"给我的感觉一样，如此清新且冰凉，仿佛喝下它后，你的身体会变得更干净。我渴望得到那种涤荡内心、焕然一新的感觉，不论受害者是谁。我无法将此归咎于喝酒，然而它和喝酒给我的感觉一样。

第二天，在县里挨家挨户拉选票时，以及当晚和其他研究生会成员在汽车旅馆大堂集合时，我一直在观察戴夫，看他是否会表现出一种姿态——不懊悔前一夜发生的事。我看着他在人群中笑，跟别人说话，等到我们再次亲吻的时候，我已经迫切地想把那一吻当作一种确认。我从弗吉尼亚的纽波特纽斯搭乘回纽黑文的火车，也就是在那段旅途中，在穿越宾夕法尼亚车站的五脏六腑时，凌晨3点，我突然感到下巴很痛。那是一种奇怪的痛，挥之不去，像有什么东西沿着下颌骨在燃烧。奥巴马赢了，它还在痛；之后那一夜，当我和彼得分手时，它也还在痛，当时我俩正在吃我烤的一盘蔬菜——烤焦的花椰菜又黑又脆，正合我们的心意，红洋葱被烤成黑黑的一条条，胡萝卜像细长的手指一样——喝着我们常喝的1.5升装的白葡萄酒。

我并没有感到内疚，而是感到下巴在燃烧。那种感觉持续了好几天。那段时间，我正帮我的一位研究生顾问组织一场有关战后美国文学的研讨会，就在我驱车去哈特福德机场接一位很厉害的年轻教授时，在91号州际公路上，我的下巴疼了一路。在行李提取处见到他后，我跟他寒暄了几句，那说话的感觉就像是吞下了一只钉子。戴夫在当晚凌晨2点过来找我，我们吃了葡萄。新恋情如此激情澎湃。翌日早晨，戴夫陪着我坐在后院台阶上抽烟，这样彼得便看不见我们。我还没有告诉他我俩的事，他依然住在三个街区之外。我对此还颇为喜欢：那种在后院抽烟的感觉，那个秘密。

我去看了医生，告诉她我的下巴有一种离奇的灼烧感。或许她应该检查一下是否有狼疮，我建议说。之前我上网查过。她说那不像狼疮，问我是否睡眠充足。

为了答谢我帮忙组织研讨会，我的顾问送了一只法式滤压壶给我。她说我做得很好。还剩一些葡萄酒，如果我想要的话，应该把它们带回家。

在贝里曼的日记里，他曾经用大写字母质疑："邪恶是否可以溶于艺术。"他相信自己的缺陷或许能成为美好事物的推动力，且认定自我意识是这种神奇变化的要素之一。就像刘易斯·海德所说的那样，《梦歌》背后神秘的推动力并不是酗酒者的自怜自艾，而是这些诗歌的明确主题。"你在舔自己的旧伤。"亨利这样告诉自己，将自恋吹成一个大气球，以便把它刺破：

> 这个世界给予亨利的
> 待遇不会引起注意
> 毫无痛楚地
> 亨利刺伤了他的手臂并书信一封
> 解释这个世界
> 有多么糟糕

一个男人刺伤自己的手臂，并用自己的鲜血作为墨水"解释这个世界有多么糟糕"，这样一个形象活在他自己的伤口里，且嘲笑这个伤口。这正是《梦歌》所达成的：玩弄伤痛。吟唱它。取笑它。不驳斥它，但不会过分予以解读。贝里曼叫我们不要把每件事都那么当真。

在《梦歌第二十二首》中，我们听到那种病作出自我宣告：

> 我是那个不断在抽烟的、不起眼的男人。

> 我是更有智慧的女孩，但是。

> ……我是头脑的敌人。
> 我是汽车推销员并且爱过你。
> 我是巨蟹座的青少年，有一个计划。
> 我是失去知觉的男人。
> 我是像动物园一样凶猛的女人。

酗酒是个敌人。（它伤害你。）它是个推销员。（它说服你。）它爱你。（它给你宽慰。）它令你失去知觉。它不断抽烟。（他也是。）它更有智慧。（但是。）它的能量并不是任何单一事物的能量，而是一整个野生动物园的能量，像动物园一样凶猛。

从许多方面来看，贝里曼比神化他的人更了解他自己，至少是更明智地对待某些神话的吸引力。当他把亨利描绘成"有兴致 / 成为一朵郁金香且不再有其他奢望 / 除了水、除了光、除了空气"时，他承认超越生理渴望的吸引力——就像《生活》杂志对他的赞誉，称他具备"真正的知识分子对物质的漠视"。然而，他马上就粉碎了这种假想。"窒息找上门"，他这么说，同时承认"梦寐以求的威士忌极其迷人的"诱惑力，永远都在召唤着。那个只想靠喝水维生的男人又一次被酒瘾召回。那种欲望从来闭不了嘴。那个女孩更有智慧，但是。

亨利并不为自己的行为感到骄傲。在《梦歌第三百一十首》中，他"满心懊悔，把吐出来的又咽回去，/ 在这座灵魂的森林 / 让别人失望，辜负所有人"。亨利并不仅仅是有些懊悔，而是满心懊悔。懊悔是他的全部。他在咽下一次狂饮的后果。

刘易斯·海德对于《梦歌》的评论假定了一种非此即彼：要么是贝里曼对酗酒报以内疚，要么是他的伤痕已经深到足以允许他酗酒；要么是他在探究"失落的认识论"，要么他就是个自怜自艾的酗酒者。

然而，为什么这些都是互斥的呢？痛苦包括自怜。痛苦包括让自怜占用时间。自怜并不意味着痛苦就不真实，而痛苦也不因为是自己造成的就没那么痛苦。

海德批评贝里曼的自怜。然而，在将近20年后，他又就其对《梦歌》的解读写了一篇续评，回顾自己的愤怒并称之为"任何一个接近酗酒者并受到伤害的人都会产生的愤怒"。他称之为"针对某个知识分子群体，对于他们似乎无法回应这个群体中受伤的那个人而产生的愤怒"。

最终，那个受伤的人情况很糟糕。贝里曼在自杀前一年描述自己的身体状态时这样写道：

饮食：差。
体重：很差。
消化：经常很差。
其他功能：有好几周每天都在呕吐。

这可不是诗句，而是贝里曼在面对自己身体的问题时作出的一系列回答。他讨厌辜负所有人，讨厌在森林里漫游，讨厌森林本身。他讨厌自己嘴里的病，嘴是用来说话的。

戴夫和我从未做出决定要在一起，我们就是在一起，在漫长的冬日早晨吃炒蛋。他的帅气带着某种激情、放肆、与性有关的感觉——并不是轮廓鲜明或一尘不染的。他告诉我我该服用钙片，这样他跟我做的时候我就不会骨折。我要怎么来描述他呢？我可以跟你描述他那一头深色的、杂乱的鬈发，他的大鼻子，他饱满的双唇。我可以跟你描述他有着橄榄色的皮肤，将近6英尺高，瘦而结实且体育细胞发达。他穿领尖有纽扣的法兰绒衬衫和牛仔裤，这些衣服价值不菲，但他不愿承认。不过，这些描述能起什么作用呢？还不如说，我对他的欲望相当强烈，就像一块满是褶皱的布料一折再折。还不如说，每当他大笑的时候，都几乎闭上双眼。他这样开怀大笑是一大事件。他的欢愉——对这个世界、对其他人、对一段对话中的调皮和来电——真挚且富有感染力。

我们开始谈恋爱的几周后，我有一次去纽约和经纪人讨论将我的小说出版的可能性。当我搭晚班火车回纽黑文时，我发短信给戴夫，问他我能否从火车站直接打车到他的公寓。我渴望见到他。我一直都渴望见到他。他没有回音，我开始焦虑：是要求太过分了吗？我在通往车站大厅的扶手电梯上查看自己的手机。大厅像一座高耸的大理石洞穴，有巨大的玻璃窗和琥珀色吊灯。半夜时分车站空无一人，伴有回声且很昏暗。随着扶梯上升，我看到戴夫在大理石地面上铺好的毯子上盘腿而坐，周围摆放着水果和芝士、一块蛋糕、被掰成小三角形的黑巧克力。"我给你备下了野餐。"他说。他递给我一小碗浅色的维生素："为了你的骨头。"

我小时候最爱的章节小说之一，是一个关于一群表兄弟姐妹发现一棵魔法树的故事。他们每次爬上去，都会在树顶发现一个不同的地方：小吃之地、生日之地、喜欢什么拿什么爱干什么干什么之地。这一刻，我搭着火车站的扶梯，上升到了一个陌生的新大陆。

那好像是命中注定：多年前，当戴夫和我都还是青少年时，我们初次相遇，如今我们又走到了一起。我们竭尽所能地大声宣布我们对彼此的感觉多么强烈。我俩独自站在康涅狄格州的一片沙滩上，在参差不齐的岩石的阴影下，身上缠满海藻，自拍了一张站在冷而咸的海风中亲吻的照片，我的围巾看起来像被鬼提了起来。我们在自然博物馆的那棵折纸圣诞树前摆拍合影，戴夫还用手机发了一张照片给他妈妈。"这就是所有犹太母亲想要的，"他告诉我，"自己的长子和他温柔的新女友站在一棵巨大的圣诞树前。"

不过，我们的眩晕有个问题，像一颗稍稍令人烦恼的、松动的牙齿：戴夫不喜欢喝醉。他当然喜欢喝酒，他甚至还在周末去上酒保课程，课程中要计时完成迷雾之城①和撞墙者哈维②。然而，他喝酒的方式是普通人该有的喝酒方式，或者说是我听到过的人们有些时候会采用的喝酒方式。他会跟朋友喝杯啤酒，就一杯，或者他会尝尝一种新的鸡尾酒的味道如何。他不打算夜夜买醉。即使我知道理论上有人这么喝酒，但在这个人身边，目睹这一切，我无限迷惑。难道他不喜欢喝醉吗？如果他喜欢的话，为什么不每晚都喝个大醉呢？喝醉似乎是喝酒唯一的合理结局。

我并没有把"酒鬼"这个词用在别人身上，也不用它来描绘我自己或我喝酒的方式。然而，正是在那几年，往往是在喝断片后，句法全无之时，我开始偷偷地在日记里写道："这就是一个酒鬼的样子吗？"醉后留下的潦草涂鸦看起来既有预言性又有些荒唐，就像劳瑞所说的那样："一半是抱怨，一半是慷慨，但都是彻底醉了。"小写的"t"看起来"像孤独的十字架，把整个单词钉死在上面"。好像一个初学写字的孩子爬进了我的日记，用我的名字呼唤我。

一晚，我来到戴夫的公寓。我在客厅坐了20分钟，他则在厨房里慢吞吞地给我调制大都会鸡尾酒。我想，等喝酒的时候，我就不能先喝一杯吗？他端出一只托盘，上面铺满石榴籽、一块柔软的乳脂丰富的塔雷吉欧芝士、在烛光下发着光的宝石般的水果，以及触感光滑的橄榄。这是给另一种人的食物。我想打开某种盒装葡萄酒上的塑料盖，吃六块柠檬方块酪以及一块蛋糕。

相对我而言，戴夫的喝酒方式是一种闪光的真实存在：一种不那么受需要支配的生活方式。他喝酒的方式是优雅而克制的；它可以每次只摘下一粒石榴籽。数年后，在我戒酒的过程中，他们把这种喝酒方式称为"悉听尊便"。就在我每夜只想喝醉并融进夜色

① 迷雾之城，一种用伏特加、水蜜桃酒和橙汁调制的鸡尾酒。

② 撞墙者哈维，一种用伏特加、橙汁、加利安奴利口酒等调制的鸡尾酒。此酒以加利福尼亚冲浪者哈维命名，此人喝了许多加有加利安奴利口酒的螺丝刀鸡尾酒。走出酒吧，当他吃力地寻找归途时，在墙壁之间来回不停地碰撞。

里时，他却完全不在乎我们是否喝酒。他的适度让我在内心做了一些以前从未做过，至少跟彼得在一起时肯定没做过的计算。我开始计算自己有多少次建议我们去找个酒吧，有多少次建议我们喝第二轮，有多少次在回家路上建议我们在酒水商店停一停。有时，我会在我们见面前喝几杯葡萄酒，让自己遥遥领先，晚上到达他的住所时，我会转过头，让他亲我的侧脸，这样他就闻不到我嘴里的酒气了。

12 月的某一天，研究生津贴打到账上后，我们驱车来到斯托宁顿。戴夫敬仰的诗人詹姆斯·梅里尔曾经在这个沿海小镇用通灵板与灵界取得联系。我们在一家离海不过几个街区、提供住宿和早餐的小旅馆住下，在壁炉旁的地毯上用起我们自己的通灵板。我们在爪足浴缸里放了那么多泡泡浴液，以至那闪着光的泡泡像风吹成的雪堆般漫了一地。我们很过分，并为我们的过分感到骄傲。我们下楼时，看到旅馆已经端出了傍晚招待客人的葡萄酒和芝士。我感到很宽慰：喝酒不是我的主意。现在我可以享受酒而不必表现出我有多想喝。他们把我们的大葡萄酒杯倒得很满。

数年后，我听到一段杜撰的有关喜剧演员 W. C. 菲尔茨的逸事，一段为贝里曼所津津乐道的逸事，说菲尔茨如何总在电影片场要一大壶的马天尼，并把那壶东西称为他的"菠萝汁"。一天，一个毫不知情的助理真的在壶里倒满了菠萝汁，结果菲尔茨大发雷霆："谁在我的菠萝汁里放了菠萝汁？"戴夫仅仅通过像普通人那样喝酒，暴露了我的喝酒完全是另外一回事。

在一个派对上，戴夫原打算去厨房再拿一罐啤酒，但是一个小时后，我发现他依然在客厅里聊着天。他根本就没走到冰箱那儿。他在途中遇到了那么多人！如果是我去厨房拿杯酒，我会在必要的情况下终止一百次对话。然而，戴夫却可以把那半满的葡萄酒杯端半天，他或许就是这样看待这半杯酒的：半满。半满，半空，随便吧。我无法理解，为何你会只喝一半。

当我想起最初和戴夫在一起的那些日子时，我会想起他总在他那位于农舍街的隔板公寓里弹奏的歌曲，它如何爆发并震颤，跟着合成器和拍手声澎湃起来："我自觉所需不多，坚实的灵魂和我流下的血。"一晚，我们在市中心一家平价酒吧跳舞——投币式自动点唱机在低吟浅唱，我们舔着啤酒沫，跳着舞。我们在一起度过了数年仿佛是共同监护的日子。我想要用他的头脑来过滤我的世界。

第一次不得不分开——也就一周的时间——时，我们在 JDate①上创建了账号，并借此用暗号彼此交流。"我理想的恋情：绿色的鸡蛋和火腿，或许还有一次通灵，"他写道，"我在寻找一个女人，她可以像诸多城市展示其纪念碑一样，展示自己的伤疤。我完美的初次约会：《动物的坏行为》，彻夜。"

那年秋天，戴夫申请了数个诗歌艺术硕士课程。他厌倦了为了成为学者而进行的培训，他想写诗，还想去一个新地方。他已经在纽黑文待得太久，将近 8 年了。其中一个课程——最令他激动的一个——是艾奥瓦的作家工作坊。虽然我从未想过要搬回去，但想象着我们放下一切，重新开始，一起搬回去，是鲁莽而美好的。我刚刚卖了小说版权，重力似乎对我有所通融。收到经纪人的消息时，我正站在戴夫的厨房里，摸着那一瓶瓶特制的酒，它们大都还是满的，因为没有人无情地牛饮。那很离奇且超乎想象——这个世界居然想看寂寥的我在祖母最后的日子里开始写作的一本小说。

戴夫和我开始谈及搬到尼加拉瓜住一年——如果他不去艾奥瓦的话，这样他可以写诗，我可以写一本关于桑地诺革命的小说。我在尼加拉瓜教书时，格拉纳达的一位老妇人双眼直视着我，双手交叉着摆在她的防水围裙上，跟我讲了一些桑地诺民族解放阵线早期的故事。我很想写一些远离个人生活的东西，描绘那些将自己的生命献给比个人情感或个人幸福伟大得多的东西的人，而个人情感和个人幸福

---

① JDate，约会网站，主要目标客户为犹太人。

似乎正是我信奉无比的驱动力。

很快，彼得便知道了我和戴夫的事。那是在一个派对上，派对地点在铁道边一个老旧的紧身衣工厂中一座被改建成仓库风格公寓的巨大的工业大楼。彼得把我逼到门道的一个角落，问我他听到的传闻是否属实：我在跟戴夫约会？我点点头，并试图解释——然而他并不想听，这还有什么好解释的？那场景既平常又令人痛苦，同时可耻得令人心满意足——我感受到了我带给他的痛苦。在我看来，爱得有多深，伤得就有多重。

那一夜，在床上，戴夫告诉我他并不记得我们高中时代的那次相遇。他一直在酒店大堂弹奏吉他，就像我一直惧怕的那样，我从未引起他的注意。或者那是我给自己的说辞：当时我在暗中潜伏的故事，为我如今需要这么多肯定提供了正当理由。

那年的感恩节，我跟哥哥嫂嫂在湖边的小木屋度假。让我吃惊的是，对于这次旅行，我的第一感觉是期待：在没有戴夫的情况下喝酒会很惬意。我还没有清楚地意识到，我对别人的每一种感觉都在成为对酒的一种感觉。

在湖边，我们为调制威士忌酸酒储备原材料，我从中午就开始调制了。第一杯酒如此巧妙地浓缩了那一天所有的美好：湖上的风，水面的涟漪；红叶像随风飘飞的雪一样聚集；外面的那种凛冽；喝酒就像吃糖果一样。在《火山之下》里，那个领事感到"龙舌兰酒的烈焰就像闪电劈向一棵树那样，沿着他的脊椎烧下去"，然后又"奇迹般地迸发"。威士忌把我点亮了。跟戴夫之间的这段新恋情在我内心发着光，像个护身符。

夜越来越深，这束光也越来越暗。我不停地喝着威士忌酸酒，直到舌头变黄，嘴里黏糊糊的，一边不断地掏出电话，看看戴夫有没有给我发短信。当他没有给我发短信时，我将其视为一种裁决：他对我的重要性高于我对他的重要性，或至少是说，他没有像我需要他那样需要我。我的肠胃疼得翻江倒海。威士忌酸酒里的糖分像在我肚子里裹了一层海藻。当我不疼但依然醉着的时候，为了抗衡晕眩，我会躺在床上，闭上双眼，蜷缩在背叛彼得的愧疚感里——它如此黑暗而熟悉。我窝在里面，成了个婴儿。

闭着眼，我的人生像电报纸条一样拉过：我心有**愧疚**，但我也在**坠入爱河**，我所有的感受，都是**最真切的感受**，它们要用大写字母来表达。背叛是**错误的**，但这个新男人令人惊叹，这段新恋情地动山摇，我是那个**最差的**人，但也是那个**最好的**人，因为这爱是无尽的，就算爱的代价是罪孽，而罪孽的代价应该是痛苦。一切要么就是最好的，不然就是最差的。自我就是由形容词的最高级构成的一叠纸牌，我在不断洗牌。我不仅仅想要某个人的一部分，我想要他的全部。我并不只是混账，我是最卑劣的。我有最善变的心。我就是喝着威士忌酸酒的人渣。某种程度上，我甚至相当享受那种愧疚感，它让我平凡的生活精彩起来，带来一场好戏的跌宕起伏。如果邪恶是可以溶于艺术的，那么我需要邪恶。

数年后，在复原过程中，当有人将自我厌恶描绘成自恋的反面时，我几乎对着她所说的严酷事实笑出声来。这种非黑即白的想法，这种极端主义，是如出一辙的。作为一众男人中的一员，或一众女人中的一员，没有什么突出的缺点或错误——那是最令人难以接受的。

彼得和我分手一个月后，一个朋友告诉我，她跟他一起过了一夜。她对此有些不好意思。（从并不稳固的道德制高点出发，我想："你确实应该不好意思！"）她还告诉我，他过得并不好。他俩在一起的那一晚，他的一只眼睛有乌青——他在前一夜喝醉后摔了一跤。我明白，那比花半小时的时间调制一杯鸡尾酒更有意义。

马尔科姆·劳瑞感受到了形容词最高级的魅力，而《火山之下》也将其非正统派主角——那个领事——暴露为一个依靠酒和戏剧化生活生存的男人。劳瑞自己有一个疯狂的执念：他要写的并不只是一部有关酗酒的小说，而是有史以来最好的有关酗酒的小说。他相信，他的酗酒唯有变成戏剧化的画布上清晰可见的史诗才能获得救赎。那是他寄予《火山之下》的希望：它将挽救他残破的人生。就像他后来描绘的那样，他想要把"他最大的弱点……变成他最大的优点"。

一切都是巨大的——他的动机、他的野心、他的功能障碍、他的情节——当杰克逊于1944年出版《失去的周末》时，劳瑞在扼腕之际更感到义愤填膺。他已经在《火山之下》上花了将近10年的时间，而一直支撑着他的是这样一个想法：他会写就第一本真正具有开创意义的酗酒类著作；而杰克逊则捷足先登，更别提杰克逊的小说一炮而红，旋即登上畅销书榜单这一事实了。劳瑞认为杰克逊的这本书缺乏更高层次的意义，这本书对于暴饮的看法（冗长乏味的）羞辱了他自己对于暴饮的看法（悲剧性的）。然而，这种自我优越感于事无补：杰克逊还是剥夺了劳瑞杰作的原创性，就此把它比下去了。劳瑞想要独霸悲剧的天下，即使他的小说暴露了一个醉汉正想要这样做的愚蠢。

《火山之下》出版于1947年。故事发生在亡灵节，在一个名叫夸纳瓦的虚构的墨西哥小镇（原型为库埃纳瓦卡，劳瑞本人在那里居住过，并不断地喝到醉得离奇）上，领事一直在喝酒，直到他迎来"轻快的、粗糙的、芳香的、酒气扑鼻的黄昏"。领事遭到夫人伊冯娜的离弃，过去一年里都在盼望她的归来。然而，伊冯娜回来之后，他唯一能谈及的就是在她离开他时他在瓦哈卡饮酒作乐的事。他一直希望她的归来可以拯救他，然而，它不过是彻底摧毁了他被拯救的幻想而已。

小说的情节像是发着高烧的人做的一场激烈而令人困惑的梦，但让人讶异的是，它忠于醉汉生活的渺小：我们看到领事试着不喝酒，呷着从医生那儿弄来的士的宁① 混合物，搜索藏起来的酒，试图跟妻

---

① 士的宁，由马钱子中提取的一种生物碱，能选择性兴奋脊髓，增强骨骼肌的紧张度，临床用于轻瘫、弱视的治疗。

子行房，行房未遂，又试着不喝酒，还是喝了，不省人事。《火山之下》所描绘的并不是我们在黑暗中建造家园的伤感图景，而是从酒鬼的内心照射出这些虚妄。小说所描绘的是一个成了牺牲品并具有象征意义的酒鬼，他的酒是一种黑暗的教派——领事喝着酒，仿佛"在作永恒的庄严宣誓"，哀叹这个世界"践踏真理和真理般的醉汉！"——然而，领事的戏剧化生活总被揭发和斥责。就像书中另一个人物描述的那样："你是否意识到，当你在与死亡抗争，或者无论你自认为在做什么时，当你身上神秘的东西被释放，或者无论你自认为的什么东西被释放时，当你享受这一切时，你是否意识到，这个不得不应付你的世界需要付出多少忍耐？"

　　当书中其他人物斥责领事时，也就是劳瑞在斥责自己致使别人需要如此容忍他。这本书读来仿佛是一个醉汉的冠冕堂皇正在被一个作者戳穿，后者想要破除那些令他不断喝酒的幻想。领事那烂醉的身躯一直在阻碍他沉溺于抒情中："人的意志是不可战胜的。"他解释道，然后昏睡了过去；他突然"被一种情绪淹没，同时受到一轮猛烈的嗝的袭击"。喝酒的目的是达到超凡的境界，但那是一场失败的飞行，就像一只被拴在柱子上的狗，朝着天空吠叫。

　　当领事像吟咏史诗般念出一大串有关"清晨的小酒馆"让人着魔的光彩的独白，伊冯娜打断了他，问他们的园丁是否就此一去不复返。花园杂乱不堪。领事依然无动于衷。对于酒吧常客生活的那种褴褛的美好，他唯有赞颂："除非你像我这样喝酒，不然你怎能希冀欣赏一个在早上7点玩多米诺骨牌的塔拉斯科① 老妇的美丽？"读者可以感觉到，对于领事来说，就算到了早上8点、早上9点、晚上10点，那个在酒吧玩多米诺骨牌的妇人也依旧是美丽的。读者可以感觉到，领事想要相信自己是唯一可以看到那一点的人："啊，除了他没有人知道那有多美，那阳光，阳光，阳光充斥着整个阳光之门酒吧，淹没

---

① 塔拉斯科人，墨西哥米却肯州北部的印第安人。

126

了水田芥和橙子。"那个"啊"成了书中不断出现的文本路标：小心前方有戏剧性情节。然而，领事一再坚持自己醉后的情形独一无二，而现实世界的问题就像扯袖管一样不断地阻挠他：杂乱的花园，嗝的袭击。

领事的悲剧并不是更高层次意义的悲剧，而是缺乏意义的悲剧——事实上，他的痛苦或许毫无意义。评论家迈克尔·伍德将其称为"一本有关微不足道的伟大著作，有关悲剧之不可得的特别悲剧"。领事一直在想象，那些或许会将他囊括在内的史诗般的故事："有关悲痛和悲剧的模糊画面在他脑海中闪过。在某处，有一只蝴蝶飞向大海：失落。"

《火山之下》最终为劳瑞在文学史上奠定了一席之地，让他获得了持久的赞赏，而那是杰克逊从未得到过的。然而，在因小说成名后，劳瑞喝得更厉害了。他写信给岳母说："成功或许是任何严肃作家可以遇到的最坏的事情。"当他到纽约为所获评论而庆祝时，他已经没了人形。见到他的一个人注意到："他就是书中领事的原型，一个稀奇古怪的人——帅、精力充沛、醉醺醺——身上有一种天才的灵气和个人的激情，那种激情几乎是危险的、被恶魔掌控的。"他的震颤性谵妄[①]变得如此严重，令他连铅笔都握不住。劳瑞的智慧让他能从各个角度剖析酗酒，却无法帮助他找到一条出路。

"有一点自知是件危险的事。"领事那同样不怎么喜欢清醒的同父异母的兄弟说。我们能看到，这种自知就像沉在龙舌兰酒瓶底部的一条虫，卡在小说中。它谁也没救成。

戴夫和我在那年的1月办了一场神秘果[②]派对。也就是说，所有

---

① 震颤性谵妄，一种急性脑综合征，多发生于酒依赖患者突然断酒或减量。

② 神秘果果肉酸涩，内含神秘果蛋白，吃了它后再吃其他酸性水果会吃出甜味，故得此名。

人都拿到了一小颗紫色的药丸，这颗药丸让一切都变得甜甜的。我们端出来的是柠檬、青柠和西柚，你可以大口大口咬下去，就像吃苹果那样，它们的味道像糖果。那时正值隆冬，我的厨房却因为有一大堆研究生而变得很暖和。我喝着巧克力一样的啤酒，糖浆一样的葡萄酒，到了某一个时点，是夜变得忽隐忽现，我醉晕了。那些人仿佛在那儿，又仿佛不在；床上只有我和戴夫。然后，我和戴夫睡在床上，而那已经是早上了。这是我跟他在一起后的第一次真正的断片——我第一次让自己如此离谱。

在喝断片后，记忆会把前一夜发生的事一点一滴地发放给你，仿佛一手不完整的牌。你拿到了当时情景的一部分，但永远都没法知道你到底出了怎样的一手牌。我问戴夫发生了什么：我在大家面前丢人了吗，还是等他们走了以后才显露原形？

"等他们走了以后，"他说，"我觉得。"

这可是好消息。

"我很害怕，"他说，"你完全不知所云。"

戴夫通常不是那种会说"我很害怕"的人，然而他那么说了。我一直在咕哝，颠三倒四，没人听得懂。我们起身收拾厨房时，天很冷。从阁楼的小窗看出去，后院布满了霜，在冬天那纯净、刺眼的光芒里闪烁。一只松鼠爬上了电线杆顶端，却不知道怎么下来。我觉得它看起来害怕极了，戴夫觉得它或许只是洋洋得意。那冬天的光如此灿烂、尖锐、晶莹剔透，然而，我并不觉得自己值得拥有它，就像劳瑞在那本书里描绘的领事一样："他丢失了太阳：那不是他的太阳。"

与此同时，我的厨房一片狼藉。所有甜美的东西又被打回原形，干枯的，硬邦邦的。到处都是红色的塑料杯。戴夫从桌上拿起一只勺子，勺子下面的纸盘因沾了葡萄酒而变得黏糊糊的，也就一起被拿了起来，像悬浮在空中。戴夫看到了那只悬浮着的纸盘，我看到了葡萄酒渍。他想要照张相："悬浮！"我则已经在想："今晚我还会再喝吗？在哪儿呢？什么时候呢？"

当我想象着彼得摔伤后瘀青的眼部时，我试图想象他是如何伤到自己的脸的，或者他哪里还会有瘀肿，谁在照顾他。我在想他是否特意用一个晚上——或许是个礼拜一——把自己撂倒，仿佛彼得和我依然还一起存在于某处，和喝酒有关的某处。从这一角度看，我俩比我和戴夫更为相似。

在开那场神秘果派对时，我就已经怀孕了，只不过当时尚不知晓罢了。几周后，在学校的一座巨大的哥特式城堡大楼隐藏在迷宫一样的楼道深处的厕所里，我做了妊娠测试。那加号仿佛让我心里有什么东西绽放了：喜悦并恐惧。课后，戴夫和我见了面；课上，我听着别人谈论后殖民主义偏离传统的抒情方式，一直很焦急且心不在焉。那是 2 月初：燧石般的天空下风化的石头，残雪下被践踏、挫败了的草。戴夫用戴着手套的手捧起我戴着手套的手，问我想要怎么办。他说："无论你如何选择，我都会陪着你。"

我很意外：不在于他会陪着我，而在于他将此看作一种选择。我无法想象生个孩子出来——当时不行，我们不过相恋了几个月，一切都还只是刚刚开始。戴夫表示愿意，并说他会鼓起勇气和我一起一辈子养育这个孩子。他的态度让可能真实起来：我想象他教一个头发松软的男孩弹吉他；我想象他倾听我们的女儿假想出来的故事，并问她"那只小松鼠是怎么学会不那么害怕的？"有一次我跟他说，我比一个人的时候更在意这个损失：这个小生命的损失——一个先是由我们一起用身体创造，后来又经过那天我们在尖利的寒风中的对话，经过想象共同生活的可能性，而再次创造的小生命。

一旦意识到自己怀孕了，我便开始对自己喝了那么多酒深恶痛绝。我想象一个由杜松子酒构成的连胎儿都算不上的小生命，有着小小的鳍一样的脚和花椰菜一样的手，在我体内被腌制。然而，我并没有停下来。如果我准备去堕胎，那么喝不喝又有什么关系？虽然想象这个胚胎像裹着威士忌的小冰块依然让我恶心。我对身体恢复感到紧张——害怕表现出有所需要或是缺乏吸引力；害怕不那么被需要。

我们需要等多久才能再做爱？

在我堕胎的那个早上，戴夫拉着我的手跟我一起走着。我们经过了计划生育联合会外面的一群抗议者——都是老年人，坐在草坪躺椅上，依然拿着他们惯用的海报，上面画着的细胞组织和血像一张网，铺了一地。他们让我生气，因为他们吓唬女性并令她们蒙羞。然而，我同时感到一种不可名状的悲哀，那跟他们把人生当中那么多的时日都花在这些草坪躺椅上悲痛着有关。

3个小时后，当我出来时，我为能拉着戴夫的手、闻到他的气味并感受到他的存在——他的胡茬扫过我的脸颊——而心怀感激。就在等候室的中央，他抱着我，紧紧地，很久。数年后，他写了一首诗，同样以我们相互抱紧的回忆作为结尾："在一间等候室里，他们亲吻对方并哭泣／因为他们并没有考虑／别人会如何看待他们。"我不记得我们是否在等候室亲吻或哭泣，但是那种感觉让我刻骨铭心：没有考虑别人会如何看待我们。我记得他的拥抱很绝对，把我整个人都裹了进去。

堕胎一个月后，我经历了一场心脏手术以纠正持续的心跳过速。我被告知这种一阵阵的、无端的快速心跳会慢慢地让心脏提前损坏。不接受治疗的话，我也不会暴毙，但或许无法活那么久。这对我来说很有意思：我并不是在拯救现在的我；我是在给未来的我更多时日，我在保全她。这就发生在我刚堕完胎后，也是我第二次让戴夫照顾我。手术前，我已有数夜都醒着躺在他身旁，有一种我未曾预料到的剧痛在体内发热、打旋，令我辗转反侧、无法入眠。当他醒来时，他摸了摸我的背，对着我的脖子私语。这样的互动有让我喜欢的地方：我得到照顾，我的柔弱得到理解。然而，享受这种互动却让我感到羞耻。

手术前夜我很小心，只喝了几杯葡萄酒。那似乎相当谨慎，为的是确保我第二天早上做手术时体内没有太多残余的酒精。睡觉前，我告诉戴夫我有点紧张：如果不成功怎么办？如果出了什么问题，我最后不得不戴上起搏器怎么办？我被告知这种可能性很小，但还是有一定的风险。

我看到戴夫的脸上有一副我从未见过的表情：一种僵硬，仿佛血液在他的皮肤下冷却成了固体的凝胶。"你不该担心这些，"他说，"对你有什么好处？"

我突然觉得很尴尬，仿佛我担心这些事就是犯了错误，或者说谈论这些就是给他带来了负担。我没有再说什么。

当我在手术后醒来时，外科医生告诉我，手术失败了。我的心脏病科医生拿着一瓶药来到我的病榻前，那是一种名为索他洛尔的β-受体阻滞药物。手术不成功，我就得服用它。这种药药效很强，我必须得留院观察3天，让他们追踪药物对我心脏所起的作用。当留意到旁边有一个画着X的马天尼玻璃杯时，我立刻用看似漫不经心的问题隐藏内心的惧怕：这是例行程序吧？还是说情况很严重？我希望那个心脏病科医生给我交个底：我还能不能喝酒？

医生建议我在几个月内不要喝酒，然后看看情况如何。行。或许我还可以在这几个月内都不用双手。我感到心灰意冷，不仅因为我喝不了酒（"什么都不行吗？"），更因为"这根本不算什么"的想法——我们可以就这样"等等看"。

戴夫陪我在医院里住了几晚。他给我买了面包布丁，两根塑料叉子插在那块晃动的香草蛋糕上，他也发现了护士站哪个抽屉里有多余的、我喜欢的全麦饼干。他把在医院的那些日子变得神圣。然而，还是有些东西让我很困惑，比如说，当我出院时他来接我，在车里给我打电话。"你能直接下楼来吗？"他说，"我不想停车了。"我在医院的病床上躺了5天，但并不想索取更多的帮助；我似乎已经索取了太多。于是，我背起行李袋下了楼——不得不坐在电梯里，就在那冷冷的、脏脏的地板上，这样才不至于晕倒。上车时，我什么都没说，我还记得手术前告诉戴夫我害怕时他的那副表情，并且不想再次看到。

从医院回到家里后，我认定医生有关暂时戒酒的建议不过是建议，不然她肯定会更坚持，不会那么随意。我决定不遵从建议，我想我可以就这样"看看"。结果，我试着少喝一点，却没法少喝，大喝之后又不服心脏的药，就像尽职调查一样。我还上谷歌把"索他洛尔"和我能想到的每一种酒都放在一起查了一遍，想看看是否能借此确定自己会没事，或者会看到危情告急，让我彻底停止喝酒。

大约 1 个月后，我的心脏病科医生给了我一台名叫霍特的心电图检测仪，以测试药物是否起作用。我需要一天 24 小时都在脖子上挂只盒子，它连接着贴在我胸口测试心跳的检测仪。我告诉自己，挂着检测仪的那一天，我就不喝了。我不想把检测结果搞砸。我满脑子都是网上搜来的信息："喝酒会影响索他洛尔的功效。"新西兰药物和医疗仪器安全管理机构如是说——用的是黑体字，引用的是某药厂的说法——而我也相信他们。可以想象，如果我挂着霍特喝酒的话，检测数据就会成为犯罪证据，我的心跳会在黄昏时分跳得最快。然而，我参加了一场校园朗读会，在那之后如果不喝杯葡萄酒的话，会显得很奇怪，几乎是不领情——它是免费的！然而，我甚至都没意识到自己脖子上还挂着一只测试心脏的怪怪的小玩意儿，就和一个朋友跑到市中心的一家酒吧里，坐下来喝起了马天尼。

一周后，我的心脏病科医生打电话来说，索他洛尔对我不起作用。我不得不又住院 3 天，让他们测试一种新药，这种新药的瓶子也带着一个画着 X 的小马天尼玻璃杯。就这样，我换药，继续喝酒，继续谷歌——这次，在关键词那一栏，我用的是新药的名字："氟卡尼＋酒精＋死亡"。

那年春天，在戴夫得知他被作家工作坊录取后，我们便飞到艾奥瓦寻找住处——想象在一座新城市的新生活令我们兴奋得有些飘飘然。我们在一起差不多 5 个月了，他被录取仿佛命运认同了我们的飘飘然。戴夫从小在波士顿郊区长大，对他而言，这将是他第一次来到密西西比河以西。我们租的是一幢白色农舍二楼的一间公寓，农舍就在当地合作商店不远处，离我 5 年前住的地方——那第一年的篝火和醉晕——不过几分钟的路程。这是另外一种兴奋，这么快就在一起组建一个家，就像是在德州扑克中还不知道翻牌、转牌以及合牌，就在颇有希望的底牌对子上押下大注。我很乐意回到艾奥瓦，带着我曾经渴求的东西，我第一次在那里生活时渴求的东西：一个男人和一点成功。在我看来，这两种对于价值的衡量方式一直是相互关联的。戴夫为能花两年的时间写诗——而不是像他在攻读博士学位时写关于诗的文章——感到很高兴，也为能搬到一个不知他过去 8 年个人历史的新地方而感到兴奋。

那时候，我在修改我的小说，依然在喝酒，依然把小说中酒瘾极大的人物写成一个和我毫无相似之处的女人。我的编辑告诉我，她希望小说能将复原的可能性戏剧化——作为一种叙述张力，即使它最终未果。要是我把一次匿名戒酒会或甚至只是一段清醒的日子写进去会如何？

我从来没参加过匿名戒酒会，也实在想象不出那会是什么场面。我可以想象教堂地下室里的折叠椅，泡沫塑料杯子里滚烫的咖啡。就这些。然而，我不想为了做调研而参加匿名戒酒会，或许对于自己即将听到的东西我会稍感紧张。于是，我拿出了一幅模糊的速写，描绘了蒂莉看着那些有所忙碌的人——泡着咖啡、交换着电话号码、互诉着人生故事——并认定自己相形之下一无是处，因为她清醒时只会记下电视节目时间表以及瞪着时钟。那就是我能给予清醒的全部。即使星期一不喝酒也已经够糟糕的了。

蒂莉和成年的儿子一起去参加匿名戒酒会，但他中途离席，因为他并不想来这儿。我也不想来这儿——身临其境，或描绘它。蒂莉看着儿子离去，思考着他们之间的区别：他之所以可以走掉，是因为他并不处在她所生活的那个世界，一个以不断渴望来定义的世界。我还未确定自己生活在哪个世界里：我是可以站起来，在折叠椅间尴尬地行走，像抛弃一个我不再爱的情人一样出走的那个人，还是不得不留在房间里的那个人——这个房间里的人都必须对他们持续的欲求采取行动。

加博尔·马泰——对温哥华贫民窟的瘾君子进行治疗的临床医生——在其著作《饿鬼之域》中，将瘾君子比作佛教生死轮回当中的"饿鬼"："这些家伙有着皮包骨的脖子、小嘴巴、瘦弱的四肢，以及空空如也的因胀气而鼓起的大肚子。"他们的身躯成了导致上瘾的"痛苦的空虚"的肉体代言，而上瘾则被马泰描绘成对"某种身外之物"的追求，它"可以约束那贪得无厌的、对于解脱或满足的渴望"。不过，对于马泰而言，并不仅仅是上瘾者才有这种诉求："他们与排挤他们的社会之间有很多相似之处。在他们人生那暗黑的镜子里，我们可以看到自己的轮廓。"

将上瘾描绘成一面映照出更普遍的饥渴的暗黑镜子，并不代表否认其生理作用——神经传递素和它们的适应性变化，或否认化学依赖性是一种不声不响的现象，有其自身的生理现实。那不过是在承认，致使上瘾的冲动并非和每个人都会有的欲望——追求幸福、缓解痛苦、寻找解脱——完全无关。

数十年来，多数相关科学研究都让人感到上瘾的生理过程有一种必然性——仿佛它的存在没有背景，受制于自身独特的速率。从20世纪60年代晚期到80年代晚期，最吸引媒体（也通常拿到最丰厚经费）的科学研究都是把动物关起来，训练它们自己吸毒，直至它们自行强迫性吸毒。有个从实验室传出来的笑话说，药物的定义就是任何给老鼠使用后可以产生一篇期刊文章的物质。老鼠不断扳动释放可卡因的扳手，一直到死。

这些期刊文章最终成了普罗智慧，成了学生课余活动的内容："可卡因老鼠"是1988年一则公益广告片的标题，片中一只白鼠不断地、焦灼地啃咬小药丸直至暴毙，它的小爪子在空中乱抓，笼子的阴影投射在它那乱糟糟的皮毛上。"这叫可卡因，"画外音说，"它也可以对你产生同样的作用。"

然而画外音并未解释的是，这些扳动快克扳手直至死亡的老鼠被单独关在白色的、别无他物的笼子里。它们背上埋置着注射装置。它们往往饿着肚子。后来有些科学家终于发问：如果让它们有些伴儿会如何？如果给它们些别的事做会如何？20世纪80年代初期，这些科学家设计了一个"老鼠公园"，那是一个用胶合板造的宽敞住处，墙上画有松树，到处都有攀爬平台、健身转轮、躲藏用的锡罐、玩耍用的木片，以及——最重要的——其他许多老鼠。这个笼子里的老鼠并没有扳动快克扳手直至死亡。它们可以做更有意义的事。个中重点并不在于毒品不会令人上瘾，而在于除了毒品本身的作用外，还有很多因素会导致上瘾，包括单独关押老鼠的白色笼子，以及代替其他所有一切事物的扳手。

大部分上瘾者并不居住在空空如也的白色笼子里——虽然其中一些在受到监禁后的确会——但是他们当中很多人所处的世界都充满各种压力，经济的、社会的、体系的：制度上的种族歧视主义以及经济上的不平等带来的负担，维持生活的基本工资的缺乏。乔治·凯恩那本《布鲁斯吉尔德宝贝》的初版封面上画着一个黑人将美国国旗上扯下来的布条绑在自己的手臂上，以便暴露出他的血管，好注射下一剂海洛因。

"实际上，是什么让我成了一个抽鸦片的人呢？"托马斯·德·昆西在1821年自问，"悲哀、空洞的孤寂、永久的黑暗。"

多数上瘾者将酗酒或吸毒描绘成填补空虚。我曾经遇到过一个女人，她将自己形容成一只漏水的桶，她不断试图把它装满——以酒、以肯定、以爱。大卫·福斯特·华莱士曾经将酒称为"内心拼图缺失的一块"。漏水的桶和缺失的一块拼图印证了塞奇威克的"自我进而自我理解为缺乏"的观点，虽然这些循环论证的有关因果关系的陈述——你为了填补那个空缺而喝酒，但喝酒又有赖于那个空缺——都指向了同一个问题：那个空缺是从哪里来的？

我可以告诉你一千零一个关于我自己的故事。我可以告诉你一个关于家族之中男性的故事，而且我已经讲了一些——关于我那常旅客俱乐部成员的父亲，我神一样的哥哥们以及他们强大的缄默，以及一个自我如何通过追寻而成形。这是精神分析学的童话故事，飞机票的存根就是确凿证据：啊！然而我一直不相信这个故事的简洁规整——廉价商店式的心理分析，将伤口转向塔罗牌——也不相信将我与成瘾物质的关系归咎于那些一直关爱我的人的做法。我的童年比多数人过得舒服得多，但我走上了酗酒的道路。

或许，我需要讲一个不一样的关于缺失的故事。或许，与其说它关乎我父亲一直在飞，倒不如说它关乎我父亲的本性，他传给我的那一部分遗传密码、我们共有的染色体变异让我们的精神系统更易产生依附。我在想象中追溯自身染色体的来源——我的父亲、他的父亲，天知道再往上还有多少辈，一路贯穿我们的家谱，上面挂着许多威士忌酒瓶。我甚至数不清自己用家族姓氏获取了多少免费的小杯威士忌，仿佛我那些酗酒的长辈都在向我举杯。

或许这种缺失是系统性的：我出生于资本主义时代晚期，这种经济体制让我相信自己不够好，也正因如此，这种体制又让我相信消费能解决自己不够好的问题。的确，资本主义时代之前，人们就已经有上瘾行为，然而，资本主义最核心的一个承诺——通过消费实现转变，跟上瘾所承诺的一样。**自我成就**：这是美国人有关生产力的教义中一条世俗的信条。因此，我花了多年，尽力成就自我。然而，到了最后——更明确地说，是每一天的最后——这种成就令我筋疲力尽，而且我想完全平息这种成就带来的所有喋喋不休。于是乎，杜松子酒。于是乎，葡萄酒。

如果我们把缺失的故事想象成与生俱来之物，一种内心早就埋下的匮乏感，那么它就是一个未完待续的故事。"酒精上瘾遗传学合作研究"是一项持续进行的研究项目。从 1989 年开始，该项目已对 2 200 个家庭的 17 000 位成员进行了访谈和验血，旨在找出升高人们酗酒风险的特定基因因素，试图从更广泛的意义上证实我父亲所坚持的、喝酒对于我们是更危险的这一观点。

"酒精上瘾遗传学合作研究"建立了某些显型（可观测的性状）与不同染色体上特定的 DNA 区域的关联性："反应弱"的显型（意即你需要喝更多才能有同样的感觉）以及"酒精依赖"的显型都与 1 号染色体的同一区域相关，而"在 24 小时内喝最多杯酒"的显型（9 杯或以上通常就代表有问题）与 4 号染色体的某一区域相关。这些证明酒精上瘾与基因有关的证据基本是无可争议的了。

也就是说，我们都有依赖性，有些人的依赖性更强，不同形式的依赖以不同的方式摧毁我们的人生。我的酗酒与家庭有关，也和我的脑子有关，还和我从小被灌输的价值观有关：优秀、陶醉、一切都要做到最好。所有这些有关"为何"的故事都是真实的，但同时也是不足的。不足的状态就是生而为人的一部分，我对于这种不足状态的回应就是喝酒——因为我有喝酒的天分，因为我一旦开始喝酒，它便能如此具有说服力地给我某种特定的、身体上的保证：以此，你就会感到满足。

酒承诺我，再不必在自己的床上无止尽地翻来覆去，混乱且烦躁，在为梦而痛苦的情况下，依然拥有一种自我知觉。酒承诺将我从需要靠男人获取些什么的默认状态中解放出来，它是我永远可以想办法弄到的。然而，当它一次又一次出尔反尔，它也令我最初渴望它的需求变得更加迫切。那是一种诱导转向：它承诺的是极喜，最终给予的却是羞耻。它承诺的是自足，最终给予的却是依赖。它让人感觉真好，然而，它永远只是一种短暂的逃避。每天早上，当我回归自我，那种缺失的沟槽只会变得更深，凿痕更顽固——就像一首歌里的跳过、跳过、跳过。

那个夏天，就在我们搬到艾奥瓦之前，我在意大利利古里亚海岸度过了 26 岁生日。在那个名叫里奥马焦雷的小镇，我和戴夫在一间可以俯瞰地中海的小公寓上花光了所有剩余的研究生津贴——冲动地、浪漫地、愚昧地。整个小镇围绕着一条从山丘通往大海的陡坡展开。在海上，渔船在伸向浪花的木舷梯周围轻轻地晃动。高而窄的房子就像歪歪斜斜的牙齿一样挤在路边，有桃红色的、奶白色的、橘红色的、薄荷绿的，还有玫红色的。出于某种原因，所有的百叶窗都被漆成了绿色。戴夫和我坐在海边的岩石上，沐浴在阳光下，编织着关于它们为何会被漆成同一种颜色的故事。

"嗯，肯定是跟一个女人有关。"戴夫说。

"或许是一段风流韵事。"我说。我们想象着一个有着开心果绿色眼睛的女人，以及一个无法将她据为己有的镇长。他因此下令，整座小镇的百叶窗都漆成她眼睛的颜色，间接传达他不能明言的爱。

那是充满玩乐的一周：在我们厨房窗外的晾衣绳上，给彼此别上便笺，旁边是我那结了一层盐壳的比基尼；做一道名叫"地狱里的章鱼"的菜，里面加了番茄、橄榄油以及耐心。镇上的餐馆用水罐装葡萄酒，这要是在美国，一定是拿来装水的。在一个美丽的地方度过假期让人不会因为每晚都喝高而倍感尴尬。我一直都没告诉戴夫，我服着心脏病的药，不能喝酒，他也就一直没拿这事来烦我。然而，有时在夜里，当我喝了太多躺到床上时，我的心脏会狂跳不止——在我的肋骨下猛烈叩击。

戴夫爱上了当地的一种蛋糕，叫作 torta di riso，是用米和橙皮做的。他还说服自己，码头边开糕饼店的老妇会教他如何做这种蛋糕。

"她不会就这样邀请一个陌生人到她的厨房里去的。"我告诉他。

"我们走着瞧。"他耸了耸肩，笑了笑。接下来，他真的站到了那个老妇古老的厨房里那有着砧板台面、撒着面粉的桌子旁边，学习如何用浸泡着橙皮和一整条丑陋的棕色香草豆荚的牛奶炖米饭。戴夫以为他可以用他的魅力得到一切。大多数时候，他可以。

一个下午，我们做爱后躺在床上，谈论着弥尔顿的《失乐园》——那是我要为9月的口试准备的几本书之一——我一直在为夏娃辩护，她被陷害了。

他说："呃，你也不能说夏娃对他们的沦落毫无责任。"

"如果你是用某人该死的一根肋骨做的，"我说，"你或许也会想要从智慧之树上拿果子吃。"

"那条毒蛇在利用她的虚荣心。"他说。不知怎地，我们的声音变得越发尖利。我讨厌自己当时光着身子，便用床单把身体裹得更紧。那跟具体的争执本身并没有太大关系——夏娃有过失，亚当有过失，那条毒蛇也有过失；没有人是一尘不染的，那就是故事的重点——而更在于我俩都咬住对方不放，都要证明自己是对的。

为了给我庆祝生日，戴夫告诉我，他会教我怎么骑自行车。自从他意识到我一直没学过，他便坚定了信念，一定要教会我。"那会很棒，"他说，"你会永远记得就在这个生日，你学会了骑自行车。"

"好吧。"我说，因为我不想让他失望。然而，事实上，我并不想把生日花在学习骑自行车上。我想要躺在阳光下的岩石上，编织有关百叶窗的故事，拿着瓷壶喝红葡萄酒。

我们租了一辆自行车，来到小镇的山上，一条泥路。烈日当空，我花了好几个小时，一直在试着骑上去，又一直倒下来，骑上去，又倒下来。戴夫稳住了自行车，从后面推着我。"你蹬踏板就行了！"他说，"你就相信它吧！"然而，我没法相信它。"你总摔下来，正是因为你害怕摔下来。"他说。这句话把整件事变成了对我个性下的定论。

我们试了1个小时：我蹬踏板，自行车倒下来，他感到既困惑又好笑。最终，我在用尽了力气也无法成功后，失去了勇气，像一个耍脾气的孩子那样踢自行车。我开始哭泣。"我们可以停下来吗？"我说。

"你无法掌控局面时便觉得气馁。"他说，极度镇静。

"我只是想停下来。"我说。

"再试几次。"他带着一脸的失望说。

当我从他的角度来看这件事时，我的反应似乎很荒谬：他为了庆祝我的生日，计划了这一下午的活动，而我则恼羞成怒，毁了这一切。然而，我对于让他失望的惧怕是一种本能的、原始的恐慌——不是我可以控制的。我只希望他说："既然你讨厌这个，我们就停下来吧。"我们之间那么多的玩乐——我们编写的故事、我们交换的纸条、我们对于书的小小争论——都是为了让对方更欣赏自己。有时候，那也让人筋疲力尽。

最后一晚，在阳台上，我们坐在摇摇晃晃的木椅上，吃用肥肥的风干火腿包着的、撒着盐巴的蜜瓜，用马克杯喝葡萄酒，看着水面上尖利的、突然而至的、刀刃般的闪电。学骑自行车的事就像是从后视镜里看到的一个怪象。我为什么要哭？山上的教堂里传出了音乐声。我们站起来跳舞，脱掉了衣服，感受到了凉凉的、咸咸的风，以及彼此身体的温暖。

在米兰——我们回家的路上——我们在绿色的运河边喝马天尼，漫步过那些出售被丢弃的镀金鸟笼的古玩店，以及那些咖啡店。在那里，有着冷淡的粉红唇色的女人抽着长长的香烟，隐藏的喇叭里播放着赛日·甘斯布的歌曲。我头昏眼花，且醉了——感激这世界为我们提供了相爱的舞台和原声带——我确信我们有一天会结婚，我们的生活会满是这样的夜晚。

这就是喝酒喝好了的感觉。那个夏天，在酒吧里喝着浑浊的茴香酒，跟戴夫和他的兄弟一起玩扑克，用廉价的酒吧招牌酒把我们的嘴巴染成绯红时，它让人感觉很好。开着车去一个朋友的小屋，围着篝火互传一瓶威士忌，在火上烤棉花糖，把香蒜面包裹在锡箔里好让它热得冒泡时，它让人感觉很好。我们在艾奥瓦新公寓的门廊上喝冷的红带啤酒，在潮湿的厨房，**我们的**潮湿的厨房，喝白葡萄酒，我一边还在为意大利炖饭装盘配菜，那是我为他做的第一顿饭，也就在那一晚，我切到了大拇指。就是这些夜晚——在阳台上、在酒吧里、在篝火边——我将其当作证据，说，"看，它可以是完美的"，迫切想要相信喝酒可以让一切变得激荡人心，而无须付出代价。

最初，和戴夫在艾奥瓦的日子是闪闪发光的：在我们的木门廊上度过那些夏末的傍晚，吃着甜玉米和斑马番茄，它们和阿米什山羊芝士以及撕碎的法棍一起，被拌在天然的、完美的色拉里。我们把下午的时间都花在昏暗的酒吧里，玩弹钢珠游戏，就在那湿热安静的时分，随着银色的球珠发出"砰"的声音，我们用啤酒沫给自己加上模糊的两撇胡子。我们去一个朋友位于河边的小屋吃早午饭，到的时候发现他在厨房里一边煎培根，一边在炉灶边抽烟。那个早晨弥漫着咖啡和烟的气味，口味像油煎得冒烟的咸培根，像河面上的阳光那样闪亮。

戴夫热爱艾奥瓦城的作家圈，那个群体及其放荡不羁的魅力——艾奥瓦那烟雾般的社交生活，它可以弥漫开去，填补你交给它的所有时间空白——对话到兴之所至忘却时间，夜晚的结局总出乎你的意料：在道奇街迎来黎明的时候，陪伴到访的诗人走回他的住所，或是在某人的棕色灯芯绒躺椅上反复谈论并列句。当时，戴夫已经离开了奖学金时期那些干燥、不透风的走廊，过上了更开阔的生活，有点类似他在二十出头时跟一个比他年长的女人一起度过的 4 年更居家的生活。然而，我开始厌倦自家腌制的泡菜和醉后的诗歌朗诵。这些百乐餐实在荒谬，我想。谁能一个礼拜去那么多次？我在某种程度上感觉自己被排斥在外。那些诗人在河边举办研讨会，课后去过酒吧之夜——而我已经开始在面包店工作，上的是早班，每周 3 到 4 天，以支付我那部分租金。我早上 6 点起床，走 1 英里的路来到铁路旁边的一间小黄屋。小黄屋的主人是一个叫洁米的女人：滑稽、能干、苛刻；一个不讲废话的人。当我走进去找工作时，她问我是否有在面包店工作的经验，我说"基本没有"，然后又说"完全没有"，但她还是聘用了我。

在拥挤的厨房里，有一只8英尺高的烤炉和一只步入式的冷冻柜，里面装满了一块块冷冻生面团。在那间厨房里，我们做着巧克力覆盆子蛋糕、肉桂卷和香蕉面包，仿佛踩着舞步般在工作台和蛋糕岛屿之间流畅地移动。面粉搅拌机就像一个矮小的人那么高，设有四挡速度以及换挡器，就像一辆汽车。"它是一部霍巴特。"我的老板告诉我，仿佛我应该明白那是什么意思。我的职责是根据季节变换做不同形状的甜曲奇——最初的那几个月是叶子和南瓜——以及做前台工作：收银、清洁桌面、做特浓咖啡。我热爱那份工作。洁米让我感到害怕——在她面前，我感到胆怯而懦弱——但被某个地方需要的感觉很好，即使我不是那么熟练。

那家面包店也让我看到了艾奥瓦的另一面，与我第一次来这里了解到的艾奥瓦有所不同，那时，我的手机里还没有一个以艾奥瓦区号319打头的号码，因为我认识的所有人都来自别处。现在，我会收到老板的短信叫我增加班次，或接到烘焙师长的信息。烘焙师长跟我年纪相仿，二头肌上有一块未完成的巨大刺青，他有一种介于讽刺和低俗之间的幽默感，有两个小孩，一个刚会走路，一个还是婴儿。他发送完美的蛋白酥的照片给我，以示夸耀。当老板带着5岁的女儿来到店里时，我会拿出一张凳子，让她帮我在后面那充满工业感的三盆水槽里洗碗。我们俩的手臂上都是皂液。

在工作坊，所有人都差不多介于22岁和35岁之间，时髦而尖锐。然而，在我工作的那个面包店里，人们不怎么穿黑色的衣服，也笑得更多。我结识了一对50多岁的夫妇，他们每天早上7点半来到店里，喝咖啡、吃早上的糕饼——比如烤松饼，配上一团草莓果酱——并问我的书进展如何，我撒谎说"很好"，但事实上，我还没开始动笔。

回到家里，回到我们位于道奇街和华盛顿街交叉处的小农舍，和戴夫一起的生活并没有像一连串火车站的午夜野餐那样发展下去。我们的生活经常就是为厨房里的什么事吵架，比如在哪里放那只仅有三只轮子的滚动型洗碗机——是戴夫坚持要带来的——或是谁应该洗水槽里的那一堆碗碟，因为要滚动那只洗碗机实在是太麻烦了（它只有三只轮子！）。我们的生活就是跟网络公司的技术员预约上门时间，以及扫描正确的文件以便让我以固定伴侣身份获得医疗保险。生活就是租金、时好时坏的吸尘器，以及缓缓渗入的静默，我想要把这种静默理解为亲密，但又不自禁地将其解读为腐坏，比如当我们安静地坐在餐桌旁，吃着极其美味的番茄时：我们之间已经无话可说了吗？这些改变很普通，不过我从未坚持过这么久，久到看见爱情变为日常。

我害怕戴夫会对我们一起建立的生活感到懊悔，我害怕自己无法不断推陈出新，以吸引他在芸芸众生之中选择我——我把这一点看作爱情的必要条件。那不正是爱和妥协之间的区别吗？当我喝了酒，畏惧便依附上了我所关注的事物，而当我把它们大声说出来时，它们又显得很琐碎：戴夫跟其他女孩调情；戴夫不事先跟我商量就做了计划。戴夫每次晚回家，或貌似有些疏离、厌烦，或只是安静，我便紧张起来。这是不是意味着他没有以前那么投入了？不那么有兴趣了？他对上一段关系的描述一直困扰着我："深陷家庭生活的常规之中。""幽闭恐怖。"我的家族里唯一没有离过婚的人是一个住在新墨西哥某农场的叔叔。在那里，他的妻子训练牧羊犬，落日以血红的光芒燃烧着成捆的紫花苜蓿。然而，他们似乎是超乎常人的。戴夫不是农民，我也不会训练狗。我们连把三只轮子的洗碗机从厨房一头挪到另一头的水槽边都很费劲。

在艾奥瓦的第一个秋天，我们把大部分时间都花在飞去参加婚礼上了。不可避免的是，婚礼上我们总被问及准备何时结婚——仿佛我们进入了开放季的狩猎范围。我们买了能找到的最便宜的机票，也因此在最荒唐的时间去到了中西部一些荒无人烟的机场。有一次，在圣路易斯，我在凌晨 4 点从移动人行道的末端摔了下来，戴夫把我扶了起来，我们俩都笑了。我们处在只属于我俩的某个时间和空间里，那里到处都是移动人行道——那是我们一起编织的一个古怪的梦。

在艾奥瓦的第一个秋天，我一直在观察戴夫，观察是否有迹象显示我们的关系因为彼此贴近以及生活乏味而黯然失色。我研究他的诗，好奇那里面的"她"是否一直是我。我查看他的电话，好奇谁在给他发短信。作家工作坊本身就成了一个对手，或许他会爱它胜于爱我。

一天下午，当他正在沐浴时，我终于做了几周来我一直想象自己做的事情：拿起他的手机并扫了一遍他的短信，同时手掌冒汗，害怕可能会发现什么东西或他撞见我做这件事。我只是想要他心灵和头脑的全部内存——仅此而已，无须更多。"我需要在你我的脑袋之间接通一条输送管。"他曾经这样告诉我。我也想要那样，这样我就能说服自己，永远都不需要怀疑任何事——变幻无常并不是爱情的专属，我也不必应付它。

我发现他和工作坊里一个名叫德斯蒂尼的女孩在几周内有一大串的短信往来。她22岁，或是那年纪上下，就像我5年前加入工作坊时那样。当我看到他一行一行地给她发一首诗时，我感到很恶心。那是他刚写的一首诗——因为他念给我听了，所以我知道——但我以为他只跟我分享了这首诗。他们每天都互通短信，言语之间深情流露，而且我能看出来，他们有时还会了面："现在在爪哇之家吗？"然后："10分钟后到！"或是："今晚吉家见？"最后还加了一个笑脸符号：😊。他们之间的活力，他们的天天如此，他们来来去去的能量，就像突如其来的一记耳光。我害怕的真的发生了：他永远都会渴求那种为某人坠入爱河的、迅猛的刺痛感，而不是拥有她的感觉。

那是当时我告诉自己的，当然，那时我害怕**我**也需要这些东西——新鲜和刺激。那也是我想象他不能没有它们的原因之一。

戴夫洗完澡出来，我绷着脸，悲哀万分，直到他最终问我能不能谈谈。我们并肩坐在前门廊的台阶上，盯着街对面公园里的观景亭。

"我看了你的手机。"我告诉他。

他扫了我一眼。"找到你想要找的东西了吗？"

"我看到了你给德斯蒂尼的短信。"

我停了停。他什么也没说。

"你用短信把那一整首诗都发给了她。"我说。我觉得自己的话听起来很忧郁，很可怜。

"你为什么检查我的手机？"

"抱歉。"我说，我确实感到抱歉。然而我也觉得那是正当的——他应该向我道歉。"我不应该，"我说，"我知道。但是——"

"但是什么？"他说。他的嗓音带着尖刻。

"但是我是对的，"我说，一边开始哭起来，"就是有事。"

"什么事也没有。"他说。他的镇静从容且稳当。

"当你这样跟一个人调情时，"我说，"那就是有事。"

"我有拥有友谊的权利。"他说。

"我向你保证，"我说，"她并没有把这当成友谊。"

"随便她怎么想，我知道底线在哪儿，"他说，"我没有越过它们。"

"记得你是怎么发短信给我的吗？"我问，"在我们在一起之前？"

就在戴夫最终吻我之前的数周里，我们之间的短信让我激动不已——那种不断的来来去去就像两个卧室之间拉着的锡罐电话。我还记得从彼得的床上跳下来看这些短信。

"当时又不是我在跟别人谈恋爱，"他说，而现在他当然在谈恋爱，"现在我和你在一起。"

"没错！"我说，"当你和一个人在一起的时候，你不应该跟别人做这样的事。"

"这样？"他说，"到底怎样？"

他的声音冷漠而坚硬，几乎像一块盾牌，他仿佛躲到了后面。他越冰冷，我的声音也就越刺耳。"这样调情！"我说，"每天都发短信。让她——"

"你把它叫作调情，我把它叫作友谊。"他说，"你到底怎么定义调情？"

"你心知肚明！"我说，"你那样做的时候心里很清楚。"

"事情的关键是，"他说，"首先，你为什么要看我的短信。"

我没有回答，甚至无法直视他——而是向下看，看看我们脚下门廊台阶那断片似的木头——但我们都知道：我害怕。

"要小心，"他说，"你怕什么就会来什么。"

那晚的争吵跟之后许多次争吵一样，围绕着一些特定的问题——调情的定义是什么？——展开，而这些问题成了我们谈论自由和畏惧的方式。"你能感受得到！"我重复着，如今是叫喊着，明知道自己听起来很荒谬，却想，"你不能吗？"我厉声责骂他的拒绝道歉——我自己在为侵犯了他的隐私而道歉，却一直把我的道歉转回到某个"但是"：难道他不明白为什么一个女人不想让她的男朋友用短信一句一句发诗给另一个女人吗？

最后，他说我们应该试着入睡，那时已经凌晨3点了。我们已经吵了好几个小时。我泼了些冷水在自己的脸上——西瓜一样脏兮兮的，哭得发肿了——并试图想象他看着这张脸，这张被不安全感和需求侮辱的脸，而依然爱着它，却完全想象不出来。

戴夫很快就入睡了，争吵令他疲惫。然而，我睡意全无，因为争吵而处于高度戒备状态，也讨厌身边他如此僵硬的躯体，以及我们四肢间的豁口。争吵令我的肾上腺素激增，我真正想要的却是让自己暂时失去知觉。我无法入睡，便跑到自己的"办公室"喝起酒来，不断地喝直至整个人都麻木起来。现实依然丑陋，但其丑陋不再那么令我厌烦了。

这开始变成一种模式：在戴夫睡着后，我跑到"办公室"独自喝酒。隔天早上，我会检查寄件箱，看自己有没有在醉晕后发过什么邮件。有一次，我发现自己给嫂嫂发了这样的邮件：

> 你是否有过这样的感觉：你完全处在我们的生活之外之外？我感到如此寂寞。你明白我说的吗？或许不。任何像我一样糟糕的人都不会明白。我多么想要你的理解这个地方。我爱你。

每次喝醉都是山崩地裂——所有那些大写的感受。我的黑暗是最黑暗的。"之外之外"：那是如此真实，我想要说两次。

那年10月，我们一起飞到纽约参加我最要好的朋友的婚礼。婚礼地点在她赤褐色砂石建造的花园公寓，里面满是时髦的人，他们轻快地出没于红菜头汉堡和小胡萝卜枪之间，这些餐点都来自她丈夫的原生态餐厅。当天的熟食冷肉和芝士餐桌相当丰盛，就像荷兰画派的静物写生画一样。就在我跟朋友坐在楼梯上聊天的当儿，戴夫帮我们拿食物去了。

差不多过了20分钟，我的朋友问："戴夫去了哪儿？"

我们环视整个房间，看见他跟一个负责芝士餐桌的女招待相谈甚欢，那个女人正在就他说的什么话大笑着。她虽然穿着可笑的围裙工作服，金黄色的头发盘成一个乱糟糟的发髻，却依然看起来很美。

"如果我的男朋友跟另一个女人那样谈笑风生20分钟，我会疯掉。"我的朋友说，"你是个圣人。"

可是，我不是圣人。我感到羞辱。我的目光不断飘回到戴夫身上，一次又一次，虽然我一直试着不要这样做。于是，我不断快速地、不撞南墙不回头地大口喝着葡萄酒。我讨厌自己成为这样一种女人——她的男朋友总在和别的女人调情。最终，当他凯旋，端给我一盘熟成的豪达山羊芝士和绵羊奶曼彻格芝士时，我内心的某个开关被轻轻拨动了。我已经一心要吵架了。

"到外面去吧，"我说，"我们得谈谈。"

那是一个凉如水的秋夜，我们站在人行道上，旁边是一排赤褐色砂石房子，宛如电影布景。当我说话的时候，酒气在冷空气中画出蓬松的云。"你知道那令我多尴尬吗，"我问道，"你调情的样子？"

"调情"一词让他怒了——他的身体僵硬起来。"我不想被监督。"他说。

我更着急了，几乎发狂一般："并不只是我！"我说，一边转述了我朋友说的话——那会令她发疯。

"这跟她无关，"他说，"这只跟你有关。"

"我很荒谬吗？"我想，"我完全疯了吗？"然而，我无法抹去他们在一起的画面——两人都在笑，她乱糟糟的发髻，他们身后那坨巨大的豪达芝士色泽像羊皮纸一样，整个场景就像一部浪漫轻喜剧里的甜美相逢。我可以想象那旁白："事情是这样的，我和我的女朋友一起去参加一个婚礼，而她已经相当醉了……"

"那是我最好朋友的婚礼！"我说，"我不想在这种时候站在人行道上跟你吵架。"

"来这里是你的主意。"他说——的确如此，真令人恼怒。

当我们回到派对，我第一眼看到的就是吧台上一排一排斟得满满的、冰凉的大葡萄酒杯，仿佛在冒着汗。我立刻拿了一杯。

"确定你现在需要这个？"戴夫问。

是的，我确定。就是它。

那年秋天在艾奥瓦，就在我们办的派对上，我醉到不得不把自己锁在卧室里，打自己嘴巴——使劲打两颊——试图让自己清醒。那招并不奏效。我背靠墙坐了下来，盯着我们那张堆满秋季大衣的床，感到肋骨之下由打嗝引起的一阵阵膨胀，并做着深呼吸。我下了楼，来到前门廊，发现戴夫成了众人的焦点：他大声笑着，很活跃，拿着一杯他没顾得上喝的、四分之三满的啤酒，一边做着手势。我意识到自己在怀念彼得。我们在一起时，彼得的不安全感是如此令人厌烦，然而现在我完全可以理解他——一个有很多弱点和需求的人。然而戴夫则显得极其平静，他就像是无所求的化身。我喝得很醉。我想回家，但那只是我的住处。

我拿着装满威士忌的索罗牌一次性红色塑料杯，穿过马路，走向公园的观景亭，在冰冷的石板地上坐了下来，给我妈打了个电话。她耐心地听我诉说戴夫对我的忽视，他或许正在我们的住处和某个22岁的诗人朋友打情骂俏，可能就在我跟她打电话的这一刻。

我到底在哪儿？我妈想要知道。她说我应该回家。

"但我家里都是人。"我告诉她。她说我应该请他们走。

我又喝了一大口威士忌——感受着它的燃烧，把它咽了下去，又喝了一大口，品味着喉咙里那股正义感的强烈酸味。我妈显然不理解我的处境有多艰难，那些集结在一起的多方势力，那些坚如磐石的障碍。我身边的所有人都是快乐的。

我又开始打嗝了——震颤着我整个身体，把我的障碍变成低俗闹剧。我告诉我妈，我得走了，挂了电话，然后在黑暗中坐了下来，用尽全力深呼吸，大口地吸着气。最终，我过了马路。就在我走出公园的黑暗，走近家门口时，门廊上有人问我去了哪儿。"我有个电话会议。"我说，仿佛我在为一桩恶意企业并购案提供咨询服务。

翌日清晨，前一晚的残余记忆碎裂成了左一段右一段的晕眩：排队上厕所，在厕盆上方哭泣、呕吐或想要呕吐，走廊里的声音，然后走廊里不再有声音。

我告诉戴夫"我很抱歉"，并问他前一夜发生了什么。

"你一直在说'我很抱歉'，"他说，"你说'我很抱歉''我很抱歉''我很抱歉'。"

我们泡了咖啡，戴夫用他的方式做了炒蛋，加上了香草、芝士以及分量刚好的牛奶。然而，我的脸是肿的。我的嘴巴里仿佛结了一层尼古丁的硬皮，仿佛我在温和地把他做得很好吃的炒蛋叉进一只烟灰缸里。我配不上所有美好的东西。"耻辱是其自身的面纱，"丹尼斯·约翰逊写道，"不仅遮住了那张脸，还遮住了整个世界。"

虽然《布鲁斯吉尔德宝贝》是一本关于海洛因上瘾者乔治·凯恩戒毒的书，但是作者乔治·凯恩在写这本书的过程中一直在使用海洛因。他仿佛在用这本书面对依赖和反叛，试图用虚构作品驱除一些他无法从体内排除的东西。

故事发生在1967年夏的曼哈顿。当时的纽瓦克暴乱让纽约充满了噪音、需求和可能性，一切如此喧嚣，令人不知所措：公房区因为众多往来的小商贩、拍打着的窗帘布以及冰激凌卡车的铃声而变得闹哄哄；晚上也很热闹，瘾君子试着买毒，年轻的情侣在门口的阴影里亲吻；厨房的广播里传出山姆·库克欢快的歌声："生活已太艰辛，而我害怕死亡。"这部小说既是给哈勒姆的一首情歌，又是本能的绝望呐喊，有关不断买毒又试图戒毒的流浪汉题材。乔治在他靠近阿姆斯特丹的毒窝里寻找"毒贩太阳"，并在见他的假释官前，在纽瓦克法院大楼的一间厕所里注射。他走过斯普林菲尔德大道上的那些"叛逆的标记"——被抹黑了的临街店铺和破碎的玻璃。他跟自己年幼的女儿及其白人母亲在格林威治村度过了一夜，之后便遇到了他的老友南蒂，把她带到一个爵士俱乐部，并决意为她彻底戒毒。（他的假释官也威胁他，如果他不能通过72小时后的尿检，就要送他回监狱。）

在小说的结尾处，乔治回忆起自己第一次注射海洛因的情景："一轮稀奇的月亮高挂天空"，而他在宣布彻底放弃它之前，首先被那种"极其突然又无限的平静"吞没。凯恩彻底拒绝体面政治，描绘出了一个既聪明又充满渴望，却往往处事富于攻击性，甚至冷酷无情的角色，为的是表明：一个人无须毫无过失才值得关爱。

《布鲁斯吉尔德宝贝》的剧情围绕关于上瘾的各种说法——上瘾是一种压抑的政治辞令，上瘾是一种社会叛逆——之间的冲突展开，然而它从未忘记上瘾是身体的真实体验：受刺激的神经和干燥的皮肤、瘦削的身躯和汗水，以及"骨头互相摩擦"的感觉。随着小说情节的发展，凯恩发生了戏剧化的改变：原本用政治理由为吸毒开脱——无视社会秩序、"过不受阻碍的生活"的方式，其反叛的对象是白人权力结构或种族向上流动性的强横要求；最终却拒绝将上瘾视为社会抗议的警报来颂扬。当乔治在街上看到一群"点着头的瘾君子"，听到一个男人呼吁支持"纽瓦克暴乱的受害者"时，他觉得他们已"不再是被选中了的、被他们的意识和挫败感毁掉了的人，而只是迷失的受害者，弱到无法抗争"。

如果说凯恩的小说拒受那些将上瘾膜拜为叛逆的、逻辑简单的神秘力量的影响，拒绝忽略它对人的伤害，那么他自己的人生则令人不得不克制那种将自我意识描绘成救赎的冲动。凯恩本人的上瘾经历将几种驱动力聚集在了一起——一个备受折磨的艺术家将黑暗化作金子这样一个故事的吸引人之处，以及作为一个黑人，身在一个彻底相信他在出生之前就已经有罪的国家的一种压迫感——但是，悉心剖析他小说中的这些动机并不足以将他从依赖性本身给身体带来的迫切需求中解放出来。

当我询问凯恩的前妻乔·琳恩·普尔她是否曾试着阻止他吸毒时，她只是说："我更了解他。"

我找到普尔时，她很意外竟然还会有人关心她的前夫——他的天赋早已被湮没，而他的人生也因毒瘾被毁。然而，她还是乐于跟我谈论他备受困扰的才华。普尔告诉我，他在大学辍学后便开始吸食海洛因，用她的话来说，他满以为"作家要靠冲突和逆境造就，便故意去自寻冲突和逆境"。凯恩曾获得一项篮球奖学金，供他攻读纽约的一所天主教学校爱纳大学。这项殊荣被赞誉为成功地实现了向上流动，却让他感到窒息。从爱纳大学辍学后，凯恩途经得克萨斯来到美国西部，最终因为吸食大麻而在墨西哥的一座监狱里待了6个月。普尔说，当他被放出来时，"他心里已经有了一本书的草稿"。

20世纪60年代末，普尔第一次见到凯恩的时候，他已经完全是个瘾君子了，不过普尔当时并未意识到这一点。她从得克萨斯州的特克萨卡纳来到纽约的普瑞特艺术学院学习，而她从未遇到过"一个吸毒成瘾的朋友，或一个海洛因上瘾者，或任何瘾君子"。她立刻被凯恩深深吸引——他那"蛇一般的绿色眼睛"以及显而易见的、令人难以抗拒的智慧。他出门时经常在臂下夹带两三本作文本，里面都是他为自己的小说做的笔记。"他一直都把它们放在身边。"她说。他甚至会带着它们去上城的哈勒姆买毒品。

在普尔和凯恩有了第一个孩子后，他仿佛过上了一种双重生活。一方面，他试图更多地陪伴孩子。他成了逊尼派穆斯林教徒，并加入了一所领养家庭般的清真寺。然而，他也会一下消失数日——跑去哈勒姆，归来时整个人都是呆滞的。他会晚饭吃到一半就昏睡过去。有一次，他请了些朋友到家里来。当普尔上洗手间时，他的朋友带着她一半的衣物和满怀的婴儿用品夺门而去。凯恩不得不在大街上追着他们跑，才把东西要了回来。

《布鲁斯吉尔德宝贝》出版后，《纽约时报》称其为"自《土生子》以来出自非裔美国作家的最重要的小说"。小艾迪生·盖尔在书评中将凯恩复原的故事理解为一种对种族的冷静叙述，因为他在"过了炼狱般的72小时"后"救赎"了自己——戒了毒。盖尔写道："那时，乔治·凯恩，那个曾经的上瘾者，仿佛凤凰涅槃，成了乔治·凯恩，那个黑人。"这种看法认为，清醒——而非上瘾——成了他抵制白种压迫的方式。

《布鲁斯吉尔德宝贝》的出版给凯恩带来了他一直渴望获得的陶醉和肯定——那种到达的感觉。在纽约苏豪区一间美丽的顶层公寓里，麦格劳-希尔出版社为他办了一场派对。他在拿到第一张版税支票的几天后，在街上撞见一个朋友的弟弟，凯恩把他带到附近的一家唱片店，让他尽情挑选所有喜欢的唱片，而凯恩会为他付账。詹姆斯·鲍德温要求到凯恩家吃晚餐，还点名要吃炸鸡，不过他一直都没来。"大家都觉得黑人女性会做饭，"普尔告诉我，"于是我就想，我得学会怎么炸鸡。"所有人都大爱这本书，唯一让凯恩的母亲失望的就是她无法把这本书推荐给教堂里的朋友们。此等反响带来的肯定平定了凯恩内心的某些东西，至少在接下去的那几年里，他吸毒吸得少了。

他在艾奥瓦作家工作坊得到一份临时工作——专门探讨这本书的价值及其成功。不过，当他和普尔以及年幼的女儿一起搬到艾奥瓦城时，凯恩在不能轻易获取毒品的情况下变得焦躁不安。他开始每个周末都飞回纽约。当普尔告诉他，他们负担不起他的来回路费时，他搭了辆巴士去了达文波特——大约1小时的路程，就在密西西比河畔，一去就是好几天。最后，普尔带着他们的孩子搭巴士到了那里，让一个出租车司机带她去吸毒者聚集地，司机在一幢破旧的大楼前停了下来，她在那里找到了乔治，"揪着他的耳朵，把他拉了出来"。

然而，他吸毒的情况越来越严重。在艾奥瓦的临时聘用期结束后，凯恩又回到布鲁克林，不断试着全心投入第二部小说。他认为许多黑人作家都掉进了一个坑——写了一部小说后就放弃——他拒绝殊途同归。因为写作不顺利，他吸得更狠，也正因为吸毒，写作才更不顺利。他得兼顾几件事：斯塔滕岛社区学院的全职教职、全天候的毒瘾，还有刚出生不久的儿子以及年幼的女儿。一天晚上，有一个女人打电话告诉普尔，她怀上了凯恩的孩子。而此前他的说辞是，他和他姐姐生活在一起。对于普尔来说，他们的婚姻在那一晚走到了头。

普尔离开了凯恩，且没有把自己的去处告诉他——她需要一些距离——并最终带着两个孩子搬到了休斯敦。几年后，凯恩找到了他们，并登门拜访。然而，他并不喜欢那里。"他说那里的天空太开阔了，"普尔告诉我，"他觉得神可以看见他。"

当普尔跟我说起凯恩时，她的嗓音里充满了尊敬，甚至还带着温情。显然，她跟着他，也为了他经历了很多，但她对此并不感到遗憾。真正让她感到遗憾的，是他的结局。他死于贫穷，作品几乎无人知晓。她跟我提到了他在哈勒姆的最后住所，他们的孩子曾在那里住过——就那么一次，当他们还是青少年的时候——那是一间地下室，充满了下水道的臭味。

卡普林医生告诉我，他第一次见到一个为上瘾而挣扎的病人时问道："状况好的时候，你是什么样子的？难道你不想再变回那个人吗？"凯恩状况好时，他和笔下的英雄为伍；他隶属于那个清真寺的团体，他到哪里都带着笔记本。然而，差一点就到67岁的凯恩却因肝病并发症于2010年10月逝世。40年前曾刊文赞美他的小说的《纽约时报》，在为他刊登的讣告中却将他描绘成一个有前途却一直没有挖掘出潜能的作家："毒品使他的希望破灭。"

我跟普尔谈话时，她告诉我，当初介绍他们认识的朋友为将"一个灵魂纯洁的乡村女孩"介绍给哈勒姆的瘾君子而感到愧疚，但是她告诉他，没什么好道歉的。"有多少人会接到邀请，为詹姆斯·鲍德温做炸鸡？"她问我。在我们有关凯恩的对话中，她无数次使用了"天才"这个词。她对他们的婚姻也没有怨恨。她不过是做了不得不做的事。

"我不难过，"她告诉我，"我只是需要确保我们都能在乔治死后继续活下去。"

第一次告诉戴夫我或许得戒酒时，我们还住在纽黑文。当时我又像往常那样从宿醉中醒来，产生了厌恶之情，并把戒酒的可能性加以框定：或许只是一小段时间。我知道自己内心有一种不对劲的东西，并害怕其他人最终会嗅到那股轻微的气味——就像一颗蛀牙，每当某人张嘴大笑，你都能隐约闻到那股味道，或当你亲吻她时，你能尝到那种味道。

戴夫相信我的判断：如果我觉得自己不得不停下来，那么我就确实应该停下来。但是，他很小心，并没有告诉我要怎么做，而我便把这种小心解读成我还不是真正的酒鬼。这是一种慰藉，它意味着或许在几周之后，我不必说服他便又可以开始喝酒了；在戒了一段时间的酒之后，我便可以向他，也向我自己证明，我并不需要酒，那也就可以为我再次开始喝酒提供正当理由。3天后，我又喝上了。

第二次试图戒酒是在 6 个月之后，我们在艾奥瓦的第一个秋天，也就是在我驱车到纽黑文参加口试前。这些考试是我学习生涯的终结，在那之后我便把攻读博士学位的事搁置了两年，全身心地投入我和戴夫在中部的新生活中。我当时得面对一屋子教授，他们向我提出有关莎士比亚、美国现代主义以及乔叟那部《众鸟之会》的问题。一想到我得清醒着通过考试，我就感到难过，因为我都不知道要如何庆祝。

　　当我告诉戴夫我觉得自己需要再次戒酒——这次或许是永久戒掉——时，即使只是说出那两个字都令人害怕："永久"。那个清醒的未来仿佛是一个被榨干了的柠檬，不剩一滴果汁，只有乱糟糟、皱巴巴的皮。戴夫的表情看起来和第一次有所不同，它似乎还残留着关于更多喝醉的夜晚以及醉后争执的记忆。我在想，它是否也保留着怀疑：你就不能好好喝酒吗？他说，他还能想到别的适度饮酒的方法。或许我可以限制自己每晚喝两杯；或许我们可以统一意见，在派对上我只能喝他给我拿来的酒。那听起来简直就是炼狱。

　　我开车回到东海岸，一路神志清醒、情绪澎湃，给戴夫汇报我每日见到的一系列奇人异事——为的是提醒自己，没有酒的世界并不只是没了气泡的香槟。我告诉他有一辆货车，车斗装满了灯。我告诉他在一座加油站有那么一个女人，她假眼睛的颜色像蓝宝石一样。我告诉他我见到了一个 90 岁的老妇，她有一本剪贴簿，里面都是她在过去 50 年间张贴的死亡通告和结婚通告——同一些人的，并排贴在本子里。我给戴夫做的汇报如此沉甸甸，充满了未释放的欲望，就像浸透了的海绵，迫切要找到某些美好的东西，足以替代过去喝酒带来的美好。当我试图解释我有多想念喝酒——即使只有一天不喝——时，戴夫说我的诚实就像是干净的空气。他说："继续睁大眼睛，去发现那些奇人异事。"

　　通过口试后，我去参加了一个派对。派对上，我痛苦地穿梭在不同的房间中，看着其他人喝酒。除非你能事后忘掉一切，不然抓到撒旦把自己带到这个世界上又有什么好处？这就像是在天堂服役，而我想要统治地狱。

口试后，我独自待在波士顿我哥哥的公寓里——他当时不在波士顿——一连几天都没见任何人。原计划是要开始写我准备花 2 年时间写就的小说，但每天早上醒来后，我都会想：别喝酒。别喝酒。别喝酒。因此，第一个小时我没喝酒，然后，第二个小时我也没喝酒。什么都没写下。我坐在哥哥的绿色躺椅上，哭了起来。我打电话给戴夫，他说他昨晚在外头唱卡拉 OK，一直唱到凌晨 2 点才回家。我又哭了。他问我为什么哭，他的声音里满是爱和疑惑。我不知道要如何解释一整天都不喝酒有多么难熬，想到可能以后每天都不喝酒有多么难受。每个小时。又 1 个小时。我觉得我或许会疯掉。

我来到一家博物馆，主要是为了逃避我自己。我在那儿看了一场在帘子后面放映的装置艺术录像：有个女人正在分娩，镜头聚焦于她双腿之间那血红的一团。她在尖叫，但至少她的疼痛是有用的。我想：如果没有堕胎的话，这个月我就要生了。

哈佛广场有一家书店，大学时期我曾在那里度过了许多时光——让自己分心，忘记饥饿。如今，我在这家书店的上瘾文学部分找到了一本回忆录，封面上有一只葡萄酒杯。我坐在地板上读起那本书来：她沉迷于葡萄酒杯上的湿气，她在那些孤独的夜晚把青苹果切成纸一样的薄片。我如此想念喝酒，读那本书几乎能让我解渴。那本书的副标题是"一个爱情故事"。

收银台的职员是一个中年男人，头有点秃，声音轻柔。"这是什么？"他问，紧张地笑着，"一首酗酒的赞歌吗？"

"我觉得它更像是个警告。"我说。我语气里或脸上的某些东西令他和我四目相对。我们之间有某种奇怪的电压流过。

"或许等你下次再来店里的时候，"他说，"你可以告诉我发生了什么。"他似乎是想要说："我知道你为什么要读它，因为我也想读。"就像他可以认清我，仿佛我在公寓里独处的那些疯狂时日，那些"不喝酒不喝酒不喝酒不喝酒"留下了一些看得到的残余。

当戴夫飞抵波士顿——这样我们就可以开车去佛蒙特州，参加大学时代和他一起组建乐团的一个朋友的婚礼——我已经有十10天没喝酒了。1小时车程后，我告诉戴夫，我很确定自己可以再次开始喝酒了。事实上，我相当确定，我**今晚**就可以再次开始喝酒。当我们都瞪着高速公路，我不用跟他四目相对时，说这些话更容易些。我已经可以想象婚礼的场景：香槟、红葡萄酒、跳舞、解脱。那将是这可怕的一周的终结。

"我可以的，"我告诉戴夫，"没有问题。"而那一夜，确实没问题。

然而，很快，回到艾奥瓦后，我们又重新开始恶吵——我控诉他把太多的自己交给了世界，而不是留给我。我在跟朋友讲述戴夫的事时，援引了《走出非洲》里的场景——一个人物解释罗伯特·雷德福吸引人但也激怒人的原因在于，他是一个只会捕猎大型动物、完全沉静不下来的爱人："他喜欢送礼物，但不是在圣诞节。"

戴夫说，要是我对关注、爱慕、时间的要求不那么强烈，我的这些要求会更容易获得满足。某些类似的东西困扰着我：要是我没那么气急败坏地索要他爱我的证明，他便会毫不吝惜地给予我；要是我没那么迫不及待地要喝酒，我就能好好地喝酒。

我和戴夫的关系是我第一次让别人看到我在倍感疲惫和死气沉沉时的烦人、乏味和恼怒，酒则让我更容易把这种暴露误以为是受伤。"我们去年醉后的争吵没有任何理由，"罗伯特·洛厄尔 [1] 说，"除了一切，除了一切。"

每次醉酒恶吵后的翌日，我都会花一早上的时间撰写我能写出的最动听的道歉信。我经常收回前一夜说的话，不是因为我说时无意，而是因为我为自己醉后说话的方式感到羞耻。如果我能把自己**解释**清楚，如果我能理解这些争吵——从这些争吵当中提炼出某种意义，

---

[1]　罗伯特·洛厄尔（Robert Lowell，1917—1977），美国诗人。

彻底明白——那我们就没事了。然而，这些争吵并没有让我们彻底明白。我们争执的具体内容——他怎么调情或怎么没调情，我们怎么按照对方的需要安排自己的时间——与背后奔涌的潮汐相比并不重要：我永远都在争取更多的戴夫，想要抓住什么。他曾告诉过我，他感觉好像自己全部的爱都付诸东流了：它永远都不够。

我对戴夫最初的印象——弹着吉他，身边围着一群人——以及我从中提炼的、简化了的真相，一直萦绕在我心头：他处在众人的仰慕与关注中时，是最幸福的，而我无法成为他的众人，成为复数个且永远有新意。然而，有关我们的起点的这一说法却限制了戴夫的角色——那个唱情歌的人，那个有魅力的人，自信满满却刚好挤压到了我所有的瘀青，也更让我难以看到他自身也充满不安全感。只不过他并没有像我一样，借着愚蠢地喝酒——仿佛那是我唯一知道的情感货币——把它表达出来。他焦虑的缘由没有那么公开：为了一个作品——一篇评论、一首诗——花几个月的时间，不断错过提交期限。他很严格，是个完美主义者，总在修改和拖延。他曾经给我看过学校的心理医生在他7岁时写下的字条："因为他考虑到了多种可能性，他经常要花更长的时间去做出原本应当很简短的回答。"

一夜过量饮酒后，我的心脏飞快地跳着。我怀疑那是酒精和药的相互作用，又或是我在为此担心而已。我开始做梦，梦见一个红头发的男人指着我手里的塑料杯说："我知道你是怎么回事。"我肯定就是这么回事：一个早晨7点带着浮肿的脸和眼睛到面包店上早班的女人，在自家的厨房里喝醉，就像上演一出粗俗、滑稽的烹饪秀，不小心用刨丝器割伤自己，或将金枪鱼罐头盖那锯齿状的边缘挖进手掌心，在食物里查看是否有血迹。

既然已经谈到了我酗酒的情况有多么糟糕，要想继续喝那么多就比较困难了。如果我知道戴夫会在7点回家，而我从面包店下班到家是6点，那或许可以这么办：就在那1个小时之内，我可以给自己倒尽可能多的杜松子酒，足够我喝醉而不显醉；之后，我会聆听他的钥匙插进门洞的声音，并在那千钧一发之际吞下杯中酒，把杯子冲洗干净，再躲进浴室里；我会用尽全力刷牙，用李施德林漱口水使劲漱口，直到发疼。这让人感到心满意足，就像是将犯罪证据放到焚化炉里烧掉一样——一把火烧掉尸体。我会跑出来，轻轻地、不开口地吻一下他。然后，我们会喝一杯葡萄酒，就像理性的非酗酒者，我会告诉他这一天所看到的奇人异事。

1939 年，一个名叫欧文·康奈尔的男人坐下来给美国联邦麻醉药品管制局写了封信，向政府诉说他有多么想戒毒：

> 尊敬的先生：
>
> 　　这是一封奇怪的信，因为我都不知道自己在给谁写信。医生想让我写信给你，看你能否把我送进肯塔基医院。你是否能打个电话到我家，告诉我要怎么做。我非常想戒掉吗啡。如果可能的话，我希望你马上就告诉我。感谢你的仁慈。

"肯塔基医院"正是麻醉药品农场——那个 1935 年设立于列克星敦、臭名昭著的、关押上瘾者的监狱兼医院——的别名，而康奈尔则迫不及待想要进去。像他这样的人还有很多。从这个角度来说，那是一所奇怪的监狱：虽然它设有栅栏铁窗和严格的生活制度，但是每年都有将近 3 000 人来到它紧锁的大门前，要求进去。有照片显示，他们走到监狱的大门口，手里提着行李，阳光在他们身后刺眼地照耀。

在一段上瘾经历中，会有那么一个垂死挣扎的点：发出瓶中信，祈求得到能把你从自己最糟糕的冲动中解救出来的任何东西。"你是否有过这样的感觉：你完全处在我们的生活之外之外？""如果世上有任何可以治愈我的方法，我相①要试试看。"来自密西西比的 J. S. 诺

------

① 此人把 want 写成了 wont。

斯卡特这样写道。米尔顿·摩西则更迫不及待：

> 我抽大麻烟卷已有6年了。巴尔的摩城有很多这种烟卷，我也知道在哪儿能找到它们。我恳请你来看看我。我确定想要去麻醉药品农场寻求治疗……看在神的分上同情同情我为我做些什么吧我真的是在这里受罪。我希望我能依靠你，也希望你不要让我失望。

来自芝加哥的保罗·扬曼于1945年12月1日这样写道：

> 尊敬的先生，
>
> 我非常希望你能给我发一些文件，让我能去肯塔基州的列克星敦进行戒毒治疗，因为我快要受不了了而且会尽我所能戒掉它，因为现在已经很难买到它了，并且我会全力以赴完全戒除它，我会全力以赴完全戒除它。
>
> 先提前谢谢你了。
>
> > 你真诚的，
> > 保罗·扬曼

扬曼的绝望在他的重复和自相矛盾中一目了然。毒品已经很难买到了，他说，并且他会全力以赴戒除它。

切斯特·索卡尔已经来不及邮递了。他发了一封电报：

> 请尽快发送肯塔基州列克星敦联邦麻醉药品农场入住申请表格。

麻醉药品农场是一个耗费了3年建造时间和400万美元的妥协

方案：一座具有装饰派艺术风格、紧锁着的门以及一条保龄球道的监狱。为了安抚主张革新的改良主义者，它提供了一套康复计划。为了安抚灰心丧气的狱卒，它为塞满联邦监狱的上瘾者提供了一个去处。媒体把麻醉药品农场称为"瘾君子的新归宿"，或不那么热情地称之为一座"成本为数百万美元的、给吸毒者开的廉价旅店"。在这座农场启用前，列克星敦当地的一份报纸发起了一场比赛，让当地居民为这个地方起名，而这些建议五花八门，有些充满敬畏（"勇气可嘉医院""益处良多农场"），有些则无情嘲讽（"大腕戒毒农场""梦幻城堡"，以及"美国为人类进步所做最大贡献之疗养院"）。

事实上，这座监狱／医院／大腕梦幻城堡依然没有清楚的定义。对于刚刚进去的人来说，它就是一座拥有 90 头奶牛的工作农场（体力劳动应该有利于上瘾者康复）。对于从别处转过来的囚犯来说，它是升级了的联邦监狱。一个原本被关押在莱文沃思的囚犯说："我们在农场的待遇之有礼貌，真是让人难以置信。"还有一张照片显示年老的上瘾者——因为多年的毒瘾而变得麻木——正在由一群年轻美貌的护士修剪、打磨指甲。美甲是列克星敦出名的"治愈方法"的一部分，这种方法结合了身体治疗、谈话疗法、有计划的娱乐，以及有益健康的劳作。因长期吸食海洛因而牙齿受损严重的囚犯们得到了牙科服务（仅在 1937 年，就有 4 245 颗牙齿被拔出）。他们还接受了就职培训：他们成了裁缝，为即将回家的人裁制"回家的套装"；他们还采摘番茄，每一天都有 1 500 加仑① 番茄被装入罐中。

这些病人还玩得很开心，或者说至少他们应该如此。构想就是这样的。话术就是这样的。那是一种奇怪的玩乐：制度上的玩乐。也就是说制度在创造它，也在追踪它。当一个名叫利平科特的魔术师在麻醉药品农场表演时，"差不多 1 100 人的整个病人群体"都来欣赏这场表演，一份新闻剪报称。这份剪报被钉在一份呈送给卫生局局长的

———————————

① 1 加仑约合 3.785 立方分米。

月度报告之首，仿佛是在夸耀："看！这些人玩得很开心。"这家医院的记录显示，1973 年，病人们总共投掷马蹄铁 4 473 小时，玩保龄球 8 842 小时。就像人们对于谁应该去麻醉药品农场有认知上的不同（他们到底是犯人还是病人？），对于这些人到了农场后应该做些什么，也有认知上的不同：他们应该通过劳改戒掉毒瘾，还是重新发现欢愉？

小比利·伯勒斯的《肯塔基火腿》是一本关于麻醉药品农场生活的小说。他那出了名的"未得到救赎的"父亲在他之前就去过麻醉药品农场。小说有别于官方辞令，描绘了抵抗的乐趣，比如小说中写到犯人们"抽香蕉烟流行一时"，促使农场官员在测试香蕉是否真的能让人兴奋的同时，把香蕉从菜单上撤了下来。从此以后，犯人们便开始把"所有诸如抱子甘蓝那些我们厌恶的东西"都拿来当烟抽。

如此多的音乐家都被送到列克星敦 —— 切特·贝克、艾文·琼斯、桑尼·罗林斯 —— 以至于这里成了非正式的爵士乐学院。某一段时间，有六个不同的爵士乐队在农场里排练。有一晚，由麻醉药品农场的病人组成的管弦乐队在《今夜秀》电视节目上为全国人民演出。

虽然麻醉药品农场被描绘得很伟大，但它与具有惩罚性的、非人道的早期反毒战争 —— 哈里·安斯林格花了 30 年组织的运动，就是为了将吸毒者妖魔化 —— 密不可分，而其"解药"也像一匹特洛伊木马般暗藏杀机：名义上不称其为拘禁，实际借此管制上瘾。麻醉药品农场的承诺冠冕堂皇：收下一个废人，令他康复后再还给这个世界。然而，康复和洗脑之间的界限很模糊。"在很大程度上，这种治疗不过是将构成人类生活的无形事物有技巧地重新组合。"《芝加哥每日新闻报》刊登的一篇文章这么说。"到农场来的人有他的命运。他们会计算出这种命运以旧换新的价值，并给他一种新的命运。一切就这么简单。"那是一种对于简单的奇怪定义：将所有构成一个人的无形的东西重新组合；将他原本的命运抛开，赋予他新的命运。

克拉伦斯·库珀的小说《农场》描绘的是他在列克星敦的时光。

小说中有这么一幕：叙述者（也叫克拉伦斯）拒绝配合出演复原的剧本。当医生问他感觉如何时，克拉伦斯说："没什么感觉。"而当医生试图敲打他，让他做出正确的回答——"你的意思是感觉不太好"——时，克拉伦斯坚持道："我的意思是没什么感觉。"

有些上瘾者憎恨麻醉药品农场的虚伪，而另一些人渴望得到其承诺的治愈，一些人则同时有两种感受：渴望和背叛。即使麻醉药品农场的承诺有虚假的成分，那些渴望得到其所承诺的复原的人的绝望却毫不虚假：如果世上有任何治愈我的方法。我真的是在这里受罪。

制度上的矛盾、分类上的混淆，甚至其建筑风格都令麻醉药品农场更突显了一种认知冲突，正是这种认知冲突奠定了美国与上瘾之间的关系。每一"卷"入住表格都详细地列出了对无形条件的一种安排，一个病人必须认定自己需要接受新的安排：

姓名： 罗伯特·伯恩斯

出生地： 得克萨斯州，哈利茨维尔

个人情况： 47 岁，纤瘦。绿眼睛，穿着整洁。

工作： 销售员

上瘾原因： 为了避免生活的单调。

那是玉米产区 ① 里的秋天，我一直在想着要喝酒。我每天醒来都会想，这将是很容易还是很难喝醉的一夜：有派对吗？我会见朋友吗？是一个喜欢喝酒的朋友吗？清晨 6 点，我洗澡并想着要喝醉。6 点 45 分，我在面包店的厕所里穿上围裙，并想着要喝醉。7 点 15 分，我把曲奇的生面团压扁——把它放入压面机压一遍，再压一遍，再压一遍——并想着要喝醉。8 点，我用曲奇模子将面团切出松鼠形状，并想着要喝醉。9 点，我会给同一批松鼠形状的曲奇撒糖霜——

---

① 玉米产区，代指美国中西部地区，此处即指艾奥瓦。

它们的尾巴上有一条棕色的弧线，脸上有白色的胡须 —— 并想着要喝醉。中午，我吃个三明治，并想着要喝醉。傍晚 6 点，就在拖地板时，我几乎就能尝到那个味道了。每一天都是一层绷紧的皮，只有酒才能帮助我扭动着解脱出来。

外出的夜晚成了无尽的计算：这桌的每个人喝了多少杯葡萄酒？喝最多的是多少？在剩下的酒里，我最多能喝多少才不至于显得太过分？我给多少人倒酒，给他们倒多少，才能留足够的酒给我自己？服务员还有多久才会回来，某人再叫一瓶酒的可能性又有多大？

我们搬到艾奥瓦几个月后，戴夫给我看了一首他交给工作坊的诗。看到"致莱斯莉"这一献词时，我欣喜若狂。然而，我很快便为诗的开头郁闷起来："昨夜我说的都是趣闻。其他人 / 就像是停车收费器安静地走着钟，给予模糊的 / 笑容，而你独自在屋子后面喝酒。"我甚至无心把那首诗继续读下去 —— 讲述者将干胡椒酱放在法式吐司的面糊里，或是风也似的走进录像店，购买他爱人想看的牛仔电影，或是如何以一种邀请结束："嘿，爱人，无论你将要跟我讲什么故事，我都从未听过。我的伞 / 很小也很便宜，但是我对之深信不疑。"

在我看来，这首诗中的两个人似乎彼此相爱却又都很寂寞 —— 不再心心相印，尽管他们努力挣扎着不想要这样。戴夫告诉我，他把这首诗作为对我们之间关系的确立，而结尾的含义为，即使他听过我所有的故事，他依然爱我；他会跟我分享他的伞，即使它又小又便宜。然而，耻辱不仅遮住了那张脸，还遮住了整个世界，我唯一看到的是令我耻辱的：独自在屋子后面喝酒。

那时候，每当我跟别人谈及任何无关喝酒的话题时，我就觉得自己在撒谎。然而，每当我试图把生活想象成一连串清醒的夜晚时，我就无法承受那种还未真正降临的痛苦，它们将如此空白、乏味、无情：戴夫和我坐在厨房的桌子边，喝着该死的茶，试图想一些话题。

我们开始恋爱的数月后，在纽黑文曾有一夜，我们从一场派对回来，我的心情一直糟糕极了：又醉又不安，坐在我的蒲团上，双腿盘在胸前，猛烈抨击着戴夫。"这种感觉就好像，在我努力表现的背后，"我告诉戴夫，"如果我放下这一切，就什么都没有了。"

那一晚，他抱着我的双腿说："我想钻进你的头脑，与那种想法抗争，直至我俩当中有一个人先死掉。"

在艾奥瓦，我一直在要求他让我们彼此的生命尽可能更多地纠缠在一起——最终用"纠缠"来形容我们缺乏的那种心心相印。然而，驱使这种要求的，既有欲望，也有惧怕：惧怕被抛弃，或被视为不够重要。事实上，另一部分的我已经完全不想再纠缠了，开始更喜欢我们分开的夜晚。如果戴夫回家晚了，我就能独自喝酒；如果我回家时他已经睡着了，我就能一个人继续喝，而不必解释我为什么喝得那么醉，或为什么我总想喝得更醉。喝酒最好是在那间被我们称为"我的办公室"的房间里，他想要进来的话至少得敲敲门。我爱戴夫，胜过我爱任何人。我只希望他在门的另一边，而门的这一边是我和我的威士忌。

那年秋天是一连串踉跄着接踵而至的、平淡无奇的酒醉之夜。空气很清爽。风扫过发脆的黄叶，把它们编织成草地上的一块百纳被。我羞愧极了。每天早上7点，我都带着一张水肿的脸去上班，把工作服从衣物柜里拉出来，从一张被压得很薄的曲奇生面里切出三百片叶子，在糖快用完的时候从地下室拿出一大袋一大袋的糖。有时候，去地下室成了方便我哭泣的机会。有时候，我的老板洁米看到我的表情会说："你需要什么？"我告诉她，我需要将两百个鬼魂浸泡在融化了的白色巧克力里，然后对谁都三缄其口。

5年前我在工作坊度过的第一个秋天依然在记忆中闪光：在木门廊上抽着丁香，穿着薄薄的、带皮毛装饰的夹克衫，想象着属于我的夜晚会像一连串闪光的问号一样慢慢延展开去，在四下寒冷的空气中像点着的鞭炮般噼啪作响的那些戏剧化事件让我兴奋：闲言碎语，关于某人诗歌中换行的对话，关于某些奖学金的对话，男人们的注视。如今回望，那一切都显得如此愚昧而完美。

喝酒不再来电。它只是陈腐的惯例，跟一场幽闭恐怖的骗局没有太大的区别：今天晚上会不会有一场争吵？我不停地喝葡萄酒，直到牙齿变红；不停地喝威士忌，直到嗓子灼烧；不停地蜷伏在厕所里打着嗝，直到视线模糊，背靠在冷冷的墙纸上，双膝紧靠胸前，想：什么时候能停下来？

最后一晚不过是在一样已经破碎的东西上再施加最后 1 盎司的压力。我从酒吧回到家里 —— 已经喝醉了，但还想再离谱些，喝到直接倒下 —— 而戴夫已入睡。我放心了，因为我不需要重整旗鼓面对他。我只是想保有内心对于自己变成这个样子而感到的应有的悲哀，而且我只想独自保有这种感觉。因此，我在一只红色的大杯子里倒满了威士忌，大概有八口，拿着它走进了我的办公室。

那以后，我只记得某些片段。我记得当他敲门时，我开始慌张。我记得自己把那只杯子放到蒲团后面，不让他看见。然而，我显然是醉了，坐在蒲团上，抱着双膝。我无法隐瞒自己的行为，而且我也累到连试都懒得试了。他问我怎么了，我不但没有试着解释，反而从蒲团后面拿出了那只杯子。让他看到这一切，感觉好极了。

六

投 降

第一次参加戒酒会是在一个晚上，我开车过了条河，来到靠近某医院的一个地方。经过伯灵顿街大桥的那一路我一直在哭，眼泪仿佛沿着街灯化成了白花花的雨。万圣节快要到了：门廊上的蜘蛛网，悬挂着的、用塞满东西的床单做的鬼，笑容扭曲的南瓜灯。醉酒就像是在你的内心点亮了一支蜡烛。我已经想它了。

我前两次戒酒时，并没有去参加戒酒会，因为那似乎是一个门槛，走过就不能回头。我似乎早就知道自己会再喝酒，也不想听到会议上责骂我的声音。然而，这一次我想要越过一条界线，让回头变得更困难。那就像是针对另一个我而买一份保险。数日之后、数周之后、数月之后，那个我会如此想念喝酒，然后说："我想要再试试。"

我没在戒酒是因为我想要戒酒。那天早晨我醒来时，喝酒是我最想做的事，就像所有的早晨一样。然而，戒酒似乎是唯一的出路，可以让我在早上醒来时不再觉得喝酒是我最想做的事。每当我想象一场会议，我就会想到教堂地下室里一群灰白头发的男人谈论着他们的震颤性谵妄，以及他们在戒酒病房的经历，握着泡沫塑料杯子的手在颤抖；我想到电视上看到的——缓慢的鼓掌以及点头，认真的"嗯哼"。

但是，我不知道还能尝试什么别的方法。

我事先抄下了地址，按地址来到一个砂砾停车场。那不过是一栋护墙板搭成的房子，不是教堂。不过，里面的灯亮着。我坐在车里，10分钟都没熄火，热气在喷发，我用手背擦了擦满是鼻涕的鼻子，用拳头堵住双眼，试图让它们停止哭泣。我在搜寻一个可以让我把自己带回家的故事：或许明天我再来，或许我并不是非要来这里不可，或许我可以自己解决，或许我完全不需要来。

那次戒酒会——一旦我决计下车，步入冷风中，走过那亮着灯的门道——不过是一群陌生人聚集在一张巨大的木桌子旁，后面就是布满足印的厨房，旧油地毡在靠近屋子边界的地方微微上卷。人们对我笑着，仿佛很高兴见到我，几乎像是一直在期待我的到来。桌上放着一只巧克力蛋糕，上面的糖霜是柔和的落日颜色，一个名叫小虫的男人在庆祝戒酒的里程碑，那段日子长到不可想象。我安静地待在一个角落。我不确定自己除了名字还能说什么。不过，事实证明，那似乎也够了。

小虫谈及他如何在自己的公寓里一连待了40天——完全没出门，完全没去任何地方，就像耶稣一样待在艾奥瓦的一间廉租公寓里——并在家坐等大批的伏特加送货上门。我想，我从没到那个地步。然后又想，伏特加送货上门听起来挺不错的。当小虫描绘他如何走到那一步时——从6点新闻时固定的那一杯伏特加汤力开始，他的一整天都围绕着伏特加转——我想，对。当我拿到一枚白色的硬币，表示我处于头24小时的清醒状态时，我想起了玻利维亚那些挂着白旗的棚屋：那种令人眩晕的、知道他们卖什么的期待感。想象我的余生都将不再有那种慰藉让我感到恶心。

然而，在那个房间里，我感到了另一种慰藉，只那么一点点：听到自己大声说话的诡异的即时感。这些人对我一无所知，但是他们又比任何人都懂得我的某一部分——整天想着喝酒且天天如此的那一部分。当我在外面告诉自己，我并不是非要来这里不可，或许我可以自己解决，或许我完全不需要来的时候，某个进到里面的人或许在说，记得我曾试图告诉自己：或许我并不是非要来这里不可，或许我可以自己解决，或许我完全不需要来。

不论你在汽车里坐了多久，总有人在那幢木楼里等着。或许他会抖动着银色的胡须告诉你，"你的症结在于耐心，不过我们都一样"。或许他看起来像个农民，或许像个广告业务主管，着一身熨烫得极其挺括的西装；或许她看起来像个讨厌的姐妹会成员，就住在这个街区，或是一个疲倦的超市职员，手指有被咬过的痕迹；或许他名叫小虫，也可能他有一个你不会念的名字；或许他喜欢那个巧克力蛋糕，也可能他无法忍受它；或许他不过是又一个老前辈，你总是把他和其他老前辈混淆起来，除了有那么一刻，他张开嘴，说了什么，击中你的要害。

那第一个冬天，清醒是橘子和烟熏的味道。它是阳光照在雪上那刺眼的强光，如此强烈而危险，以及汽车空调出风口的温暖。它是失眠。它是戒酒会上的一个女人告诉我，她拿到了儿子的监护权，但是他们依然住在她的货车里，我站在那里，为她感到难过，并感激我们有这样一句像是通用货币的话，"日子总要一天一天过"。在你真的明白这句话之前，它似乎很傻。清醒是如此脆弱不安，而它也是我唯一没有长期尝试的事情，所以我正在尝试。它把整个世界缩减成一连串的、几个小时的时光，我不得不熬过去。它还原了我的本色。我的神经都打开了。广播里的广告让我哭泣。

清醒永远都会让我联想到一种光，那种我只在艾奥瓦冬日宽广的地平线上看到过的光：坚实，广大，让人无处藏身。它来自巨大的、冰冻的天空，那让人相形见绌的蓝，闪烁在卧室那么大的雪堆上。身在其中，我只感到一丝不挂——这种光明如此洁净、整齐，令人感到伤痛。

在最早的那几个月里，我对面包店周密的工作安排心怀感激。它的规律性给了我安慰。它并不是为了愉悦而设，有它存在就好。每天早上，无论我感觉如何，冰箱上都会贴有一张写着我名字的任务清单。大多数时候，我都如此魂不守舍，没有了酒就如此焦虑且哀伤，以至于仅仅是做某一件事——给一个或一百个橡果上糖霜——都能给我一个暂时的出口，戴着我的围裙站在那里，把生面团送上压面机的传输带，来来回回，越来越薄，做出各种陌生人或许会喜欢的形状。

休息的时候，我会打第二份工：在一家医院当模拟病人——假装有各种病痛，让医学院学生进行诊断。我羡慕那些扮演酒驾车祸受害者的演员，他们可以像洒香水一样往身上洒杜松子酒，我拿到的命题却是假的阑尾炎。

两份工作都放假的时候，我会试图写作但通常未果。因而，我长时间地在玉米地里开车，或是开过河对岸那丑陋的商业街——一种自我放逐。我曾经对自己喝醉时的戏剧性场面感到很厌烦，然而，如今的清醒却另有一番戏剧性：我成了一个殉道者。具体为了什么更宏大的目标，我不确定。我呼出的空气翻卷着，上了天——天冷得简直构成了一种羞辱。在那些日子里，我觉得一切都是冲我来的，哪怕是天气。

戴夫为我开始参加戒酒会而高兴。这已经是我第三次告诉他我要戒酒了，而他也目睹了我两度再次酗酒。他可以看到酗酒将我带到了可怕的境地，不过还是很难对他解释"无能为力"是一种什么感觉，那是戒酒会给我的一个词——很难把他带进那种不断的洗脑中。

我试图为清醒赋予能量。戒酒一周后，我为庆祝万圣节做了一只墓园蛋糕，上面有巧克力布丁、奥利奥饼干碎屑做的泥土、曲奇做的墓碑，还有软糖做的虫子在坟墓上啃食。然而，所有的一切都如此枯燥乏味，就像被干裂的双唇亲吻一样。当戴夫和我打扮成吸血鬼参加一场变装派对时，我改装了每年都穿的女童子军服，贴上了制造棺材和血液调酒术的勋章。然而，我一直都火冒三丈，从包里拿出了一罐野樱桃味的健怡百事可乐而不好意思暴露，一边看着房间另一头的戴夫正陷入与德斯蒂尼的对话中，或是就要陷入与德斯蒂尼的对话中。对我而言，她似乎永远潜伏在画面之外，她的身体承载着平常的畏惧——被遗弃或被失恋——这种畏惧跟她并没有关系。

我试图给对戴夫的强烈欲望加上具体的要求：在家一起度过夜晚、更多地发短信、商量计划、在派对上不能单独行动或消失在对方的视线中。在我提出来的时候，这些要求似乎显得微不足道，不过是次数和后勤工作而已。然而，既然我已经失去了让意识变得可能的那样东西，这些便是我唯一知道的、让他可以令我感觉不那么孤单的方式。（"需要你跟我一起待3天，每分钟都需要你，"乔治在戒毒时告诉南蒂，"不能离开我的视线，因为没有了你，我不够坚强。"）反正，我的要求离我真正想要的还相去甚远：戴夫永远爱我的保证，我们永远不会结束的承诺。

每周有3到4天，我会在中午参加一场戒酒会，会上都是摩托车手和家庭主妇，还有到了午休时间的商人，外加几个农民。参加戒酒会被称为"分享"或"获得资格"。"获得资格"这个动词本身就让我感到不安。我酗酒的情况够糟了吗？他们把发言称为"赢得你的一席之地"，但他们也说过，想要赢得你的一席之地，你只需要相信自己需要它。

戒酒会进行的方式各种各样。有些是一个发言人讲述她的故事，然后其他人据此分享各自的经历，还有些则是从那本"大书"中抽取一个酒鬼的故事，每个人轮流阅读其中的段落，或是由某人选择一个题目：耻辱，忘不了过去，愤怒，改变习惯。我开始意识到，为什么有脚本很重要，那是一系列你可以跟从的动议：首先，我们来祈祷；然后，我们来读这本书；然后我们来举手。那意味着你不必从零开始建立团体的仪式。你在一套行得通的范式的洞穴和山谷里生活。你不需要对别人说的话负责，因为你不过是一架机器的一部分，这台机器远大于你们任何一个人，存在得比你们任何人清醒的时间都要更久。

陈词滥调是那台机器的方言，它的古话："感觉不是事实。有时候，答案和问题毫无关系。"或许戒酒和自省毫无关系，而与留意其他所有一切有关。

走下楼梯到达教堂地下室的一路让我回忆起第一次在艾奥瓦那个地下室的聚会——我们围坐成一圈，在大家面前表演着各自的故事，我为博众人一笑，用哑剧表现自己"骑绅士"。这完全是另一种讲故事的场景，无关荣耀，只是为了继续参与。在大家围坐一圈进行分享的循环制会议上，如果坐在我旁边的那个人总做出相当有分量的分享，我就会感到焦虑——确切地说，倒并没有怨恨，而是意识到在一段强有力的话语后，我要试图东拼西凑地发言。

在大多数会议的最后，会有人站起来为清醒的里程碑发放扑克筹码：30 天，90 天，6 个月，9 个月。看到那些老头和老妇保持清醒长达 16 年（或 27 年、32 年），并明白他们曾经是那个仅仅保持清醒 60 天的人，那个谢过他的倡议人并尴尬地拥抱他的人——他们一个穿着法兰绒外套，一个穿着皮衣，双臂紧紧交叉，毫不含混——让人充满力量。

每个周日的傍晚，我会参加一场抽签会议——抽一个有数字的筹码。会议的机制就像是宾果游戏：你的数字或许会被叫到，然后你就得到讲台上分享你的故事，但你也可能不会被叫到。那对我来说有难度，因为我喜欢掌握自己说话的时机，但那对我来说也有好处，因为我喜欢掌握自己说话的时机。我总是担心自己没什么有意义的话可说，但是通常都会有一些内容自己蹦出来："我每天都在担心，没有什么能比得上喝酒的感觉。"有一次，我这么说。我这么说了不止一次。而每次我听到别人说"我为今晚的发言感到焦虑，或许我没什么有意义的话可说"，我就想，谢谢你把这话说出来。

匿名戒酒会的创始人是比尔·威尔逊，他的人生已经成了一个神话——从股票经纪人变成在浴缸里喝杜松子酒的人，最后又变成戒酒者的救世主。然而，他并不相信自己的神话。虽然他明白一个沉甸甸的起源故事有助于奠定一场复原运动的基础，但是对于自己的人生成为一段发光锃亮的传奇而其中的勇毅和困难都被省略，他感到很不自在。他从来都不想看到自己的故事变得比他人的故事更重要，不过事实依然如此：他的戒酒是最初的传奇。

《匿名戒酒会》——那本出版于1939年的"大书"——的第一章写的就是他。故事讲述了他如何沦为长期酗酒者：他最初是一名股票经纪人，得益于20世纪20年代的牛市而一路喝酒，又在1929年的"黑色星期二"后突然失业，并开始整日酗酒。他的故事交代了多次失败的戒酒经历：意志力无法让他停下，爱无法让他停下，药无法让他停下。当他进了一家医院并最终被告知他的身体情况时，他确定"这就是答案——自知"。但它并不是。反正，他还是照样喝。

最终拯救威尔逊的是一个名叫埃比的老朋友的到来。他对于自己酗酒情况的坦白以及他新觅得的精神性，让威尔逊看到了信仰的可能。刚开始，威尔逊并不心悦诚服。"由他豪言壮语吧！"他想，"我的杜松子酒比他的说教耐得更久。"然而，在他们的谈话过程中，某些东西改变了。最终，威尔逊去了医院，以便"最后一次与酒精告别"。就像他在"大书"里写的那样："我从此没再沾过酒。"

这个向现在完成时进行的切换——"我从此没再"——让他的读者明白这一次和他过往的戒酒不同。过往的每一次都注定成为过去时，那无尽的轮回："我还以为我可以控制局面……曾经有几次保持了一段时间的清醒……之后很快又宿醉着回家……我曾经写下过许多甜美的承诺……很快我就捶着吧台自问这是怎么发生的……我告诉自己下次会处理得好一些……"

在他戒酒的那家医院，威尔逊和神有过一次荡气回肠的接触："我感到被提起来，仿佛山顶上那巨大的清净的风一直在吹啊吹。"然而，那本"大书"并未将威尔逊的升华片段——他幻想被山上的风吹起的那个片段——描绘成他清醒的转折点，而是将他与埃比在厨房里四目相对时的一段对话作为转折点。那就是故事的寓意：这种亲密的交谈才让山上的风成为一种可能。

匿名戒酒会本身的开端并不在威尔逊成功戒酒时，而是在他帮助另一个人——来自阿克伦的鲍勃医生（此人之后也成了名）戒酒后。那是威尔逊多次拯救陌生人的开端。

戒酒后不久，我遇到了一个我想要拯救的人。有一晚，戴夫和我邀请了好几个人来我们家。我一直试图做个好东道主，从上班的面包房带回来一个个装满了直冒果酱的英式松饼和焦糖肉桂面包的粉色盒子——早餐时分，它们都还是又软又黏的，现在却变硬了，放在纸盒里，成了自己不再新鲜的版本。

当我端着装好盘的酥皮点心从厨房里出来时，我在客厅里看到一个穿着金色莱卡紧身连体衣的女孩正与人交谈。所有人都以为在场的某人认识她，但谁都不认识她。我们都开始认识她，或者说至少我们开始明白，她本想去参加某个朋友要参加的一场派对，她醉得很厉害，她不过是在漫游的过程中跨进了我们没有上锁的前门，上了楼。她听到了人声，以为这就是她要去的那场派对。她的莱卡紧身连体衣实在令人咋舌。

"我们在玩一个棋牌游戏。"某人向她解释道。但她对我们的棋牌游戏毫无兴趣，她感兴趣的是她朋友的派对。她一脸油光，眼睛像弹珠一样滚动着。我主动提议开车送她回家，心里已经在想象结局：我们会在车里进行一次谈话——关于喝酒，是什么令她迷失其中，又是什么令我迷失其中。或许我会带她去参加周日晚上的戒酒会，或许我只会在那里讲述她的故事。那将是我第一次帮别人戒酒的英雄行为。我到卧室去拿钥匙。

然而，当我回来时，她已经走了。她就这样漫游去了别的地方，其他人说。就像她漫游来这里一样。我还是上了车，在黑暗的街道上慢慢行驶，在阴影中寻找那套蹒跚的发着光的金色连体衣。然而，我没找到她。

每次会议都是一场大合唱。你认识了那些常来的人。一个名叫米奇的男人回想起自己某一天早上醒来时——在一夜狂饮之后、在别人的车里、在田地里——看到一头母牛从打开的车窗里伸进它的鼻子。一个名叫格洛丽亚的女人描绘自己如何在女儿还小的时候长时间"午休",一个人在卧室里喝酒,每当女儿敲门,她都会昏沉而恼怒地应门。一个名叫卡尔的男人回忆起用膳魔师保温瓶一瓶接一瓶地喝咖啡,直到自己心烦意乱,忘却一切——当时他只是个小学生。一个名叫基思的男人穿着涤纶运动服,通常很安静,却突然在某一天说了这么一句:"当我喝酒时,希望在我心中消逝。"一个名叫菲利克斯的老男人是个海洛因上瘾者,戴着红色的无边帽,说他自己热爱饥饿。而他的身体告诉他,它想要活下去。

一个名叫达娜的女人削去了一半的头发,另一半挑染成紫色。在戒掉海洛因的最初几个月里,她很少露出笑容。有时候,她瞪着我的样子让我确信她觉得我令人厌倦且很啰唆。然而有一天我跟大家做分享时,她大笑了起来。我说到自己在关闭引擎前,会先将汽车广播调到全国公共广播电台,以便戴夫在下次发动汽车时以为我一直在听全国公共广播电台,因为我似乎应该收听全国公共广播电台,而不是我实际在播放的那些荒谬的流行音乐。那不过是个微小的细节,却不尽然:那是在撒谎,给世界看我们想要它看到的东西。

"那是我,"达娜说,"那完全就是我。"

让她搭我的车去参加会议时,我们从来不听全国公共广播电台。戒毒几个月后,她真的开始容光焕发:你可以在她的眼睛里和身体上看到,还有她如何紧紧地抱着其他女人时看到。一天早上,在一场巨大的暴风雪中,我去接她。我的车在雪中不好开,我开足了暖气并紧紧握着方向盘。我们一路都摇摆着行驶,不过最终还是赶上了会议。就这样,我们两有了一段只属于我们的时间。我们有了一个故事:那天,我们在大雪中驱车;那天,我们并不确定能赶上,但最终赶上了。

比尔·威尔逊在不同的地方、面对不同的人讲述自己戒酒的故事时，会给出不同的版本。那本"大书"上的版本将他与埃比在厨房餐桌边的对话描绘成毋庸置疑的神灵显现——"我对于奇迹的看法就在那一刻被颠覆。"然而，他在自传中则坦陈，在埃比那次到访后，他还有过几次狂饮。他说，是在那次感受到山上的大风后，他才彻底戒掉了酒。

这两个版本之间的区别并不在于虚荣心或真实性，而更多地在于务实。就那本"大书"而言，威尔逊希望强调匿名戒酒会的重要性，即给予会员相互认同以及同伴关系，而不是说清醒一定要靠那种强烈的精神感受，毕竟有些人或许永远都无法获得那种感受。他之所以修改自己的故事并非出于私利，而是出于一种几乎完全相反的意图——他将自己的人生理解为一个公共工具，而非私人物品。

威尔逊的故事是一个复杂的工具，因为它也带来了压力。如果某个读者在与一位成功戒酒的朋友首次进行交谈后并没有戒掉酒，那怎么办？或许那个读者又复发了六次，醉着打电话给那个戒了酒的朋友，并说："对不起，我无法像那本'大书'里的那个人一样保持清醒。"

正因如此，威尔逊想要用一本书来表现一次会议的结构——不仅包含他自己的故事，还有别人的故事。他赋予这本"大书"一个恰如其分的副标题："多少千万个男人和女人从酒精沉迷中走出来的故事"。贯串整本书的这一个主题涵盖了众多发生在不同人身上的小故事。威尔逊不想让自己的故事成为束缚他人的典型，或是叙述规范：你必须这样戒酒。他希望容纳每个没有遇到山顶大风或被一次对话解救的人。他想"将这场运动的基础定为自下而上"，因为他觉得"在没有太多自上而下的批准的情况下"，它才更可行。

威尔逊并不想成为一个圣人，然而在一场他意在拒绝成为任何"一号"而打造的运动中，他发现自己成了"一号人物"。在1958年的一次匿名戒酒会上，他告诉大家："我像你们一样……我也容易犯错。"他给一个名叫芭芭拉的匿名戒酒会成员写了一封信，说有人把他放到了任何人都无法企及的位置。那也是他讨厌写自传的原因之一：害怕它会把他的地位抬得更高。"当然，我一直都对出版任何自传性质的文字非常反感。"他在一部自传的前言中如此写道。这部最终在他死后出版的自传名为《比尔·威尔逊：我的前40年》，实质上是他与一个同样成功戒酒的名叫艾德·比尔史塔德的朋友在1954年进行的一连串被抄录下来的对话。这本书用同伴间的对话体取代了一般回忆录的独角戏。

这本书将自身定位为一支预防针——试图杜绝接下来或许会出现的圣徒传——且在这些对话中，威尔逊一直在考虑他自己的自尊心问题。他担心各种关于他故事的描述有将其夸大的风险，他或许对自己过去的罪孽或新得到的救赎太过洋洋得意。"艾德和我对华尔街时光的最后记录报以一笑，"他曾经承认，"很显然，我被打回了原形。那整个调子都像是我在酒吧里拍着桌子，谈论大买卖，在金融界无所不能，叱咤风云。"

那是一种叙述上的复发。有那么一刻，威尔逊的声音丧失了清醒，又有了醉后的自我夸大——夸耀他在金融领域的冒险行为。有那么一刻，自我暴露沦为其阴暗的第二自我：自我宣传。这是对话类叙述的固有问题。如果你从讲述过去挥霍的故事中获得的乐趣出卖了你，流露出想要回到往昔之情，那会怎样？然而，威尔逊承认了这一点——那种失足，不知不觉的自傲。也正因为他承认过去那个喝醉的自我在一瞬间劫持了整个故事，他相信自己可以改过自新。

杰克·亚历山大于1941年为《周六晚报》撰写的一篇文章是主流媒体对匿名戒酒会最早的特别报道之一。该文对匿名戒酒会成员戏剧化地讲述个人故事的习惯持怀疑态度。他们"表现得像一群被某个百老汇选角中介派来的演员"，亚历山大写道。然而，他还是心甘情愿地复述了他们故事的大纲：

他们讲述的故事包括把 8 盎司的杜松子酒瓶藏在画的背后，还有从酒窖到阁楼的各种隐藏之处；在电影院里整日整日地泡着，为的是抵挡喝酒的诱惑；白天偷偷溜出办公室喝快酒。他们谈到失去工作、从妻子的钱包里偷钱、习惯性地在街坊小酒馆开门前的 10 分钟就在外头驻扎下来。他们描绘了一只颤抖的手，颤抖到无法一滴不洒地把一小杯白兰地端到嘴边；用啤酒杯喝烈酒，因为这样双手才能拿稳，虽然也冒着磕碎一颗门牙的风险；将毛巾的一头绑在玻璃杯上，然后把毛巾绕过脖子，用另一只手拉毛巾的另一头，**用滑轮的方式将玻璃杯拉向嘴巴**；手抖得如此厉害，仿佛它们要猛然断裂，飞出去；连续几小时坐在手上，防止它们飞出去。

亚历山大开始意识到，至少在文章中说他意识到，这些戒了酒的人在讲述他们各自的故事时，并不是在表演——饰演软弱无用的业余艺术爱好者或伪善的利他主义者。他们将各自的故事当作解药拿出来，给别人，也给自己。当然，也不是非此即彼。有些人会同时试图蛊惑人心并拯救他们，同时向往虚荣和实效。亚历山大坚称，匿名戒酒会成员就像是糖尿病人，而"拯救醉汉"就是他们的胰岛素。他并没有把他们描绘成无私的圣人，而是把发挥作用作为一种自我保护的人。他们并不只是在鸡尾酒会上把自己的故事当作逸闻（"看我都经历了什么！"）或战伤奖章（"看我都承受了什么！"）来讲述，而是为了触及那些需要他们的人。

以莎拉·马丁为例，她在醉后从窗口跳了（或跌落了）下去，脸先着地摔在了人行道上，并经受了 6 个月的牙齿矫正及整形手术。亚历山大观察到，如今"在许多夜晚，她都忙于看顾那些歇斯底里的女酗酒者，防止她们从窗口跳下去"。莎拉之所以谈及自己从窗口跳下去的事，并不是因为这会突显她的出众，而是恰恰相反。

亚历山大的文章是在比尔·威尔逊的帮助下完成的，而且这篇文章的发表得到了他的支持和感谢。威尔逊写信给亚历山大说："你将成为匿名戒酒会成员每天多次干杯的理由——当然，干的是可口可乐！"在文章刊登后的 12 天里，有将近 1 000 名酗酒者向匿名戒酒会寻求帮助。截至 1941 年年底，该会成员已超过 8 000 人。1950 年为 10 万人。2015 年则为 200 万人。

复原的概念究竟意味着什么？它可以意味着治愈、修复、调动、改造或康复。法国哲学家凯瑟琳·马拉布提出了三种不同的复原情形，分别对应三种动物：凤凰、蜘蛛和蝾螈。凤凰代表这样一种复原：所有的伤痛都被彻底忘却——"抹灭瑕疵、印记、损伤"——就像凤凰毫发未损地从灰烬中升起，完美无缺，全然像从前那样。仿佛是皮肤完全愈合，毫无伤疤，似乎是超自然的、与匿名戒酒会相反的——在匿名戒酒会，伤痛不会被忘却，而是起到了根本性作用，对于伤痛的叙述就是将每一个莎拉·马丁以及随她而来的那群新会员紧紧维系在一起的黏附剂。

匿名戒酒会介于马拉布所形容的另外两种动物之间：蜘蛛型的复原就像是对伤疤的无尽积累，一切都编织成网，仿佛一段满是污点、缺口和划痕的文字，完全不可能"换一层完美无瑕的皮"；而马拉布的第三种复原吉祥物蝾螈则会长出新的臂膀，没有伤疤，但与之前的不同。这条新的臂膀不是蜘蛛那无尽的满是伤痕的网，也不是凤凰那种复活，因为蝾螈的新臂膀大小、形状和重量都与之前不同。"没有伤疤，但还是有区别，"马拉布写道，"这种区别既不是更高级的生命形式，也不是骇人的豁口。"

匿名戒酒会提出的"再生"理念是一个清醒的自我，它既不是过去的自我在切除酗酒这个肿瘤后的副本，也不是满是老茧和伤疤的那个过去的自我，而是一个新的组织。这种转变既不神圣，也不令人悲痛。它只是一种生存策略。匿名戒酒会从放弃到承认的十二步骤已出了名：第一步，承认我们的生活已不可收拾；第三步，向"上帝"屈服；第五步，坦陈自己所憎事物以及性格缺陷；第九步，向曾经受到我们伤害的人认错；第十二步，帮助别人："因为实行这些步骤会令我们在精神上实现一种觉醒。我们设法将此传递给别的酒徒。"就这样，在这种不断的循环往复中，这些步骤永远都不会终止。

我第一次听到"见证权威"这个词组时，就像是听到有人说"一氧化二氢"，然后想：当然。水。约翰·霍普金斯大学的精神病学家梅格·奇瑟姆医生告诉我，她会将匿名戒酒会推荐给病人，主要是基于其社会基础结构以及见证权威，也就是说其他匿名戒酒会的成员通过分享他们各自的经历，提供了与她本人不同的、活生生的权威。我想，原来这就是它的名称。我已经亲身体验了它数年：小虫在我第一次参加匿名戒酒会的那一晚就说中了我的心思，达娜说"那是我"，仿佛她的人生一直以来都浪费在听错的广播电台上。卡普林医生告诉我，病人们经常会告诉他："医生，你也得服用海洛因才行。如果不是亲身经历，你是不会了解我的感受的。"他在巴尔的摩帮助的那些毒品上瘾者有着与他全然不同的生活，而得到他人的认同是这些病人复原过程的一部分。

卡普林医生和奇瑟姆医生都告诉我，十二步骤复原法可以成为有效纠正行为的治疗方法的一种传送机制——比如正向强化以及同伴支持——但不是唯一的传送机制。它传授了应对策略，促成了团体，并以扑克筹码和生日蛋糕来奖励节制，一屋子的人为你戒酒的第 90 天、第 1 年、第 30 年鼓掌。"会议对那些需要听到自己忏悔的人特别有用。"卡普林医生说。

当我听到诸如"意外管理"和"团体强化"的临床用语时，我仿佛感受到了复原那迂回的、闪烁不定的能量，那种感觉似曾相识，有点像是听到可卡因带来翻江倒海的快感是因为多巴胺传输受阻而引起的。没有歪曲或贬低，而只是翻译和说明，就像在一张非同寻常的地图上绘制出一艘船的航线。

奇瑟姆医生告诉我，为了鼓励某些病人寻求匿名戒酒会的帮助，她有时会同时给予警告，而这并不令我讶异。"你真的很聪明，"她告诉他们，"这可能对你不利。""我比匿名戒酒会高明"的想法在某种程度上立刻引起了我的共鸣，那部分的我有时觉得这种显而易见的道理太过简化了，或者说其表述太简单了。然而，我也意识到"我比匿名戒酒会高明"的想法本身也可能成为自我的危险诱惑：把你自己的故事视作众人中的例外，警句并不适用——自我的意识太复杂了，与任何人都没有共通之处。我甚至意识到，我拒绝自我表现从某种程度上说也是对于自我的一种修正：我为自己并没有觉得比匿名戒酒会高明而感到骄傲，仿佛我应该因为拒绝那份自负而得到一颗金星。

在他戒酒的最初日子里，查尔斯·杰克逊认为匿名戒酒会毫不可取，把它称为一个为"头脑简单者"和"弱者"而设的群体，基于一堆"杜撰的胡说八道"。一个当地书商（"一个令人厌恶至极的人"）硬要向他推荐匿名戒酒会时，他发怒了。"你这狗娘养的！"杰克逊想。"如果到了现在，我保持清醒8年之后，你还看不出我清楚自己在干吗，那你真是一无所知。"既然杰克逊在极度怀疑匿名戒酒会的情况下写就了《失去的周末》，那么这本书对基于同伴互助的那种复原并没有予以乐观的描绘，也就不出奇了。1943年，这本书出版前一年，在给出版商的一封信中，杰克逊描写了这部小说与某个"解决方法"的可能性之间的关系：这么说吧，它"被拿出来，然后又收回去，没派上用场"。

从复原的角度来说，杰克逊的反英雄——唐·伯南——的问题并不只是无法停止喝酒那么简单，而是他总在讲述错误类型的故事。他感兴趣的是趣闻逸事的幽默，而非痛苦的自我暴露。举个例子，在他想要典当自己的打字机而未遂后，随着他步履蹒跚地在第三大道上走过一百个街区，唐的第一个冲动便是把这段经历变成一段趣闻，从而拯救它。他想象着听众只会想要大笑一场；他们不会"想要从中了解什么，或听出笑话背后那真实的、令人不舒服的、残忍的和令人痛苦的细节"。如果复原的基础是响应号召，分享个人经历中"残忍的和令人痛苦的细节"，那么喝醉的唐便是在将自己表现成一个讲述反匿名戒酒会故事的人：这些故事更注重逸闻趣事带来的娱乐性，而非暴露真实的困境。

这部小说出版 15 年后，在克利夫兰的一场匿名戒酒会上，杰克逊站起来，试图讲述一个不同的故事。他说已经厌倦了当自己的英雄的生活，并告诉一屋子陌生人，他那"最佳自画像"没有给他带来任何好处。由此，杰克逊当然是一边质疑讲故事这一行为，一边讲着故事。然而，在基于同伴互助的复原过程中讲故事，与他在畅销小说中讲故事的模式并不相同。它应该更少地出于私利，更多地出于帮助他人的动机。"我没法自我抽离，"他告诉那群人，"我觉得正是这一点如此折磨酗酒者……我太自私了，太自恋了，因此我喝上了酒。"

从早年对匿名戒酒会的不屑一顾，到 1959 年对着会议成员作出这番发言，杰克逊已有了很大的转变。"我跟你说吧，小伙子，"他写信给一个朋友说，"匿名戒酒会的意义远远、远远超过戒酒；它关乎幸福和一种全新的生活方式。"杰克逊从 45 岁左右开始参加这些会议——身份并不是会员，而是演讲者，还颇不情愿，因为是在出版商的命令下，目的是宣传《失去的周末》。然而，在哈特福德的一场会议上，为了努力说服 600 名观众，他情不自禁地承认匿名戒酒会的同伴关系或许正是唐·伯南需要的。

直到 1953 年，杰克逊陷入低谷——其人生的多个低谷之一——时才终于想要入会。"这些人了解我，"他说，"这些人经历过我所经历的，拥有一些我所没有的东西，而且我想要这些东西。"当时，他在索尔诊所短暂接受治疗。这是位于费城的一家戒酒诊所，负责这家诊所的医生数年前就曾经写了一封私人信件给杰克逊，请求他写一部续集来描述唐的复原。"我只是念及你的责任和你能给别人带来的巨大帮助，"索尔医生这样写道，"因为每一个酗酒者、他的朋友以及他的家人都在等待着《失去的周末》的续集。"然而，等到杰克逊在 9 年之后来到索尔诊所时，这种讽刺如此显而易见：杰克逊正为了戒酒而寻求医生的帮助，而这个医生曾经想让他通过写下自己如何戒酒的故事，帮助其他人戒酒。

刚开始，杰克逊担心他无法在匿名戒酒会找到"智力相仿"的人。然而，他越投入地参加会议就越发觉得智力相仿并不是最重要的。当他致电佛蒙特州蒙彼利埃的一个分会，想了解更多信息时，他们问他是否想以演讲者的身份加入他们，他说宁可就来参加会议并旁听。通过他的倡议人，他越来越喜欢 G. K. 切斯特顿①的一句话："倘若你能在生活中变得渺小，那么你的生活将会变得如何宽广啊。你会发现自己处在一片更自由的天空下，在一条满是美好陌生人的街道上。"杰克逊找到了一群美好的——或足够美好的——陌生人，他们坐在新英格兰各地教堂地下室的折叠椅上，交换着彼此的故事，以另外一种自由替代醉酒的放纵。

在一个寒冬的傍晚，我来到了位于艾奥瓦某个住宅区的一栋大房子里，参加戒酒女士之夜。房子的主人是一个叫内尔的女人。它完美无瑕——客厅里有一套棕色皮沙发，以及一块白色的绒布地毯；它很诡异——一切如此洁净光亮，闪着光的合金平底锅挂成一排又一排。它看起来很孤寂。从她在会上的分享中，我得知内尔的丈夫难以承受她的复发。

那是我们的游戏之夜。有人带来了胡言乱语游戏，有人带来了苹果派对游戏——一个人被发到一张写有形容词（"昂贵""有用""富有"）的牌，其他人都要从她手上抽一张写有名词（"瑞士""圆顶小屋""银行抢劫犯"）的牌。一个名叫洛丽的女人做了一些香蕉麦芬，放在篮子里，用布包着，还散发着热气。一个名叫金洁的女人带

---

① 吉尔伯特·基思·切斯特顿（G. K. Chesterton，1874—1936），英国作家、文学评论家，被誉为"悖论王子"。

来了火鸡派，瓦尔则带来了一样叫"鸡肉惊喜"的东西，里面有五种米黄色的东西：这样的奶油、那样的奶油、牛奶、磨碎的芝士以及奶黄酱。

我还记得醉到冒出的汗里都是朗姆酒，汗水湿了床单；在黎明破晓亲吻一个男人，可卡因在血脉里噼啪作响；在一片满是萤火虫的草坪上，我渐渐昏沉。那是活着，我曾如此确信。是夜却是几种不同的砂锅菜。

我带来了面包房的曲奇——无论到哪里，我都会带上面包房的曲奇——装在一只粉色的盒子里，盒子上布满了微小的、群岛般的油渍。内尔兴奋地拿走了那些曲奇，我感觉自己像个孩子，为她的欢愉开心，为把食物从我的手上传到她的手上带来的那种原始快感开心。有用真美好，即使用处很小。

内尔的丈夫是个律师，工作时间长，且一直想要个孩子，不过内尔的酗酒让他们难以想象有孩子的情形。就在内尔带我参观他们的房子时，她把她曾经藏酒瓶的地方指给我看：厨房水槽下，清洁用品后面的一个纸袋；车库里的一个旧野营包，她会用毯子把酒瓶卷起来放进包里。我想起自己聆听戴夫的钥匙插进门洞的声音，喝最后一点杜松子酒，使劲地刷牙，直到我的牙床出血。

那一夜，我们玩了哑谜猜字游戏。我们玩得很认真。我们玩了苹果派对游戏。我们抽到了"可靠"，有人出了"加拿大人"，然后有人以"威士忌"赢了，那是一张手写的、被额外加上的万能牌。我们抽到了"绝望"，而我想要出"棋牌游戏"。我们倒 1 升装的大瓶健怡可乐喝。穿着淡雅色彩毛衣的中年妇女谈论着向身体的某些部位注射海洛因，而我全然不知道还能在这些部位注射海洛因。我们谈起了如何在没有从前的那些慰藉的情况下度过一天，而这本身就予人以慰藉——听到另一个人说，对她而言，只是简单地活在这个世界上该死的有多难，在没有任何东西可以让它的棱角变得不那么尖锐的情况下。我在内尔家待得越久，就越觉得她令人惊叹：她每天都在这个家里醒来，这里满是她从前隐藏的酒瓶的鬼魂；面对对她失望的丈夫；试图再次拥有她人生中的一切，并试着去做"下一件正确的事"——就像会议上大家都在说的那样。

在开车回家的路上，我想象着自己和所有这些女人一起，在某地的一家酒吧里喝醉，彻底放开，做着那件把我们维系在一起却一直没在一起做的事。我想要看看这些女人在喝醉后一度变成什么样的人。这样一个不可企及的夜晚，它的喧嚣和狂欢仿佛是从另外一个房间传来的噪音，一扇门背后被遮蔽的某种模糊的东西。

我意识到，那些残存在内尔心中的东西让她想要准确地指出自己藏酒瓶的地方：下面那里、上面那里、塞在那里。我想象着她回到自己那位于黑暗的住宅区里的、空空如也的房子——扫着油酥点心的碎末，擦拭着已经很干净的桌面，与那意欲吞噬人的静寂抗争。一方面，我为她无法就这样从那只野营背包里拿一瓶伏特加来喝并就此沉浸在那甜美洁净的昏迷之中而感到抱歉，而另一方面，我又相信这种重建，它每日都在累积。

"不要在奇迹发生前离去。"另一个女人告诉我。而我想，"当然，好吧"，但也想知道：什么时候？我想知道奇迹到底会在哪一天——年、月、日——降临在我和内尔身上，那样我就可以告诉她，只要坚持到那时候就行了。

至少还有它：当戴夫和我坐下来吃玉米西红柿沙拉时，我已经不再隐藏内心那野兽般的需求，不再憋着不说"让我们再喝一轮吧，我们能不能再倒一杯？"如今我们喝起了加青柠的气泡水。戴夫给了我一个古董级的塞尔兹矿泉水 ① 碳酸化器作为戒酒的礼物，那是一个美丽的、用玻璃和电线做成的奇妙装置，它可以把各种糖浆变成苏打水：覆盆子味的、姜味的、香草味的。他送的这个礼物、他将戒酒

---

① 塞尔兹矿泉水，一种气泡矿泉水。

之后无限饥渴的画面变得光明的方式让我爱死他了。我们只需要换个芯，就能将水碳酸化。

我们正试图重现最初相恋的奇迹。在一个晴朗而寒冷的冬日，我们驱车寻找一个名叫马哈里希韦德克城的地方，那是由一位瑜伽宗师在某块玉米地里成立的村落。在那里，所有的楼房都朝东，屋梁上都有金色的尖顶。该城甚至有特定的货币：让姆。城里那些超绝静坐会堂被称为飞跃瑜伽室。我在网上看过飞跃瑜伽的录像：人们双腿交叉着从一张瑜伽垫弹跳到另一张瑜伽垫。那画面让人觉得有点尴尬，但相当快乐，而且我愿意相信，他们忙乱的举动是超绝的表现，而非证明超绝的不存在。

戴夫和我开车经过一片片白雪覆盖的玉米地，睁大双眼寻找着金色的尖顶。我们找到的只是一条荒无人烟的泥路，四下是一片片未被扫去的雪，以及一幢颜色像是酸奶油的小楼，里面的餐馆提供严格素食主义的早餐：小扁豆和咖喱味的花椰菜。不过，戴夫在路上吃了好多肉干，因此当时并不饿。然而，他还是吃了，因为我们在共同行动。他指向一只红色的小狐狸，它正优雅地踱着步，走过表面开始发硬的雪，所到之处留下一串娇美的脚印。我们没有让姆，却发现可以用信用卡付账。

早午餐后，带着一肚子小扁豆，我们开始寻找飞跃瑜伽室，一路差点撞上好几个雪堆。我们如此努力想要拥有美好的一天。当我们找到飞跃瑜伽室时，却发现里面空空如也。我们站在门口往里面张望，这里原本应该满是双膝像鸟的羽翼般拍打着的冥想者，如今却如此安静，那种静止让人感到如此孤单，让我想去触碰我身边的那个人——那个发现狐狸的人，我的副驾驶员——因此我真的那么做了，我触碰了他，然后我们就走了。

爱戴夫就是这样：它是当我们在厨房里亲吻时，他的牛仔裤摩擦着我的连裤袜，我的双手还留有洗碗时沾上的皂液，龙卷风警报在窗外呼啸；它是在我们的橙色躺椅上吃着鸡蛋喝着咖啡，窗外积雪成堆——在汽车上堆出一个个圆顶，在公园里堆出一座座小山——我们则躲在家里心怀感激地颤抖着，如此一间客厅，如此暖意；它是我们将世界带给彼此的方式，他给我讲述黄连雀在迁徙过程中在我们家附近着陆的方式，这些鸟儿的胸部是黄色的，仿佛鸡蛋黄和牛奶搅拌在一起的颜色，它们小小的一簇簇冠毛看起来像箭头。

爱戴夫意味着去盖伯之家——那是市中心的一家夜总会，闻起来像走气的啤酒和其他人的汗水——看一个女人将尤克里里和鼓环参差叠加，听她充满软骨和渴望的女低音，并在她以脚踏板捕捉副歌部分再以不同的方式弹奏出来时，感受我身边的戴夫的激动，他为这种纯粹的**创作**行为而激动。它意味着在一家图书馆听到一个少女跟朋友对话——"当我和布莱恩约会时，他总是堵住我，就像是说，我那么喜欢你，我都无法用言语形容"——并且知道自己已经找到了一个文采斐然的男友，但我依然感觉被堵住似的。爱他意味着被扔到我们的床上并且被挠痒痒——那是我们之间激烈的玩耍——然后躺在床上好几个小时，在下一晚等着他回家，从枕头上捡起他深色的鬓发，提醒自己他睡在这里。这是我们的床。它闻起来有他脖子弯特有的味道。

戴夫教了我一句格特鲁德·斯泰因[1]的名言——"如果有容乃大，尘土也是洁净的"——而我希望这代表着，在我们所有累积的摩擦背后，在我们那样互相冲撞后，还能回过头来说："你就是我想要的。"当我看着他睡着的样子，脸上甩过一只手臂，内心爱的感觉令我如此痛苦，我不得不把床单揪起来，握在拳头里。

为了帮助学生们练习卸下控制，戴夫让他们合作写诗。他曾经在描述这项作业时写道："当你做成这件事时，你会感受到自己和别人

---

[1] 格特鲁德·斯泰因（Gertrude Stein, 1874—1946），美国小说家、诗人，代表作《艾丽斯自传》。

之间的界限忽隐忽现，每个人都是某个更大存在体的一部分。"他给我看了一首他写的、有关一群鸟从街对面的公园飞起的诗："仿佛触碰同样的生命令它们拥有同样的梦。"虽然我看得出我们的关系是二元的——戴夫想要自由，而我想要确定下来——但事实上，我们都在问如此多相同的问题：让你的棱角消解、让你吃惊、让你触碰一些比你自己更大的梦或生命，到底意味着什么？

查尔斯·杰克逊的妻子罗达比杰克逊自己更有理由庆祝他的复原。她满怀感激地描绘了他在匿名戒酒会找到的同伴情谊："一切如此简单而自然，没有装腔作势那一类的东西。所有人都喜欢查理，但是大家都是平等的，他也为此高兴……对于无法跟别的会员在其他方面有任何交集——他们并不机智、风趣或有任何可取之处，他毫无怨言。"罗达承认，她丈夫在复原过程中结交的同伴并不如他文学上的朋友光芒四射，但是她依然赞美他从中得到的：平等、自然、自在。

杰克逊担心人们或许会觉得复原之后的他变得乏味了。他担心自己复原后会变得平淡无奇，成为鸡尾酒会上糟糕的同伴，以他后来所谓的"植物般的健康"取代他令人震惊的魅力。在他给朋友的一段私语中，他写到自己变得如何热爱匿名戒酒会，还加了一句充满忧虑的附言："请不要为此局促不安。"

然而，杰克逊也很喜欢被匿名戒酒会全盘接受的感觉。一个朋友观察到，跟他一起参加会议像"跟玛格丽特·桑格 ① 去一个节育诊所看医生"。就像布莱克·贝利观察到的那样，杰克逊参与匿名戒酒会最多的阶段——20 世纪 50 年代后期——之中，有一段时间也是他艺术创作上的干涸期。当杰克逊在创作上受阻时，他在匿名戒酒会的教堂地下室得到了肯定。杰克逊喜欢在聚会迟到时告诉朋友们，他一

---

① 玛格丽特·桑格（Margaret Sanger, 1879—1966），美国节育运动发起人。

直在一场匿名戒酒会的会议上发言，而"那些成员们就是不让他走"。他喜欢同时成为专家和"优等生"的感觉，那是他"新上的瘾"。他喜欢跟匿名戒酒会的朋友们一起出去吃冰激凌。

然而，喜欢得到这种赞赏并不妨碍他出于其他原因——罗达描绘的那种惺惺相惜和平起平坐——想要复原。人本身就是欲望的多个矢量，有一千个理由令他们为某些行为和团体吸引。毫无疑问，杰克逊意识到了自己对于获得肯定的渴望，以及这一点如何成为他匿名戒酒会生活的一部分，即使这与匿名戒酒会保持谦恭的价值观背道而驰。然而，当他在会上发言时，他承认了这些不可告人的动机，而不是试图予以否认。是的，他想成为匿名戒酒会的明星，但他也想通过匿名戒酒会找到一种自我抽离的方式。两种渴望都是真实的：匿名戒酒会让他的自我膨胀，但也让他从自我那架专横的引擎中脱离出来。

诚然，《失去的周末》的成功是杰克逊为何如此受欢迎的原因之一。即使那部小说并不是对复原的赞颂或认可，它依然对上瘾这种病做出了充满真知灼见的描绘。就像比尔·威尔逊在1961年写给杰克逊的信中说的那样：

我亲爱的查理，

谢谢你如此周到，寄给我新版的《失去的周末》。能拿到一本你的签名版就等于有了一份真正的纪念品——纪念你后来那些在匿名戒酒会亲身示范的日子。

请相信我对你不变的热爱和友谊。

永远忠实的
比尔

威尔逊的信温和地点到了杰克逊并非一直都热爱匿名戒酒会。然而，五十出头的他深入参与其中后，便开始公开表达他的热情。1953年12月，杰克逊在索尔诊所住了仅5个月后，便受《生活》杂志之邀写作一篇关于匿名戒酒会的文章。这篇文章分两部分，第一部分为他灾难性地酗酒的故事，写起来很简单；第二部分被称为"可能的答案"，事实证明写起来更难。杰克逊试图解释匿名戒酒会的哲学和实践，但他的编辑觉得文稿令人失望，想让杰克逊更"戏剧化"些，而这正是日后杰克逊斥责自己在最早参与匿名戒酒会时发表的那些夸大之词。对于《生活》杂志来说，一个烂醉的失败者的故事比其复原的故事更有趣，因而那篇文章一直没被刊登出来。它夭折的轨迹早早地体现了杰克逊在之后一直面临的创作上的两难境地：他能否讲述另一个故事，讲得像那个崩溃的故事一样精彩？

刚开始，复原的故事并不令人信服。它就像是在水中而不是在空气中行走，一切都很费劲。"我知道如果我喝酒会发生什么，"另一个清醒的酗酒者说，"我不知道如果我不喝酒会发生什么。"这是我迫切需要全世界帮我兑现的一个承诺。我如此努力在这个世界上寻找某些我从未见过的美好，以期证明戒酒是值得的。在芝加哥艺术学院，努力走近艺术的我在夏加尔①的窗户——那些束状的、仿佛要向上飞起的物体——中寻找它，从贾科梅蒂②的雕塑中寻找它：它们如此瘦削，你要是眯起眼来，它们可能会消失。我紧紧抓住一切，却并不真的在乎其中任何一样。我在乎的是**喝酒**，以及我怎样没在喝这件事。"看看这一小片、一小片的阳光，"我这样描写某一幅画，"从颜色错误的太阳上坠落下来。"

在面包房，我经常心不在焉，在前台做意式特浓咖啡时便忘了烤箱里的曲奇。我们不得不把一盘又一盘烤焦的雪花曲奇扔到垃圾桶里。几乎所有事物都能轻易地让我惊慌失措。就在感恩节前，我交给一个女人她所预订的货品——四十块火鸡形状的姜饼——而她在柜

---

① 夏加尔（Marc Chagall, 1887—1985），出生于俄国的犹太家庭，巴黎派画家之一。

② 贾科梅蒂（Alberto Giacometti, 1901—1966），瑞士雕塑家。

台前当场崩溃了。"它们应该是蜜糖曲奇,"她说,并问道,"我拿这些能干吗?"然后,我自己也崩溃了,结结巴巴、接二连三地说着"对不起",而且这样的局面——她的气愤和我无望的道歉——似乎没有一个好的破解方法;我狂乱地企图搞清楚我是否是那个下错订单的人,还是别人下错了订单,拼命地想要判断她的情绪是否有理有据,或我的情绪是否有理有据;我想要扇她耳光,或在她面前下跪。那就像是一场灭顶之灾。后来,老板从厨房走了过来,告诉那个女人我们会在几个小时后给她准备好四十块火鸡形状的蜜糖曲奇。我想,哦。那是另外一种对某一时刻做出反应的方式。每当我想象自己回到家中喝一杯红酒时,我就记起自己不能这样做。它已经开始了,那种怀念。喝酒曾一度是沾了蜜的夕阳,在每个傍晚渐渐下沉,将一切都变成温和的琥珀色。

12月,我的大哥正计划参加一场名叫"暗黑之门"的10万千米赛跑。起跑是在半夜,在弗吉尼亚,我也已决定跟他一起跑,不是在弗吉尼亚,而是在艾奥瓦,在他开跑的时候,我也同时开跑。那将是一种团结的行为。我想象戒酒后的新生活将是荒唐而有所启发的:哦,我一度夜夜买醉,但你永远都不会知道我现在要去做什么!我要在这极度的冰寒之下,开始一场午夜的赛跑!我确信,如果我能做一些在戒酒前不可能做的事情,那么戒酒便是值得的。面包房的老板洁米告诉我,她会在她的后院留一保温瓶的热可可给我。

我把自己包了起来:长裤和长袖的内衣、宽松运动裤、防风跑步长裤、宽松运动衣和一件滑雪外套。戴夫带了些朋友回家,我告诉他们我正要去做的事,他们的反应是,"好的",但我看得出他们很疑惑。我猜想,他们在试图弄明白这项计划是否和我的戒酒有关,而事实上,他们或许甚至都没有意识到我已经停止喝酒了,或是并不在乎,因为大部分人并不会像我这样对喝酒或不喝酒如此痴迷。

当我开始慢跑时,我想象中音量越来越大的电影原声带并没有开始播放。我的鼻子冻坏了,差不多是顷刻间就麻木了。我意识到自己或许是你为了避开而过马路的那个人。那是晚上 11 点，我穿着好几层的衣服在寒冷中跑步，每跑一步，运动裤便发出"嗖嗖"的声音，套在手套里的手指都麻木了。我在想，这真是太棒了，对吧？这真的算得上是了不起的事，对吧？

跑了 2 英里后，我从老板的后院拿到了那只保温瓶。我喝了一小口，意识到可可里面有酒。我把那一小口吐在了雪地上。

我跟其他酗酒者约见时会喝咖啡或吃甜酥皮点心，那是我们还不必改掉的恶习。我开始想象以后如何能让喝酒比从前更行得通些。就在我跟另外一个女人吃着夜间打折的麦芬蛋糕，读着那本"大书"的时候，我正悄悄地制订着一个计划：如果再喝酒，每周只喝三晚。这种限制会让我在戴夫面前显得比较正常，但又有望让我的耐受性保持得足够低，以便从仅仅三杯（有时或许需要四杯）酒中获得恰如其分的陶醉感，且或许那种陶醉感可以一直停留在那里，在一个刚刚好的水平，那其他四晚就会是美好的夜晚，清醒的夜晚，美好的清醒的夜晚！在那些美好的清醒的夜晚，我当然可以期待那些不清醒的夜晚。如果其他人对我喝酒有所怀疑，那么我可以指出我不喝酒的那些夜晚，它们如何没什么大不了，我如何享受它们。这个计划貌似可行。事实上，它似乎相当简单。

也就在那时，我们读到了那本"大书"下一章的开头："某一天他可以用某一种方法控制并享受饮酒的想法是每一个不正常饮酒者共有的巨大痴念。"是的，就是那样。打钩。

并不只是那本"大书"让我觉得自己被看穿并产生共鸣。一个戒了酒的朋友艾米丽给我发了一首卡佛的诗，名为《运气》，内容有关喝酒。我在说话者——在父母亲举办派对的翌日清晨，在一幢满是喝了一半的酒瓶的房子里游荡的 9 岁男孩——身上看到了我自己的影子。那个男孩喝了一瓶剩下的、微温的威士忌，接着又喝了一瓶。这是一种不期而遇，所有这些酒，且周围没有人阻止他：

何等运气，我想。

数年后，

我还是想要放弃

朋友、爱、繁星满天，

就为了一幢房子。

没人在家，也没人会回来，

而我可以随心所欲地喝酒。

这些诗句说出了我内心深处蜷缩着的渴望，即消失在孤独的醉鬼那丝绒般的深渊里，周围无人来阻止。这首诗说得如此简单，毫无矫饰或解释。只有当然。那种饥渴。它让我想到小虫安排伏特加送货上门。我从没到那个地步。我有点想试试。

比尔·威尔逊意识到，每一个清醒的嗜酒者都可能在戒酒的过程中到达这样一个想要再次开始喝酒的阶段。"嗜酒者在过程中会到达一个点，需要一些精神上的体验，"他告诉心理学家贝蒂·艾斯纳，"但并不是所有人都能拥有这样的体验。"当时威尔逊已经戒酒 20 年了，在艾斯纳的协助下，1957 年 2 月，在艾斯纳圣莫尼卡的家里，他刚刚进行了第二次迷幻之旅。这项实验是他更广泛的探索——借助致幻剂麦角酸二乙胺实现复原——的一部分。

对朋友描绘第一次迷幻之旅时，威尔逊将那种感觉与自己对匿名戒酒会的早期认知，即"世界各地一串又一串的醉汉都在互相帮助"，相比较。他经历的第一次迷幻之旅像极了 20 年前他在纽约城镇医院经历的那次精神上的体验——那催化了他的复原的山顶幻象。威尔逊想象那或许别人也是如此，特别是那些"愤世嫉俗的酒鬼"——他们还没有产生过幻象。

匿名戒酒会的其他人并没有欣然接受威尔逊对致幻剂的探索。就像威尔逊官方版的匿名戒酒会传记里写的那样："大多数匿名戒酒会成员都强烈反对他尝试致幻物质。"然而，威尔逊之所以迷恋致幻剂，是因为这与他信奉的匿名戒酒会的一大复原准则一脉相承：排除自我——那个介于自己和所有身外之物之间的障碍。

大约就在那个时候，威尔逊找到了另一个绕开自我的方法——一种名叫"自动书写"的精神主义实践。威尔逊相信，在这些"幽灵造访时段"，将造访幽灵口述的内容听写下来，这个过程可以让他在拥有自己声音的同时抽离出来。自动书写让这个迟疑的"一号人物"成了一个普通的载体——至少是一个更被动的人。一个听者。

1952 年，在给最终加入威尔逊在纽约组织的非正式致幻剂沙龙的一个牧师埃德·道林的信中，威尔逊描绘了自己如何借由幽灵的帮助，写下了《十二步骤和十二传统》——他为匿名戒酒会的戒酒计划制订的具有延伸意义的实际操作指南。"那天有个自称波尼法修①的幽灵出现了"，他写道，"他是个博学的人"，了解"很多组织架构方面的事"。匿名戒酒会如果没有组织架构就什么也不是，而威尔逊将功劳归于波尼法修恰恰突出了复原的谦卑逻辑，横跨星际的平面，赞扬别人的声音而不是他自己的。（威尔逊还说，波尼法修"知识渊博的程度差不多就像是大百科全书"。）威尔逊喜欢这种想法：智慧并不来源于他自己的头脑。这一点符合互相依赖这一团体精神，在他对复原的理解中，这种精神居于核心位置。"我得到了有效的帮助，我对此确信无疑，"他告诉道林，"在这里以及那里都是如此。"

对于这种帮助的记录成了匿名戒酒会的名言，在威尔逊那些幽灵造访时段后，被潦草地书写在各种小纸片上："先做最重要的事情""上帝赐予我平静""放轻松"。通过自动书写，威尔逊找到了类似于第一步骤"放弃"的一种做法。每次自动书写都带有这样一种逻辑：将一次暂时性失去知觉移植为清醒——让他的身体变成其他某个人的

---

① 波尼法修（Boniface），与中世纪传教士、殉道者圣波尼法修同姓。

载体。那是对于他人的一种渴望——不是会议上他人的声音，而是更远处的声音，完全不在这间房间里的其他声音。其中最长的一段还留在那本"大书"的一份打字稿的第 164 页上：

> 你会戒烟吗。比尔请你戒烟因为你正要成为通向重要事物的一个通道。当我们说你命中注定会取得伟大的进步时你必须相信我们。拜托，拜托，比尔，就这样做吧不要让我们失望。那么多的事取决于你的态度和行动。你是一条长长的纽带上的一环而你不能成为最弱的那一环。不要怕我们来找你……去吧躺下来但是请你不要再抽烟了。

威尔逊抽了一辈子的烟——即使在戒酒后，他还在抽，甚至抽得更猛了——而就在这用腹语表达自我意识的一刻里，包含了一种悲剧性的认真。威尔逊自己的生存欲望在天外自我宣读了出来。他倾听着这样一个声音，这个声音在试图说服他戒烟，他试图说服自己这个声音属于别人。

威尔逊的幽灵造访时段、他的迷幻之旅以及他的尼古丁上瘾并不是他那传奇故事当中受人欢迎的部分，但是在我看来，它们并没有从根基上弱化他戒酒的故事，而是让它变得更人性化。它们道出了他或任何人的复原之路的坎坷不平——它总是会渴望别的什么东西。

"你命中注定会取得伟大的进步。""你会戒烟吗？"他没有，并在 75 岁时死于肺气肿。

威尔逊试图在别处用这些天际之声显示其权威，但最终都回到了他自己是独一无二的这一断言："你命中注定。"它是伴随着他的清醒而来的、特有的悖论之一，最终和其他人的悖论不同——无论他多想它们一样。

1957 年 2 月，匿名戒酒会的综合服务总部准备了一份发言稿模板。它是为匿名戒酒会中任何一个要上广播和电视的"张三"准备的，强调他应当将发言限于有关酗酒和同伴的一般言论，包括一段简短的个人插曲："建议张三在此时脱稿发言约 2 分钟，把自己限定为一个酗酒者，就像在匿名戒酒会的公开会议上那样。为了减少'漫谈'，进一步建议坚持把言论紧扣在酗酒者酗酒时如何伤害到他人的主题上。"在某一处，该发言稿甚至提示张三要说"诚然，我所说的话只能代表我自己"，即使张三的发言是基于一份讲稿模板——这份讲稿本应将他的故事予以解释，让任何可能在收听的酗酒者产生共鸣。

当我第一次读到这份发言稿时，它仿佛将关乎如何表述复原的一切困境都具体化了，那些千篇一律的惯例以及它们三联画结构的专制：那是怎样的（你的酗酒），发生了什么（你为何戒酒），现在是怎样的（你的清醒）。与会议中产生的共鸣对立的，是怀疑这种共鸣不过是自我应验的预言——我们说服自己我们的故事都一样，然后互相施加压力，彼此都这么说。或许我们的陈词滥调不过是牧羊犬，把我们赶到一起，成为整齐的、过分简化的功能障碍群体：我们都以同样的简单方式自私着，以同样的简单方式畏惧着，以同样的简单方式逃离着我们自己的人生。

陈词滥调是我在戒酒初期最难以接受的部分之一。他们那念经的节奏令我局促不安："与会者即成就者。""让你喝醉的是那第一杯酒。""把塞在你耳朵里的棉花拿出来，放在你的嘴巴里。"会议上，我讨厌其他人摒弃他们个人故事中与众不同的内容——"我在喝了太多苦艾酒后，无意间碾碎了我女儿的宠物乌龟"——而选择索然无味的抽象说法——"我对于厌倦感到厌倦"。我想要被碾碎的乌龟和苦艾酒。陈词滥调仿佛是破坏因子，拒绝清晰的画面和细微的差别，执意要焦点柔和的贺卡式的智慧："这也将会过去"——我在怀俄明一个匿名戒酒会的洗手间里看到了这句绣在十字绣上的话，后一句是"它刚刚过去了"。很久以前我就懂得，要成为一个作家就必须不惜一切代价抗拒陈词滥调。这个信条如此根深蒂固，我竟然从来没有考虑过它是否是对的。

"保持简单"是最令我不解的陈词滥调之一。我从来没觉得自己或任何人有任何简单之处。简单仿佛是一种不敬，是对每个人类灵魂难题的一种故意逃避，在完整地见证意识上是一种失败。首先，如果生活原本就不简单，你怎么能让它保持简单？对于简单的坚持似乎是匿名戒酒会对于"我们都一样"这一更宽泛的坚持的一部分，基本上也就是在对我的整套价值体系说"去你的"。有生以来，我被灌输的思想都是，某样东西是好的，因为它是独创的——那种唯一性是价值的驱动力所在。"创造新东西"，现代主义者如是说。如果人与人、故事与故事之间没有区别，难以想象那他们的存在意味着什么。我一直都用唯一去理解爱。我如此坚信这一点，它几乎成了不言自明的：我被爱因为我和其他人都不太一样。每当有人在复原会议上谈及无条件的爱时，我总想大喊："你没法爱我！你甚至都不认识我！"

其实，对于爱情，我有些相互矛盾的欲望。我想要无条件地被爱，就因为我是，但也想要因为我的特质而被爱：因为我是 x，因为我是 y。我想因为我值得爱而被爱，然而，我又害怕这样被爱，因为如果我不再值得爱怎么办？无条件的爱是带有侮辱性的，但是有条件的爱是可怕的。这就是我和戴夫曾经谈论到的——因为特质被爱，不然就无条件被爱。他传授给了我一种因为爱所以爱的观念，就像希伯来语里的 stam，毫无理由的：因为因为。

戴夫和我不再在醉后争吵，但是我们会在清醒中争吵——那更糟糕，因为我不能再将喝酒作为托词或借口。在没有酒来承担责任的情况下，这些争吵介乎我们之间——或者说，介乎他和那个变得一点就着、一直处于戒备状态的我之间。老实说，我早就变成那个人了，然而，在不喝酒的时候，我没办法让自己沉默。清醒就像是一个无情的审讯室，每一个细节都被刺眼的荧光灯照亮。我审视戴夫所做的一切，搜寻他对我厌倦的标志，因为我对自己已经厌倦。当一个朋友告诉我，难以想象跟戴夫在一起是一种怎样的体验，因为他似乎把所有的魅力和精力都留给了别人时，那更证实了我的恐惧：我基本上变成了一个负担。

我开始避开派对，留在家里，因为去参加派对而不喝酒会很悲惨。我已经厌倦了把野樱桃味的健怡百事可乐藏在包里。然而，留在家里也好不到哪里去。戴夫出去时，我会醒着躺好几个小时，纳闷他何时会回家。我会盯着钟看，然后试着睡去，这样我就不会老是盯着钟看；然后，我会醒来，看他是不是躺在我身边，感觉到他不在，再看看钟，痛苦地醒着，就像塞尔兹气泡水里那片褶皱的青柠一样清醒。戴夫的一个朋友主动提议，如果戴夫能把他一直写不下去的一篇评论写完，他就把自己的胡子都剃了，而当他最终真正这么做时——在狐狸头酒吧的洗手间里，用一把电动剃须刀——我仿佛又错过了一个精彩无比的夜晚。当然，这也标志着戴夫完成了某件对他来说很重要的事情。不过，我并不这么看。

戴夫想出一个动作，在我每次低落的时候他会把两根手指点在我的额头上，提醒我，不论我当时是什么感觉，它最终都会过去。那是真的，他的手指告诉我的话——我很喜欢它们点着我皮肤的感觉，那种亲近感，它的电流——但是当他不在的时候，就很难召唤他的手指来勾起感官回忆了。

数年后，当一个医师将顽固地聚焦于当下一刻描述为上瘾者典型的性情时，我立刻确信，这种上瘾者个性跟**我的**上瘾者个性没有什么关联。如果不那么顽固地执著于过去或幻想着未来，那我要怎样过自己的人生？然而，我对此想得越多，就越觉得那正是戴夫的两根手指想要阻止的：我坚信，当下永远不会过去。

我们的日子被我不断上演的戏码吞噬，我觉得这让戴夫很灰心：先是我喝酒后含混的悲哀，然后是我戒酒时伟大的顿悟。有些早晨，他只想倒一碗谷物早餐，然后坐在书桌前写作，而我不断地砸着他的门，一次凶过一次："我得去堕胎！""我得去做心脏手术！""我得戒酒!"那就是我在自己的脑海中播放的电影：我的欲望就像是他门口的野人。我想要他不断向我再次保证，我的需求对他而言并不太过分——当然，那是我对他提出的又一个要求。

2010年1月，当地震袭击海地时，我们听说人们为了不闻到死尸的味道，用衣服盖住自己的嘴巴，还有一个女人打她兄弟的手机，看是否能在废墟中听到电话铃声。我们决定为救援行动组织一次筹款——我拼命想要用德行弥补戒酒带来的切肤之痛，这次筹款便是这样一种努力。我工作的面包房捐赠了一百块曲奇和一只蛋糕——我原本想装饰那只蛋糕，却没有。那就像是为一场灾难打造一块为了满足虚荣心的、个性化的汽车牌照。整件事跟我那让人腻烦的、屡屡被挫败的愿望搅在一起——我想证明我选择清醒的生活是对的：就是这样吗？做好事？

我在派对上的大部分时间都用来看戴夫跟德斯蒂尼说话，我跟在她身后走动，对他们站在一起大笑的每一时刻都一清二楚。我从未感到自己如此原始，像一只动物，追踪着另一只动物——配偶的竞争者——的一举一动。我从未如此清楚地意识到自己在妒忌，眼前没有任何麻木因素，就像是在一场我应该保持无意识的手术中途醒来。

大家都离开后，我们扔掉了残余的蛋糕，点了点为无国界医生总共筹到了多少钱。整个过程中我都在生闷气，直到我终于崩溃，并问戴夫他是否意识到自己如何公开地在调情。从无国界医生到这个：很少有更令人尴尬的话题切换了。

"我们真的要再谈论这个吗？"他看起来很失望，而且，最重要的是，筋疲力尽。我们一直在打扫——把黏糊糊的杯子放进一只白色的大垃圾袋里，把糕饼渣扫进手里——因为争吵时不必彼此对视会感觉更轻松些。

"那令人蒙羞，"我说，"就这样看着你和她站在一起，特别是在——"

"在什么？"

"这只是我对你们俩的一种感觉，"我说，"一种能量。"

就在那一刻，他转过头来直视着我，他的嗓音冷淡而尖锐："你是不是读了我的日记？"

房间里的分子都移位了。我放下垃圾袋，它的嘴巴荡下来打开，露出红色的一次性塑料杯、揉皱了的纸巾，向外翻卷的纸杯蛋糕边沿还残留着蛋糕屑。

"我需要你对我坦白，"他说，"你读了吗？"

我心里一沉。我甚至都不知道他有一本日记。"里面写了什么？"我一边问，一边憎恨着自己刺耳的恐慌，"你为什么要问？"

"你没有回答我。"他说。

"我没读过，"我告诉他，"我甚至都不知道你有一本日记。但是，无论你担心什么——"

"我不相信你。"他说。

我知道，那次短信事件后，我没有权利再责怪他。如果我知道他有一本日记，我可能已经试着看过了。一旦了解到一种新的隐私，我就会想去侵犯它。我们来回争执了差不多 1 个小时，我一直求他告诉我日记里写了什么；他一直告诉我他不知道要怎么相信我没看过这本日记。如果我是他，我也不会相信我自己。

"我从来都没看过！"我告诉他，然而，我又有点害怕知道那本日记长什么样——担心一旦知道了，就会一门心思想着读它的可能性，就像一门心思想着看他的手机那样，我总是想象着自己接起电话，就像我总是想象着自己从我们的冰柜里拿出那瓶孟买蓝钻杜松子酒。

"在我的电脑里。"他说。我看得出或许他现在相信了我，不过我已经按捺不住，开始考虑什么时候、如何才能读到它：他洗澡时，或在酒吧时。如何掩盖痕迹，以至于它不会出现在近期打开过的文件清单里？试图彻底地了解他就像从人行道上捡起撒落一地的上千粒米。

"请你告诉我你都写了什么，"我恳求他，"有事发生了，不是吗？"

"我准备告诉你的唯一原因是，"他最终说，"你所想象的比实际情况糟很多。"

我们一起坐在我们的橙色躺椅上，他告诉我，12 月的一晚，我躺在床上痛苦地清醒着等待他的一晚，凌晨两三点的光景，他和德斯蒂尼坐在一张躺椅上，就他们俩——他们是派对上留到最后的两个人。她在等待什么，他感觉得到。

"她当然在等待。"我说，心想，如果凌晨 3 点，你单独和一个男人坐在一张躺椅上，他的女朋友又在家里，那很可能会发生什么。我记得和戴夫坐在一张躺椅上，当时我的男朋友也在家里。

"我告诉她，在另一个世界可能会有什么发生，"戴夫说，"但不是在这个世界。"

"你告诉她什么？"

"我告诉她什么也不会发生。"

"那不是你说的话。"

"重点是，我了断了它。"

然而，对我来说，那并不是重点：首先，他为什么会在那里？为什么需要了断什么？对他来说，这证明了他的忠诚，但是对我来说，这证明了事情像我害怕的那样发生了：在别处的什么沙发上，四周都是酒瓶。当我一个人清醒、妒忌、紧张、害怕地待在家里时，他在测试可能的极限，探寻过界的最边缘。想到戴夫和德斯蒂尼都知道有过这么一个时刻——他们俩之间的秘密——我却蒙在鼓里，我感到恶心。

"你为什么事后没有告诉我？"我问他。

"因为我不想这样。"他说。他指的是我们正在进行的近 3 个小时的争吵。凌晨 3 点，在我们的躺椅上，我们并不在测试事情或许会如何发生的极限。我们用百洁布擦洗着现实的表面。

他就不能从他和这个女人之间的友谊中退出来吗？我问他。因为这是我所需要的。

"那么我的需要呢？"他说，"我们从未谈及这些。"

他的需要——跟别人交流，跟某一个不总在指责他的人分享人生——是真实的，但是我的恐惧的声音盖过了它们的声音，而且我的恐惧很快就演变成了责备。

那时已经是凌晨4点。

"你的恐惧跟我或这件事无关，"他说，"它源自更深层的东西。"

他已经累得不行了，很想去睡觉，我则想要继续谈下去，直到我们解决这个问题。永远不要还生着气就去睡觉，我曾听说。如今这种说法让我觉得好笑，好像你可以避免似的。他生着气去睡觉了，但是我知道我睡不着。当时正值寒冬，我穿上外套，戴上手套，开始在街道上漫步——走过华盛顿街和州长街上的姐妹会会所，走过关了门的、卖各种果汁的合作商店，一直走到伯灵顿街上的24小时加油站，在那里，犯困的大学生收银员在我要买红色万宝路时眨了眨眼。"一直以为它们味道很难闻。"他耸了耸肩说。然而，对我来说，那一晚，它们刚刚好，我在天寒地冻中抽着它们——在街上、在公园里、在我们的门廊上——直到我终于累得爬上了床，加入戴夫，又害怕触碰他，虽然我很想。

几个星期后，我居然打了电话给我妈。我蹲在自己"办公室"的柜子里，那样肯定没有人能听到我们的对话。我告诉她，我确信戴夫背叛了我。她说她无法告诉我他是否背叛了我，但是她也说，每次她觉得我父亲出轨的时候，她都是对的。

我对德斯蒂尼的多疑是一种可以感知的、令人蒙羞的储藏器，里面存放着一系列难以名状的恐惧：关于他人的不可知、关于同时想被多人围绕的可能性、关于爱情随时间推移逐渐逝去，以及被抛弃的潜在可能。即使在我相信戴夫没有跟她发生关系时，我也依然被他或许会有的欲望困扰——我无法再在那些长夜给他以如此激情，反正在那些让人感到幽闭恐惧的争吵后是肯定不行的。

我们一直没有为他送我的那只塞尔兹矿泉水碳酸化器换芯。它就在那里，庄严美好而原封不动。它本应帮助我戒酒的，而我依然在渴望那些本应被它戒掉的酒。

七

饥　渴

随着冬去春来，我总是在休息日开长途车，经过那些商业街和玉米地。在那里，雪逐渐化成表层变硬了的脏兮兮的白色小块。然而，这些旅程显得有些空虚，我的人生则显得毫无美感。我只不过是个把手指插进汽车热风孔的女人。人生中光鲜、令人沉醉或潮热醉酒的一切都已经逝去，只有商业街和巨大的见鬼的艾奥瓦的天空还在。在其中一条路线上，我经过了一个室内水上公园。一条弯曲的滑梯从灰泥墙上伸了出来，而我幻想着那股温暖和疾驰的水流——那加了氯的速度，它的绿洲。

我7岁时曾告诉我妈，我相当确信跟她比我可以做出更出色的苹果奶酥酥顶：一层加了肉桂和肉豆蔻的、烤制出来的黄糖外壳。她一边泰然自若地微笑着，一边指向厨房，说："去吧"。我做出来的是一个令人恶心的混合物，里面放了太多黄油以及——不知道出于什么原因——太多生的通心粉。然后，我太自负了，不愿意承认自己的失败，就坐在她面前吃着那一团混合物，假装很喜欢。清醒的感觉就像是这样。

一切都让我想起酒。学生小店里售卖的空淋浴架让我假想出一群大学毕业生，或许有一天会用它为姐妹会派对做准备，我羡慕她们可以无所顾忌地喝酒，在那里头依然隐约可以闻到身体磨砂膏的香草味。每当我想起自己旧金山的外甥——他住在80号州际公路的另一头——我便想象着某一天他将可以喝所有的酒。他不过1岁出头。一天下午，在我常去的一家咖啡店里，一个与我隔着两个桌子的陌生人坐在他那杯喝了一半的啤酒旁，一坐就是好几个小时，而我心想，快点吧！在合作商店里，排在我前面的女人买了一份葡萄酒，四分之一瓶，我心想，你为什么会这么做呢？我看了电影《离开拉斯维加斯》，很羡慕尼古拉斯·凯奇，因为他能想喝多少就喝多少。

戒酒逐渐带来的那种空洞，正是我一直惧怕的。每天醒来，我都没有任何可以期待的，除了那1个小时，我伸长脖子，把脸凑近那盏据说可以帮助我克服冬季抑郁的紫外线灯。跟任何人相处都变得令人身心疲惫，因为我的内心已所剩无几——精力或兴趣——因此我只能小心翼翼地每天拿一点出来。讲话需要花费精力。有什么可说的呢？我的家人以为我或许得了抑郁症，而那也不算什么有意思的话题。

在戒酒后进行有意思的对话一直都颇有难度。在《瘾君子》中，威廉·伯勒斯描写的麻醉药品农场满是除了毒品什么都不谈的病人，"就像饥饿的人，除了食物，什么都谈不了"。在出版于1961年、选编自访谈的"自传"《幻想的小屋》中，一个名叫珍妮特的上瘾者来到了麻醉药品农场，发现那里到处都是既是患者又是犯人的人在谈论他们怀念的毒品："在那里根本就没事可干，一点都没有——除了谈毒品。一切都是毒品，就这样了，你知道的，就是这么回事。"即使是珍妮特的语法中都充斥着痴迷，她不断地、一遍又一遍地讲述着同样的事——真没有别的什么可谈的。

在《幻想的小屋》结尾处，珍妮特已经完成了一篇有关她上瘾和复原的手稿，但是那并没有令她受益。"她抱着极大的希望，想要出版这本书", 在后记中, 她的精神病医师这样说, 她 "到哪里都带着这本手稿", 把它放在一只棕色的纸制购物袋里, 因为太沉, 袋子都快要裂开了。

在匿名戒酒会上, 我一直被告知, 讲述我们的故事会拯救我们, 但是我怀疑这是否真的在一切情况下都成立。如果你的故事不过是一只湿软的纸制杂货袋里的一捆死沉的纸, 那又会怎样?

麻醉药品农场的年度报告将出院的病人按照他们被怀疑复发的可能性分类, 这不过是显示了这种数据自身的无用: "治愈, 预后良好（3）; 治愈, 预后谨慎（27）; 治愈, 预后差（10）。" 另外一项数据称: "好（23）; 谨慎（61）; 差（2）。" "谨慎" 的那一类依然很突出: 86 人中有 61 人, 40 人中有 27 人。预后谨慎基本上就意味着: 我们完全不清楚他会怎么样。

我曾经把戒酒的逻辑视为一家循环赎回中心, 我可以把所有不再喝的酒都带到那里, 换回的便是回到我恋情的最初状态。这是合同版的戒酒逻辑: 如果我戒了酒, 我就能得到 x 回报。

而今我戒了酒, 比起酗酒时最主要的区别却似乎只是在和戴夫吵架后想要入睡难多了。争吵令我如此焦躁不安 ——一瓶苹果醋的愤怒和愧疚——我往往在凌晨三四点离开家, 就像第一次那样在外行走, 经常是走到伯灵顿街的同一个加油站。我在凌晨 4 点漫步至加油站, 这种深夜出门而并未酒醉的感觉很奇怪, 仿佛我需要向那个职员做个交代: "我并不是在参加派对, 只不过是醒着。" 有一次, 我妈在一封邮件的结尾处写道: "如果可能的话, 能否在不是为了马上要应对一次危机的情况下, 好好谈一谈你和戴夫的关系, 我很希望那样。" 她一边为她说这话道歉。

那个冬天, 就在我好几个月沉浸在一个枯燥的、行尸走肉般的梦里后, 我最终回到了洛杉矶的家中, 并坐到了心理医师办公室中央的一张椅子上。他问我是否看什么都感觉心灰意懒。我说: "一直都是。"

他给我开了抗抑郁药，说我应该慢慢增加剂量并留意一种疹子。我妈和我驱车来到一家女修道院，那里被修剪过的草坪仿佛被灰色丝带一样的水泥走道裁剪成了一片一片。我们把对这一年的期许都写了下来，然后烧掉，以期愿望成真。然而，当我试图祈祷时，什么都没有发生，仿佛我在试图挤进一场早在我出现之前就已经开始了的对话。

回到艾奥瓦，在不用去面包房上班的日子里，我步履艰难地走进自己家里的办公室——那个我曾经独自饮酒的房间——并试着写那部我一直想写的关于桑地诺革命的小说。戒酒应该会让你超越自己，而我是为了尽可能远离个人生活才走进那部小说的世界。那部小说本身倒真是关于某种欲望的——把你自己交付给某种超越个人生活的东西：一场革命。

我开始疯狂地推进调研工作，从桑地诺混合了马克思主义学说的论争细节，到为了表示对索摩查①的抗议而向其营利血库的白色堡垒掷出的一扎扎鲜血。"办公室"的一整面墙上贴满了模糊的复印照片：黑加红的桑地诺民族解放阵线旗帜在拥挤的广场上飘扬；戴着贝雷帽的男人坐着巴士去马那瓜，他们的枪指向天空。我写下了铺着鹅卵石的后院里发生的激烈辩论场景。那场革命的成功是有赖于调动乡村农民，还是城市精英的支持？至少我写到了那个后院：放在石块与石块的缝隙间的蜡烛；它们那长长的、闪烁的光火；小便和花朵那甜蜜的臭味；头顶上的风吹过棕榈树那狭长的叶子发出的微弱嘘声。我的想象力能及的只是一些次要的感官细节，那是我对自己身在尼加拉瓜的日子的一种升华了的怀旧。然而，我不顾一切做出的调研结果太过沉重了，削弱了文字。"我们不能忘记马那瓜的中产阶级！"那很可怕。我给笔下的人物喝了足够多的朗姆酒，就跟我在数年前喝的一样多，以便减轻强加在他们身上的临时演讲的负担。我想象着所有的那些朗

---

① 索摩查（Anastasio Somoza Debayle，1925—1980），前尼加拉瓜独裁者。

姆酒，温柔、辛辣地从他们的喉咙口流下去。我可以用上好几段、好几页来描述那朗姆酒。

每过一段时间，我就会溜进浴室，跪下来，乞求上帝帮助我写那本书。然后，我会更正自己，请他帮助我执行他的意愿，并暗地里希望他的意愿就是让我写出一本有史以来最好的关于桑地诺革命的小说。

那些日子里，我在祈祷时颇不情愿。我的信仰是带有怀疑和附带条件的。我并不确定上帝是否真的存在，但是如果他存在，那么肯定有那么几件事他可以帮我做。跪在我自己的蒲团前——在架子下，靠近我一度堆积威士忌酒瓶的地方——是带有欺骗性的，仿佛跪着就是在假装信仰一种我实际上无法真的相信的东西。

为了说服自己戒酒是值得的，我试图夜以继日地写作。然而，在大多数夜晚，我都会绷不住，看好几个小时的电视真人秀。我特别爱追《磨难》，在这档真人秀中，一些曾参与过更好节目的演员来到位于发展中国家的一些美丽地方，并在一些荒谬的、你死我活的比赛中相互竞争。他们把自己泡在冰水里，躺进棺材里被埋上。他们吃起了冰激凌和自己呕吐物的混合物。看到特蕾西拉从自行车上摔下来时，我很高兴，因为我依然不能原谅她当时在《真实世界：拉斯维加斯》中选择了史蒂芬而不是弗兰克，虽然她最终跟两个人都谈了恋爱。（"在十二杯鸡尾酒后，每个人都很可爱。"她说，而我无法不同意。）有时候，我看着那面桑地诺墙，觉得那些革命家肯定都在俯视我，指责我。

当我的第一部小说在那年冬天出版时，面包房的女孩们做了一个蛋糕，上面用粉色和紫色的巧克力装饰成小说某个版本的封面——一个看不见脸的女人，穿着淡紫色的晨衣（那并不是我的第一选择）。书卖得不好。亮点在于，它在亚马逊的酗酒文学分榜上拿到了第九十几的名次，远远低于那本"大书"（已被翻译成二十多种语言）。我妈看到它上了分榜很激动，她因此发邮件给我。"谢谢你告诉我！"我回信给她说，仿佛我自己没查看过榜单一样。我着了魔似的阅读着读者的网上评论，一共十条。最充满热情的一个读者说，我对于酒精的描述如此细致入微，我肯定是一个酗酒者，并给了这本书三星（一共五星）。

我依然试图让自己竭尽全力——为了向自己证明，戒酒是值得的——但是，大多数时候，写作就像是骑着一匹倔强的马，用马刺策着马直到它出血。

在《闪灵》中，杰克·尼科尔森饰演一个饥渴的醉汉，在一个处于旅游淡季的、空荡荡的度假村，拼命地敲着打字机。那是勉强戒酒的象征，其迷宫一样的、铺着地毯的走道还不时有过去在此纵酒狂欢的阴险鬼魂出没。杰克全力以赴地写作，最终写了几百页，却不过是在写同一句句子："只用功不玩耍，杰克也变傻。[①]"最多因为空格和打错字而有微小的差别："只用功不玩耍，杰克变呆狗。[②]""只用功不玩耍，杰克变机器人。[③]"那是透过一块黑暗的玻璃看到的清醒。只用功不玩耍——不喝酒——让一切都无趣得无望。生活，文字，一切。

电影中的杰克又开始喝酒了，至少可以说，他那么想喝酒，以至于对自己的故态复萌产生了幻觉。在一个空荡荡的大堂酒吧，他从面无表情的酒保鬼魂劳埃德手中接过一杯波旁威士忌。"敬戒酒 5 个月的痛苦，"杰克告诉劳埃德，"以及它给我带来的所有无法修复的伤害。"

库布里克的这部电影改编自斯蒂芬·金的小说《闪灵》。这是一个发生在一家变了形的康复院的、失败的复原故事：一个在不情愿的

---

① 原句为 All work and no play makes Jack a dull boy。通常翻译为：只用功不玩耍，聪明的孩子也变傻。

② 此处原文将 boy 错打成 dog。

③ 此处原文将 boy 错打成 bot。

情况下戒酒的人，在科罗拉多山顶一家空荡荡的酒店里，再次开始酗酒。我们看到的不是一个复原的社群，而是一个剥夺感官刺激的隔离箱。当杰克·托伦斯得到山顶酒店的工作时，他已不再喝酒，但依然被原本引起他喝酒的憎恨和愤怒吞噬。他在想"他到底能不能有一小时，不是一周或甚至是一天，请注意，只是醒着的一个小时，［不］渴望喝一杯酒？"

在那个冬天的第一场大雪后，电话线路出现了故障，山顶酒店通往外界的路也被封了。杰克和他的家人彻底与外界失联，他们只有自找出路。酒店的墙上堆积着大量的雪，房间里都是陈腐的鬼魂，壁纸上血迹斑斑。树木修剪出来的动物都活了过来。电梯里满是五彩碎纸和瘪掉了的气球，正是狂欢之后的险恶景象。《闪灵》不只是一个复发的故事，而是一个有关饥渴酒鬼经历种种挫折的故事。那是一个不再喝酒却没有得到任何戒酒治疗的人，一个真的是握紧了双拳、惊险刺激地过日子的人。在这部 600 多页的小说中，杰克的手和手指一直在出现："紧握在他的大腿上，互相顶着，出着汗"，他的指甲"抠进他的手掌，留下小小的烙印"，或是颤抖，或是握紧拳头，因为"那种欲望，那种想要喝醉的需要"而变了形。

虽然小说中的杰克比电影中的杰克戒酒的时间更长 —— 准确地说，是 14 个月，倒不是说他在精确地计算着每一秒 —— 但令他生气的是，他并没有在实现自我提升后赢得应有的赞许。"如果一个人洗心革面，"他问自己，"他为这种改造而得到嘉许难道不应该是迟早的事吗？"

一切都在密谋让杰克再次喝酒。他想象着夏天客人们在花园里喝酒：黑刺李杜松子汽酒和红粉佳人鸡尾酒。在渴望中，他用手帕擦拭着自己的嘴唇。他咀嚼起了埃克塞德林 ①，就像他从前为了对付宿醉一样。他最终来到了酒吧，面对劳埃德，点了二十杯马天尼："为戒

---

① 埃克塞德林，一种强力止痛药，主治偏头痛。

酒的每一个月，我都要喝一杯，然后为了继续，再喝一杯。"杰克坐在酒吧椅上，向劳埃德诉说孤立无援、经历考验、在那个漫长的冬天再次戒酒的 5 个月："戒酒的地板全然是一条条笔直的松木地板，它们如此清新，仿佛还在滴着树汁，如果你把鞋子脱掉，你肯定会扎到木刺。"戒酒是斯巴达式的，令人不舒服、困难且毫无乐趣。它在每一个转角都刺痛你。他酒吧椅后面的舞厅装满了鬼魂——都是些面目狰狞的生物，皮肤下垂，戴着狐狸面具、莱茵石文胸，穿着亮片连衣裙——而他们都在怂恿他再次喝酒，"充满期待地、静静地看着他"，就在此时，酒保告诉他："喝你的酒吧。"所有的幽灵都在齐声附和。

杰克的故态复萌存在于奇怪的炼狱中，它介乎精神上的幻觉和实际上的酒醉之间："杰克把酒端到嘴边，分了三大口把它干下，带汽的杜松子酒顺着他的嗓子下去，就像是一部货车穿过隧道，在他的胃里爆炸。"他真的喝了吗，还是仅仅在想象喝酒？无论如何，他都醉了。

在这段幻想结束后，他想象的酒瓶都从架子上消失了，他发现自己和哭泣的妻子以及受到心灵创伤的孩子一起坐在酒吧，想"他在酒吧拿着一杯酒干吗？他作了保证。他戒了酒。他发了誓。"那听起来像一出戒酒话剧——像我以前使用的那些全部大写的形容词最高级，或劳瑞的戏剧化情节。对于杰克来说也是如此："那就像是在某出老掉牙的戒酒话剧的第二幕开始前，"他想，"那出戏的呈现如此之差，负责道具的人都忘了在魔窟的架子上放些东西。"杰克清楚他有自我夸大的倾向，但是同时也清楚——像一个真正的酗酒者那样带着深深的失望——所有的酒瓶都不见了。他的儿子丹尼心有灵犀地诅咒着这家酒店："你必须让他喝那些坏东西。只有这样你才能抓住他。"

《闪灵》的小说和电影版本都呈现出了有关戒酒和创作力之间关系的渺茫图景。在电影里，我们看到的是一个清醒却没有故事的男人——他笨拙的头脑正处于休眠状态，一遍又一遍地打出同样的语句——但书中则描写了一个作家受到一个错误的故事的诱惑。杰克着迷于山顶酒店本身的故事、它那邪恶的历史：谋杀、自杀以及黑手党的丑闻。有一天，杰克在地下室检查锅炉（小说中的"契诃夫之枪"[①]，在第一章出现，在最后一章打响）时发现了一本贴满了有关酒店血腥历史的文章的本子。很快，他的迷恋就如同酒瘾复发：他仔细翻阅着这本剪贴本，"几乎带着负罪感，仿佛他偷偷喝了酒"，且一直在担心妻子会"闻到他身上的血腥气"。每当杰克想到要写一个关于山顶酒店的故事时，就会产生这样一种感觉，"跟他通常在喝了三杯后感觉到的微醺一样"。

不论他是在写一个不存在的故事（在电影里），还是下定决心要写一个崩溃的故事（在小说里），正是杰克对创作的狂热聚焦让他破了规矩。在小说里，他重新开始喝酒是因为发现自己被错误的故事吸引，那不是一个复原的故事，而是近乎相反的：这家酒店肮脏的酗酒日志。灾难性的狂欢在召唤，所有的鬼魂在召唤："喝你的酒吧。"那显而易见是故态复萌。那风险是超自然的。当那只锅炉爆炸，整间酒店都烧起来时，已经没有了胜利的复原，而只有终结："派对结束了。"

斯蒂芬·金在 20 世纪 70 年代中期写《闪灵》时，"并没有意识到……我在写自己"。在他酗酒吸毒最厉害的时候，他的垃圾桶里装满了啤酒瓶，而他吸食的可卡因多到他不得不用纸巾堵住鼻孔才能防止血滴在打字机上。《闪灵》是一个噩梦，作者是一个惧怕清醒的上瘾者。"我害怕，"金在数十年后写道，"如果我不再喝酒、吸毒，我将无法写作。"

当我想逼自己写作时，我会在爪哇之家度过那些夜晚。那是一家

[①] 契诃夫之枪，即契诃夫法则，是一种文学技巧：在故事早期出现的某一元素，直至最后才显现出它的重要性。

洞穴般的咖啡店，出售拳头大的曲奇——往往是不新鲜了的——我会以坚毅的决心去购买它们，试图告诉自己，还是有可能从中得到愉悦的。我在咖啡店正面的窗户前打开手提电脑，看着人们走进酒吧，而我在敲键盘，写一篇名叫《复萌》的短篇小说——那是为了预防真的复发。

小说始于一个名叫克劳迪娅的女人在怀孕时暴饮，就像我当时那样。当我写到纯净、甜美的酒在她的胎儿周围荡漾时，我就想喝酒。我想要很多很多，这样我就能在里面游泳。在克劳迪娅决定戒酒后，她在匿名戒酒会遇到了一个叫杰克的男人。这是为了将我对于复发所产生的某一种幻想戏剧化而安排的情节：我会在戒酒会上遇到一个男人，并且跟他一起抛开一切——我的恋情，我的戒酒，所有一切。克劳迪娅和杰克互诉了酗酒史，就像其他人通过互诉情史来调情一样。克劳迪娅并不确定她是否在用酒的可能性来跟杰克调情，还是用杰克的可能性来跟酒调情。克劳迪娅告诉杰克，她想再次喝酒，这样她就可以毫无疑问地确定她已经完全失控，然后，她就可以开始复原。

在我写的第一稿里，克劳迪娅和杰克一起喝醉。然后，我又觉得这个结尾太缺乏惊喜，在标题中就走漏了风声！那似乎是一个愿望成真的可怜版本，没有什么更远大的抱负。因此，我改了：她没有复发。她保持清醒。然而，所有这些改来改去，从一稿到另一稿，都像是我想象自己所作所为的另一个版本。

"每个酒瘾者的幻想，"一本课本这么说，"就是有那么一个唾手可得的、或许存在的世界，在那里，他发现了一种得体的、每次一剂的饮酒制度，并像一个完美的绅士或小姐一样喝着。"在清醒的边缘，我开始回想起自己那一长串最美好的饮酒时光。复原的至理是，"你无法将一根腌黄瓜变回一根生黄瓜"。然而，我还是反复地折腾黄瓜，在怀旧中腌泡着。我依然记得和戴夫一起在阳台上喝酒，暗黑的大海在我们的脚下吐着白沫，汹涌着；蹒跚着走回我大学男友的混凝土宿舍，呼着带有杜松子酒味的、凝成了霜的一团团空气，栽进他的双人床里，那是在十九层，当时那幢高楼在风中吱嘎作响、呻吟着。我依然记得有一次在去西安出差的途中喝醉，所喝的是一种清澈的烈酒，一个中国作家告诉我那是白葡萄酒。然而，那并不是白葡萄酒。那是火。我依然记得从一堆油炸蝎子中夹起一只，两只由萝卜雕刻出来的鸟在一旁警觉地瞪着我；我还拿筷子开玩笑，表现得完全像是个该死的笨蛋，却并不在乎。那就是重点：不在乎。仿佛我不再受到某份合同的约束。喝酒是舒服的、宽容的，它就像后院的萤火虫一样在闪光，它闻起来像上好的肉和烟。它已经发生在那个唾手可得的、或许存在的世界里。它说，过来吧。

在那个世界里，我会依照我一直想要的方式喝酒，而且那能行得通，那样没问题。我绝对不会喝醉，也不会把冰箱里剩下的结了硬壳的意大利面塞进嘴里，然后告诉戴夫，看着他难以抑制地依恋他人的肯定让我恶心，而我对那种依恋其实一无所知。我肯定不会开始哭泣，并用手把鼻子里的鼻涕擤掉，再问他为什么都不安慰我一下，为什么他会如此厌恶我的忧伤。

在一次会议上，当我讲到参加派对有多难时，有个女人提议在这种情况下我或许不应该在家里办那么多派对。然而，我参加会议不如以前频繁了，但办派对更频繁了。画着粗眼线的 22 岁孩子在我的厨房里一小杯一小杯地喝着烈酒。凌晨 1 点，我在冰箱里找野樱桃味健怡百事可乐——被我藏在豆奶后面以确保它安全的那罐——但发现它不见了。戴夫把它给了一个来访的诗人，他很清醒，也很渴。

"但是我很清醒，"我告诉他，"我很渴。"

这两点都是真的。我也确实可以说，"嘿，我们拉六十个人来我们家一起喝醉吧"，然而，我害怕设定又一项限制——我已经担心他会憎恨我试图设定的那些限制了——且喜欢想象自己并不会完全从寻欢作乐的境地被驱除出去。

派对结束，大家离开 30 分钟后，一个矮小的诗人从走廊的柜子里爬了出来。我们在捡红色的一次性杯子，杯子上依然沾着酒。"大家都去了哪儿？"她问，"都结束了吗？"

而我很羡慕她，因为她醉了。

在里斯的小说《早安，午夜》中，当萨莎最终决定把自己往死里喝时，她想到一个人要想彻底消失何其容易："你在一条路上平静地走着。你失足。你掉进了黑暗里。那是过去——或者未来。而你知道没有过去，没有未来，只有这片黑暗，微微地、慢慢地改变着，但永远都是如此。"

1939年，在出版了《早安，午夜》后，里斯自己也失足摔倒在路上——仿佛那部小说就是预言。里斯消失了10年，什么也没出版，也没有人知道她的去向。有传闻说她死在了一家疗养院里；她死在了巴黎；她死于战乱。偶尔有提到她作品的文章将她说成"已故的简·里斯"。

1949年，一个名叫塞尔玛·瓦斯·迪亚斯的女演员在周刊《新政治家》上刊登了一段私人广告，想看看里斯是否还活着："如有任何人知道她的下落，麻烦请联系。"她有兴趣将里斯的一部小说改编成一出广播剧。那时候，里斯已经（第三次）结了婚，结婚对象是个被取消了资格的律师，名叫麦克斯·哈默。他是个忠诚但反复无常的丈夫，在他俩1947年结婚后没多久就被判犯有欺诈罪。当里斯看到迪亚斯的广告时，她正一个人住在位于英国肯特郡的梅德斯通监狱附近，哈默被关押在那里。里斯自己也因为醉酒和扰乱公共秩序坐过几次牢。一份当地报纸刚刚刊登了一篇有关这样一次违法行为的报道，标题为："哈默太太行为焦躁，只是喝了阿尔及利亚葡萄酒"。当瓦斯·迪亚斯写下一篇关于"寻找"里斯的文章时，她把里斯从人们视线里消失的那15年写成了一个公开的秘密："然而，谁是简·里斯，她在哪里？"

她在哪里？大部分的时间，她都某个地方喝酒。她的日子循环往复，即使是她的传记作者都开始厌倦了。"简的生活，"卡罗尔·安吉尔写道，"实在像是同样的几个场景一次又一次重现。"喝酒让里斯开始发胖，也让她开始在墙上乱涂下只言片语："真理万能，终必奏凯。[①]"她用口红涂画着。

哈默被放出来之后，在隆冬时节和里斯一起搬到了位于康沃尔的一处夏日小屋。她在屋外放了一块告示牌，让别人走开："不给茶——不给水——不外借厕所。不给火柴。不给香烟。不给茶。不给三明治。不给水。不知道别的任何人住在哪里。什么都不知道。马上滚。"他们最终搬到了一个名叫切里顿菲茨帕恩的小镇，住进了一间破旧的小屋。房顶是漏的，老鼠爬满墙，而村民们都以为里斯是一个巫婆，因为她有一次在半夜三更将破碎的酒瓶砸在篱笆上。

在她"消失"的那些年里，里斯开始写起了那本最终让她成名的书。那是一本小说，关于夏洛蒂·勃朗特《简·爱》中阁楼里的疯女人——试图一改这个女人恶毒、精神错乱的形象，将她的背景故事写成一个从加勒比家乡放逐在外并被一个男人冤枉的女人。她跟里斯完全不同。

"我在努力写就一部新作品，"她写信告诉朋友，"我曾经是，或许现在依然是一个多么令人厌倦的人。但是，如果我可以写出这本书，那就不那么<u>要紧</u>了，不是吗？"

戒酒后的第一个春天，我从面包房请到了 1 个月的假，以便去一个叫雅斗的地方——位于纽约上州的一处供人写作的奢华住处。一半的我把这个月想象成一股创作的旋风，可以为戒酒那阴郁的长途跋涉提供正当理由，而另一半的我则想象它会是再次开始喝酒的完美之地：在一群陌生人中间，远离所有那些知道我曾是一个酗酒者的人。我听说雅斗是一个纵情酒色的混乱旋涡——不忠和醉酒的人在丛林

---

① 原文为拉丁文：Magna est veritas et praevalet。

里漫步——并想象着一间光鲜的、有木镶板的、令人仿佛置身于一颗核桃之内的图书馆，还有带着流苏的锦缎窗帘，以及发光的酒品推车。在那里，有人酒醉后口齿不清地背诵着《乌鸦》[①]。"在雅斗的每天早上，我几乎都会喝醉，"帕特里夏·海史密斯这样写道，"我是那个醉于神，醉于物质，醉于艺术的人，是的。"

戒酒在我能想象到的几乎所有方面都令人失望：它并没有修复我和戴夫之间的关系；它让我感觉筋疲力尽并且羞怯；它让我的写作变得毫无生机且太过用力。我是这样看待它的：仿佛我是自己人生的受害者，仿佛戒酒是一个蛇油推销员[②]，许下的诺言没有兑现。他带走了我在每天早晨醒来后最向往的东西，他把我带入一连串被一层灰色的薄纱布遮盖的疲惫日子，唯有我的抗抑郁药才能掀开它的一角。既然那种灰色已经隐没到我足以看清楚它的端倪，我告诉自己，喝酒不必如此黑暗。

我从未有过决心不再参加戒酒会的一刻，更像是我慢慢地脱离了它，带着一点愧疚，一连多日都向不太想去的念头投降，结果就一连几个月都没去。不参加会议，戒酒就成了我到哪里都要莫名背负的负担。

在开往雅斗的火车上，我把大部分时间都花在了斟酌是否要在车上就开始喝酒上。最终，我觉得那似乎太鬼鬼祟祟了。想要说服所有人我可以再次开始喝酒，但把这个再次开始搞得很诡秘，就不太好了。然而，在雅斗我并不准备跟任何人说我在戒酒，因为我相当确定，我很快**就**会再次喝酒，我向越少人把自己介绍为酒瘾者越好。因此，我告诉别人今年我庆祝大斋节[③]有点晚了，在复活节之后，而我正准备戒酒。我看起来并不清醒。人们疑惑地看着我。"好吧，那很

---

① 爱伦·坡的一首诗。

② 蛇油推销员，意指说话天花乱坠的江湖郎中。

③ 大斋节，复活节前 40 天，有些人会在大斋节期间戒掉一些习惯。

好。"也有几个人问，"你为什么不在大斋节期间做这件事呢？"

我说："那有点复杂。别为此费神了。"我确定没人为此费神。

雅斗像是画卷里的童话故事——一座宏伟的豪宅，从阳台上看出去是延绵的青草地，正式的会客厅里，椅子都装上了深红色的垫子，还有一连串名叫"鬼湖"的闪着光的池塘，一座石冰房子，作曲家在那里将声音化为风景。我以纯粹兽性的力量投入那本桑地诺小说的写作中，然而，文字缺乏脉动。我很高兴自己无法上网，这样我就没法把一天又一天的时间都花在查看我的小说是否奇迹般地回到亚马逊酗酒文学分榜前一百名中了。既然在任何一栋楼里都没有电话信号，我不得不走上一条泥路——来到那么一个转弯处——直到我可以从电话里听到戴夫的声音，而到了那个时候，我通常都是在讲话过程中试图了解他是否见过德斯蒂尼，一边无力地遮掩着，让自己听起来很随意。"你在读书会后，跟别人一起出去了吗？"我声音中的怀疑如此明显，我对此如此厌恶，就像我厌恶他那一丝不漏的回答。

夜晚变得僵硬而不舒服。当镇静的表演艺术家将他们的工作室变成装置艺术空间并在我们每晚的桌球游戏——一种名为"猪"的版本，参加游戏的人必须跳上桌，用手把所有的球推进洞——前就喝得有点高时，我则很清醒，深陷困境，很担心有鹿蜱，惧怕得莱姆病。有一晚，我躺在床上，三个艺术家在我门外的客厅里喝酒谈笑。他们仿佛在对着我的耳朵大笑。我紧紧蜷缩起来，内心满是憎恨。虽然我也听不太清楚，但不论他们说的是什么，听起来都并不好笑。我为我古板、禁欲、没有酒的生活而感到羞耻。初中时代——我很出风头地穿着一条背带花裙子，裙围转起来，刚好显露出我那没有剃过毛的腿——之后，我就再也没有感到如此与世隔绝过了。我想过让那些艺术家安静一点，但无法忍受解散一场派对，一场我并没有被邀请参加的派对。"不就是那个不喝酒的女孩吗？"他们会悄声嘲笑，"我们应该让她睡觉。"我自己的欲望被限制了，且毫无欢乐可言：我想要早点睡觉，这样我就可以早点起床，然后工作，或是体罚自己，在凉爽的黎明绕着鬼湖跑步。

有一天我跑步回来，看到一只蜱在我的大腿上。慌乱之中，我查阅了房间里的《防蜱安全手册》。那只蜱是部分被塞饱了，还是完全被塞饱了？我不知道。它看起来像是被某种程度地塞饱了。它看起来像一个邪恶的小纽扣，无所不能。我用一个专用的蜱镊子把它夹了出来，它紧咬我的皮肤，像拉起一顶小帐篷。随后，我惊慌地赶到了当地的医务所。那一天，我服用了抗生素，那并不是晚餐时间非谈不可的话题，但我没觉得有什么是非谈不可的——蜱或者其他任何什么。我只不过是一个长期抑郁症患者，我做对事的次数很少，但都令人难忘。其他住客都是与生俱来的讲故事能手，都带着一箭筒一箭筒的趣闻逸事，在有橡木镶板的餐厅里喝着好的葡萄酒，然后分流成一个一个小圈子，在夜晚喝更厉害的东西。

当我离开雅斗时，我已经下定决心要再次喝酒了。回程的路上，我都在思考要如何把这个决定传达给戴夫。"戒酒一段时间是好的，"我会说，"然而，我想我可以开始了。"我必须得让它有说服力。最重要的是，我必须得让它听起来漫不经心，说这话时不能像个把飞机上所有时间都用在考虑如何讲这话的人。我很紧张也很急切。我确定自己找到了恰如其分的辞令。

八

复 萌

我再次开始喝的第一杯酒是曼哈顿鸡尾酒。那是在 5 月。空气暖暖的。我爱那冰冷的、加了糖的甜苦艾酒顺着我的嗓子滑行而下的感觉。戴夫在厨房里为我调制那杯酒，我心甘情愿地等着他。我已经等了 7 个月了；我还能再等半个小时。

戴夫相信我这次喝酒可以做到与过去不同，因为我告诉他我可以。我需要他的首肯，因为我很羞愧——我多么迫不及待地想要喝酒，我多么一丝不苟地精心编织了我再次喝酒的理由。我所想象的正常喝酒就是这样的：在一间有烤面包机和一只摇摇晃晃的、三个轮子的洗碗机的厨房里，和你爱的男人一起喝一杯鸡尾酒。

我喝这第一杯酒之前的那一刻，是我有过这样一种念头的最后一刻：或许我不需要它，或许我只是想喝它。之后我就喝了，然后就又需要它了。

那晚，我刻意只喝了一杯曼哈顿。仅从一杯酒中就得到一种迷醉真是个奇迹。我告诉戴夫，我不想再喝第二杯了，即使我一心想再喝第二杯，再喝六杯。但我希望这再次开始喝酒的第一杯显得体面、有节制。那个谎言不仅仅在于说我不想再喝了，还在于说得漫不经心，带着如此预谋已久的轻描淡写，而事实上我很清楚自己想喝酒想到什么地步。

刚开始的那几个月，我试图遵守某些规则——我在"大书"阅读会上做白日梦时编出来的规则。从一开始我就很清楚，我宁可每周醉三晚也不要每晚都限制自己只喝"一两杯"。不醉就失去了喝酒的意义。完全不喝酒的那些夜晚就是克制的战利品——口袋里攒够了这些清醒的积分，便意味着我有权享受一夜的彻底放纵。

那年6月，戴夫为了给我过生日，带我去到威斯康星州的一个水上公园。在这个号称美国最大的水上公园里，我们滑下管状滑梯，在露天的漩涡里打转，加了氯的水"嘶嘶"地急速流转；之后，我们玩了镭射枪，又玩了迷你高尔夫，得分完全一样，那当然是来自宇宙的信号——赞成我们此番冒险，以及我再次喝酒的决定。我们又一次成了土匪、突发奇想者、阴谋者。我们住进了一家提供住宿及早餐的小旅店，装饰草坪用的石头上刻了一些至理名言。就在这种环境下，我度过了27岁生日。那晚，我喝了一杯玛格丽特鸡尾酒。当然，那晚我花了不少时间揣测：我们会喝醉吗？如果他不喝醉的话，我可以喝醉吗？如果他看到我试图喝醉，他会作何感想？然而，我们并没有喝醉，我们依然很开心。我确信，这次一切都会有所改善，我会像一个从来不惦记喝酒的人一样喝酒。回家的路上，我们经停一个名叫索伦的小镇，并在那里吃上了超大块的里脊肉，相形之下，那些餐包仿佛是架在上面的小帽子。这个世界满是水上滑梯！满是戴着小面包帽子的巨大里脊肉！

那年夏天，我为面包房做婚庆蛋糕的运送工作。每个周六，在完成我的例行厨房事务后，我会将三层蛋糕送往挂有圣诞灯饰的大房子，那些灯饰宝石般的色彩映照在一排排闪光的玻璃罐上。送蛋糕的时候，我基本上都只在想两件事：戴夫和我最终会结婚吗？以及，我会摔坏这只蛋糕吗？我开始沉迷于深水地平线的漏油事件①，它的恒

---

① 指2010年英国石油公司在墨西哥湾造成的漏油事故。

久不变，那种在水中绽放的无尽黑暗：就是现在，以及现在，以及现在。在我想象这场漏油事件的每一刻，它都在发生着；在我没有想象这场漏油事件的每一刻，它也在发生着，直至他们最终用足够的泥土和水泥把它堵上：一种静止的终止。

既然我已经否认自己是一个酒鬼了，我知道自己就应该适度饮酒，但我又觉得自己有权做与此正相反的事：几个月的禁酒意味着我应该什么都能喝了。就像那个棉花糖实验：如果孩子们可以在一段时间内控制自己，眼看着放在他们面前的棉花糖而不去吃，他们就可以得到额外的棉花糖以资奖励。现在，我应该可以拿到某些特别的、比其他孩子多一倍的奖励了。

戴夫将前往希腊参加一个资助写作计划，并在那里度过整个 7 月，我在背地里为他的出行而感到兴奋，因为那意味着我可以一个人在我们的住处，想喝多少就喝多少，没有人会看到。"一幢房子 / 没人在家，也没人会回来 / 而我可以随心所欲地喝酒。"不用在酒吧喝酒实在让人松了一口气。得了吧，酒吧。别人喝一杯杜松子汤力的速度慢得堪比冰川融化，所有的冰块都化了还没喝完。

然而，我也想象着此番旅程对戴夫的意义：与其他女人的深夜长谈，有那么些时刻，她们会误以为和他有某种可能，还有一些时刻，他最终也会误以为和她们有些可能。我一直都害怕在自己背叛彼得后，遭到报应，被人背叛。过了好些年我才想到，对我的惩罚或许是害怕本身。

虽然我深爱我的母亲，也喜欢跟她待在一起，但当她要来跟我住一个礼拜时，我感到很烦，因为在那一周，我就无法随心所欲地喝酒了。她抵达的前一晚，我拿着两瓶葡萄酒坐了下来，为即将到来的、按部就班的一周做好防御工作：今晚我一定要喝到极致。最后一线光像糖浆一样，正透进那美丽的朝西的窗户，我躺在橙色的躺椅上，被霞多丽融化了。有时候，黄昏就像是葡萄酒，带有某种厚度和甜度，渗入我的血液，在我的体内嗡嗡作响。有时候，我想象着酒在我的血脉中涌动，就像是他们在我的消融手术中使用的导管，从臀部一直穿到心脏，尝试完成它那奇迹般的、必要的工作。

我的小说《复萌》——关于一个并没有复萌的女人——在7月出版了，那是在我完成这部作品的2个月后。虽然当时我并不把我重新喝酒视作一种复萌，而更像是对于一个分类错误的纠正：我错看了自己，如今我搞清楚了。"复出"这一有关复原的词曾一度让我想到一个北极探险者在未带指南针的情况下重回冻原带。然而，我不再认为这些有关复原的说法适用于我。我已经离开了那个系统的电路，而如今是夏天——日头很长，且带着白葡萄酒般的光。

戴夫在希腊时，我们给彼此发送简讯。他向我描述了在科孚岛旧堡垒，如何通过白色墙壁上的投影观看世界杯。我则向他讲述了我如何请面包房的女孩们来我们家，在厨房里吃香蒜酱沙拉喝玫瑰酒，以及我的老板穿着白色的破洞牛仔裤，带着我们去科勒尔维尔的大影城看一部青少年吸血鬼题材的爱情电影。他告诉我，他如何记住通往一家皮塔三明治店的鹅卵石小径，以及在温热的夜晚吃着饭，番茄汁顺着他的下巴往下滴。我告诉他，我如何在索伦牛肉日的庆祝活动中玩宾果游戏。他写到，他深夜时分在大洋里游泳，结果一只海胆的刺扎进了他的脚。我想要为他洗脚并包扎伤口，或许还会问他："你在跟谁游泳？"

当我妈看见我冰箱上的葡萄酒时，她说："你没告诉我你又开始喝酒了。"我说："哦，我以为我跟你说了。"我在脑海中练习了无数次这段对话，就像我们真的这样对话过一样。这会儿，我看得出她试图不说错话。我讨厌努力证明自己再次开始喝酒毫无问题，因为证明本身就意味着它有问题。停下又再次开始是一个混乱的故事，它意味着要么我过去把自己称为酗酒者是在撒谎，要么我现在说自己不是个酗酒者是在撒谎。

李·斯金格的回忆录《中央车站的冬天》极其慷慨，部分原因在于，它愿意展现复原的混乱。你可以说斯金格的故事讲述的是一个无家可归的人逐渐找到家，一个上瘾者逐渐放下他的烟枪，或一个讲故事的人逐渐找到自己的表达方式，但它肯定不是山顶上的幻景，将世界分为之前和之后的分水岭。它的第一幕或许给人以一种改变并不难的承诺——就在斯金格在地库的锅炉房里抽着烟枪里残留的最后一点毒品时，他发现了地板上的一支铅笔——然而回忆录的其他内容都坚持将他的复原用更复杂的情节来呈现。

这第一幕似乎成了整本书叙述弧线令人欢欣鼓舞的结论：烟管换成铅笔。然而，在他发现铅笔的那一天又如何？他依然肆无忌惮地抽着大麻树脂。即使在他开始定期为一份名叫《街头新闻》的报刊撰写专栏后，"﹝他﹞每天会做四件事：迅速地拿些钱，抽些毒品，彻底迷醉，然后写作"。对于斯金格来说，两者是有交叠的——他在写作，也在吸毒，前者并不能轻易地替代后者。他坐在电脑前，思绪早已飞出了窗外，而心神则留"在烟管里"。他记得想要吸毒的"渐渐发酵般的期待"，记得那一块块利马豆般大小、奶油色调的毒品，以及它们那"焦糖和氨的烟"，记得那种"黄-橙的光"在"绽放、摇摆、转淡"。

即使斯金格终于戒了毒，他还是复萌了。有一次，他起了念头，却没有吸毒，而是去看了场电影；也有一次，他从一个老妇那里偷了5 000美元，足够他狂吸快克三个礼拜。斯金格甚至承认，他拿着出版商的写作合同，一边疯狂吸毒；或许也正是因为拿到了出版商的合同，他才疯狂吸毒。他参与了一项门诊戒瘾计划，那儿的一个辅导员问他是否愿意为了复原放弃写作，斯金格意识到他一直"固守着这样一种想法，要像一个船只触礁失事的人紧紧抱着礁石一样，把《中央车站的冬天》写完"。他看到一股源源不断的欲望丝带般贯串着他的一生：不仅仅是对于毒品的渴望，还有以写作替代毒品的渴望。他复原故事中的瑕疵并没有背负那个重担——提供一个完美无缝的叙述弧线：上瘾—讲故事—好转。他的书承认他的故事即使在被讲述后也不会结束。

在我复发的那个夏天，我喝酒的大部分时间都挂着拐杖。戴夫从希腊回来一个月后，一辆车碾过了我的右脚，在我肿起的足弓上留下了瘀青的轮胎印记。我一度穿着人字拖。在急诊室里，我主要是在揣度他们会开多少止痛药给我；事后，在家中，我试图尽量自力更生——自己拿东西，挂着拐杖既拿咖啡又拿盘子——因为我讨厌叫戴夫再次照顾我。不过，当然了，一部分的我又极度渴望他照顾我。

挂着拐杖喝酒时，我觉得自己像个卡通人物。有一晚，我从狐狸头酒吧的楼梯上走下来时绊了一跤——当我的手掌准备撑向沥青地面时，拐杖噼里啪啦摔在了地上——并想到了尼加拉瓜的那个单腿魔术师。那时候，我曾想"你应该把自己照顾得好一点"，如今，我成了那个单腿跳着走的人，倚着桌子来平衡我的拐杖，这样可以腾出一只手来端我的酒。

大多数早上，我以浮肿的双眼和口干舌燥的嘴从纱窗的另一边面对我那些虚构的桑地诺人。我曾希望写作可以为我解酒，就像阳光驱散大雾，但这部小说还是没有生气，而这基本上就是对我的唯我论的证实。一旦我试图写一些超越自己的东西时，我好像就写不出什么好东西来。就像查尔斯·杰克逊向一个朋友抱怨他清醒时想要写自己"以外的"东西："一旦我无法个人化，我的文章就散架了。"我会停在一个段落的结尾，盯着后面的那一大片空白。"我可以去任何地方。"我曾经这样告诉自己，试图想起"可能"是什么感觉。我会想到冰箱里还有些什么：半瓶霞多丽，蓝带啤酒。我会看下钟。离黄昏还有多久？

挂着拐杖无法在面包房工作，而我想念以一种简单、基本的方式发挥一些作用。洁米在特百惠塑料罐里装了融化的巧克力和筒状的防油纸，以便我可以在家里、坐在地板上——就在窗式空调边上，因为整间公寓其他任何地方都太热了，巧克力都不会结块——帮忙做蛋糕装饰，并雕刻一排一排的雏菊。

与此同时，我试着以魔幻现实主义的风格重启我的小说，而我曾发誓永远不会选择这种风格。谁会想看一个身在艾奥瓦的女人以魔幻现实主义的手法写尼加拉瓜的一场革命？伊芙·科索夫斯基·塞奇威克描绘称，上瘾者会把"慰藉、憩息、美丽或能量"投射到他的依赖性物质上，也就是她所谓的"错误地认为那魔幻的一刻是美丽的"。不论是写作还是生活，我都在那样做：寻找机器里的神灵——让喝酒带给我脉动，让我那些丛林游击队员们发现树上闪着光的蜂窝。

我在炎热的公寓里花了很多时间试图告诉自己，我已经理顺喝酒这件事了。我的抑郁让它变得糟糕，但是我现在已经服上抗抑郁药了；或者我和戴夫之间的事让它变得糟糕，但是我们现在可以更好地共处了；再或者就是复原本身，它用一种莫比乌斯环般的逻辑让我相信自己就是个嗜酒者：如果你认为自己不是个嗜酒者，那么你很可能就是——这都是什么胡说八道？这完全就是个死胡同。当然，我确实感觉每晚都想喝一杯，但或许正是因为我参加了那么多戒酒会，而会上所有人都在谈论那种感觉，我才会有这种感觉。当时，把自己认定为嗜酒者对于我认清自己有所帮助，于是我就赋予了自己这么个身份。如今我讨厌这些会议，它们会把我与饮酒之间的关系变得不那么纯粹。就像是那个有关两个醉汉看了电影《失去的周末》的笑话，当他们从电影院里走出来时，第一个说："我的天，我永远不会再喝了。"第二个回答："我的天，我永远不会再看电影了。"

我心里有个细微的声音在探讨一种可能性：或许有些人不会每天都花那么多时间试图确定，他们迫切想要喝酒的欲望是在戒酒会之前就有了的，还是因为戒酒会引起的。然而，它让我心烦，那个声音。我试着不去听。

整个适度饮酒的计划让人发狂。第一次听到"为醉而喝"这句短语时，我觉得这种赘述颇为幽默。你当然是为"醉"而喝，就像你是为了得到氧气而呼吸。对于为何适度饮酒就像是持续的、杂耍般的扭曲，这也做出了一定的解释。

有一晚，下班以后，在一个名叫圣所的酒吧，面包房的其他女孩在点啤酒——圣所因其啤酒而出名——因此我也叫了啤酒而没叫更猛的东西。然而，我仔细地查看了酒水单上每一种啤酒的酒精度，以便点出酒精度最高的那一种。"我总是选择名字具有讽刺意味的，"我这样说，试图解释为何我点了浅粉象[①]，接着又补充道，"我讨厌啤酒。"然后又点了三瓶。

8月，我在城外一个农舍为戴夫张罗了一顿生日晚宴。在那里，一个法国侨民用烧木烤炉烤制爆出黑色泡泡的完美比萨：核桃和鼠尾草味的、蓝芝士和蘑菇味的。我们在她的门廊上吃着比萨，一场雷雨照亮了玉米地，简直美呆了：夜的湿气渗进窗户里，闪电噼啪作响的手指划过天际，我们的嘴里是热乎乎的芝士和脆脆的比萨面团。我拄着拐杖，踩在参差不齐的木地板上，去浴室的时候几乎头朝下摔倒，并惊叹："我为何要在喝醉后，才能感受到这种美？"

很久以来，我一直认为喝酒与厌食症是相反的，是一种放纵，而非限制。然而，就在我尝试适度饮酒的那段时间里，我开始看到自己与喝酒的关系是那些充满限制的日子的直接延伸。让自己挨饿意味着抗拒一种无尽的渴望，而喝酒意味着向其投降。然而，在这两段经历中，我都因为那种执念而感到羞耻，仿佛我被一种欲望吞噬，而这种欲望如此狭隘。当我限制自己进食时，我为自己只想要吃——不停地、鲁莽地——而羞愧，而当我酗酒时，我为自己只想要喝酒而羞愧。试图控制饮酒量恰恰让我看到那种欲望有多深，就像向一口井抛一块石子，而一直听不到它落到井底的声音。

在一次狂饮中，简·里斯用一块砖头砸穿了邻居的窗户。里斯后来为自己辩护说，那个女人的狗"具侵犯性且好斗"，曾经袭击过她的猫。里斯所处的世界，或者说，在里斯看来她所处的世界，总是在

———————

① 浅粉象，一种比利时啤酒。

故意整她。一个朋友将她的自怜比作老唱机上卡住的针头，"一遍一遍地重温这样那样的痛苦"。在丽贝卡·韦斯特①刊登于1931年的一篇名为《某些新小说中对于痛苦的追求》的书评中，她认为里斯"证明自己醉心于忧愁已经达到了一种难以置信的地步"。《卫报》上刊登的一则关于里斯的人物介绍用了"注定悲伤"这一标题。

然而，里斯并不认为她的作品有什么特别悲伤之处，她觉得那不过是事实而已。她讨厌采访者总是将她推进一个"预设的角色，受害者的角色"。她往往受不了自己。她给好友的一封悲伤的信如此结尾："呻吟小调的终结。"她告诉一个采访者，每个人都把她小说中的人物看作受害者，"而我不喜欢这一点。每个人都在某种程度上是个受害者，不是吗？"在里斯看来，她似乎是唯一愿意有一说一的人："我是一个参加假面舞会却没有戴面具的人，唯一没有戴面具的人。"

最终，她向她的采访者拿出一份《权利声明》：

> 我不是妇女解放运动的热衷分子
> 也不是个（长期）受害者
> 也不是个该死的笨蛋。

里斯从来不想成为一个"（长期）受害者"。我很喜欢那个括号：她依然想要保留不时成为受害者的权利。

里斯的第一个传记作者卡罗尔·安吉尔将她称为20世纪最伟大的自怜艺术家之一，她的第二个传记作者则跳出来为她辩护。"我在里斯的作品和人生中并没有看到自怜，"莉莲·皮齐基尼这样写道，"我看到一个愤怒的女人，她有理由感到愤怒，她所见的是荒凉。"然而，为里斯辩护，说她的作品和人生中不存在自怜，就像是为一只

---

① 丽贝卡·韦斯特（Rebecca West，1892—1983），英国作家、记者、文学评论家及游记作家。

蜘蛛辩护，说它从未伤害过一只苍蝇。蜘蛛的优雅之处在于它如何用那错综复杂的蜘蛛网杀死苍蝇，而里斯的优雅之处不在于她拒绝自怜，而在于她无情地描绘了自怜的强大力量——永远日新月异，从无太多歉意。

里斯不断地通过将自怜的借口抽丝剥茧来剖析它。她笔下的女性是她的刚毛衬衣①：通过她们，里斯可以同情自己、责骂自己、羞辱自己，并且让自己去殉难。她依然是那个砸碎了娃娃的脸，然后又予以哀悼的小女孩。她的自怜不是某一架老唱机上卡住的针头，因为那首歌一直在变。她笔下的一个人物将自己的脸想象成一张"受尽痛苦和折磨的面具"，她可以随时把它摘下来，或是配上"插着绿色羽毛的一顶高帽子"。这种自恋不是直接的，而是拐弯抹角的，在它见不得人的容貌上插着一根绿色的羽毛。

为里斯的作品辩解，坚称其不带有任何自怜，就已经接受了自怜必须被全然抑制的前提条件。这就类似刘易斯·海德声称《梦歌》花了太多的篇幅在嗜酒者的自怜自艾上。然而，里斯和贝里曼都拒绝忽略自怜自艾，尽管它丑陋且令人羞愧，但它是痛苦的一部分。

重新开始喝酒并不是我自怜的起因——在清醒的时候，我也一样在自怜——但酒肯定燃起了它，在那年秋天的一场派对上，它彻底点燃了。那是我们在艾奥瓦的第二年伊始，当时我坐在厨房的楼梯上，把拐杖靠在身边的台阶上，跟一个觉得我看起来有些滑稽的诗人聊天。

"你希望我在跟你说话时看你的哪只眼睛？"他问道。

"什么？"我说。他喝醉了，我也喝醉了，但我还是感到很震惊。

他开始长篇大论地说起他如何一度住在波士顿，在那里，他认识一个男人，他的一只眼睛总是飘忽不定——大家如何假装没看见他

---

① 刚毛衬衣，苦行者或忏悔者贴身穿的衬衣。

那只飘忽的眼睛，而事情因此变得更糟。这个诗人不想这样对我。

"但我没有飘忽的眼睛。"我说。

他相当好心地说："这也没什么好难为情的。"

我拿起拐杖，走向房间另一头的戴夫，把他拉进了洗手间。"跟我说实话！"我说，"我的眼睛是不是飘忽不定？我是不是一直都这样？"我觉得受到了背叛。我紧紧盯着他。"就现在，我的眼睛是不是在飘忽？"接着，我又在门廊上打了电话给我妈，醉着，哭着。"你必须得告诉我！"我说，"你是不是一直都在骗我？"

"你在说些什么？"她问，接着，停了一拍之后，"你在哪里？你还好吗？"

虽然我并没有飘忽的眼睛，但我开始确信我可以感觉到眼球在脑壳里转动，仿佛那就是飘忽的眼睛应有的感觉。或许只有在足够醉的时候我的眼睛才会飘忽，就像一个可怕的扑克故事一样。一连好几天，我都对此鬼迷心窍——整个世界都一直向我隐瞒的这个秘密。

我讨厌在市里看见戒酒会的人，然而那是一个小地方，因此这种情况经常发生。我在进出海威超市时对放酒的那一排进行了精准的突击，这样就不会让戒酒会的人在经过时看到我站在那里：一个极其痛苦的失败者，"只是在做一些调研工作"。这是复原中的人对再次喝酒的说法。有一晚，在爪哇之家，我看到戒酒会的一个人正在给他倡议的人开展十二步骤的戒酒工作。更准确地说，是他看到了我。"你怎么样？"他问，而我本能地红了脸，把他的话听成"你酗酒的情况又恶化了吗？"

"我好得很！"我说，然后意识到我的声音太大了，因而又小声地、诚恳地说，"我真的，真的很好。"

在《失去的周末》成为畅销书后，所有人都希望查尔斯·杰克逊写一部续作，一本解释唐如何"从中走出来"的小说。就像杰克逊以前的医生说的那样，这本续作或许会"落入某个需要它帮助的人的手里"。杰克逊将这部续作的标题暂定为"解决"，但他对此并无热情。就像他数年后对某匿名戒酒会小组说的那样，他并不觉得文学旨在"解决精神问题"。

另外，事实上，杰克逊自己也没有彻底"从中走出来"。在《失去的周末》出版几年后，他开始服药，然后于1947年再次开始酗酒——他在巴哈马度假时终于没忍住，喝了一瓶冰啤酒。"你知道，"他告诉他的妻子罗达，"我又开始喝酒了。"巴德·威斯特，那个在10年前用皮博迪法指导杰克逊戒酒的辅导员，同年在一次狂饮中丧命，他在醉后砸碎了一个威士忌瓶子，并吞下了碎玻璃片。

杰克逊写出了一本极其成功的有关酗酒的书，而又因戒酒出了名，他保持形象的压力重重。"没有什么会让我再喝酒，"在复发的一年后，1948年由其出版社发出的一份宣传册上，他如此写道，"我的房子或被烧毁，我或失去一切能力，我的妻儿或被杀害，而我依然不会再喝酒。"然而，真相还是被曝光了。以"《失去的周末》的作者自己失去了一个周末"为标题的新闻被刊登了出来，当时杰克逊醉驾驶过分道标，与另一方向的来车迎头相撞。

某种程度上，杰克逊那部酗酒小说的成功让他更难保持清醒。在他1947年复发后，罗达在情急之下写信给杰克逊的兄弟博姆："我昨天才意识到……他是如何停止喝酒的。他深信自己是个伟大的作家并且要证明给所有人看，出了名以后，以前一直支撑着他的东西突然没了，而他还没找到可以取代它的东西。"当然，《失去的周末》并没有承诺美好的结局。书的最后，唐给自己倒了杯酒，并爬到了床上："谁也不知道下次会怎么样，但何必为那担心呢？"

对于唐的结局，杰克逊执意不承诺任何解救，他甚至就1945年其小说电影版的最后一个镜头大动干戈。那是比利·怀尔德改编的版本，并获得了数项奥斯卡奖。在影片结尾，清醒的雷·米兰德在一个威士忌酒杯里掐灭了他的香烟，完事后，又坐在一台打字机旁，开始写我们刚刚看到的那个故事。虽然电影得了好几项大奖——电影获得了奥斯卡最佳影片，米兰德获得了最佳男主角奖，怀尔德获得了最佳导演奖，杰克逊和查尔斯·布拉克特一起获得了最佳改编剧本——但杰克逊依然为他们做出的改动怒火中烧："查尔斯和比利的电影远非基于我的小说，而是基于他们碰巧了解到的我的个人情况，"他写信给一个朋友时这么说，"而那是错误且虚假的，因为那样就暗示我是通过写一本关于酗酒的书，就将一切抛到脑后，彻底解决酗酒的问题了。"杰克逊不仅讨厌这个美好结局中呈现的情形，更讨厌达成这个结局的方式。他讨厌这部电影兜售了一种虚假的希望——叙述就可以实现救赎。

那年秋天，我在重新开始喝酒的 4 个月后，驱车来到了怀俄明州，参加另一个居住写作计划。远离家园喝酒的慰藉让我几乎感到狂喜。在靠近恶地国家公园和那布满条纹的石塔的地方，我找到了天堂：一家极小的路边汽车旅馆，"有空房"的霓虹灯在发光，一去数英里都荒无人烟，除了我唯一需要的——马路对面的一家小酒吧。不等我说，酒保就会给我的杯子满上双份。就在那个发着光、带有仿木板样子的惬意房间里，我谁都不认识，且只需蹒跚着过条马路，就能爬到那扎人的床单上；无须道歉。

在怀俄明，我在艺术家们的工作室里和他们一起喝酒。有一晚，我跌跌撞撞地走过那片牛场，绊了一跤，脸先着地地摔到了牛路坑的铁栅栏上。我还和作家们在一个名叫薄荷酒吧的地方喝酒，那里满是烙下牛印的雪松木瓦，这家酒吧的标志是一只发光的霓虹灯，上面有个牛仔骑着一匹拱背跃起的马。在那里，从来没有人听过我说："我是个酗酒者。"

在途经南达科他州的回家路上，在回到戴夫身边之前，我很期待最后再自由自在、寂寂无名地喝一晚；期待在同一家汽车旅馆停下来，穿过马路，去到同一家酒吧，那个有皮座椅和绿台灯的酒吧，它的木质柜台像枫糖浆一样丝滑。然而，我没有找到正确的出口，并最终来到了张伯伦①的一家超 8 汽车旅馆。那里的房间面向停车场，而我并不想走着去我沿路在 1 英里之外看到的一家酒吧。因此，我开车来到了加油站，买了两包共十二罐迈克的硬柠檬水②，或许是因为如果跟任何认识的人一起喝饮料，那将是最令我蒙羞的一种东西。

收银处的女人看着我那两大包六罐装。"我喝不了这个东西，"她说，"让我真他妈恶心。"

"我的朋友们喜欢。"我说，一边耸耸肩。

这段对话中的某种东西揭掉了那个夜晚的皮，暴露出那次冒险可怜的本质。为什么我那么不顾一切地想要在南达科他的一家破烂汽车旅馆里喝硬柠檬水？我把那两包六罐装饮料带回了房间，但是它们用指责的眼光看着我——失败者的标志。我把那两包六罐装饮料装进了后备厢，就为了向自己证明我不需要它们，不需要喝任何东西。

我在汽车旅馆的房间里坐了 5 分钟，又回到了车上，从后备厢里拿出那两包六罐装，准备把它们带回房间，半途又想，"这是疯了，我为什么左右摇摆？"然后又转回来，把它们放回了后备厢。接着，又觉得如果我如此沉迷，就应该直接喝了它们，因此我打开后备厢，把它们带回了房间，打开电视机，锁上门，把自己送进了那张甜美的、令人恶心的薄纱——用硬柠檬水灌醉自己。

那年秋天，我在跟心理治疗师聊天上狠下了一番功夫——什么都聊，就是不聊喝酒。我跟她讲述我和戴夫的争吵，但小心翼翼地绕过了酒的话题，仿佛那是一个被我切掉的肿瘤。我开始再次自残，就像你在派的外皮上戳洞，这样就能在烘烤过程中让派里面的热气冒出来些。有一天，戴夫看到了我脚踝上的刀痕，就问我是否需要就此谈一谈。我说不需要。

---

① 张伯伦，南达科他州城市。

② 迈克的硬柠檬水，一种柠檬味酒精饮料。

233

我的日记里都是醉后的草书："我相信我内心有美丽的东西。什么时候能到头？"接下去，我的字变得愈发大、愈发乱，且停不下来："我知道我已经喝了一瓶半的葡萄酒，且……"那个"且"字慢慢消散。另一晚的日记："我只是想——我不知道……"而我当时真的不知道。

我最终跟治疗师谈及喝酒的事，是因为我厌倦了绕着这个话题兜圈。"我喝醉之后情况很糟。"我告诉她，并开始哭泣，停不下来。我已经开始想到我们的对话会玷污我那一夜的醋饮，就像一根头发卡在我的喉咙里。

我问她，当她看着我的时候，她看到了什么。

"羞耻，"她说，"没有其他任何词汇可以形容我在你脸上看到的。"

比莉·荷莉戴最终垮掉时，已经是 45 岁且无可救药了。那是1959 年的夏天，她因为数年滥用海洛因而变得虚弱，并因为肝硬化而承受着巨大的痛苦。她形容憔悴，全身都是打毒针留下的印记，腿上布满了打针引起的溃疡。她在入住纽约大都市医院后告诉一个朋友："你看着吧，宝贝。他们会在那张该死的床上逮捕我。"而他们确实这么做了。缉毒员在她的医院病房里找到（或者说藏匿）了一包锡箔包着的海洛因，并把她铐在了床上。门口有两个警察站岗。就在大都会医院的那间病房里，她被拍下了罪犯脸部照片并收集了指纹。

这之前的几年，荷莉戴发行的最后几张专辑反响褒贬不一。有些歌迷认为她晚期的嗓音背叛了之前的荣耀："一个开放性伤口……声带已经被损得不成样子了"，经年累月的抽烟和自残让她的嗓音变得沙哑。有歌迷则认为这把嗓音浑然天成并且楚楚动人，是她多年不变的个人精髓的浓缩——最纯正的她。然而，几乎每个人都听得出，她晚期的嗓音里记载了她的精神创伤，记录了她所忍受的和对自己做出的一切事情。在录制最后一张专辑《缎衣女伶》时，她用一只水罐喝杜松子酒。一场录音前，她拿出 1 品脱[①]，说："现在我要吃早饭了！"

在她生命的最后一段时间里为她编曲的雷·埃利斯在他们初次见面时颇感失望：

> 我看过她10年前的照片，那时她是个美人。当我见到她时，她却是个令人反感的女人……她看起来有点不堪，有点脏……我吓了一跳，因为我有这样一种印象，她会让你感到兴奋，而你会愿意跟她上床。但是我觉得不论为了什么，我都完全不会在**那个阶段**跟她上床。

她应该是美丽而备受伤害的，然而——对于埃利斯而言——她受到的伤害已经毁掉了她的美丽。她的自我摧残不再光辉。1956 年，当斯特兹·特克尔[②]在南芝加哥俱乐部看到她时，他注意到"其他顾客也在喝啤酒和小杯烈酒时哭泣"，并坚称："还是有某些东西在，某些将艺术家和表演者区分开来的东西：自我的展露。我在这里。不会太久，但我在这里。"

然而荷莉戴在歌曲中展露的那个"自我"，人们在她的歌中听到的那个备受伤害的自我，他们**想要**听到且在某种程度上是为他们自己构建的自我——那个自我只是她的一部分。还有其他部分。她一直想拥有一个家庭，梦想在乡下买个农场并收养孤儿。她试图以母乳喂养干儿子，但她的乳房里没有奶。她还试图在波士顿领养孩子，然而法官不准许她这样做，因为她吸过毒。她青少年时期就怀过孕，并在芥末浴里泡了 18 个小时，以期结束妊娠，因为她的母亲不想让她在婚前生育，但是她之后告诉一个朋友："一直以来，我唯一想要的就

---

① 1 品脱约合 500 毫升。

② 斯特兹·特克尔（Studs Terkel，1912—2008），美国作家及播音员。

是那个孩子。"

当她被手铐铐着躺在医院的病床上时，抗议者在大都会医院外高举着这样的标牌："让女伶活下去"。而在她入院 6 周后，在 7 月，她死去的那一天，弗兰克·奥哈拉[1]写道："所有人包括我都停止了呼吸。"

初次参加匿名戒酒会一年之后，我发现自己在墨西卡利的一间厕所隔间里醉倒了。当时我正参加一场文学大会，好几个月都没喝得那么自由了，就在黄昏下，跟我的新朋友——一位来自秘鲁的小说家——一起坐在露天看台的铁板凳上，来回互传一只酒瓶，凌晨 3 点还在一家黑顶的游乐园主题迪斯科舞厅里跟一个在秋千旁快速旋转唱片的男人一起跳舞。在某一刻，我想：如果我保持清醒，现在就戒酒 1 年了。

在家里，戴夫和我一起办了一场被我们称为"10 月百乐餐"的派对。正值 10 月，又是百乐餐。我们拿出来的是章鱼。我们买了冻在一大块冰里的冷冻章鱼，并拿出小纸杯，就像喝小杯烈酒那样，里面装满了油煎章鱼须。我们做章鱼时用的是地狱辣酱，就像我们最初在意大利学到的那样。之后的那两年里，我们用地狱辣酱做了很多种鱼：地狱酱罗非鱼、地狱酱比目鱼、地狱酱橙棘鲷。只要那条鱼是白色的、去骨的，我们大概都会把它放进地狱辣酱里。如果戴夫在那第一个夏天里向我求婚的话，我会答应他。然而，10 月百乐餐就是失落世界的证明。如今，我们的厨房里到处都是跟他调情的女孩，都在用我特别的茶杯喝着杜松子酒。"那些茶杯对我来说很特别。"我咕哝着，没有听众。我醉了，那颗充满恐惧的心仿佛一颗寻找热量的导弹，搜寻那些旧伤：戴夫忽略我，戴夫和其他女人的事，戴夫与那个假想中的、不可能存在的人对决，那个可以堵住我一切漏洞的人。我

---

[1] 弗兰克·奥哈拉（Frank O'Hara，1926—1966），美国作家及诗人。

满腔控诉，心快速地跳着："你培养出了那些学生的爱慕之情。你培养出了她们的调情。你喜欢自己有关诗句跨行连接的那堂课，帮助她们理解自己和父亲之间的关系。"我一直没吃我的章鱼。

第二天早上，我醒来时满脑子都是熟悉的碎片：洗手间的墙壁、带沙砾的油地毡、抽水马桶喉部那冷冷的瓷，走廊倾斜得像个游乐宫；我和戴夫在我们那拥挤的厨房的一角；我指责他极度想要得到夸赞，我的声音里滴着毒液；他说"我觉得这是你喝的酒在说话"，而我试图张嘴解释，不是这样。

某种程度上，我依然相信真正的酗酒故事需要有大悲剧：更多被打断鼻梁的鼻子，以及流在街上的血，你朝着天际一眼就可以看到的火红的爆炸。我的酗酒并非如此。我尚未在自己的人生里燃爆一枚炸弹。它只是变小了，凝固了。我带着羞耻活着，仿佛我的身体里还有另一个肿胀的器官，装满了平庸的懊悔：想起我因为前一夜喝醉而没煮熟的那只鸡，回想那只鸡胸脯上那两块湿润的粉红色的肉，并想象着细菌的孢子在我们的肠胃里生长；在我要到面包店上 7 点那一班的5 分钟前，发现汽车的挡风玻璃上盖着一层厚厚的冰，只能一路把头伸在窗外，开车去上班——为冷风吹走我的宿醉而高兴。

感恩节时，戴夫回到了波士顿的家中，而我留下来，帮助面包店赶制各类感恩节馅饼。他不在的时候，我经常会到杂货店购买大量的酒。永远都有理由。当我在感恩节当天的下午早早来到我最好朋友的家里时，她担心没有足够的酒。我能不能出去买一些？当然，我说。然而，或许应该由别人来开车。我说我在做饭的时候喝了一杯葡萄酒。我没说那是一只巨大的塑料苏打水杯，而我倒了差不多一整瓶酒进去，只留了一点儿，为的是不在中午前把一整瓶酒都喝掉。别人开的车，我们买了三十罐蓝带啤酒。我为我们买了啤酒而高兴，因为我甚至不喜欢啤酒，这令我感到自己似乎没有那么嗜酒如命，因为如果我真的那么嗜酒如命的话，我只会买自己准备要喝的酒；这只是给别人的酒——这样他们就不会喝我给自己带的酒了。

晚餐过程中，当我拿出另一瓶葡萄酒时，我撞倒了自己的酒杯，玻璃碎片都掉在了我的食物里。细小的玻璃片在我的火鸡填料里闪光。那个真实的我——笨拙的、迫切想要喝得更醉的——在那一瞬间显现了，就像一只愚蠢而笨手笨脚的野生动物，从林下灌木丛里探出脑袋瞥了四周一眼。我又倒了一杯葡萄酒，但懒得再弄一份火鸡了。

当我去机场接戴夫时，我在回收站扔掉了所有的空瓶子，然后从一种人生切换到了另一种人生：从冷冷的、散发着异味的一圈垃圾桶——脚下是碎玻璃，手中的瓶子滑下去，在垃圾桶里碎尸万段——到汽车里的温暖，以及站在机场陆缘的戴夫，他戴着围巾，脸被冻得红红的。我喜欢我们不在一起时互相思念，但我知道他所想念的不是我已经变成的那个人。

在我最后喝酒的那一晚，我们邀请了戴夫的诗歌班学生来家里吃晚饭。我一直在厨房里喝酒，忘了自己往那鸡汤面条里加了多少块浓缩汤料，结果那汤比眼泪还咸。一个有时会发短信给戴夫问他在哪个酒吧喝酒的女学生（"你为什么给她你的电话号码？"我曾经质问过他一次。）坐在我们的橙色躺椅上，凭记忆背诵了一整首《J. 阿尔弗雷德·普罗弗洛克的情歌》。我整个人因为满腹的酒和满腔的愤怒而肿胀起来：背下"普罗弗洛克"完全是意料之中的事！那是我的橙色躺椅。我等不及他的学生离开，但也不能赶他们走。他们一个一个地走，速度慢得不可思议。当戴夫带着最后一名掉队分子去楼下的前门廊抽烟时，我想，终于！便拿着一大塑料杯的威士忌走进了我的"办公室"。

我不知道在他走进来之前，自己在里面待了多久。我记得他给我看了一个学生发给他的一封邮件——显然是醉了，就在她离开我们家之后，不知道去哪里喝了酒，最后又回到家里写邮件——说她很抑郁，她需要帮助。所有这一切都很模糊。几个月之后，同一个女孩又在醉后给戴夫留了一则语音信息，说她爱上了他，并想要自杀。他拨了911，因为他害怕她真的会自杀。而收到邮件的那晚，他只给她回了邮件——也同时给他们的系主任写了封邮件——说他有些担心。我不记得他是否问过我应该怎么做，还是他就径自那么做了。我记得自己当时在想，在这个世界上，有些人迫切需要帮助，有些人则在给予帮助——我想要成为那个给予的人，但我是呼喊着需要的那个人。

我也需要戴夫意识到我已经到达了谷底，然而这个女孩偷走了我的谷底。我告诉他，我的酗酒又恶化了，而我不知道要怎么办；我为我们之间的那些争吵而难过——我并不想要争吵，我讨厌争吵——他坐在我旁边的蒲团上，用双臂搂着我，我把脸埋进了他的胸腔，那似乎比说任何话都更诚实些。我对着他发出了奇怪的小动物般的声音，忍着不用他的法兰绒衬衣擦我的鼻子。

"今晚我们并没有争吵，"他说，"今晚你很好。"

有时候，想起自己有多么自私，多么备受保护，他对我有多么好，我就很难过。

那一夜的下文成了模糊的记忆。某一刻，我蹒跚着走过门厅。某一刻，他告诉我他的学生没事了。我想，太好了。某一刻，我站在炉灶前，用手指从鸡汤里挑出面条以及碎鸡肉，塞进自己的嘴里，然后又在厕所跪了一会儿。我并不确定自己是否吐了。我知道自己又回到"办公室"里，喝了更多的酒。我想，这必须是最后一晚了。它就像是另一个最后一晚，那个我已经有过的最后一晚——拿着一大红塑料杯子的威士忌，把自己藏起来。不过，这一次，我还带上了整只瓶子，以防万一。

九

坦 白

在我第二次戒酒的第一天，我开着朋友的车撞到了一面混凝土墙上。我们的车启动不了，我才借了他的车，准备到医院上早班，让医学院的学生诊断我假装出来的阑尾炎。时值天寒地冻的 12 月，我有些不安和紧张，宿醉着且心烦意乱：我需要停下。我不想停下。上次停下并没有用。我的双手在抖。当我准备把车停进一个车位时，我把油门当成刹车踩了下去，直接撞到了混凝土墙上。我记得自己在想，哦，该死。随即，我又想是否能假装它没发生过。我必须得告诉他吗？是的，我得告诉他，因为前面的保险杠像一块松了的邦迪创可贴一样晃荡着，且其中一只车前灯被撞成了一张碎玻璃网。我当下的第一反应是往后退，停进另外一个车位，仿佛那可以给我一次从头再来的机会。

无论如何，我在试图做正确的事——再次戒酒——而今天本应是我的重大分水岭，我余生的第一天。如今，我却撞坏了旅行汽车，这就是对我良好意图的犒赏？我怒了。如果我停止喝酒，我应该会发现一个全新的、惊人的自己，至少让头脑重新工作，不要加速撞上一面混凝土墙壁。然而，戒酒并不是那样的。它是这样的：你去上班。你打电话给朋友。你说"对不起，我把你的车撞到了一堵墙上"。你

240

说你会修好它的。然后你照做。

"为什么要再给你一次机会?"一位毒品法庭的法官问他的被告人,一个试图解释其最近一次复发的上瘾者。

"有希望。"被告人说。

"什么让你认为你现在有希望?"

被告人说他在为自己的孩子戒毒。他不得不给出一个这一次有所不同的理由。

"生活怎么不同了?"

"我更会应对了,也更会聆听了。"

"你还是什么都懂吗?"

"不。如今我很愿意接受别人的看法。"

"谦虚了?"法官问,"现在愿意听了?"

被告人笑了,并摇摇头。"这已经成了我个人的挑战,"被告人承认,"我曾经以为我什么都懂。"

那是令人不自在的一套程式:上瘾者被要求表现出谦虚,同时将法官视为心理治疗师和惩办者。毒品法庭是美国司法系统在承认除了将上瘾者关押起来可能还有一些别的方法这一点上所做出的最主要的让步。然而,这套程式依然是与毒品法庭的理想状态相去甚远的众多不完美之处之一,是他们依然将上瘾视为一种失败而采取的举措之一。

在毒品法庭,法官和被告人本应共同合作,将被告人打造成一个他应当成为的人——并不只是某个正在复原的人,而是某个真诚渴望复原的人。然而,社会学家发现,毒品法庭的法官往往大声斥责被告人:"我厌倦了你的借口!""我对你忍无可忍了!"有些被告人得到"还能挽救"的待遇,而有些则被视为"无可救药"。

要证明你真正做好了复原的准备——在毒品法庭里、在匿名戒酒会上、在回忆录里——包括要承认你并不确定自己可以复原。使用正确的陈述包括承认你无法看到它的尽头。就像麻醉药品农场的报告：预后谨慎。在《蓝调女伶》中，比莉·荷莉戴警告其读者不要相信她自己暂定的美满结局："这个世界上没有一个灵魂可以在死前确定，他们与毒品的斗争结束了。"

记者大卫·谢夫在有关儿子尼克最终戒除甲基安非他命瘾的回忆录《美好男孩》的跋中承认，尼克在该书出版后，又复发了。"是的，尼克复发了，"他写道，"有时候我会对复杂、棘手的事实感到厌倦。"谢夫的跋不只打破了我们刚刚读到的、暂时的美满结局，更打破了任何有确定性的结局的可能性。这是上瘾类传记文学中普遍存在的：在跋、后记或作者说明中承认，在书初版后，事情并没有像希望的那样发展。然而，公然承认不确定性——说"这个世界上没有一个灵魂可以确定"——并不是愤世嫉俗，它给出的是一种诚实的希望，不仰仗于任何不可能的事情：在故事还未结束前就知道其结局。比起比尔·威尔逊的山顶幻象，它显得有些粗鄙，而且讲这样的故事也更令人难堪——就像这些年我在戒酒会上听到的这么多故事一样，都是道不完的循环往复。正是如此，希望当中才会包含谦逊。保持清醒40年的老前辈们说："幸运的话，我会再保持清醒多一天。"

当我重新开始参加戒酒会时，在第一场会议上，我说："当我又开始喝酒时，我向自己保证，我再也不会回到戒酒会了。如今，我就在这里。"

艾奥瓦城是个小城市。当我回归戒酒会时，我知道我会看到同样的面孔。那让我感到不安。他们会记得一年前我如何走进来，信誓旦旦，然后又中途放弃他们给出的解决办法。现在我又回来了：我的悲伤已经陈腐，我的个案已经遭到背弃。这让我联想到南北战争的逃兵被人在屁股上贴了 D 字标签，或是被逼戴上木制的标牌，表明他们的懦弱。

然而，大家都很高兴见到我。大家说："很高兴你又回来了。"有些人说："我当时也是那样的。"我第一次就认识的一个女人跪在我的椅子旁边说："你再也不必喝酒了。"而我想，**再也不必**？我就是想喝酒，我当时就想喝酒。

几年后，我回顾往昔才领悟到她话中的真义：当时的我，已经从那充满算计和道歉、决定和再决定的无比窘迫的空间里向外迈出了一步。然而，在那戒酒的第一晚，那个陷阱依然是我最想要的。当时，我听到的第一句话在我看来完全不对劲，那让我很不安。再次戒酒是一个荒谬的错误吗？然而，我在哭，我已经废了，而那个女人看出我迫切想要从什么——无论什么——里面解脱出来。

解脱来自一动不动地坐着，并且聆听。那一晚，一个男人讲起自己在 12 岁时第一次喝醉的情景：有一夜，他奉命照看他的小妹妹，却如何喝起了父母藏着的烈酒，然后吃了一整包甘草糖，最后在自己的一摊黑色呕吐物中醒来。他讲起自己患糖尿病的妻子，如何在他离开她 6 周后，死于败血症。她喝醉了，踩在一片玻璃上，不得不先将脚趾，后来又将脚切除。之后，她就死了。那件事真正地震动了他。"幸存者的愧疚。"他说。"9·11 事件"发生前后他在万豪世界贸易中心工作的经历也让他有同样的感受。那天，在安全到家后，他打开了电视新闻，并喝了一整瓶葡萄酒——然后，他又看了一下自己还有多少瓶酒，以防世界末日就要到来。

在那个教堂地下室里，他的声音盖过金属凳脚划过油地毡以及咖啡机滤煮咖啡的声音，我像一个作家那样聆听着他的故事——捕捉着它的主题和高潮——然而，真正听进这番话的还是那个依然想喝酒胜过一切的女人。

查尔斯·杰克逊在 20 世纪 50 年代中期最热衷于积极参与匿名戒酒会，他开始相信，复原正激发他用一种新的方式写作。他为自己正在写的那本书找到了一个全新的角度、一种忠于简洁和诚实的方式，并写信给朋友说，他的"戒酒和……对于匿名戒酒会的巨大兴趣"与

"这种新的态度有很大关系"。当时，杰克逊正在写一部他认为可以成为其代表作的书稿：一部名叫《发生了什么》的巨作，一部"有关认定和接受人生的小说"，讲述的是他之前的那个反英雄唐·伯南抛开所有那些失去的周末的故事。

这部史诗的第一卷，标题为"更远且更野"，将以一段 200 页的序曲作为开始。序曲围绕着一次规模巨大的家庭团圆展开，唐"将是这次聚会的主人，他们将会来到他这里，成为他的客人，而他不仅要照顾所有人，而且得有能力照顾他们"。杰克逊想写的这个唐，与人们在《失去的周末》中所认识的唐有所不同。这个唐将是精神稳定且富足的，不仅在照顾着家人而且"有能力照顾他们"。这种句法的重复性很是动人。

有好几年，这本书都给杰克逊造成了障碍——他的传记作者布莱克·贝利观察到，杰克逊"做什么事都行，唯独这本书不行"——然而，就在杰克逊于 1953 年开始参与匿名戒酒会的数月后，他终于写出了 200 多页。就像他给朋友的信中写的那样：

> 它绝对是我的最佳作品，更简单，更诚实，且我生平第一次，做到了脱离我自己——也就是说，没有自我折磨、只顾自己或掏心掏肺。不，它关乎人——生活，如果我可以这样说的话……我的戒酒……和对于匿名戒酒会的巨大兴趣，如果你可以原谅我这么说的话，跟这种新的态度有很大关系——啊，我想一切都跟它有关。

这部小说的基础是一个戒了酒的嗜酒者其日常经历的平凡之处。杰克逊告诉他的编辑罗杰·斯特劳斯[①]："我这样描述它最为贴切：

---

① 罗杰·斯特劳斯（Roger Straus，1917—2004），美国著名出版商法劳·斯特劳斯·吉罗公司的创始人。

244

故事在每一页纸上都在发生，正在发生着——就像每天的生活在上演一样。"他想要抵挡小说创作如艺术名家表演般的巨大吸引力，通过描绘平凡人的平凡生活，写就一部在内容和风格上都无可炫耀的小说。这是他试图脱离自我而写作。在另一封给斯特劳斯的信中，杰克逊这样描绘他的方法："它真的很美好，简单、平实、以人为本，关注生活本身——不在那光彩夺目的知识分子之列……不过，除非你是詹姆斯·乔伊斯，这种'放松'的小说就够了。"

杰克逊希望相信，这部描绘平凡人生活的小说可以很美妙。然而，他也有点担心。你听得出，他所提出的理由当中，渗透着怀疑。虽然他声称这部小说"几乎可以随心所欲"，并宣布"我喜欢让它平实，就像普通人一样"，但他那带下划线的"我"流露出一种脆弱的个人特权感，似乎他在与匿名戒酒会会员（就像他的妻子说的那样，他们"并不机智、风趣，或有任何可取之处"）交际时产生的自觉意识，直接导致他担心这种新的风格是否足够雄心勃勃或具有知性。有几次，他公开承认自己有些忧虑，或许这种"让生活一刻一刻地展开"的风格看起来会"是随意的，信笔乱写的"，或只会让人觉得"完全缺乏新意"，而那也正是匿名戒酒会教他全盘接受的。正因为杰克逊觉得文学和复原之间有一大鸿沟，所以他对这个作品有自相矛盾的态度。他要如何写一本小说，同时满足两者的要求？他害怕得到来自泼妇般的文人学士的评价，此人完全不像他在匿名戒酒会见到的那些人——匿名戒酒会的道德观让他想象自己身处他们的"日常"生活，远离自己的人生。

如果就像杰克逊告诉匿名戒酒会的那些人那样，他酗酒是因为他无法走出自我，那么，在小说中走到自我之外便将这种新的、清醒的感觉转换成了文字。就像他给朋友写信时提到的，他想要"一切都在我之外——之外！"杰克逊说出这样的话让人颇感好奇，他的这部作品——又一部半自传体小说——竟然在某种程度上要抛开其个人的人生。匿名戒酒会的价值观促使他有这样自相矛盾的野心：戒酒会相信，每个人都不过是讲述故事的载体，而照亮你个人人生的信仰是一种超越自我、服务他人的方式。

在我第二次戒酒的第一个冬天，我的倡议人给了我第四步需要填写的一张图表，也就是记录下我所愤恨的一切。

"只是这样吗？"我开玩笑道，"你的有多少？"

她耐心地笑了笑，说："相信我，我还见过比这更糟糕的。"

我的倡议人史黛西是一个有趣、慷慨的女人，她在达到合法喝酒年龄前戒了酒。她跟我完全不同，唯一类似的就是我们俩都只喜欢一种喝法：深潜入酒醉之中。她就事论事地谈及自己的经历，又耐心地听我语无伦次的胡扯、包罗万象的长篇大论，点着头却并不太惊奇，往往可以将它们提炼成核心症结："所以你担心被丢下？"她的提炼并不是简化，它们拨开了如此冗长的语言编织的网，让我可以鲜明地看到某些东西。每次我都不断地感谢她花时间跟我会面，她也总是这样对我说："这也让我保持清醒。"

刚进匿名戒酒会时，我被告知要选一个倡议人，此人身上"有我想要的东西"。我明白，那不是一个普利策奖。我最终选择了史黛西，倒不是因为她让我想起我自己，而是因为她没有令我想起我自己。她为人处事充满自信——予人以帮助而不带一副正义凛然的样子，谦逊而不会过多道歉。因为她的轻松自在，在她一旁让人本能地感到很舒服，就像是丝绸滑过肌肤。她会毫无愧疚地承认她对她那只博美犬的热爱。我们的幽默感很相似，看到那本"大书"中有关比尔的某一段时都笑了——比尔说他在酗酒时从未有过不忠行为，那是出于"对我妻子的忠诚，也有几次是在极端酒醉的帮助下"。我们都欣赏他承认那个不那么高贵的理由。

在我复发之前，史黛西和我一起努力，而当我决定再次戒酒时，又是她和她的未婚夫带我再一次回到匿名戒酒会。"谢谢你又给了我一次机会。"我激动地说，心想这全都出于我俩之间的惺惺相惜。

"这没什么，"她说，"匿名戒酒会就是这样的。"

当我走到第四步时，我对于那张清单的格式颇感焦虑——一张每一列都很窄的电子表格——因为我不确定要如何讲述每一项的完整情况。"我的一些情况相当复杂。"我解释道。

"每个人都是如此，"我的倡议人说，"我相信你能做好。"

第四步本应包含我所有的"伤害和愤恨"，但是我问史黛西是否应当列出所有我憎恨的人，即使我并没有对他们造成伤害。她笑了。我显然不是第一个问这个问题的酗酒者。"任何让你有心结的人。"她说。那张图表有一栏让我将所有愤恨的内容都与我内心的一种恐惧联系起来——对于冲突的恐惧，对于被遗弃的恐惧——我非常勤恳地填完了表，永远都是一个模范生的样子（对于不足的恐惧）。第一次戒酒时，我并没有完成这样一张清单，而这一次，我这样做也是因为我想与第一次有所不同。这张清单并不是要赦免我所有的罪行，而是为了将不安摊开来说，所有那些有可能会让我再次喝酒的有毒的积怨。将它们列出来就像是清空一只杂乱的抽屉。

当我回顾自己当初喝酒的情形，我看到了一个猛扑向这个世界的人——要求它把那个尚有几分锋芒的她还给她自己。我看到自己站在一个男人的门口，我的身体因为可卡因而兴奋，同时因为失望而痛楚，基本上就是在求他吻我。我的嫂嫂曾经问过我："你宁可没有骨头还是没有皮肤？"我首先想到的是一个没有骨头的生物，一团没有固定形状的、生面团一样的肉；然后又想到一个没有皮肤的生物，一尊结实的雕塑，布满了发着光的神经和肌肉。你会如何描绘没有骨头或没有皮肤的生物呢？只能说彻底乱了套？有时候，我怀疑自己毫无结构；有时候，又毫无边际。我看着门口的那个女孩，她等着被吻，我想要用手轻拍她的嘴——抖落她鼻子上的可卡因并排出她肠胃里的伏特加，然后说："别说这个，别喝那个，别要那个。"然则我不能，因为她都已经做了——说了这个，喝了那个，需要那个。

她并不是唯一有需要的人。这也是我清单上的内容之一：接受这样一个事实。因为个人内心的惶恐不安而承受痛苦，我并不是唯一的受害者。在一张名叫"性历史清单"的图表上，最反映真实情况的一栏是："我伤害了谁？"它最能反映真实情况，不仅仅因为那上面写满了名字，更因为他们大多数都带着问号。我从未那么在意他们，不知道他们是否受了伤。内心的不安让我确信，我没有伤害任何人的力量。

当我准备好跟史黛西过我的图表——这是第五步，跟另一个人谈论第四步的清单——时，我刚做完一次手术，修复那次被人打坏的鼻子里残留的瘀伤。我曾在一次戒酒会上描述了手术的情形，希望得到同情，但是最主要的所得是："服用止痛药时要小心。"那成了很好的建议。我讶异于自己如何期待服用那些能让人晕过去的药，以及那些之后可以服用的药；讶异于自己如何疯魔般地想象着服用笑气[1]或安定。这种期待就像是我肚子里的一阵涌动——自发且出乎意料。开会时，有时会有人说："你的病永远在外头等着你。它在外头做着俯卧撑。"我把酗酒想象成一个矮小的男人，留着八字胡，穿着无袖汗衫。

结果，我根本没有拿到期待的那些术前准备药物——一氧化二氮或安定。我的麻醉药只是令我在术后呕吐。戴夫在我旁边拿着桶，任我往里吐。他一直陪着我——一次又一次——而当我清醒时，更容易看到这一点，也更容易告诉他，我很感激这份温存。

就在我要做第五步的前一夜，我的脸还包扎着。我没有服用维柯丁[2]，因为我害怕自己会一发不可收拾，迫切吞下所有——或至少吞下足够的量，让我感觉天旋地转。为了消肿，我吃无盐餐，主要靠一堆早餐谷物圈、核桃和樱桃干生存，像只爱虚荣的小松鼠。我发短信向史黛西提议说，或许我们应该将这次讨论延后几个礼拜。

---

① 笑气，即一氧化二氮，有轻微镇定作用。

② 维柯丁，一种鸦片类麻醉性止痛药。

"你的身体条件允许你讲话吗？"她问。

我告诉她我可以。

"那就来吧。"她说。

第二天，我们便在我的厨房里面对面坐了下来。我拿出一小碗早餐谷物圈和小红莓，给我们俩都倒上了水。我的表格就在我们俩中间的桌子上，那些格子简化了故事，但内容依然是真实的。用恐惧而不是自私来看待我的悔恨很有用。或许问题的关键在于，有多少时候，自私——我的以及所有人的——是因恐惧引起的。

我开始解释清单上的第一段处境，包括其所有的细微复杂之处，不同层次的愧疚和羞耻以及——

"只需要缩略版，"她说，"说得简单点。"

在多次试图保持清醒的过程中，贝里曼也列下许多个人清单：

 1. 终我一生，我最担心自己什么？
  我会不会成为一个伟大的诗人。

 2. 现在我最担心自己什么？
  缺乏对他人的爱。

 3. 未来我最担心自己什么？
  我是否能战胜它。

或许这并不令人讶异：贝里曼的最后一本诗集叫《爱与名誉》。在他生命最后的 4 年里，他做了四次康复治疗，在不同的医院里戒酒，参加了无数匿名戒酒会，甚至还在当地一所监狱主持了一场会议，邀请监狱里的犯人们在释放后到他的家里共进晚餐。（其中有一个还真的这么做了。）他读了大量匿名戒酒会材料。他填写了图表，列下了清单。他在海瑟顿上瘾治疗中心列下的每月清单全都画满了钩和叉。他在"自大""不诚实"和"错误的骄傲"旁边画了叉。在"憎恨"

旁边，他写下了："伤害自己。永远都为了那些不可改变的东西。"他在"不道德的"和"不道德的想法"下面加了下划线。他沉浸在所谓的"明尼苏达模式"（也就是如今的康复治疗）里，就在明尼苏达州的中心，那里有一万所治疗中心，提供的都是寄宿式治疗。

贝里曼在第一次来到明尼苏达州的圣玛丽医院，完成匿名戒酒会的第一步时，让人体会到了他的酗酒已造成了何等的荒漠状态：

> 因为我的酗酒，在结婚 11 年后，妻子离开了我。绝望、独自酗酒、失业、身无分文……醉后引诱学生……主席告诉我，我半夜三更打电话给我的一个学生，并威胁要杀了她……在加尔各答喝醉并迷了路，不记得自己的地址，整夜都在街上游荡……有许多喝酒的借口……严重的失忆以及记忆失真。在阿伯特有过一次震颤性谵妄，历时数小时。在都柏林努力写一首长篇诗歌的那几个月，每天都喝 1 夸脱①威士忌……妻子藏起酒瓶，我自己藏起酒瓶。醉后在伦敦酒店尿湿了床，经理怒不可遏，我不得不为新床垫埋单。讲课时虚弱得站不动，只能坐着。讲课前缺乏准备……在大学的走道里大便失禁，回到家里时还浑然不知……我的妻子威胁我，必须来圣玛丽。来到了这里。

从贝里曼酗酒带来的巨大破坏和他令人讶异的懊悔中，都可以感到一种明显的心碎 —— 并不只是在过道里拉屎，还有讲课前缺乏准备。他在为复原做更好的准备，因此才有那些大量的阅读，那些尽心尽力填写的图表。在一张第四步骤的图表里，他列举了他的"责任"：

> （a）对于上帝：每日实践、意志服从、感恩（我承认这是我这辈子极少数的优点之一）、祝福他人。

---

① 1 夸脱约合 950 毫升。

（b）对于我自己：决定我要什么（生活、艺术）；寻求帮
助……永远不欺骗自己。寻找那些惊奇的事物＋美。

（c）对于我的家人：珍惜他们。他们需要我的爱和指引。

（d）对于我的工作："最重要的是找到平衡。"

"个人得到的颂扬是酗酒者的毒药。"

（e）对于匿名戒酒会："我的解脱皆因上帝和匿名戒酒会。"

在清单的结尾，他写下了给自己的指令："谨慎地生活。你或许
是别人读到的唯一一本'大书'。"当贝里曼开始考虑写一本有关复
原的小说时，他所想到的并不是伟大的文学著作，而是作为"第十二
步"——"我们设法将此传递给别的酒徒"——帮助那些还没有成功
戒酒的人复原。他为这本书的内容潦草地写下了一些想法："基于这
些笔记——有用的第十二步的工作——来写一本书，或许不怎么需
要润饰，只须详细阐述并做些注释，加上一些去年春天在海瑟顿和圣
玛丽的背景。"

那不是又一首抒情的梦歌。它是别的什么，几乎不怎么需要润
饰，不是为了美，而是为了有用。贝里曼把这本书当作"有用的第
十二步"，这正符合他在自己的清单中写下的愿望：将成为"一个伟
大的诗人"的雄心壮志变为一段因"对他人的爱"而存在的、有创造
力的人生。他曾想到将这部小说命名为"坟墓上的科尔萨科夫氏症候
群 ①"，但还是更倾向于"我是个酗酒者"（"更喜欢"，他在这个更
简单的标题旁边写道）。最终，他把这本书简单地命名为"复原"。
他想要捐赠一切收益："将我一半的稿费给——谁？不是匿名戒酒
会——他们不会收的，或许在绝望之下，私下里借给匿名戒酒会。"

贝里曼的所有笔记都留在了一本米色的笔记本里，它被命名为
"复原笔记"，咖啡渍斑斑。他的生活不再靠威士忌和墨水支撑，而

---

① 科尔萨科夫氏症候群，即健忘综合征。

换成了咖啡因和石墨——不再是那么似神一般的燃料。他希望《复原》可以构成一种感恩的行为。在一份初稿中，他想象着自己的致辞：

> 谨将这段关于我复原之始的摘要和有所欺骗的描述献给让它成为可能的男男女女们（匿名戒酒会的发起者、医师、精神病医师、顾问、牧师、心理学家、人际沟通分析师、[小组领导人，后加的]、护士、护工、住院病人、门诊病人、匿名戒酒会成员）以及它首要的、非凡的**作者**。

1971 年春，在他死前一年不到时，贝里曼在明尼苏达大学教课，那门课程叫"后小说：成为智慧之作的小说"。那也是他那本《复原》的努力方向：某种像是智慧之作的东西。

虽然简·里斯从未戒酒，但她曾写过一个想象中的场景，叫"简·里斯的审判"，潦草的笔记如蜘蛛爬过般留在一本朴素的棕色笔记本里。这个场景像极了匿名戒酒会第四步中的"无畏的道德清单"。控方列出里斯作品中的核心主题（"善良、罪恶、爱、恨、生活、死亡、美、丑"）并问里斯它们是否适用于每个人，她回答说："我并不了解每个人。我只了解我自己。"

控方坚持说："那么其他人呢？"她坦陈："我不了解其他人。我把他们当作行走的树。"

也就在那个时候，控方抓住了机会："你看！很快就原形毕露了，不是吗？"

里斯之所以受折磨，一部分原因在于她的自顾自并不彻底，她还是注意到了这种自顾自对于别人的影响。然而，在这场审判中，承认她的唯我论并不被当作悔悟，它只是证实了她的罪。控方继续质问：

> 你年轻的时候是否对其他人抱有很多爱和同情，特别是对

那些贫穷和不幸的人？

是的。

你能否证明这一点？

我觉得我没法一直做到这一点。我很笨拙。没人告诉过我。

当然是借口！（控方大叫道。）你是冷漠及内向的，难道那不是真的吗？

那不是真的。

这么说吧，你有没有付出很大的努力去和别人建立联系？我是指友谊、风流韵事，等等。

是的。友谊并不多。

你成功了吗？

有时候。有一段时间。

它持续下去了吗？

没有。

那是谁的过错呢？

我觉得应该是我的。

你觉得？

沉默。

这回答才比较好。

我累了。一切我都明白得太晚了。

里斯的审判附和着贝里曼的清单："现在我最担心自己什么？缺乏对他人的爱。"即使在里斯清晰地陈述了对人类可能性的信心（"我相信有时候，人类可以超越自身"）后，控方依然反对："行了，这很差劲。你就不能做得再好点吗？"

在那段对话后，这场审判的誊本中便只剩下"沉默"。反对有效。然而，里斯确实相信会有一种办法，可以令她投身于某种比令人幽闭恐惧的悲伤更大的东西："如果我停止写作，"她在法庭上说，"我的生活就会彻底失败……我连死都不配。"

杰出的写作或许可以救赎一场有缺陷的人生 ——"如果我可以写出这本书，那就不那么要紧了，不是吗？"——并不是里斯一个人的幻想。1976 年，当卡佛被控在受雇的情况下领取失业救济金而被带上法庭时，他的第一任妻子玛丽安向法庭上呈了他的第一本小说集，为他进行辩护，以其作品中展现的出众才华作为他带来的失望以及欺骗行为的借口。

或许它还不够。对于评论家 A. 阿尔瓦雷斯而言，里斯那"骇人"的生活就"对其传记提出了强有力的反驳"。里斯出版的第一部传记"让读者怀疑，不论一本书有多么强的原创性，多么完美，它是否值得里斯和她身边的人付出那些代价"。

里斯的两本传记都没让我想跟她在一起度过一个长周末，然而我对她的作品是否"值得那些代价"不感兴趣，因为对于我们或任何人而言，那本就轮不到我们来选择。那是她的人生。那是她的作品。我们无法互换才华和代价。要有多么出众的才华，才能弥补一辈子的伤害 —— 在这个问题上，没有任何客观计量方法，也没有任何比例标尺可以证明这种互换是合理的。从痛苦之中获得的美通常都无法再拿来交换幸福。尽管如此，里斯还是一直抱有希望，并非慰藉，而是一种缓和的美的可能 —— 通过将她的饥渴讲述得够好，她或许可以弥补它所带来的伤害。

当贝里曼草草写下有关《复原》的每日写作计划时，他也在勾勒想象中的、这部小说将带给他的那种更健康的生活：

> 上午 8 或 9 点至下午 1 点在书房里写作（目标是每天 2 页，并且想好下一段落）
>
> 走路！开车！

图书馆：免疫学，酗酒 —— 期刊！

运动 + 瑜伽

24 小时书［匿名戒酒会］

一到两本短的自传 —— 特别是出名的酗酒者：坡！哈特·克莱恩。

他的笔记流露出一种自我敦促的语气 ——"走路！开车！"——以及强制的兴奋："期刊！"他想做好他的功课。他想做瑜伽。他想让自己沿袭其他酗酒作家的传统："坡！"他的感叹号里包含着某种心碎："走路！开车！"他想要相信仪式和意图。他想要相信面对你所选择的人生。

小比利·伯勒斯在他的小说《肯塔基火腿》中，描绘了他从麻醉药品农场出来后在一艘拖网渔船上工作的情形。"我们的工作与我在列克星敦的情形全然不同。"他写道，而他很喜欢。对他来说，工作与上瘾是对立的："你知道工作意味着什么吗？它给了你一种不变。它赋予时间以结构……我意识到，吸毒也是不得不做的事，且只有一种办法，但毒品是往身体里面打的。注射毒针。调整、聚焦。然而，我现在所说的是往**外面**去的东西，并且慎重地改变着现实。"

对于我来说，喝酒也总是摄入什么，把什么喝下去 —— 从外界获取的某种抚慰，它或许可以一时之间被误解为力量。如果喝酒是向内的，工作便是向外的，就像伯勒斯所说的那样。不论是喝醉还是清醒，我都喜欢在面包店轮班的时间是固定的。它永远都有同样的程式：7点上班。完成我的工作清单。它永远都是：加快完成那些松鼠。面包房的固定程序就像是另外一套仪式，一如戒酒会那给人以安慰的结构 —— 另一种不用我去发明的形状，一种发挥作用的方式。每周，我们都会按照时令做几百块曲奇：情人节是拿着一封小情书的青蛙；夏天是蛋筒冰激凌；秋天是闪光的、打转的叶子；12月是雪人，鼻子是小小的橙色三角形。或许有些荒谬，但它们让我可以说，"那是我做的"——给另一个人带来了某种小小的、不可否认的愉悦。

厨房里的友情令人讶异且往往让人惭愧。我们有一个糕饼师，用冷冻的肉桂面包做出一把光剑，并把绿色的甜椒当作午餐——两只手掌各托一只脆脆的、像苹果一样的甜椒。另一个糕饼师喜欢嘲笑我平日的笨拙，因而为了故意惹恼他，在他不上班的日子，我用短信发照片给他看我用我们的小型油炸锅做的甜甜圈，它们看起来像是巨大的、突变了的虾，而短信的标题是"质量管理"。我还为计划生育委员会的一次募资活动做了一只蛋糕，上面放了三十块像避孕丸一样的圆形曲奇。我在试图调整、聚焦。

在我第二次戒酒的那第一个冬天里，我买了生平第一件羽绒衣。之前的好几年，我都觉得自己像是遭到了冬天的迫害，成了它刺骨严寒中的烈士，我的麻木如此严重且不可避免，冷空气几乎成了我体内气候的体外伙伴。不过，结果是，穿上一件好的外套你就不那么冷了。

情人节的时候，戴夫和我开车北上，来到了迪比克。那是一座古老的河滨城市，位于密西西比河畔的一处悬崖旁边。我们在江轮赌场里玩轮盘赌，对水族馆里的八爪鱼惊叹不已——它在水中摆动着的腿，看起来像紫色和珍珠白的丝巾，每当它将吸盘贴紧玻璃时，吸盘就像小小的月亮。戴夫是那种会因为一只八爪鱼或一座破旧的新兴城市而兴奋的人，而既然他可以激起我的惊奇感，我就也想激起他的惊奇感。那也是我制订了到迪比克来的计划的原因之一，虽然它苦乐参半，一切都要小心处理。我们对彼此都很小心。

在那次旅行后不久，我在清理我们的公寓时，在戴夫的衣柜上发现了一叠乱糟糟的笔记——所有争吵后的早上，我写下的道歉信——每一张上都承认之前已经有过多少次了。几天后，我问他是否有兴趣参加一次戒酒会，那是我第一次戒酒时不曾做过的事。我想邀请他走进我的新生活，而不是指责他还没进入我的新生活。

当他来参加会议的时候，他的发言很有说服力也很体贴——被其他人说的话感动了。会后，三位老妇过来告诉我："他好有魅力。"这就像那次我们一起去见一位情侣心理治疗师的情景，那是个中年妇女，在自己郊外的家里提供咨询服务。当戴夫去洗手间时，她凑过来对我说："他相当有魅力哦。"我肯定看起来一脸惊愕，因为她很快又说："但是我可以想象他是个化身博士。"

在迪比克，我们来到一家巴伐利亚酒吧吃晚餐，点的是肉冻和炖牛肉。那里有差不多三十万种散装啤酒。我拼命下定决心，享用肉冻。或许我没喝上啤酒，但我在尝试某样新的东西。在某个时间点，酒吧里的人开始唱歌。陌生人引吭高歌，唱起德语的饮酒歌，而歌词的含义还是跨越了语言的障碍：喝酒真美妙，多喝多美妙，喝到极致就美妙到极致——那肉冻令人恶心。

戴夫和我回到了我们那挂满了装饰性盘子的住宿和早餐旅馆，看了电影《沙丘》的录像带——看着那个肥胖的男人开着他的小喷气式飞机飞来飞去，他因为那种香料——他的毒药——变得畸形，完全成了它的奴隶。我们蜷缩着躺在被子下面，我想，或许这还有救。

十

谦 卑

　　大家都在戒酒会上做了分享，但是"说出你的故事"意味着更有条理的发言——当时如何、发生了什么、现在如何——通常那是会议刚开始的 10 到 30 分钟之内的环节。每个人对如何进行此番发言都有不同的理念。"我不准备跟你们讲我的酗酒史，因为我们的酗酒史都一样。"有些人这么说，并直接切入戒酒。但是我爱那些酗酒史。我总是百听不厌，它们就像是晚餐前的甜点。没错，它们都一样，但是它们也各有不同——每一个特定的生命以其独特的方式体现和扰乱普遍的主题。酗酒史也很有用，因为它们让我回忆起某些不再发生的情形——它们不存在一段时间后，就很容易忘记：不因为宿醉而早醒，或是不每分钟、每小时、每天都想着酒。一种需要人不意识到它的存在才能实现的进步。

　　我第一次发言——被一个老前辈打断说"这真沉闷！"的那次——是在一所学校的地下体操馆里。那里的硬木地板光滑锃亮，看台座位被推到墙一边，还有一个木质舞台，我们把从杂货店买来的曲奇装在塑料盘子里，放在舞台上，旁边还放了一只色泽暗淡的银咖啡壶。周一的发言人会议，会放大约四十张成排的折叠椅，中间还留了一条走道——就像是一场文学阅读会，或一场婚礼。我在说好要发言的那一晚穿了一件闪光的黑色上衣，那样别人就不会看见我的腋下在出汗。

会议开始前 15 分钟，到场的只有寥寥数人——大都是我认识的人，都是友好的脸：那个正经历离婚的心理治疗师、那个在 6 年前失去了自己襁褓中的女婴的男人。不过，在场的人稀稀拉拉，我开始担心那是因为大家都听说是我发言。这是我的典型思路：想象整个世界都在密谋陷害我。而实际上，人们只是去拿他们的干洗衣物，或在家里看期待了一整个礼拜的那集《单身汉》真人秀节目。

大家陆续开始到场后，我又开始意识到人少时我反而轻松，并立刻开始想象参会的人会如何对我的发言感到失望。会议开始前，我倒了杯滚烫的咖啡，拿了块脆巧克力碎片曲奇，咬了一口，然后把它放在我面前，就在我前方的折叠桌上，面对着大家，在会议的主持人——一个我信任的女人——旁边。她留一头灰色的短发，有一个十多岁的女儿，说话时带着就事论事的温暖。她对于自己的错误很坦诚，但并不没完没了地后悔。

在我讲自己的故事时，那块被我吃了一半的曲奇瞪着我。我的发言最终并没有那么多关于戏剧性事件的叙述，更多的是我没想到自己会讲起的内容：半夜走在街上，担心我的药物，我的心像一只被困在肋骨牢笼里的鸟在乱跳，以及发现戴夫桌上的那一叠道歉信。

就在那时，就在我开始觉得应该从叙述的兴趣转向情感的剖析时，那个坐在轮椅里的男人开始大叫"这真沉闷！"他大叫之后，我开始垮下来——双眼发热、嗓子肿胀、嗓音开始开裂——并难以完成我正在讲述的关于祈祷的想法。"那就像是拿起一只沉重的箱子，"我说，"我的意思是，祈祷就像是将那只沉重的箱子放下，而我总是试图把它拿起来。"我开始泪如雨下。那个男人再一次大叫："这真沉闷！"

他并不是个坏人。他只是没能像别人一样控制自己，不向陌生人大喊大叫。另外，他或许也确实觉得沉闷了。我用手背擦拭着眼睛。关于祈祷，我还想说什么别的来着？我还想就祈祷说点什么。观众当中有好几个女人都在从她们的包里掏纸巾。会后，她们之中的一个立刻走了过来。"你哭的时候真的很感人，"她说，"当你开始讲到祈祷的时候。"

接着，另一个女人，会议的主持人，将她的手放在我的手臂上说："你说出了我的故事。谢谢你。"

马尔科姆·劳瑞最大的噩梦就是被指说出了别人的故事。正因如此，他对于杰克逊的《失去的周末》的成功，乃至其出版本身，感到无比愤慨——别人已经先他一步说出了他的故事。多年后，在他未完成的最后一部小说《像躺有我朋友的坟墓一样黑暗》中，劳瑞相当写实地描绘了他自己的气愤：在一个场景里，一位名为西格弗里德[①]的小说家发现，他那本关于酗酒的代表作被一本名为《酒徒的利戈顿舞[②]》的烂书捷足先登用掉了素材。"它就是一本医学研究书，"西格弗里德的妻子向他这样保证，"它只是你所有内容的一小部分。"然而，西格弗里德崩溃了。如果他的酗酒没能帮助他创作出一部前无古人的杰作，那它又有什么用？一直以来，他确信自己"创作了一部独一无二的作品"，但被他的经纪人和几个出版商告知，他的书"仅仅是在抄袭"。

1947年，《时尚芭莎》杂志上刊登的一篇充满蔑视的书评指责《火山之下》是"冗长的照抄，唯一的推荐理由就是可将它视为一部认真编写的作品选集"，基本就是东拼西凑地模仿着更出色作家的伎俩。劳瑞在给编辑的一封激情洋溢的信中为自己辩护。虽然评论家雅克·巴尔赞在他的书评中只有一个段落点评了这部小说，说其人物

---

① 原文为挪威语。

② 利戈顿舞，17—18世纪流行的一种轻快的双人舞。

"即使在清醒时也是极其无趣的"（"这真沉闷！"），劳瑞的反驳长达二十二个（愤怒的）段落，结尾处还有一段附言，显示了劳瑞真正无法原谅的那一句："另：认真编写的作品选集——呃！"仿佛对于这本书之冗余的指控严重到了将劳瑞驱逐至极寒之境的地步，无异于一场无情的文学放逐。

然而，一部"认真编写的作品选集"？它或许是我所听到过的对于复原会议——它那种美——最恰当的描述之一。

斯蒂芬·金在写下《闪灵》逾30年且戒酒20年后，开始思忖那个戒了酒但依然活得像醉鬼一样的、炸毁了那家山顶酒店的杰克·托伦斯，是否能有一段更圆满的戒酒经历。金问自己："如果丹尼备受困扰的父亲找到了匿名戒酒会，他又会怎样？"

金2013年的小说《安眠医生》试图回答这个问题。故事的情节围绕着杰克之子丹尼展开，他和父亲一样成了醉汉，不过最终戒了酒。小说描绘了他与一群无名的超自然怪物的斗争。这个被称为真结族的组织住在休闲车里，围成一个圈吟唱，然后以它们从那些不幸的受害者身上吸取的精神能量为生。这个真结族像是一个凶险版的匿名戒酒会。那是一个共同受苦的协会，痛苦真的成了一种食粮。然而，小说的高潮并不是丹尼成功战胜真结族，而是紧随其后的一个场景：丹尼终于在他戒酒十五周年的纪念日上，向一个匿名戒酒会小组坦白他真正的"低潮"。他描绘了自己在一天早上醒来，发现身边睡着一个抽可卡因的单身母亲，从她的钱包里偷了钱，而就在此时，她那还穿着尿布的儿子正伸手想去拿茶几上残留的可卡因，他以为那是糖果。（残留的可卡因？我内心的那个上瘾者感到惊愕，但我很熟悉这种羞耻感。）

在丹尼供认了那段可怕的过去后，就在整本书最高潮的坦诚一刻，他得到的回应……少得可怜："门口的女人都回到了厨房。有些人在看表。有人的肚子在咕咕地叫。看着那百来个酗酒者，丹意识到令人震惊的一点：他所做的一切并未使他们生厌。它甚至并不令他们吃惊。他们听过更糟糕的。"小说的叙述不仅仅强调这一刻是反高潮，它还强调这个反高潮依然有意义。

果不其然，我戒酒的故事也跟斯蒂芬·金的第二部小说有同样的双重意义：你说出了你的故事，而如今每个人都在排队，准备吃你的戒酒蛋糕。你的故事或许相当平凡，这并不意味着它毫无用处。

终于，我读到了查尔斯·杰克逊未完成的小说《发生了什么》的手稿——他在复原过程中写下的文字，未经出版，收藏在他的档案馆里。在读这部手稿时，我充满了渴望。那就像是诗人伊万·博兰德所承认的、在寻求一些诗时的渴望，这些诗里的女人并不美丽或年轻："我想要一首诗，让我在这诗里老去。我想要一首诗，让我在这诗里死去。"我想要一个故事，让我在这故事里戒酒。

这令我在面对《发生了什么》的手稿时很失望，因为其中单调乏味、繁复晦涩的叙述令我读不下去。"我只能东拉西扯地写出那个人。"杰克逊曾经这样写信给一个朋友说，承认他对这部被期待已久的巨作心怀恐惧，而我也开始明白他的意思。我一度被《失去的周末》深深吸引，难以将它放下，并希望《发生了什么》也能如此——只有更好！谈及功能！——然而它不是。大多数时候，它都抽象得无望：

> 他开始明白（或他似乎意外听说）生活的意义，它意味着<u>所有的</u>时间，而不只是某几个并不存在的戏剧化时刻。如果生活有任何意义，它的意义存在于每一小时、每一分钟，在所有大大小小的事件之中，只消一个人能察觉到它……戏剧化的和乏味的每一步——正在流逝的每一秒钟。

问题是，其实我同意杰克逊的话。我也已经开始相信，生活每一小时、每一分钟都在继续，构成它的并不是戏剧化的高潮，而是安静的努力以及持续的存在。然而，我也看得出，杰克逊想要运用其复原智慧的极端欲望毁了他的小说。他自己对于这本书的评价如今在我听来像是一种征兆："几乎没有什么'情节'，而都是特质……我感到骄傲，终于可以如此客观、公正。"

这部手稿证实了我对戒酒最大的担忧：它注定会逼你进入一种没有情节的抽象状态，一连串空荡荡的夜晚，照亮人生的是教堂地下室镇静剂般的昏黄荧光灯，而非廉价酒吧的霓虹招牌。《失去的周末》那横冲直撞的可读性——唐冒险行为的动力，以及引起他饥渴的强烈因素——被静止替代了。

如果杰克逊害怕自己只有《失去的周末》这一部代表作，那么劳瑞也有一种类似的恐惧——他永远无法写出像《火山之下》一样精彩的作品。（即使是他的恐惧，也毫无新意。）然而，20世纪50年代中期，为了戒除酒瘾而经历了好几轮残酷的厌恶疗法后，劳瑞开始大幅改动一本书，希望可以令其超越那本有关酗酒的代表作。《开往加比奥拉的十月渡轮》是一本有关他最幸福的婚姻生活的小说，故事发生在温哥华以北的一座寮屋里。根据评论家 D.T. 麦克斯的描述，劳瑞在厌恶疗法后，充满愤怒地进行写作——新的内容包括对他所谓的人生"酒精大毁灭 ①"以及酗酒如何影响了他的艺术的剖析。劳瑞将多年来写给妻子玛乔丽的道歉信拿了出来，直接贴在了书的草稿上。他试图给这本书增添一丝后悔的味道，让它不仅表现出伤害，也体现出应对的过程。这种挽救让我想象用自己的道歉信来写一本书。

其他人的反应没那么热烈。兰登书屋的编辑取消了为这本书和他签订的合约，因为寄给他的那部手稿"基本上是我读过的最单调乏味的东西"。劳瑞死后，玛乔丽在手稿上加上了她自己的评注。"信笔胡扯的笔记，"她写道，"像一篇关于酒精的论文。没什么有用的

---

① 原文为 alcoholocaust，是由两个词拼出来的词。alcohol 意为酒精，holocaust 意为大毁灭。

内容。"

我在读杰克逊的《发生了什么》的手稿时，总紧紧抓住其中情节所闪烁出的微乎其微的光芒："他有一种冲动将车停在路边，让自己好好反省一下，就像是自我盘点存货……什么都不落下。""好吧，他在车里，"我想，"但是，他要去哪里呢？最后会不会有什么事情发生呢？"当看到文中提到存货时，我提起了劲，那就像匿名戒酒会的第四步，因为或许那意味着我会读到唐是如何把事情搞砸的。但是，我又为想要看到被毁掉的人生而内疚。我理应为这个失败者的故事——戒酒的故事——打气，但事实上，我个人兴趣的消散便恰恰证明了这个故事永远不会像喝醉的故事那么有趣。那就像是参加一场会议，并希望酗酒史永远不要断章，在听到与更高力量建立一种新联系时，我想的是"对对对"。对于戒酒，我不希望我想的是"对对对"，不希望我目光呆滞地看着它平稳的地平线。我害怕自己对那个酒醉的故事爱得无以复加意味着我在某种程度上还想要活在那个故事里。当然了，我也确实在某种程度上想要那样。

我第二次戒酒的最初那几个月，清醒常常像是用满是汗的、金属做的手掌握住单杠，只能祈祷我不会摔下来。艾奥瓦一座小农场里的一个艺术合作社请我去他们的工作室——一间被改造了的豆腐工厂，就在大豆地里——待一周，作为为一场学生竞赛做评委的酬劳。我试着不去想我住处附近农舍里的厨房柜台，以及某人在那里留下的几瓶红酒。我问戴夫，他是否想开车到艾奥瓦城来，跟我一起住，共享这间豆腐工厂，但他说他要赶稿（他经常要赶稿），得留在家里。

一旦他说了不会过来，我就更难不去幻想喝酒了。在这些阴森的大豆地里，独自一人——沉浸在那十足的温暖之中，谁也不告诉——喝醉实在是太轻而易举了。因此我试图让自己分心。因为我害怕晚上回到我的农舍，面对那三瓶如此清晰地印刻在我脑海里的酒，我便在那被改造的豆腐工厂试图工作到凌晨3点。它几乎没有被改造——依然装满了坏掉的机器、工具箱，以及生了锈的金属衣物柜，松动的螺丝从混凝土的货物装卸闸门上滚下来。最糟糕的那一晚，我在一张大书桌前一直坐到凌晨5点，看了一套英国广播公司的迷你剧，内容关于19世纪刚刚经历了工业化革命的曼彻斯特，大雪落在磨坊罢工者的身上。之后，我又看了一遍，然后还看了它的制作特辑——都是为了不回农舍面对那几瓶葡萄酒。

翌日早晨，我上网找了一些当地的匿名戒酒会。当天中午，我便来到我查找到的一个地址：一座砖砌的、带有花窗玻璃的教堂，它在阳光下看起来有点沉闷。前门锁了。然而，我绕了一圈走到后门，看到有两个全身穿皮衣的摩托车手和一位穿着薄荷绿西装的白发女人站在一起，我便知道来对了地方。当时就只有我们四个，直到一个穿着运动裤的女人出现。她是一个单身母亲，和她的儿子一起住在附近某个农场。她说，那才是她的第二次会议。

其中的一个摩托车手笑着说："上路了。"

"我希望如此，"她说，"我甚至无法想象明天。"

结果后门也锁了，而那个有钥匙的人没来，所以我想或许我们会各奔前程，但事实并非如此——我们来到公园的一座观景亭里，坐在斑驳的阳光下开裂的木头长椅上。

那个穿西装的女人是当地的图书管理员，而那两个摩托车手只是路过此地。那个单身母亲已戒酒10天，且完全处于崩溃状态，她的儿子一连两天看见她哭泣。他们的美洲驼正经历青春期，行为举止令人生厌。轮到我发言的时候，我告诉大家，我为了防止自己喝酒，重看了英国广播公司迷你剧。其中一个摩托车手——一个身材非常高大的男人，脖子上文有蛇的文身——如此用力地点着头，以至于我确定他会说他也看过那个迷你剧。他没看过。但是他知道渴求像拉木偶一样拉住你的感觉。他跟我们描述了他的第一杯酒，而当他停顿一下，继而描绘那杯波旁威士忌的味道时，他直接戳中我心，戳中那间农舍厨房里的那几瓶可怕的酒。与其说是他的话，不如说是他的停顿，瞬间抓住了他——对于那杯波旁的味道的记忆，如何让他话说到一半停了下来。

几天后，我跟那个单身母亲相约喝咖啡。她给我带了自制的山羊肉德式小香肠，我告诉她，我不知道当个单身母亲，或任何一种母亲，是什么感觉——但我知道每天哭泣的感受，我也知道戒酒 90 天会和戒酒 10 天大不一样。

第二次戒酒，我开始有目的性地进行祈祷。想象任何神的清晰轮廓是不可能的，但是经常祈祷将我的第二次戒酒和第一次区分开来。那时，我只是随意地时不时祈祷一下——基本上就是当我想要什么的时候。如今，我明白每日两次让自己做出某种姿势是表现承诺的一种方式，而不是一种躯体的谎言、一种虚假的伪装。我在浴室里祈祷——就在厕盆旁，我们的淋浴上方那肮脏的天窗下——在那里戴夫看不见我。他并不动辄评头论足，我只是觉得不好意思。与我那支支吾吾的信仰独处会容易一些，而因为另外的原因跪在浴室的地板上感觉很好：不是在呕吐或准备呕吐，而是闭上双眼，祈求可以做个有用的人。有人告诉我，要为我憎恨的人祈祷，于是，我就为戴夫和每一个他调过情的女孩，以及每一个因为并不想要我而被我憎恨的男人祈祷。我甚至喜欢上了这些晨祷在身体上留下的印记——我们不曾好好清洁的浴垫在我的双膝上留下了眼花缭乱的红色图案。

我更年轻一些时，曾经心不甘情不愿地去过英格尔伍德的一间庄严的主教教堂。母亲在和父亲离婚后便开始上教堂，还叫我一起去。那间教堂美轮美奂，木梁上吊着巨大的铜质灯笼，星期天的早上透过花窗玻璃变得如宁静的宝石般的光：天使带着火一般的红色翅尖的翅膀。金色的圣坛上有一尊苍白的耶稣雕像，他有一撮被雕刻成三角形的胡子，还有安详得很坚毅的眼睛。他竖起了一根手指，仿佛要说什么。但那会是什么呢？上教堂意味着感受某种不可触及的东西——与这个苍白的男人，或那些布道，或那些歌之间的一种联系——那种在其他所有人心中涌动的狂热信仰。我不确定自己相信神，那么向他祈祷是否算欺骗呢？这个奇迹的前提条件居于所有一切事物的核心，那种不可能的复活，它让我感到难以置信的吝啬，就像我的心是一间被锁起来的临街店铺，对着崇高关上了百叶窗。我对自己的躯体感到害羞及不自在，膝盖因为跪在木质跪台上而留下了瘀青，我害怕信仰的脆弱——害怕找到太美的东西，并爱上它。

因为没有受过洗礼，我无法参加圣餐。因此，要么我自己一个人坐在长木椅上，而其他所有人都走向圣坛，要么我走上前，跪在那丝绒的垫子上，双臂交叉在前胸，而牧师会将他的手掌放在我的头上并说："我以圣父、圣子以及圣灵的名义保佑你。"然而，我并不信奉他们之中的任何一个，接受一份来自他们的保佑显得不诚实。我确定，你越是要让自己相信，你的信仰就越假。

数年后，复原完全颠覆了这种观念——它让我开始相信，我可以一直做一些事，直到我相信它们，那种执意就和并非故意的欲望一样真实可信。行动可以劝诱信仰，而非证明它。"我一度以为，你得要信奉才能祈祷，"大卫·福斯特·华莱士曾经在一次会议上听到别人这样说，"如今，我才知道，事实正相反。"在很长一段时间里我一直相信，诚恳就是行为与信仰一致：认识我自己，并相应行动。然而，在喝酒这件事上，我曾经通过对上千段诚恳对话——与朋友、与浸礼会教友、与我的母亲、与我的男朋友们——的研究，剖析我的动机，而我的自我认知并没有将我从冲动中解放出来。

这种破裂的三段论——如果我认识了自己，我就会好起来——让我开始质疑自己对自我认知本身的崇拜。那是一种世俗人文主义：认识你自己，并相应行动。如果你把这两条反过来会如何？行动，然后用不同的方式认识你自己。参加一次会议、一个仪式、一段对话——不论你在做这些事时有何等感受，这些行为都可以是真实的。在不知道自己是否相信这种行为的情况下做这件事——这正证明了诚恳的存在，而非不存在。

我并不知道我相信什么，但也还是祈祷了。即使在我不愿意的时候，我也还是会打电话给倡议人，也还是会参加会议。我坐在一圈人中间，和大家手拉手；欣然接受了那些陈词滥调，即使以这些陈词滥调来形容我让我感到羞耻；跪下来祈祷，即使我并不确定自己祈祷的是什么：别喝酒、别喝酒、别喝酒。想要相信这世上有某种东西，某种我以外的东西，可以让戒酒看起来绝对不是惩罚，这种欲望强到可以溶解我在信仰和缺乏信仰之间所画下的顽固界线。当我回想自己刚开始上教堂的日子时，我开始意识到，那种我是唯一心存疑惑的人的想法，或者说想有信仰和实际有信仰绝对是两码事的念头，有多么傻。

　　当戒酒会的人谈论到更高力量时，他们有时将其简称为 H.P.[①]，而那让人感觉宽广和开放，你可以就这对字母填入任何你需要的东西：天空，参加会议的其他人，一个老妇，穿着跟我奶奶一样的宽松飘逸的裙子。不论它是什么，我需要相信某种比我的意志力更强大的东西。这一意志力是一台微调过了的机器，来势汹汹且嗡嗡作响，而且它做了很多——帮我拿到全 A，帮我完成论文，帮我跑完越野训练跑——但是，当我把它用在喝酒上时，我唯一的感觉就是我将自己的人生攥进了一只小小的、毫无乐趣的拳头里。那种可以令戒酒转化为超越缺失的更高力量根本就不是我能企及的。那就是我所知道的一切。这股力量赋予这个世界以生机，展现其特有的荣耀：水母、换行符利落的转弯、菠萝水果蛋糕、我朋友瑞秋的女儿。或许我多年来一直在寻找它——不论它到底为何——在那些夜晚，弯着腰，趴在厕盆上，恶心着、呕吐着。

　　在断断续续戒酒数年后，查尔斯·杰克逊再次读起《失去的周末》时，他"最钦佩的是，虽然这个英雄完全只顾自己，但这是一个人努力寻找上帝，或至少试图弄明白他是谁的情景"。他看得出以往

---

① 英语原文为 Higher Power，H.P. 为首字母缩写。

事情发生都受同一种饥渴的驱使：对酒的饥渴就像对上帝的饥渴，所有这些努力求索都是同样的追寻。

有时候，我似乎跟更高力量之间没有关系，而是跟祈祷的行为本身——一种有仪式感的、关于渴望和缺陷的哭喊——产生了一种关系，仿佛我的信仰是一份目录，记载了我双膝下跪过的所有地方，在上百个浴室里，跪在冷冷的瓷砖上，小腿下面是一条条填在瓷砖接缝处的石灰浆；或是蹲伏在一张被踩烂了的浴垫上，看到的都是我母亲的泡泡浴液——一罐罐珍珠般的桃子和香草。在那些浴室里，上帝不是看不到脸的万能之神，而是类似的细节，石灰浆和肥皂——那些一直都在那里的、就在我眼前的东西。

初次戒酒后的那个春天，我开始投入一项从未尝试过的写作计划：开车到田纳西州的荒野，为的是描写我哥哥正在参加的一场超级马拉松。这场长达 125 英里的赛跑沿路穿越长满野蔷薇丛的丘陵与谷地，围绕着一座废弃的联邦监狱四围。选手们得在森林里待好几天，每跑一圈都要回到中央露营地，把腰包装满巧克力棒，用缝衣针刺穿水泡。我从未做过这样的事，为了描写陌生人的生活而进行采访，艰难地做着观察，而那种彻底的充足感让我无比兴奋——身旁有多少素材等着被采集。

我在自己的车里睡觉，在笔记本上填满细节：一位选手在路上看到了一只野猪，眼睛疲惫不堪，腿上沾满泥土；雨整夜打在我那辆丰田的车顶上，间或响起一声轻轻的号角声，那是有选手退出了比赛。我吃着抹了一大堆烧烤酱的鸡肉，询问这些选手，为什么他们要逼自己突破可以承受的底线，什么样的团体是建立在大家共同对抗痛苦上的？即使这种常识性的报道都在成为自传，然而，那依然是新的东西——既鼓舞人心又令人颇感尴尬。采访前，我紧张起来。我的腋下都是汗。我的心跳加速。我是个糟糕的采访者。刚开始的时候，我太迫切想要证明自己，因此老忙于说，"是的，我完全明白你的意思"，一直没有给别人足够的空间去讲话。我经常在问问题时结巴，且每当有人在回答时耸肩或眯眼，我都会很难堪。然而，我跟别人对视的能力令我吃惊。戒酒会训练了我。每当有人分享时，你必须看着她——她的目光一旦锁定在你身上，你就可以给她所说的话一个落脚点。

等到贝里曼开始写小说《复原》时，他已经明白，以为自己要喝酒才能写作是一种错觉。"只要我将自己仅仅视为我内在力量的媒质（用武之地），那么戒酒就是不可能的。"他在1971年的一段手写笔记里如此写道，并在后来改编了这句话，把它放进了小说里。"无法正面攻击这样一种更深层的错觉：我的艺术有赖于喝酒，至少跟喝酒有关。它太深层了。必须先把那个盖子爆掉。"

几年之前的1965年，在一篇刊登在《纽约时报》上的书评中，查尔斯·杰克逊曾质疑过那个神话般的"备受折磨"的艺术家："我们真的那么备受折磨吗？还是说那就是我们抓住、鼓励，甚至珍惜的某种东西，直到其本身变成目的，全然适得其反？"如果劳瑞当时还在世的话，这篇关于劳瑞那本《书信选集》的书评会激怒劳瑞。杰克逊在这篇书评里发出疑问，"如果通过某种极大的努力，某种神秘的或心理上的'换挡'，这个备受折磨的人可以上升到另外一个水平并自我抽离"，他又会写出些什么？或许，杰克逊更具体地指的是复原——他并没有直接说出来，或许，他想到了6年前在一次匿名戒酒会上他说的话——"我没法自我抽离"——或他自己未完成的小说，他"第一次超乎自我"的努力。

玛格丽特·杜拉斯肯定有过在醉后写作的经历，但对于喝酒能给其作品带来什么，她并不抱有任何妄想。她写道："起床后，我并没有喝咖啡，而是直接喝起了威士忌或葡萄酒。经常是在喝了葡萄酒后，我就开始呕吐——嗜酒者典型的垂体呕吐。我会把刚刚喝下去的葡萄酒吐出来，然后马上又再喝。通常，这种呕吐会在第二次后止住，而我也会高兴起来。"她对于这种特别的无意识状态——"典型"的、全然不是个人独有的那种呕吐，当她的身体不再抗拒酒精的那种宽慰——采取的务实态度，破除了错误观念并选择了某种更加实事求是的东西："酒醉无法创造出任何东西……这种幻想是完美的：你确信，你现在所说的话从未有人说过。然而，酒精不能创造任何可以维持的东西。它不过是风。"

杜拉斯不仅在评论对于酒醉的创造力的"幻想"，也在评论对于独一无二的幻想：那种"你现在所说的话从未有人说过"的想法，也正是复原所抵制的。戒酒后，我放弃了那不可能实现的理想——说出一些前无古人的话，但是我也相信，每一个缺乏原创性的想法都可以在任一生命的特殊性中再生。随着我继续保持清醒，我的写作开始转向访谈和旅途：在西弗吉尼亚州的一所监狱里访问一个长跑选手，被关在一个地方是什么感觉；在哈勒姆区的一家社区中心访问一个女人，她对于一头神秘鲸鱼的痴迷是如何帮助她从一次长达7周的昏迷中醒来的。

杜拉斯本人从未参加过任何有组织的复原计划，不过她在巴黎的美国医院经历了三次惨痛的"解酒"治疗。那些治疗对身体造成的伤害差点让她死去，并给她带来了可怕的妄想：一个女人的头就像玻璃一样在粉碎，或"确实有一万只乌龟"在附近的房顶上排成各种队形。杜拉斯甚至梦见一种她并未亲身经历的集体慰藉："那唱歌的声音，有独唱的，也有合唱的，会从我窗下的内庭升起。当我向外望时，我可以看见成群的人，我确信他们是来拯救我的。"

在开始戒酒治疗后，贝里曼写了一首诗给他的病友泰森和乔：

在你们被阻隔的自我之外，接受某样小东西

动的东西

且一直会动的东西

且因而需要泰森、乔，你们的爱

诗人教给我们的内容是他最需要学习的内容，而贝里曼一直在
寻找各种方法，重新将自己投身到别人的人生之中。在匿名戒酒会
的一本杂志《葡萄藤》的页边空白处，就在一处提示 ——"我是否
有个人责任帮助一个匿名戒酒会达到其最初的目的？我的角色是什
么？"——旁边，贝里曼写道："聆听。"在"500 000 个匿名戒酒会成
员之中，我的重要性是什么？"旁边，他写道："1/500 000。"贝里曼
可以爱 500 000 个匿名戒酒会成员，他们之中的每一个人都在动。复
原关乎将他自己看作一个微小的分子，一个被阻隔的自我，而下面是
由一个群体构成的、更大的分母。许多群体。贝里曼在他的十二步骤
中列出了所有他隶属的群体：

我的群体
K 和特维斯
匿名戒酒会
朋友以及诗人（卡尔等）
共同目的！
HUM，所有的 M
莎士比亚学派
学生
教堂
"美国"
人类

"K 和特维斯"是他的妻子凯特和他们的女儿玛莎；"卡尔"是罗
伯特·洛威尔；"HUM"是他在明尼苏达大学的科系（人文）；"共
同目的"指的是向越战抗议。他想要爱他的同事和他的学校；他想要

爱世界另一端的陌生人，他的国家以其民主愿景之名正在轰炸的陌生人。因此，"美国"用了引号。因此，他写下了"人类"。正是匿名戒酒会令他承担他对这张清单上所有其他群体的责任。写小说不仅是一个向这些群体做出贡献的机会（"有用的第十二步工作"），也更凸显成为集体一分子的困难：挣扎着让他自己谦卑，通过让自己成为合唱团的 1/500 000，而非其中的独唱者，淹没自己个人的声音。

《复原》的主人公曾是一位著名的免疫学教授，名叫艾伦·塞弗伦斯。他的备受崇敬几乎有些好笑，仿佛明星般非比寻常。他就像贝里曼一样，努力平衡着自己备受称颂的专业生涯以及他作为一个虚弱的嗜酒者的身份。从康复治疗的病房，塞弗伦斯看到他教书的大学校区里的塔尖："耸立于河对岸树丛之上的塔楼让他想起，自己是大学教授塞弗伦斯，而不是那个怯懦的醉鬼艾伦·S，后者曾被一位护工告知，他的房间有一股农家庭院的味道。"

康复治疗过程中，塞弗伦斯一直在追寻那个不只会自顾自的自己："他个人的希望是遗忘自己，想到他人。"这与贝里曼给予泰森和乔的指示一样："在你们被阻隔的自我之外，接受某样小东西"。塞弗伦斯可以接纳谁呢？有个叫乔治的男人，他依然想要得到亡父的认可，有一个叫雪莉的女人，她对什么都没兴趣——直到她对北达科他州的历史产生了兴趣，这令塞弗伦斯十分高兴。还有一个女人，名叫米拉贝拉，她告诉大家，多年来，她除了大喊大叫以外什么都不想做。她的辅导员问她："难道你就想不起自己没有这种感觉的时候？"她回答说："喝酒可以带走那种感觉。"《复原》的核心问题是，是否还有别的东西可以带走它。或许其他人可以。"在医院，他找到了他的团体，"贝里曼的朋友索尔·贝娄如此描写他在康复治疗中心度过的日子，"这些热情的乡下人，令他无须冷嘲热讽。"

当乔治最终承认他死去的父亲有理由为他骄傲时，塞弗伦斯感动得"努力忍住不啜泣"。而当乔治爬到一张椅子上，向众人宣布他的喜悦时——"我做到了，我做到了"——塞弗伦斯看到他自己的狂喜是具有感染力的:"大家都在欢呼,都很兴高采烈、如释重负并且喜悦。塞弗伦斯感到欢欣鼓舞。"

然而,《复原》也谨慎地表现出了共鸣可以变成一种自我涉入,在你自己情感回应的强度下产生的专注。其实,当乔治取得突破时,塞弗伦斯是难以听见乔治的声音的,因为他自己的同理心所发出的声音如此响亮:"他还在说,然而塞弗伦斯在努力忍住不啜泣,所以并没有听到。"当小组背诵宁静祷文时,塞弗伦斯讨厌"他浑厚、训练有素、讲师般的声音明显盖过了众人的和声,让他很不高兴"。即使在他迫使自己跟所有人说一样的话时,他依然想要说得最响。一个曾经和贝里曼一起进行康复治疗的女人记得"他从来没能真心实意地觉得他属于我们其他人"。他"一直退回到他自己的独一无二中",她说,"他真的认为那就是他的价值所在"。

在谷歌上搜索"又一部上瘾回忆录而已"能得到好几页的结果,大部分都是图书简介,坚称某本书并非"又一部上瘾回忆录而已",或是一位作者坚称他的书并非"又一部上瘾回忆录而已",或是一位编辑坚称她拿到的并非"又一部上瘾回忆录而已"。这一片坚称反映了对于那个已经讲过的故事的更广泛的鄙视,以及对互换性的怀疑:如果我们曾经听过这个故事,那么我们就不想再听它了。然而,那种对于千篇一律的指责——"又一部上瘾回忆录而已"——被复原彻底改变了。一个故事的千篇一律正是它应该被讲述的理由。你的故事是有用的,正因为其他人曾经有过这样的经历,也会再次有这样的经历。

等到詹姆斯·弗雷于2013年出版其臭名昭著的上瘾回忆录《百万碎片》时,有关上瘾的叙述已经变得如此耳熟能详,如此陈词滥调,想要引起更广泛的关注就要有更戏剧化的情节。人们已经听过那个关于嗜吸强效可卡因的人的故事了,如今他们想要听那个嗜吸强效可卡因的人,如何开车轧死一个警察,在牢里待了3个月,在没有用麻醉剂的情况下完成了根管治疗。弗雷的编辑南·塔丽斯说她几乎不准备要他的这部手稿了，因为——正如有人所说的——它似乎就是（是的）"又一部上瘾回忆录而已"，然而在她读完前几页后，她又重作考虑了，因为"令人沮丧的题材把她迷住了"。

当这部回忆录的虚假之处初次被曝光——弗雷仅仅在监狱里待了一晚，他从未开车轧死警察，他很可能在根管治疗中用了麻醉剂——要求他做出赔偿的呼声像野火一样蔓延。曾经将这本回忆录纳入其读书会的奥普拉将弗雷带进她的节目，安排了一场几乎是仪式性的公开羞辱。十二位义愤填膺的读者代表全世界义愤填膺的读者起诉了他。他们说，这本书给了他们希望，而如今在知道了这一切并不是真的之后，那份希望还有什么意义？一位将这本书推荐给她的病患的社工也加入了起诉，代表他们寻求 1 000 万美元的赔偿。弗雷的虚造成了他所处时代"感实性"的代名词，人们将他的书与为伊拉克战争辩解的政治欺骗和夸张描述联系在一起。

"我的错误"，弗雷在一封公开道歉信中写道，在于"写下了那个我在自己的脑海中创造出来的、帮助我走过来的人，而不是那个实际上经历了一切的人"。他承认那些被改写的事实是谎言，但坚称它们是一个故事的产物，而这个故事帮助他走出了泥沼。然而，弗雷的捏造并不只是他想象的产物那么简单，它们是一个市场的产物——这个情绪和创伤的市场已经因夸大而变得肿胀，这个经济体亟需以更加精心编造的落魄模样来吸引读者。

我常常想为弗雷辩解，倒不是因为我觉得他的编造有正当理由，而是因为我觉得它们可以被理解。或许，这仅仅是因为我对它们投射了某种期望：弗雷追寻着高度戏剧化情节的客观对应物——坐牢、暴力，甚至是没有奴佛卡因[①]的牙科治疗——因为他紧紧抓住了那些可以帮助他描绘他所感受到的、对毒品的需要所带来的巨大

---

① 奴佛卡因，一种局部麻醉剂。

险情。或许我将这种期望投射在他身上，是因为我自己经常有这种感觉：想要写出一个超出我个人经历的故事，里面的楼更高，刀更锋利。

在会上，我的故事几乎从来不是最好的，就像在野餐会上，我带了塑料叉子，而不是高档的布里芝士或青柠派。然而，我也知道，我的存在是促成这场会议最终发生的一小部分因素——我和其他人的躯体一起存在于这个房间。"不同寻常的个案，见鬼去吧！我不过是又一个吸毒者，句号。"珍妮特在《幻想的小屋》中描述她在麻醉药品农场这样对自己说，"诚然，这让我失望至极。"

人们对我所说的话和我的表达方式都无动于衷。他们只是听着。"是的，我也曾在喝醉的时候被人打了脸。"有个男人说。我要说出我的故事并不是因为它比别人的好或坏，或甚至与别人的有所不同，而是因为那是我的故事——就像你用一枚钉子，并不是因为你觉得它是做得最好的钉子，而仅仅是因为它是你在抽屉里找到的那一枚。

当我第二次戒酒时，我曾经一度难以启齿的混乱故事——戒酒然后又酗酒——成了我可以提供给别人的东西："是！我也曾难以说服自己我不能喝酒。"我的回归并不是独一的，它只是意味着我又回来了，且我可以描绘出离开的感受了。日本诗人小林一茶的一首俳句这样写道："男人拔着萝卜/以萝卜/为我指路。"我以我所经历过的"萝卜"指路：藏在蒲团后面的威士忌、包里的葡萄酒瓶、堆在衣柜上的道歉信。戒酒3天后，你可以告诉某个第一天戒酒的人，你戒酒第二天是什么感觉。

"可以是任何人。""可以是任何人的故事。"这些是我经常在会上听到的话，然而我觉得它们像在抹掉什么。放弃自身的独特之处就像放弃我自身躯体的边界。如果我不是独特的，那我会是什么？如果身份最根本的不在于个体差异，那它又是什么？如果一个声音毫无特质，又如何去定义它？我依然是餐桌边的一个小女孩，试图通过讲出比堵在嗓子口的一些陈词滥调更好的东西来证明自己。复原开始重新排列这些强烈欲望。每当有人说出某些简单而真实的话时，我便感到身临其境。"我伤心，并吃了一块曲奇。"一个女人说，一股电流在她和我的躯体之间涌动。

在匿名戒酒会那本"大书"的早期草稿中，"你"常常被改成"我们"，实际上就是把假设变成集体坦白。"折衷的办法不会给你任何帮助。你站在那个转折点"成了红色蜡质铅笔改写的"折衷的办法不会给我们任何帮助。我们站在那个转折点"。将"你必须戒酒"变成"我们应该戒酒"，这样的语法含带着某种谦逊：我们无法知道你的故事，我们只能从我们自己的故事说起。

我发现，复原故事的悖论在于，你应当通过编写一个故事来放弃自我，而在这个故事中你也是主角。这一悖论之所以成为可能，是因为承认了共性：我碰巧在这个故事的中心，但是任何人都可以。当吉尔·德勒兹[①]写下"生活并不是个人的"，他也是这个意思：一个个体的故事既大于又小于自我表达。1976 年一份名为"你认为自己有所不同吗？"的匿名戒酒会宣传册——它的封面上满是黑色的圆圈，一个比一个画得薄——的开头就是对错觉的坦陈："我们之中很多人都以为自己很特别。"复数的主语就已经站住了脚：即使对于个人独一性的信念是普遍的。

在一本名为《从我的故事到你的故事：一部指导你如何写就复原历程的回忆录》的书中，凯伦·凯西给出了一种按部就班写下你自己上瘾故事的方式。其前提本身就坚信，我们的故事都是相同的，而那并不是一件坏事。凯西将她个人的故事围绕着若干提示展开，而这些提示是为了将读者推回他们自己的故事之中："你对于初次喝酒的回忆是什么？当时是否有你可以信任的朋友或陌生人，而如今你意识到他们的名声并不太好？"

---

① 吉尔·德勒兹（Gilles Deleuze，1925—1995），法国哲学家。

凯西的书是所有按图索骥的复原叙事的典型，它让那张蓝图变得一清二楚。然而，我爱那赤裸裸的坦白：我们的故事都有共同的铰链，不论我们是否想要承认。

"你或许对于那些喝酒的日子还有一些美好的回忆，那也是正常的。如果你想的话，也可以就此进行分享。"

跟戴夫一起待在阳台上：夏克特拉酒（一种当地的白葡萄酒，被普林尼 ① 称为"月亮般的"葡萄酒）那清新的强烈味道和其中加了糖的花蜜，我们头顶着大大的月亮，脚下是翻涌的海浪，我们相信我们会结婚，另一座山那儿传来教堂的音乐声。

"你相信命运吗"？

"是的，我相信！"我想要告诉她。我想要大声说出来。

"如果是，你现今看到的命运是怎样的呢？你对它满意吗？如果你的期待有所不同，为什么不马上就在这里写一封信给上帝呢？"

我想要写封信给上帝，询问我和戴夫为什么还在争吵。我想把我自己甩向凯西的问题，就像我让自己屈从于匿名戒酒会第四步的很窄的一列又一列表格。我想象将自己推下悬崖，跳向它们必然带来的羞辱。

"我们都喜欢小题大做，"我的倡议人曾经这样对我说，"即使是在清醒的时候。"

我第二次戒酒的那第一个春天，我在读作家工作坊的申请信，为了挣一些额外的收入 ——具体地说，是为了帮着偿还当年我为了到作家工作坊上课而背上的学生贷款。我的任务是给这些申请信评分，最低 1 分，最高 4 分。这个虚构写作课程每年都收到上千封申请信，最终录取三十人，那也就意味着有人不得不排除掉一大批人。然而戒酒会教我要聆听每个人。我开始失去方向。我会读到一些老套的东

---

① 普林尼（Pliny, 23—79），古罗马百科全书式作家，以其所著《自然史》一书闻名。

西，然后又自我揣测：它真的很老套吗？我凭什么这么说？或许那只是我尚未挖掘的小萝卜？

当你想要得到智慧时，它随处可见。每一块签饼都有我的号码。"为何真相不仅仅总是无趣，而且还反对有趣？"大卫·福斯特·华莱士曾有此疑惑，"因为你早期在匿名戒酒会的每一个重大的小顿悟都总是像涤纶一般平庸。"

我用一本笔记本记下了每一份申请信中令我动容的至少一样东西——因为我想要向每一位申请人致敬，即使她永远都不会被录取。这大大减慢了我的阅读速度，而每当我回看笔记时，它们永远都不像当初我把它们抄下来时那样充满智慧："父亲必须接受儿子的真实模样。""所有的猫都用不同的蔬菜命名。"有人会这样写："我写这封申请信，因为我想要被录取。"而我会想录取她。那是关于渴望本身的某种东西，它那赤裸而笨拙的表达，开始显得美丽。

我开始对自己的叙述倾向有所疑虑：我渴望戏剧化情节的发生；我固执而又徒劳地追求原创性；我抗拒陈词滥调。或许这种对于陈词滥调的抗拒，不过是我拒绝接受自己内心生活共通性的一种标志。然而，我无法否认某些陈词滥调让我觉得自己像是一座被敲响了的铜钟——说破、偷掉、震动。

我从不相信陈词滥调里包含了我或任何其他人经历的一切真相，我也不确定其他任何人会相信这一点，然而，让自己听从复原的陈词滥调是另一种遵从其仪式——在地下室聚集、手牵手围成圈——的方式。说"这适用于我"开始显得必要且令人振奋。有某种富于启发性的东西，某种像是祈祷的东西，接受似乎简单到无法承载我的事实。它们并非启示而是提醒，防御着伪装成自我认知的异常案例的借口。"陈词滥调"（cliché）这个词语本身就来源于活字凸版铸造成印刷版的声音。有些语句被频繁使用，理应将整个语句铸造成铁版，而不是每次都要用个别字母去排版。它关乎实用性。你不必每次都再造整块印刷版。

我在戒酒会上认识一个几乎全程在使用陈词滥调的男人。他的话仿佛是一条百纳被，那些语句由转变的思路穿针引线被缝在一起。"我们必须得放弃充当上帝……""每一次复原都始于清醒的 1 小时……""每一天都是天赐的，正因此我们把当下视为礼物……""清醒会给你一切酒精所承诺的……""电梯坏了，用楼梯……""上帝永远不会让你承受超越你能力范围的东西。"这些语句帮助他活了下来。如今，他把它们说出来，希望可以帮到我们——不那么像是说教，更像是歌唱。

十一

和 声

复原改变了我对陈词滥调的看法。几年之后，我写了一篇专栏文章捍卫它们。我将它们称为"连接生命的地下通道"，并且基本上是找来一个查尔斯·杰克逊，将复原偷偷带进我的文字中，赞扬其智慧却不点明是它。几天后，我收到一个名叫索亚的男人发来的邮件，他说他也开始意识到陈词滥调的价值——他说那发生在复原过程中，不仅仅是在匿名戒酒会，还包括在 20 世纪 70 年代早期，他曾帮助经营一家"下层社会"康复中心时："我们一开始是在一家摇摇欲坠的招待所里，完全靠志愿者的帮助。其实，那是在波托马克河岸边，一个颇像热枕头的僻静之处。"那是索亚第一次向我描述塞内卡之家，位于马里兰的一座被改装了的钓鱼汽车旅馆。他坚称"塞内卡之家的故事值得一说，既有突降法①，又有感染力"。

在 90 年代早期关闭前的 20 年时间里，塞内卡之家康复治疗中心里一直住满了大使、摩托车手、海军军人、外交家妻子、长途火车司机、油矿公司高层、习惯性服用安定片的家庭主妇；一名海军军官，

---

① 突降法，指由庄严崇高突降至平庸可笑的修辞手法。

一位牙医，一个来自罗德岛的小白脸，一位年长的疑病症患者，他穿衬衫时总不扣腰部以上的扣子，他们彼此交换着有关勇气和悔恨的故事。一名家庭主妇描绘了她为葡萄酒店店员准备的荒诞故事：她在用一只缸做波尔多红酒酱牛肉，需要用九瓶红葡萄酒；一个男人说，他曾一度过滤鞋油，取其中的酒精；一个女人说，她的一叠安定片从乳沟里掉了出来，掉在了她盘里的感恩节火鸡上，就在餐桌上，众目睽睽之下；还有一个女人承认她直接往自己的阴道注射了海洛因。

从第一次听说塞内卡开始，我就一直想讲述索亚所相信的故事。这些人就是贝里曼笔下那些最出彩的热情的乡下人。我热衷于想象这样一座临河的容易失火的小楼，它那发着光的老旧的汽车旅馆霓虹招牌挂在破烂的铝制吸烟桌之上，倒影在水中闪烁着微光。我想要讲述存在于一所旧木房子里的杂乱小宇宙的故事，讲述与其他也在面对着伤害的人一起生活会如何帮助你面对所受的伤害。那就像是查尔斯·杰克逊写下的："故事在每一页纸上都在发生，正在发生着——就像每天的生活在上演。"

我将这个故事推荐给我尊敬的一位杂志编辑，他回信说："这个嘛……在'为何写这些人而不是其他人'这个问题上，会比较难让这儿的人埋单。如果你对此有好的答案，我会愿意把它作为封面故事刊登出来。"

我对此没有任何好的答案。我以为塞内卡之家令人信服并不是因为它与众不同，而是恰恰相反——因为这些人就像其他人一样喝醉，因为这些人就像其他人一样在复原。他们来到了一间上瘾者的木屋，说，就这么着了。

杰克逊对此如何描述？"它真的是美好、简单、朴素、人性的生活本身。"

他的名字叫索亚，是个酗酒者。

他在一座名为范德格里夫特的小镇长大，那是宾夕法尼亚州的钢铁之镇。他的父亲在他 2 个月大的时候就去世了。他的母亲 16 岁时从立陶宛来到美国，做那些钢铁大亨百万富翁的家庭清洁工。她省下点点滴滴的钱，为的是让索亚上预备学校，而就是在那里，他真正走上了酗酒之路。他因为酗酒而被开除校籍。之后，他的考试成绩为他赢得了一份上弗吉尼亚工艺专科学院的奖学金，而他在那里再次因为酗酒被开除校籍。他跟着军队去了韩国，成了一名土地测量师，并喝起了三联杯的威士忌。他所在的营驻扎在一家老旧的、有围墙的丝绸工厂，工厂位于首尔的永登浦区，这个区颇有中世纪之风，骡子将满是粪土的水肥车拉向稻田。当一头骡子死在途中，人们会当下就在它死去的路边摆个摊，卖它的肉。

最后，索亚终于为自己营造了一种外表看来还不错的生活 —— 妻子、孩子、华盛顿的一份律师工作 —— 然而，下班后，他会到杰斐逊酒店喝酒，把工资全花在喝酒上，经常不付家里的电费。在家中，他的六个孩子在烛光旁吃着夹花生酱和果酱的三明治晚餐，而他则在酒店的酒吧里跟唱路易斯·阿姆斯特朗的歌。情况好的时候，杰斐逊的服务生会把他送上出租车，但如果那一夜很糟糕，他最终会在唐人街的某个非法据点喝劣质酒，或许会被警察逮到，或许会被他律所的合伙人保释出狱。回忆过去时，他发现喝酒成了他逃避责任的方式 —— 那群手指沾着黏糊糊的果酱的孩子，拉着他的裤腿，央求他修好他们的手推车。

索亚最终戒了酒，当时他的妻子怀上了他们的第七个孩子。她告诉他，如果他再不戒酒，她就离开他。那时，他彻夜喝酒后刚刚回到家中。他的第一次匿名戒酒会会议让他吃惊。他以为会碰到酗酒法庭上的老面孔，然而，实际上列席那场午餐会的商人们似乎都混得比他好。他找到了一个倡议人，是一位名叫巴克的爱尔兰及美国混血老兵，曾经在中国参加飞虎队的飞行任务，是陈纳德将军空十四师的成员。他喜欢说："做个爱尔兰人并不是成为醉汉的前提条件，但也不是障碍。"他对无法全身心投入匿名戒酒会的人毫无耐心。有一次，索亚为了参加儿子的童子军会议错过了一场周五晚上的匿名戒酒会。当他告诉巴克他没能出席会议的原因时，巴克满脸通红地说，既然那样的话，索亚在下次喝醉并需要帮助时，应该给童子军打个电话。

戒酒后，索亚的事业蒸蒸日上。他为华盛顿的匿名戒酒会会员出任个人伤害律师，人称律师索亚 ①，相当赚钱。一天，他接到医院打来的电话，称有个叫路德的男人将他列为直系亲属。路德是几个月前索亚在一桩斑马线上的肇事逃逸事故中代表过的一名客户：一名戒了酒的前酗酒者，正经历着严重的精神分裂症。路德留下了索亚的名字，因为他没有其他人可写了。"可怜的混蛋。"索亚告诉他的合伙人，然后就去了医院。

之后的几个月里，路德一直到索亚的办公室里来拜访他，说他想要帮助其他醉鬼戒酒。索亚用"缠住我不放的人"来形容他，似乎唯一能够帮助路德、**摆脱路德**的方法，就是让他帮助别人。路德有些钱——一些是肇事逃逸方给予的赔款，一些是家族遗产。因此，当两个戒酒辅导员告诉索亚，他们正试图将一座旧钓鱼旅店改装成康复治疗中心时，他立刻想到了路德。

那个地方就在塞内卡溪岸边，靠近波托马克以及切萨皮克与俄亥俄运河牵道。在 20 世纪 20 年代，它曾经是一家旧汽车旅馆，城里来的人会在那里住上一个周末，去钓翻车鱼和鲈鱼。到了 60 年代，周末钓鱼早就过时了，那栋楼也变得破旧——木头发软、床垫发潮，一切都很肮脏。然而，两个戒酒辅导员看到了这堆垃圾的可能性：他们有二十五张肮脏的床位。他们认识一位愿意担当志愿者的心理医生。他们只需要一些钱。

路德正好可以帮上忙，他出钱让他们租借并整修了这栋楼。索亚从他拥有的一间二手家具店里找出家具，放了进去。这家康复中心一开张，路德便成了那里的常客。他会一连几小时都坐在厨房餐桌旁，

---

① 原文为 Sawyer the Lawyer，lawyer 意为律师，与其名字 Sawyer 押韵。

几乎永远沉默着，一支接一支地抽着香烟。大家会跟他一起坐下来，把他们的故事讲给他听，他安静地聆听，就像是一个寂静的、不断冒着烟的烟囱。大家发誓，没有他，他们无法保持清醒。

刚开张时，塞内卡以28日为一周期的康复治疗收费为600美元。经理名叫克瑞格，曾经是海军演习军士，后来又转行成了地毯清洁师。他让一些无法全额支付费用的病人破例入住。他收下了一个人的旧敞篷货车，作为他入住一个月的费用。他让一个妓女用一些首饰支付费用。有些账单他一直没收回欠款。每当一个新住客到来时——浮肿而病态，呕吐着或在自己身上大便——克瑞格不会给任何不参与照顾新住客的人好脸色。他说："我们都得面对那摊呕吐物。"

那是1971年。同一年，比尔·威尔逊去世，尼克松发动了反毒战争。那是认知失调的一年。上瘾是敌手，但它也需要治疗。当尼克松呼吁给予上瘾者"教化"时，他让上瘾者同时成了受害者和罪人。

在塞内卡，住客每天都要做一些杂务：为草坪家具漆油漆、经营康复中心为赚取额外收入而出租的划艇。克瑞格交给住客们的任务都是他明知他们讨厌的事情——清洗厕所或盘子——因为他知道那对他们有益。这栋房子有独立的化粪池，里面的厕所都时好时坏。如果你同时把烤面包机和咖啡机插上电，结局如何很难说。停电时，会议就在烛光下举行。

那是一个毫无消防设施的地方。病人们本不应在楼上那迷宫般的旧走道和阁楼房间里吸烟，不过他们当然还是吸了。在多年的使用下，索亚捐赠的家具在接缝处都被磨损了，椅子都松垂了。每次溪水淹没一楼，那些躺椅都要被换掉。餐饮很简单：铺着油布的餐桌上放着芝士汉堡和墨西哥馅饼。墙壁上贴满了海报："我们已经遇到了敌人，那就是我们自己。"立体声音响里播放着老强尼·马塞斯的唱片："看着我，我就像树上的猫一样无助。"有些会议是在地下室举行的，在这个地方还是钓鱼旅店的时候，那儿曾是个酒吧。从前的客人偶尔会找上门，但一看到宁静祷文，他们会掉头就走。

虽然每个人都必须在入住前接受戒除治疗，但那些人入住时还是带着瘀伤，神情恍惚。康复中心的第一位护士是在她来到这里第 29 天时开始上班的一个病人，因为她无家可归。刚开始，这里的员工大多是志愿者，每个月只有 50 美元的收入，有时甚至分文不取。在那个年代，很难为戒酒康复中心筹钱。人们不觉得你应该**为此**去筹钱。索亚如是说："你走进一家便利店，永远都不会看到有那么一个大罐子，上面写着'为鼓掌基金捐钱'。"

塞内卡的住客往往都会拿到合约。有时候，这些合约是写在索引卡上的语句，他们得在用餐时大声读出来："我'坚强者'的面具只是我伪装自己深层恐惧的表象。如果我想要复原，我必须相信你们。上帝不会创造废物，而我是个人物。"然而，还有其他不同种类的合约，都是量身定制的：不让其他人发言的住客必须 48 小时保持安静。难以给予或接受爱的住客必须穿一件写着"我是可以拥抱的"或者"官方拥抱者"的 T 恤长达一周。

"变邋遢一点"的合约是给太过注重个人外表的人的，它意味着他们必须有一周时间穿皱巴巴的衣服、不剃胡子、不化妆。这种合约始于一位外科医生，他只穿三件套的西装，结果收到一份合约要求他必须穿牛仔裤。他没有牛仔裤，因此他们弄了些宽松运动裤给他。那份合约旨在让他抛开那些他自以为会使他显得尊贵的东西，让他相信，他没有它们也很好。"拿来给我"的合约是给那些强迫性地投入到照顾他人中去的病人的，它意味着他们必须在吃每一顿饭时，都请别人帮个忙。一直迟到的人必须在一周时间里，天天早上 7 点把大家叫醒。他们必须在开每一顿饭时都排在队伍最前面，如果他们不到，没有人可以领到食物。

永远都一本正经的病人必须带着绒毛玩具走来走去，并且假装跟它们讲话。讨厌自己的病人必须看着镜子并找出他们喜欢自己的部分。强悍的人必须大声朗读《绒毛小兔》[①]。他们中的一些人在读到真皮马赞赏最破烂的绒毛玩具的话时哭了："一旦你成真，你就不会丑陋，说你丑陋的人只是不懂你。"当你需要共鸣时，它随处可见。那些成真的玩具都是看起来最破烂的。

在塞内卡，他们知道必须学会在不喝酒的情况下也能享受生活，就像是锻炼一块你从来没有用过的肌肉。蒙特卡洛之夜，客人们用"塞内钞"打赌，在玩二十一点的桌子边喝柠檬水。夏天的时候，会有一部雪糕车；秋天的时候，客人们在当地的南瓜园里雕刻南瓜灯。

有些病人为他们的上瘾之物举办丧礼，在后院里埋葬了酒瓶——之后，在毒瘾者开始入住后，也有人埋葬针管。然而，有时候，曾经的饥渴会涌上来。康复中心的厨师是个大舌头的爱尔兰人，早饭会做鸡蛋和华夫饼，他在去加州看望姐姐的时候又重新开始酗酒。回到康复中心后，他试着快速戒酒，结果震颤性谵妄发作，被救护车带走。利普斯·拉考维兹——"运气不佳"乐队戒了酒的主唱——在戒酒15年后到塞内卡之家进行表演，很快又重新喝起了酒。

不过，塞内卡之家在营业的20年中，仅见证了三起死亡，都是自杀：两起在楼里，另一起在楼外——一位前住客喝醉了酒回到这里，在楼门口的小溪里淹死了。一个星期天的早上，一位牧师被发现死在自己的房间里，头上套着一只干洗袋，而一位精神病医生则用餐刀刺死了自己。另一位病人来到走廊里，看见他的胸口插着那把刀。在他死后，住在康复中心的杂种狗——名叫茉莉——来到每一间房间，竭尽全力给大家以安慰。

门口的小溪每到春天都会因为雨水和化雪而涨潮，然而在塞内卡

---

① 《绒毛小兔》，美国经典绘本，故事讲述一只害羞的"绒毛小兔"历经坎坷，在爱的感应下最终变成一只真正的兔子的故事。

开张后不久，百年难遇的洪水在两年之间便来袭两次。飓风艾格尼丝将整幢房子淹没后，所有人不得不搬到附近的一家汽车旅馆里。旅馆大堂里有一间酒吧，但是没人去喝酒，这便是一种胜利。大风暴来临时，当溪水盖过赖利之石大街，得有人划着船去主路接新住客。"你来这里是来晾干的，不是吗？"他们开玩笑说，"好吧，上船吧。"可以想象，那个玩笑被拿出来多少次，冲掉，又被用上。在1984年春天的洪水中，一个名叫拉奎尔的澳洲人划船去接新住客，她爱那种快感，一种没有酒精作用的兴奋。

拉奎尔刚到塞内卡之家时，她紧张得发抖。她一直没有注意到自己从小就会在被击中之前这样发抖。如今她怕的是什么？她怕如果自己张开嘴，就会开始大喊大叫；她还怕如果自己开始大喊大叫，就会停不下来。克瑞格说，如果有什么在缠着你，你应该谈论它三次：第一次会是几乎难以忍受的，第二次依然会是相当糟糕的，但到了第三次，你最终可以在不崩溃的情况下把它说出来。

"简单、平实、以人为本"：塞内卡的历史是芝士汉堡以及呕吐物的20年，感觉像是救赎的会议，感觉像是钻牙的会议；是溪边小卖铺的冰棒、灌木丛中被禁止的性爱，以及大腿上愤怒的小红蚁的叮咬的20年；是烧烤会上的柠檬水，女人们想着如何才能清醒着跟她们的丈夫做爱，而男人们则想着如何回去面对所有对他们失望的人，想着他们的室友们又是如何回去面对所有对他们失望的人的20年——开始相信它或许是可能的20年。

在这20年间，有逾四千人来过塞内卡之家。他们并不出名。他们的酗酒史并不出名。他们并没有将其痛苦转化成梦歌或畅销小说。他们来这里只是为了寻求救助：一位名叫格温的社工，在招待她儿子的童子军朋友时，喝着室温的伏特加以及酷爱饮料①；一位名叫雪莉的记者，在将她婆婆的所有水晶砸向饭厅的墙壁后，来到了塞内卡；

----

① 酷爱饮料，一种儿童饮料。

一位名叫马库斯的快克上瘾者，声称他曾飞遍全世界，却在为他叔叔的垃圾生意打工的过程中，到达人生最低谷。来到塞内卡时，他消瘦极了，肮脏的亚麻西装挂在他骨瘦如柴的身躯上，就像一件大衣挂在衣架上。

在塞内卡，人们将他们的过去留在和声里，以便为自己精心编织新的剧情。住客们通常在离开后还是会彼此保持联系。"我孑然一身，"其中一人从开罗写信来这么说，"我需要同伴。"因此，他们给他写了信。无论那些信的具体内容是什么，他们永远会在所有话的最后写上："我们在这儿。"

在我参加的艾奥瓦的戒酒会上，这种和声成了一种慰藉。格雷戈曾经沿着泥路走进北卡罗来纳的山丘之中，寻访烈酒私酿者喝酒并卖酒的煤渣砖房子。克洛伊是一位穿着抓绒衫的老太太，她只是简单地说："我因为喝酒破坏了好多东西。"希尔薇穿着破洞牛仔裤，红着眼睛，她的女儿坐在她的脚边裁剪纸雪花。我的朋友安德莉亚不得不在向她的呼吸测醉器呼过气后，才开车送我去吃午餐。醉酒一直让我发现更深层的自己，进入那丝绒般的冷漠。然而，不可否认的是，听别人说话的感觉——无论他在说什么，无论她记得什么——却与那种下沉恰恰相反。

对匿名戒酒会抱怀疑态度的人往往假设其成员坚持认为这是唯一的解药。然而，匿名戒酒会让我第一次听到有人说，匿名戒酒会并不适合所有人。正采取十二步骤康复疗法的精神病专家格雷戈·霍贝尔曼医生（他曾是一个习惯性抽鸦片的麻醉师）这样说："解决问题的方法有上百种。"

对我而言，别的方法难以与之媲美。当人们在会上发言时，他们恳切地谈论着痛苦——或许他们依然在为母亲、税务局，或没能得到的工作机会而生气——然而，他们还是来参加会议了，来听其他人遇到的问题，以及其他人内心的希望。许多上瘾研究者预言，我们将最终可以追查这些会议对大脑本身的作用。把你自己带进一间房间——一百间房间，一千次——并认真聆听，或者说足够认真聆听，这本身就可以中立地将上瘾拆散的一切重新组装起来。

卡普林医生相信，在十二步骤康复法以及其他上瘾治疗方法之间，存在着一种共栖关系。他告诉我，如今治疗上瘾的药物——像是丁丙诺啡这种以特定的神经递质为目标的药物——非常有用，但是它们依然仅仅"是在上瘾机制之外敲着门而已"。他描绘着他心中为治疗上瘾的药物——可以改变物质依赖这种机制本身的一种药——规划的"宏图"时，我问他，这是否就意味着复原毫无意义了。它是否只是另一种敲门的方式而已？如果我们可以改变这种机制本身，它会不会最终，在理想的情况下，变得不必要？

"你可以给一个人无限多美沙酮，"他告诉我，"然而，他们依然需要一个社会网络。"

在写到贝里曼的酗酒时，刘易斯·海德将"让自我感觉是某种更伟大的存在的一部分的饥渴"描述为类似于"身体对于盐的需要"。那种饥渴就是杰克逊渴望满街都是陌生人，或杜拉斯梦见那些从未为她唱过歌的人。"一只动物在森林里找到了盐，"海德写道，"就会不断地回到那个地方。"

匿名戒酒会的那本"大书"最初被命名为《出路》。从哪里出来？并不只是酗酒，还包括自我那幽闭恐怖的狭小空间。当乔治·凯恩在《布鲁斯吉尔德宝贝》中断掉海洛因，因为戒断症状而不适且感到绝望时，他在抽离自我的片刻中找到一丝希望：在第 116 大街上一家烟雾弥漫的酒吧里，听着爵士乐——"当我们听着音乐，我感觉像是抽离了自我，粉碎成一百万片微小的碎片，我们追随那声音，都在我们自身之外"——或是跟一个女人做爱时，第一次没有吸毒，出着汗并颤抖着："赤裸着，不设防……另一种抽离自我的方式。"批评家艾尔弗雷德·卡津在一篇有关威廉·伯勒斯的《野孩子》的书评中，将这个嗜酒的作者描绘成某个努力想摆脱"对他自己脑子里的储藏室的痴迷"的人。

卡津称，写作唯有在采取向外视角的情况下，才可以成为这种抽离的一部分："所有的意识流写作，为了摆脱其可怕的自恋，必须爱上自身之外的某样东西。"大卫·福斯特·华莱士也相信，伟大的艺术得从"足够自律地从你自身可以给予爱的那部分，而不是只想要被爱的那部分"出发。他知道将自己视为 1/500 000 意味着什么。"你很特别——那不错，"他写信给朋友说，"但桌子那边的那个男人也很特别，他正在没有酗酒的情况下抚养两个孩子，并改造一辆 1973 年的野马。它很神奇，有 4 000 000 个配件。它颇令人惊叹。"

"出路"：森林里的盐，满街都是陌生人。逃离自我的渴望一直都体现在身体行为上：当我自残时，我试图让它随着血流出来；当我让自己挨饿时，是为了瘦削到只剩骨骼。让自己醉到失去知觉，是暂时摆脱自己的另一种方式。当我宿醉时，我试图通过跑步让身体里面的东西随着汗液排出来——酒精从我的毛孔中流出来。

戒酒会完全是另一种出路，它令我第一次得以在自己的躯体里完全安定下来。倾听别人发言可以代替出血，代替衣柜里那带有发光的红色判决数字的秤。它可以代我小说中藏满了杜松子酒的柜子。它是另一种逃脱的舱门，带你进入另一种解脱。

这样写作很困难：大声疾呼且毫不以为耻地面对复原给我的生活带来的意义，如此不加掩饰地敬畏着。然而，只有语言才让人感觉准确，它就像是一叶帆抓住了空气——并不以风构成，只是因风而动。

一场匿名戒酒会是什么？它就是一段又一段人生：因为众人的恳切，才有了这样一部选集。它或许始于马里兰一家旧钓鱼旅馆里的一个普通女人。她叫格温，她是个酗酒者。

在她酗酒的日子里，格温在当社工，并在她的教会担当社会部门主席。她帮助了搬到公共住房里的贫困家庭。她不应该是有问题的那个人。在教会里，她赢得了年度公民奖。在家里，她为儿子的童子军朋友倒着酷爱饮料，而她自己的伏特加加酷爱的鸡尾酒则在孩子们够不着的冰箱上端放着。她试图隐瞒自己的酗酒，但她喝醉时难免不出纰漏。有一天，一个陌生人来敲她的门，说他找到一个小女孩，在外面游走。这个小女孩是她的吗？是的。蒂凡尼当时3岁。

有一天，当格温的儿子从学校回来并告诉她，他永远都猜不到她是"悲伤、生气、糟糕还是愉快"的时候，她打了他一巴掌。又有一天，她告诉孩子们，如果他们完成功课，她就带他们坐怀特渡轮，去弗吉尼亚的利斯堡。"但我们上周就去过了，"他们告诉她，"上周你带我们去的。"而她也确实让孩子们坐进了旅行汽车，并带他们过了河，不过这一切都发生在她喝断片的时候，她什么都不记得了。

有一年，为了庆祝她儿子的生日，格温带着他和他的朋友们去看棒球比赛。她对这次派对的策划相当自豪：他将会拿到一个有球员签名的球、一只免费的蛋糕，球场的灯光牌上将会打出他的名字。然而，正当她在阳光下喝着啤酒，踢着空纸杯时，他转过身来说："我真希望我们把你留在家里。"

在家里，她开始将伏特加倒进空的白色醋瓶里——她的丈夫从来不做饭，她的孩子们永远都不会试着喝醋——这样，她就可以偷偷地再满上她的马天尼；这样，没有人会看得出她喝了不止一杯。出门时，她将灌满酒的奶瓶塞进手提包里，这样她就可以偷偷地在厕所里喝酒。从丽莲·罗斯[1]的回忆录《明天我会哭泣》中，她发现，包里放玻璃瓶会发出太多噪音。她会在酷爱饮料里加一点伏特加，最终演变成在她伏特加里加一点酷爱。有一天下午，她昏昏沉沉地在家中醒来——醉晕过去后，又醒了过来——发现她年幼的女儿站在身边，手里拿着一块湿毛巾，说："蒂凡尼会让一切好起来的。"

---

[1]　丽莲·罗斯（Lillian Roth，1910—1980），美国歌手及演员。

一场匿名戒酒会是什么？它将你从一段人生带入另一段人生——就这么简单，只消举个手，无须自然过渡或道歉。

　　他叫马库斯，一名酗酒者以及吸毒者——于1949年生于华盛顿，一个分化的城市里的黑人男子。他从未见过父母亲喝醉的样子。"没法将此归咎于他们。"如今他这样想。他拿到克利夫兰州立大学的一笔篮球奖学金。在那里，整个篮球队喝得烂醉，然后跑到体操馆里打球，直到天明。他们喝的是疯狗20/20[①]，它的标准酒精度近40度，但是糖果口味的。他们仿佛得到了永生。

　　马库斯在大学毕业后加入了和平护卫队，被派到利比里亚一座名叫布坎南的港口城市。他离家数千英里，且——他认为——天高皇帝远。在布坎南，他和当地人一起喝棕榈酒。在蒙罗维亚，他和其他和平护卫队的志愿者在歌利街的一个地方喝酒。其中一人喜欢喝甘蔗汁加自制威士忌，但是马库斯喝下去难受得一塌糊涂。他坚持喝全国最畅销的"Club Beer"[②]，他们喜欢把它作为"Come Let Us Booze, Be Ever Ready"[③]的缩写。那基本就是马库斯在利比里亚度过的日子的写照。在那里，你可以用75美分买到1升的酒吧啤酒。马库斯有的是时间，有的是自由，有的是空间可以随心所欲——那也就意味着他想喝多少就喝多少。他开始明白身居异国他乡的人有多么爱喝酒：他们往往很烦躁，很少愿意停留在他们已经犯下的错误上。

　　马库斯又继续在国外待了6年。在沙特经历石油经济繁荣期时，他在吉达为沙特阿拉伯航空公司工作。石油带来的财富比比皆是，那里的市长正大笔购买雕塑：安全岛正中有一辆车停在一条飞毯上，一尊男子铜像结实的手臂挥向戈壁之上的蓝天。马库斯飞遍了全球。在曼谷，他和醉到无法自己回家的越南老兵喝酒。在孟买，他和在静修

① 疯狗20/20，美国的一种加度葡萄酒，有各种口味，"20/20"原指20盎司、酒精含量20%，即酒精度40度。

② 字面含意为酒吧啤酒。

③ 意为：来吧，让我们喝酒，永远都做好了准备。

处寻求精神启蒙的欧洲人喝酒。他跟一帮为沙特航空公司工作的乘务员们一起去了亚的斯亚贝巴[①]，酒店的一整层都被他们包了下来——在夜总会里遇到些女孩，把她们带回了酒店，完全没有注意宵禁时间。那是 1977 年，当时的总统是门格斯图，戒严法还在生效：午夜 12 点至早上 6 点之间无人可以外出。他们违反了这条法律。他们随心所欲。在开往摩加迪沙[②]的火车上，他们被抓，还大发牢骚。

马库斯第一次尝试自由基是在 1980 年，当时他回到美国度假。他已经到过世界各地，却最终在白原市和一个朋友的前妻混到了一起。她把它称为"棒球"。他拿出 300 美元，吸了以后享受至极，随即又拿出 300 美元。

所有的酗酒，在世界各地的各种犯浑，没有一样像是祸害。然而，快克感觉像是祸害。它太美妙了。

35 年后，马库斯在向我描绘他第一次吸毒时，一连说了三次："它太美妙了。它太美妙了。它太美妙了。"

直到几年后马库斯搬回华盛顿，他的毒瘾才彻底失控。他试着以驾驶豪华轿车为生，却无法平衡开支。他在 6 个月里瘦了 55 磅。他有 6 英尺 5 英寸高，体重却降到了 149 磅[③]。在豪华轿车生意失败后，他开始为他的叔叔工作，他叔叔拥有一家垃圾公司。马库斯曾经活得极其潇洒——到处飞，到处都有钱花——如今，他不到标准体重，处理着别人的垃圾。他将自己回到美国的最初 6 个月描绘成一趟归零的快车。一旦一切归零，他拨打了一条热线，热线那头的人建议他去塞内卡之家。

马库斯到的时候已经是晚上，错过了办入住手续的时间，不得不到塞内卡的一位前住客那儿凑合了一晚。后者是在附近工作的农场工

---

① 亚的斯亚贝巴，埃塞俄比亚首都。

② 摩加迪沙，索马里首都。

③ 1 英寸合 2.54 厘米，6 英尺 5 英寸合 195.58 厘米。1 磅约合 0.45 千克，149 磅约 68 千克。

人，照顾那里的马匹。马库斯就睡在马棚上面的沙发躺椅上。第二天在塞内卡，马库斯穿着他最好的西装，不过那西装已经松垮得要掉下来了。他只付得起 28 天入住期的部分押金。他当时 34 岁，却感觉像是一个盛装打扮的垃圾桶。

数十年后，他会成为一家治疗中心的辅导员。那家中心专门为有物质滥用问题的联邦囚犯服务，有 102 张病床。他会让他们从窗口看外面的楼房，并问："这块地上有什么？"他试图让他们看到自己最终会去哪里。他们指向监狱和医院。他指向墓地。在马库斯带领的一次小组讨论中，一个人问另一个人："你如何解气？"那个人说："哦，我开始发言。"

她叫雪莉，是个酗酒者。她 9 岁时在客厅找到一瓶打开的葡萄酒。那种温暖流经她的喉咙、内脏，让她理解了为何她的父亲会喝得那么醉，三更半夜在厕所里呕吐。雪莉并不是意外成为酗酒者的：她想要这样。她将罗伯特·彭斯 [1] 和埃德加·爱伦·坡这类天才理想化，却对失败的酗酒者十分憎恶，他们并没有因为酗酒而拿出任何成就——就像她 250 磅重的叔叔，举着杯子，举止缓慢吃力并且令人害怕。那种酗酒让她十分反感。

上大学时，她为俄勒冈州的一家小镇报章工作，记录每一次森林大火让多少辆装满伐木工人的货车驶进了大山。她的老板第一次带她去波特兰记者俱乐部时，她就迷上了一边喝酒一边写新闻，两者交错进行：这些最厉害的记者从他们上了锁的柜子里拿出私藏的酒，喝得如痴如醉。她在那里第一次喝到了威士忌加汽水——波旁威士忌和姜味汽水。那一晚以她在女盥洗室里呕吐告终。厕所清洁员站在一旁，说"你肯定是吃坏了什么东西"。她们俩都知道不是这么回事。为了庆祝她的 21 岁生日，一个朋友给她做了一只蛋糕，上面写着"投

---

[1] 罗伯特·彭斯（Robert Burns，1759—1796），苏格兰诗人。

票或喝酒！"

在明尼阿波利斯上新闻学院时，雪莉住在茶叶店楼上的一间公寓里，每天只吃一餐，就在中午：35 美分的一只汉堡。她靠卖血赚钱。她只在由男生付钱的约会时喝酒。她约会很频繁。她在得知自己拿到《生活》杂志初级记者的职位时，大声喊叫起来，声音大到她怀疑它是否永远都会留在茶叶店的墙壁里。1953 年 6 月，她搬到了纽约。同一个夏天，罗森堡夫妇① 被处以死刑。《生活》杂志的办公室里就有酒，特别是在杂志社休息的周六。有一次，玛琳·黛德丽② 派人送了一箱香槟到他们的办公室，还留言说："4 点了！爱你们的，玛琳。"不过，雪莉喝酒大多是独自一人在自己的公寓里。她总觉得自己格格不入——作为一个女人，又没有常春藤学校的学位，她似乎不可能有上升空间。

她决定接受蒙大拿州靠近朱迪斯山的一家小报章的工作。她住在金条沙龙之上，在楼上喝着杜松子酒，一边听着楼下自动点唱机里传来的歌曲以及牛仔之间的争执。她写了一篇有关野马的综合报道；她为了报道热浪，在路边煎鸡蛋；她从一架两人座的飞机上为一场森林大火拍照。每天晚上 10 点左右报社打烊后，她的老板会带她去街对面的伯克酒店喝威士忌加汽水。酒保是个名叫弗兰克的男人，戒酒已经 10 年，一度跟他们说，"你们这帮人是迷惘的一代"。他们喜欢听他这样说。一个杂货店店员在一间废弃的面包房里教她跳探戈舞，他们在老旧的搅拌机和满是灰尘的厨房桌之间踏着舞步。在一个名叫 19 号酒吧的旅馆里表演探戈后，他们得到了好几轮的波旁威士忌作为回报。

有一天，雪莉收到一位仰慕者的来信。他名叫娄，是宾夕法尼亚

---

① 罗森堡夫妇是冷战期间美国的共产主义人士。他们被指控为苏联进行间谍活动，被判处死刑，轰动了当时西方各界。

② 玛琳·黛德丽（Marlene Dietrich, 1901—1992），德裔美籍女演员及歌手。

州的一名记者。他读到了她关于牛仔的综合报道，大爱。他们开始通信。不到一年，在情人节那天，他们结了婚。后来她才知道，娄其实因为赌博欠了一屁股债，他甚至给参加他们婚礼的牧师和管风琴乐手写下了空头支票。他们住在纽约西村的克里斯多弗街，一有机会就喝酒，能喝得起什么就喝什么。娄为泽西的一家报章工作，却厌恶这份工作。他想要找一份更好的工作。他们为他的面试买了一套新西装，还为这套西装开了个小派对，把它挂在窗上，并敬以葡萄酒："致这套西装！"

在之后的 10 年，雪莉全身心投入了娄的事业之中——帮他构思投稿内容，将自己的事业搁置一旁，为了他在各报社的工作而搬来搬去：哈里斯堡、塔尔萨、俄勒冈、缅因，最终搬到了贝鲁特[①]，他在那里为《每日之星》工作，报酬以现金支付。他们住在一幢能看到海湾的高层公寓里，搭着出租车到东到西：路上的旧奔驰、一地的西瓜皮、满是苍蝇的中东肉卷饼店大声放着音乐。人们问他们为何没有孩子，娄也非常想要孩子，但是雪莉因为没有怀孕而暗自庆幸。她觉得成为一名母亲就意味着她将永远放弃事业，而她已经为丈夫的事业牺牲了很多。或许有时候，有时候，她会喝一杯。《纽约时报》的当地特派记者为亨利·鲁斯[②]的到来举行了盛大派对。派对上有肚皮舞舞者，还有成桶的酒。雪莉在派对上醉到倒在盥洗室里。他们不得不踢开门，把她弄出来。"你得带她回家才行，"她的丈夫被告知，"她肯定是吃坏了什么东西。"此话似曾相识。

回到美国后，他们领养了一个女婴，名叫劳拉。在从领养处回家的路上，为了给婴儿买奶粉，他们停下车，娄跑进了商店，而雪莉留在车里，悄声对婴儿说："我不想要你。我不想要你。我不想要你。"

---

① 贝鲁特，黎巴嫩首都，海港城市。

② 亨利·鲁斯（Henry Luce，1898—1967），美国传媒历史上最具影响力的人物，创办了《时代周刊》《财富》和《生活》等著名期刊，被称为"时代之父"，也被丘吉尔称为美国最有影响力的七个人之一。

几年之后，他们意外地怀上了一个孩子 —— 他们给这个女儿取名为桑妮亚。在家带两个孩子把雪莉逼得发疯，但是这也让她能够在白天就随心所欲地喝酒。她动辄发脾气，对着打翻猫食的劳拉大吼大叫。娄为了工作，一直让他们跟着搬家，并总是在出差。有一晚，就在他们刚搬到一座新城市之后，雪莉想喝酒想疯了，她带上两个孩子，开着车出去找酒喝。她告诉她们，寻找写有 L–I–Q–U–O–R[①] 字样的招牌。

那是在娄说了一句架子没有好好擦过后，雪莉开始将她婆婆留下的水晶一块一块拿起来往饭厅的墙上砸。"我要疯了，"她喊道，"我要疯了！"不久后的一晚，孩子们下楼来，看到她在为她们翌日的学校午餐准备花生酱三明治。在那之前，她一直在呕吐，头发上黏连着吐出来的东西。她答应她们去寻求帮助，她确实那么做了。

在雪莉戒酒数十年后，她其中一个孩子 —— 如今已成人，且刚刚戒酒 —— 在企图自杀后，从医院里打电话给她。雪莉在电话这头朗读起了那本"大书"中的内容："记住，我们要对付酒精 —— 狡诈、使人迷惑、强大！没有帮助的话，我们将无法承受。"

第二次戒酒 6 个月后，我跟朋友艾米丽一起来到了孟菲斯。戴着玳瑁纹太阳镜的她充满魅力。她 22 岁就戒了酒。在大学时代，我们曾在凌晨 3 点一起吃墨西哥煎玉米卷，好吸收掉我们肠胃里的伏特加。她会一直喝到她所谓的"见鬼去吧"的那个点，从那个点开始，她就什么都不管了。有一年夏天，她接了一份自由撰稿的工作，一路喝着穿越了尼加拉瓜。酒鬼的日子让她最终带着登革热进了马那瓜的一家医院。如今她清醒了，生活有了某种厚度。她回收家具，独自完成回收工作。她曾经将我带到北卡罗来纳的一间加油站，吃装在塑料篮子里的水煮花生和油炸玉米饼，在纸上蹭掉手上的油渍。晚上，她

[①] 即烈酒。

又带我去博福特的墓地，那里都是走私犯和海盗的坟墓。她的清醒富有感染力，整个世界在她的注视之下震颤。

在孟菲斯，她带我去看皮博迪酒店里的鸭子，我们踏步走在一块红毯上，从大堂的喷泉走到了一架玻璃电梯。我们去了一家改造过的旧妓院，里面的澡盆都有爪脚。我们在那里用塑料杯子喝可乐，她跟我讲起了楼上一个酒保的故事，他已经戒酒数十年了。一想到这世界上一直以来都满是清醒的人，就隐藏在身边，我就感到高兴。艾米丽跟我讲述了她刚戒酒的那几个月，通过制作精美的蛋糕、不停地看电视来度过那些漫长的夜晚。而我则记得在豆腐工厂踱步，看那部关于曼彻斯特的迷你剧——看到最后一集，最后在火车站站台的那个镜头时，我开始慌张，因为我害怕那种寂静。

我们开着车在孟菲斯转悠，看着那些"大空楼"：这座城市拆不起的高楼大厦。它们都有三四十层高，一些玻璃窗已经裂开，门已经被木板封上，墙壁因石棉而腐烂。我们来到一处旧的坟墓胜地，那里的一个混凝土树墩里藏有一个秘密的人工洞室，里头的喇叭仿佛吹奏长笛般播放着令人不安的音乐。我需要那种东西，某种在里面发光的东西。我需要这个世界告诉我，外面还有些什么在等待。

"你真正需要的，"贝里曼曾经写道，"只是做自己且不喝酒。"当然，那是不可能的。"喝酒的杰克"得改成"不喝酒也高兴的杰克"。我心里那个杰克是谁，那个不喜欢喝酒的杰克？而她又喜欢什么呢？喝酒总是让我联想到坠入情网以及开车去新奥尔良；在木质酒吧喝着涨满泡沫的啤酒，间歇时跳着舞；在墓地大口大口地喝着廉价红葡萄酒——从那紧紧包裹着的自我意识中钻出来。

然而，清醒让我更容易不把自己那么当回事。在面包房的晨间工作时段，洁米喜欢用一张名叫"受伤歌曲集"的歌单来取笑我，那里面都是我最爱的歌曲。迷星 ① 柔情地唱着"我想要握住你心里的那只

----
① 迷星，美国著名迷幻乐队。

手"，我则尝试着好好为一只蛋糕加上糖霜，却失败了。在面包房的第一年，我犯了个错误——我告诉洁米，我小时候会跟妈妈一起做拼贴画，而每当我带着坏心情上班时，她马上就会问我是否需要休息一下，做拼贴画平复心情。

洁米是一个风趣、慷慨而率直的女人。我一开始并没有完全了解她，因为我在她面前感到害怕且说不出话来。如今，她在教我如何不必长期沉浸在自己的痛苦中，而去做些别的事，比如醒来，并把事做完。EFD 是我们对每日必须承担的责任的缩写：Every Fucking Day（该死的每天）。当洁米需要我引导她说话时，她会说："把我带到你的情感核音乐①的圆顶小屋里。"有一次，在我们喝着咖啡聊天时，她哭了，描绘着令她疲惫不堪的日子——她的孩子们、面包房——她如何在上床后陷入一片黑色地带。看到她哭我感到很奇怪，她是个傲慢的、不说废话的女人。然而，这是戒酒后一直会发生的事情：明白每个人——你的老板、你的银行出纳员、你的面包师傅，甚至是你的伴侣——每天都在醒来，面对着你甚至无法想象的事情。

那年夏天，在艾奥瓦，我跟一个刚刚戒了酒并还在挣扎的女人成了朋友。她的痛苦似乎无边无际且无休无止，无法用言语表达，我常常不确定要对她说什么。有时候，我会跟她讲，我曾经多么迷恋喝酒，那似乎对她有所帮助。我想让她看到类似我在孟菲斯看到的那个发光的洞穴一样的东西——证明这个世界是有趣的、无穷尽的、依然不为人知的——因此我决定带她去城外的猛禽中心，那是因被捕食而受伤的鸟儿们的避难所：奇怪的、可以转动头的猫头鹰，一对配了偶的老鹰，它们几乎无法忍受对方披着羽毛的躯体与自己并存在同一根树干上。这些鸟几乎已经没救了，却在这里找到了一个新家。我不在乎那有多么明显。

不过，我迷了路。我找不到那家猛禽中心。我们找到了一张野餐

---

① 情感核音乐，流行朋克音乐的一种，歌词常表达个人情感。

长椅，在那里坐了下来，开始抽烟。那并不是我想要的。如果我帮助了这个女人，我本应该在那家见鬼的猛禽中心。但是我们没有。我们只找到一张野餐长椅。我们得到了彼此短暂的陪伴。

十二

拯 救

在艾奥瓦度过 2 年之后，我和戴夫搬回了纽黑文，我将这次搬家视为我们的第二次机会。我们将会再次投入到博士学位论文的写作当中，且我们的住所将远离那间回荡着我们争吵声的二楼公寓 —— 远离那个喝醉的我在逃离我们的派对后去的观景亭；远离那个清醒而愤怒的我在黎明破晓前走过的那些街道。

纽黑文是我们恋情开始的地方。那里的空气很清新。我们有共同生活的可能。每年春天，都会有蜂巢般的簇簇樱花绽放。我留意着新住处周边的点滴，把它们当作护身符：在农夫市场和妈妈一起卖巧克力牛奶的阴郁男孩；永远到处跑来跑去的鬈发助教，肩上的背包一跳一跳的；那家意大利杂货店，卖小牛心、炖小牛肘以及自制大红肠，在出口的墙壁上有一幅有关十诫的壁画，为了让企图偷窃的人心生愧疚。这些细节帮助我写下了我们的爱复原的故事。"我们并不知道我们是否能够成功，但是我们搬到了位于伍斯特广场的那个地方，而那正是我们真正齐心协力的时候。"

然而，这座城市似乎立刻就让我满怀对自己过去那种酗饮的怀念。我知道纽黑文有戒酒会，就像在我所居住的城市之下，还有一座秘密城市。然而，我并不确定自己想要参会。如果我不再一次随着黑暗的楼梯走进又一座地下教堂，或许我可以成为某个不必参会的人。有时教完课后，从学校走回家的路上，我会绕道去州立大街，经过那家地上满是花生壳的酒吧。数年前，我在那里和彼得一起喝醉过。那里的人行道依然让我不寒而栗：这段人行道，就在这棵树旁，曾经满是伏特加的味道，事情即将发生。

还在艾奥瓦城的时候、搬家前，我最后参加了一次会议。3 周后，我开始坚信自己可以再次开始喝酒了。它就像是一列火车按时驶入车站。这种对于我喝酒能力的信念如此温文尔雅且具有说服力。它很有礼貌地敲着门。它预料到了我的迟疑。"我并不是说，你肯定可以喝酒，"它说，"这只是一个实验。"那个闪光的世界又一次近在眼前，它的长夜如此奇幻，满地都是花生壳。只要完成宣布放弃的苦活，它就唾手可得："我知道我曾经说我是个酗酒者，然后又收回了这句话，说我并不是，然后又收回，然后说我实际上是，然而，事实上，我真的不是，我保证。"然后，我就可以进入红葡萄酒和苹果酒那甜美的漩涡和脏马天尼那冷冷的咸咸的顺滑之中。它就会像是在一个寒冷的清晨，终于爬进了被窝 —— 就像里斯会说的，这就是重归汹涌，让河流再次变成海洋。

"我在考虑再次开始喝酒，"晚餐时，我镇静地告诉戴夫，"我真的觉得这次可以做得更好。"

当时，我戒酒 9 个月了。那是在我再次酗酒 7 个月之后，再之前我戒了 7 个月，而在那之前，我也两次试过戒酒。我的嗓音相当慎重而乐观，就像在和一个警察说话：我因为超速被他勒令把车开到马路一边，而我不想让他找到我车上手套隔层里的大麻。

戴夫并没有说我不应该喝酒。"去参加一次会议，"他说，"看看你会后作何感想。"

第二天晚上，我来到一所教堂并试着敲了敲门。它上了锁。"谢天谢地。"我回到车里；至少我可以说我试过了。然而，我心里感到不对劲——我知道仅仅尝试是不够的——因此，我走了回去，绕着教堂转圈。他们在那儿，更远一点的地方，那些泄露秘密的标志：亮着灯的地下室窗户，门口放着一块砖防止门关上，穿着迷彩夹克的陌生人在外头掐灭他的烟。

会上，当其他人发言时，我盘算着该如何描述我的酗酒，以便在会议结束后又可以喝起来。结果，我举起了手，把我所想的如实地说了出来："我在盘算着该如何描述我的酗酒，以便最终又可以喝起来。"当我张嘴发言，就像一个阀门被打开了，释放出有毒的、增压的气体。

会后，一个年轻女人——可能有 20 岁，有一头闪光的金色长发，穿着紧身牛仔裤和高跟鞋，就像刚盟誓加入了姐妹会——来到我跟前，开始哭泣。"我一直想要说服自己，我不必来这里，"她告诉我，"即便我其实是需要来这里的。"

我正要告诉她，她可能应该跟某个戒酒更成功的人谈谈——而不是某个花了 3 周时间回避戒酒会的人——然而，我意识到，她来到我跟前是因为我刚刚告诉大家，我花了 3 周时间回避戒酒会。她跟那个我，以及那个后来还是回来了的我心心相印。我们身处那个房间都是有原因的。她说，在一次会议上听到有人承认一度在早上就喝醉之前，她从未在早上喝醉过。

"那糟透了，对吗？"她问我。似乎她一半是想要我告诉她，她已经无可救药，而另一半则是想要我告诉她，她还有救。然而，或许她不过是昆尼皮亚克大学姐妹会上喝了太多的一名学生——我又凭什么给她建议？

也就在那时，她拉下泡泡糖粉色的短小 T 恤衫，给我看她的结肠瘘袋——一个米色的袋子，嵌在她美黑过的下凹肚皮上。"是我引起了自己的病。"她说。没有什么比那只结肠瘘袋更快让我的自顾自消失的了，之前没有过，之后也没有。她告诉我，她知道自己既然已经有了这个病，就应该少喝些酒，但是她没法控制自己。她换了一种酒——不再喝啤酒，因为那会让那只袋子鼓起来。

她低着头看着地板，咕哝着问我，是否可以给她我的电话号码。我说，当然可以，不过我能帮她的那种想法貌似有些荒唐。"你们呢，你们这些荒谬的人，你们以为我会帮你们。"结果，我其实也需要她的帮助。

第一次在纽黑文参加会议的几周后，我读起了大卫·福斯特·华莱士的《无尽的玩笑》。当我听说这是一部有关复原的小说时，我很讶异，因为我一直以为它充斥着狂妄自大。这本蓝砖一样的书由一个聪明人写就，他通过写这本书让自我膨胀；它被其他聪明人喜爱，他们通过读这本书让自我膨胀。然而，我一旦开始读《无尽的玩笑》，便感觉它远远超越了精湛文笔本身。至少对我而言，这本书的核心内容是恩涅特之家复原之家（"原文如此"[1]）。在那里，一个名叫唐·盖特力的正派人物正试图戒除氢吗啡酮[2]瘾，并帮助其他人"一天一天"地复原。小说似乎相当清楚这些标语的陈腐色泽，包括它们的简单和精心编织的优雅，却依然毫无歉意地用了它们。

诚然，《无尽的玩笑》并不仅仅与复原有关，它还与一所网球学院有关。这所学院就在山上，比邻恩涅特之家。有三个兄弟住在那里，他们之中一个是赌徒，一个是天才，还有一个是"发育受阻并有复杂畸变"的男孩，他跟消防栓差不多高。三兄弟都在为将脑袋塞进微波炉中自尽的父亲哀悼。它还与他们的父亲在死前所拍摄的一部危险影片有关，坐着轮椅的魁北克分裂主义刺客不顾一切要找到这部影片，并将它作为武器来利用。影片是居于整个故事核心的引擎，它

---

① 原小说中的作者注。小说原文中将康复中心的名字写为 Ennet House Alcohol and Drug Recovery House，直译为恩涅特之家复原之家。

② 氢吗啡酮，一种镇痛药，是吗啡的半合成衍生物。

如此引人入胜，所有看过它的人都只想永远看下去而不想做任何别的事。那就是它杀死你的方式。

我在阅读时就像是在参加复原治疗，每天读 50 页——不论我想不想，每天都要读。在每一页顶端，我将发生的故事做了笔记："他因绝望而哭泣，然而即使是对他自己的哭泣，他都漠不关心。"或是："米莉森特行动了。"或是："莱尔舔着汗。"这些笔记是我记录出勤的一种方式，说"我来过这里"的一种方式。

《无尽的玩笑》并没有将我带回会议中。是想要喝酒的顽固念头将我带回会议中。然而，《无尽的玩笑》帮助我弄明白，为何我需要参加这些会议。说得更具体一些，它帮助我弄明白，虽然会议上的一些东西让我很烦，但是我可能**依然**需要它们。这部小说用如此巨大的力量让复原有了新陈代谢，以至于它提出了我所有的问题并经受住了我所有的思想躁动。它记录下了它所谓的"勉强地迈出那一步，或许承认这个不浪漫、不时髦、陈腐的匿名戒酒会——如此不可能成功的、没有希望的……这愚蠢的、草率的、胡闹的系统，充斥着租金低廉的聚会和老掉牙的标语和做作的笑容和糟透了的咖啡"，它或许可以提供些什么，通过它的简单和它的标语，通过它教堂地下室里的咖啡和倾泻出来的无名的、绝对的爱。小说呈现了一种带有双重意识的复原经历：通过调查它的努力、它的奇怪，以及它的崇高，既是在盘问，又是在肯定它。小说质疑有关复原的那些传诵之词，但依然意识到了它蕴含的奇迹，并且不怕承认这一点。

在《无尽的玩笑》中，复原是希望，但它又有些荒唐。它是成熟男人臂弯里夹着泰迪熊，在廉价的地毯上爬行。它是人通过杀死流浪猫，获取一种"决断"的感觉。它是"老鳄鱼们"，以及他们用因肺气肿而变得含混的声音说出的预言。它是那个让人灵魂肿胀、心灵破碎、一支接一支抽烟的波士顿匿名戒酒会圈子，以及这个圈子那"不浪漫、不时髦"的奇迹。小说观察到，"严肃的匿名戒酒会成员看起来像是甘地和罗杰斯先生 ① 的奇怪混合体，带着刺青和肿大的肝脏，没有牙齿"。《无尽的玩笑》道出了真实却令人吃惊的事：这些人聚集在一起如何显得那么"谦逊、友好、乐于帮忙、得体"，他们事实上如何就是这样，不是因为有人逼他们，而仅仅是因为那是他们幸存的方式。小说想象出一些奇怪的复原食物：裹着早餐玉米片的烘肉卷、洒过某种奶油浓汤的意大利面，都是我也吃过的普通食物——在其他普通人以及他们普通的喝酒记忆的陪伴下。

如果说我读《失去的周末》时在为唐·伯南再次醉酒喝彩，那么读《无尽的玩笑》时便是在为唐·盖特力保持清醒打气。令我感恩的是，我将自己的叙述欲望导向了复原，而不是复发；令我高兴的是，有一本书可以让我对康复感到激动。如果贝里曼将《复原》视为其第十二步，那么华莱士则让我迈出了第十二步。正当我需要一个老手指路的时候，这部小说出现了。盖特力将刚刚戒酒的人描绘成"如此迫切地想要逃离他们内在的自我"，以至于想"把对他们自己的责任推卸到他们曾经的朋友、那种吸引人且让人忘乎所以的依赖性物质身上"。而我想把自己推卸到说出这番话的这本书上。

华莱士自己曾经在 1989 年年尾去过波士顿一家名为格拉纳达之家的康复治疗中心。那是在《无尽的玩笑》出版的 7 年前。"那里的人相当粗鄙，"他写信给朋友时说，"有时候，我会害怕或高傲，或是两者都有。"数年后，他在一封匿名的网上推荐信中这样描绘他在格拉纳达之家的经历：

> 最后分析下来，他们聆听是因为他们确实理解我：他们自己也一直对是否戒酒、是否要去爱那样正在送你去死的东西、是否能够想象在有毒有酒或没毒没酒的情况下活下去这些问题难以

---

① 弗雷德·罗杰斯（Fred Rogers，1928—2003），美国儿童电视节目《罗杰斯先生的街坊四邻》的创作者、牧师。

决断。他们也意识到那些欺骗和操纵，意识到那些毫无意义的理性化不过是逃避可怕真相的方式。另外，在那么多日子里，他们所做的最有帮助的事情就是笑话我，取笑我逃避的伎俩（如今我意识到，可悲的是，其他上瘾者轻易就能看出来），并且劝告我今天不要吸毒，因为明天很可能有所不同。这样的建议听起来如此简单，似乎很难有什么帮助，但至关重要。

在 D.T. 麦克斯写的华莱士传记中，作者宣称华莱士很快就明白了复原也可以成为"文学机遇"的种种方式。华莱士在认识一个新的世界：他在扫视着数百个暴露自己内心的人。他有一张名为"在会议上听到的内容"的清单，写在普通的黄色单行纸上，还留在他的档案里：

"在人群中的快乐。只是人群中的一个人。"

"他们说，这有益于灵魂，然而我不觉得里面有任何你可以称之为灵魂的东西。"

"有好几年，我每天都把屎拉在自己身上。"

"我来这里是为了救自己的命，却发现还捎带上了我的灵魂。"

"'不'也是对于我的祈祷的一种回应。"

"它让人伤心。"

然而，对于华莱士来说，复原远远不只是写作素材的来源。麦克斯声称，复原也是华莱士越发注重"直白的、没有隐藏含义的写作"的原因之一。复原彻底改变了华莱士对于写作可以做什么，它或许可以达到什么目的的看法——让他想要将此戏剧化：这个群体互相拯救的神秘力量、这种向外注视的颠覆力量、以简单替代复杂的聪明借口的这种可能性（"毫无意义的理性化不过是逃避可怕真相的方式"）。

在《无尽的玩笑》中，华莱士将讽刺和复原分别描绘成油和水：
"波士顿匿名戒酒会上的讽刺家就是教堂里的巫师。"小说相信那种
或许会遭讽刺家嘲笑的真诚智慧，那种你或许能在可撕日历或每日祷
告书上找到的内容。它不相信陈腐的话可以揭示真相，但是它相信这
些话所寻求的东西——共同点的可能性。

飓风艾琳过后，我们回到纽黑文的第一个 8 月，一切都变得粗
犷、潮湿、茫然。"占领华尔街"的抗议者占据了纽约祖科蒂公园，
以及我们自己市中心的绿地：一堆为抗议者以及早就无家可归的人提
供遮蔽的篷帆和帐篷。几年前，我或许会认为一场没有清晰议题的运
动是毫无目的的，然而集群本身开始变得富有目的——就在那片草
地上，就在市中心、我们在地下室开匿名戒酒会的教堂后面，一个横
向社会孕育而生。

戴夫和我住在一间有着砖墙的、由工业建筑改建的公寓里。那些
墙壁实实在在地正在垮塌之中，在墙角留下一小堆一小堆的砖灰。透
过客厅的一扇巨大的圆形窗户，我们可以看到那座改造过的老紧身衣
工厂，在彼得第一次发现我和戴夫之间的事后，我们就是在那里、那
天晚上，喝醉了。当时，我们的爱还让人感觉如此鲁莽却命中注定，
就像一只动物，有它自己不可驳斥的意愿。

在我们爱情的当下这一章节里，在那一幕发生的 3 年后——我
清醒着，而我们努力想要找回对彼此的感觉——我们在一个晚上请
了些朋友来我们家参加一场"晚餐时间吃早餐"派对：炒鸡蛋和着一
条条融化的芝士，培根和炸土豆让整间公寓充斥着咸咸的湿气。就在
我们吃着蘸了糖浆而湿软的煎饼的当儿，黄昏降临在铁轨边的烟囱之
间。其他人喝着巴克气泡酒，我喝着橙汁，那也可以，不过那是一个
我需要提醒自己的"可以"：这样可以。那一晚的最后，当我们洗盘
子时，我走进了洗手间，并让自己回忆起一年前，在这样的场景下，

我会对着戴夫大吼大叫，或是非常生气，或是在他触碰我时猛地一颤。而如今，我没有这么做。

不过，这并没有让一切都好起来。在所有人都离开之后，在那晚，以及别的夜晚，我看着戴夫筋疲力竭——他几乎就像是瘪了气。我们依然可以在别人面前将我们之间的戏演好，然而当我们独处时，我们正在成为空壳。我们的玩笑中有某种温柔而勉强的东西，充满了努力。我已经戒酒 9 个月了，而且每周参加五次匿名戒酒会，有时甚至七次。在纽黑文的第一次会议之后，我将自己全身心投入会议中，开始跟新倡议人苏珊一起合作。她是一个律师，60 多岁，戴着厚重的大珠子项链，用吸管喝她的拿铁。我第一次听她发言时，她讲到自己带着 1.5 升装的葡萄酒，去进行康复治疗。对于我来说，这比某人说"你再也不必喝酒了"更合乎情理。它让我想到《无尽的玩笑》中那张挂在恩涅特之家洗手间里的书法海报："一切我所放下的东西都留有爪印。"

苏珊性格热情，对于令人痛苦的东西既嘲讽又真诚；对于所有我想要成为其例外的规则，她都让我做出应有的解释。她在结束康复治疗后的短短几个月内就结束了她的婚姻，而这并不是治疗计划所倡导的，你应该要等上一年再做出重大的人生选择。然而，苏珊的离婚也为她开启了人生的新一章：搬离居住了几十年的康涅狄格州乡下，住进市中心的单间公寓，房间的一角放了一架钢琴，午后的光如薄纱。她每周有四五天都会开车带妇女们参加戒酒会。戒酒让她足够清晰地看到她过去几十年创造的生活并不是她想要留守其中的——那是一份馈赠，但谁都不要这样的馈赠。我并不觉得我的故事会和苏珊的一样——戒酒引发破裂——但我很奇怪地觉得它很有说服力：幸福看似是爱情的终结，而非它的修复。

在第一年的戒酒过程中，我感到自己从那种药物依赖、那种身体上的饥渴中解放了出来，以至于我开始否认依赖这个概念本身。难以区分哪些欲念会成就我，哪些欲念又会削弱我。在很多层面上，匿名戒酒会跟接受需要有关：抵制自负，寻求谦逊，给予并且接受帮助。然而，就在我在匿名戒酒会所给予的那个认可需要的系统中日渐自在的同时，我也对定义我和戴夫关系的那些更松散、模糊、凌乱的需求越发不自在。跟他在一起时，我开始像对待开放型伤口一样烧灼掉所有的需求。我不再向他索取。会议比爱情容易，因为有一套简单的模式：做 x、做 y、做 z。你知道你在做自己应该做的事。**爱情则更像是：做 x，不然就做 y，希望有 z，然后祈祷有什么能行得通，或许它会，有可能它不会。**

很多晚上，我都没待在公寓里，要么在参加会议，要么跟倡议人在一起，且经常是一早就走了，有时是在戴夫醒来之前，步行去参加市中心的一场早会。有一次，戴夫建议我们一起度过周六的下午，我却告诉他我正要跟复原计划里的另外两个女孩一起去苹果园。我看得出他的眼神中闪现出一丝受伤，或是失望。那一天充满美好——被风吹得沙沙作响的苹果树，柔软的土地，树上掉下来的、变得稀巴烂的果子——但我是在没有他的情况下享受这种美好。不过，我从来没想到他会觉得被排除在外——只觉得他会因为我不再要求那么多而感到解脱。

那年秋天，我在纽黑文的生活与我第一次在这里居住时的情形完全不同。这个新版本的城市不那么仅仅围绕着大学，有更多大学范围以外的人参与其中。我会跑到无家可归者收容所和养老院参加会议，跟那些刚刚在法院传票上签字的女人交换电话号码。我在研究生院和复原的两个世界之间游走，凌驾在因它们之间互相矛盾的诉求而产生的分歧之上：再好好想想。别想太多。说一些新的东西。你说不出新的东西。质问简单。保持简单。你被爱是因为你聪明。你被爱是因为你就是你。我的论文正试图研究这样一个问题，希望可以通过这个问题来消除这两个世界之间的矛盾：研究那些尝试戒酒的作家，并探索复原如何成为他们创作生活的一部分。确切地说，它不是自传那样的评论，而更像是推测性传记——试图为我自己戒酒后的创作力寻找一张可能的蓝图。

每个星期，作为课程的一部分，我都会带领本科生开一次讨论会。这门课的主题是福克纳、菲茨杰拉德和海明威：神话般的老酒鬼。在其中一节课上，我们谈到了《重返巴比伦》。那是菲茨杰拉德的短篇小说，关于一个名叫查理的酗酒者回到巴黎的故事。他曾经一度在那里生活，他的妻子也在那里去世，如今他却发现再也受不了过去那种骄奢淫逸的生活了。他只想变成一个更好的父亲。在故事结尾处，他失去了女儿的监护权，但成功控制自己每天只喝一杯。我问我的学生们，是否觉得这个故事有任何的解决。查理的生活会有转机吗？我知道不应该这样去教书，表现得仿佛查理是个真实存在的人——举例说，某个我在会上见到的人——而我们在推测他的命运；表现得仿佛他是麻醉药品农场里接纳单上的又一个数字（预后谨慎）。然而，在我遭遇的几乎每个故事当中，我都在寻找陪伴。因此，我问我的学生们，他们觉得查理是否会保持清醒，并一直点人回答问题，直到最终有人说，是的，他觉得他会。

"我不想说得很夸张，"雷蒙德·卡佛在 1980 年写信给他的编辑戈登·里什，反对一轮大幅修改时这样说，"但我是从坟墓里归来，再一次开始写小说的。"卡佛所谓的"坟墓"是指几乎令他丧命的酗酒，而"小说"是指《当我们谈论爱情时我们在谈论什么》当中的小说，那些他在 1977 年戒酒后开始写的短篇。里什的大幅修改同时从很多角度对卡佛刚刚找到的戒酒后的创作力构成了威胁。"我是认真的。"卡佛写道，坚称这些小说"跟我好转、复原，找回些许自信，并感觉到作为一个作家和一个人的价值息息相关"。

卡佛早期的戒酒小说虽然充满了绝望，但也充满了出乎意料的希望的语调和令人意外的共鸣的瞬间——复原的剩余部分。然而，里什一直被卡佛的"荒凉"所吸引。当里什编辑那些早期的戒酒故事时，他不仅明显淡化提及酗酒和匿名戒酒会的部分，还反对在他看来有多愁善感苗头的部分——那些他觉得太感伤的亲密关系或笨拙的补救。卡佛原来的版本写于他刚刚开始在匿名戒酒会的社群中得到暂时的休憩时，往往落脚于陌生人之间以奇怪或令人吃惊的方式相互产生联系的瞬间：彼此喂食、彼此认同、为彼此祈祷。然而，里什修改过的结尾通常停留在带有鄙弃或无意的残忍的瞬间，陌生人彼此憎恨或虐待。卡佛当时的伴侣、诗人泰丝·葛拉赫这样回忆道：

> 我记得[雷]对于一个建议的困惑：他将所有提及酗酒的地方都删去了。我记得自己回应说，他的编辑肯定没有意识到雷经历的那一切，他差点因为酗酒死去，以及，酒精几乎就是那些小说里的一个角色。这是他戒酒后的第一本小说。关于身体和情感伤痛，以及起死回生是什么感觉，他说的都是真话。

在他酗酒的最后日子里，卡佛已经和我一度想象的那个无赖全然不同。他浮肿且超重。他就像一个隐士一样活着，经常打电话给他的学生取消上课，因为他不舒服到无法教课。一晚，他邀请其中三个学生到家里吃晚饭，他们吃的是汉堡帮手①，用同一把叉子。在第一本书出版前，他回到艾奥瓦城开朗读会。他原本应该像凯旋的英雄，但实际上，他醉得一塌糊涂，听众根本听不清他读了什么。这不是鲁莽的放荡，或是从什么超自然空虚的黑暗大口中探寻到的存在认知；这只是人体被推到了自我毒害的极限。

卡佛最终在 1977 年 6 月 2 日终止了酗酒。"如果你想听真话，"他在一次访谈中说，"戒酒比我这辈子做的其他任何事都更让我骄傲。"

卡佛在戒酒初期写下的小说不仅充满了酗酒的混乱，还有复原的种种可能。里面满是喝了太多酒并试图跟妻子重修旧好的男人。满是

---

① 汉堡帮手，一种盒装的、包含配料的意大利面食。

杜松子酒的幽灵和对匿名戒酒会的投入。满是在学习如何钓鱼和祈祷的男人；一个清醒的男人半夜偷偷离开家去杀鼻涕虫；一个清醒的男人撒谎说认识著名宇航员；一个醉汉偷走已分居的妻子的假日派。一个男人倾听他妻子回忆，他如何将怀孕的她抱到盥洗室里——"没有人能以那种方式爱我，爱我那么深。"她说——而他一直想着他在她躺椅靠垫下面藏着的半品脱威士忌："我开始希望，她很快就会站起来。"

在这些戒酒的小说里，酒的脉动不仅体现在那些明显之处：在小杯威士忌里、在清晨必喝的香槟里，以及那些有关喝酒的机敏的俏皮话里（"如果你想在喝酒方面有所成就，你需要倾注大量的时间和精力"），它还体现在那些故事人物彼此疏离又不知道如何破镜重圆的静谧时刻。这些静默是酒想要填满的空洞。

当卡佛第一次看到里什的版本——不仅在文字上被削减了，更在精神上被篡改了——时，他无法想象这些故事的出版。那时，这两个人已经彼此认识将近十年了。里什在1971年为《时尚先生》杂志采用了卡佛的一篇小说，给了他一个很好的机会，也从此成了他的编辑。这一次，他删掉了卡佛超过一半的文字，并且在完善卡佛风格的幌子下，偷偷注入了另一种对于人类本性的看法——不那么倾向于关心、担忧或设身处地为人着想，更倾向于破裂、憎恨以及疏离。评论家迈克尔·伍德在1981年对这部小说集的评论中，抱怨"一些故事中的不善和自我优越感"。卡佛也曾就同样的篇章写信给里什说："对于那些人与人之间的点滴灵犀，我不想丢失了线索，失去了联系。"

至于卡佛为何在如此强烈地抗议这些修改后，还让他的小说就这样出版了，这并不为人知，但相当有可能的是，他的同意跟他原本对于修改的担心是基于同样的脆弱：他渴望自己的书被肯定，讨厌让任何人失望，想要相信戒酒后他的写作还有将来。然而，那本公之于世的书和卡佛原先写就的书全然不同。

选集中最著名的那篇最终以《洗澡》为名出版——里什将它删得只剩下原稿的三分之一。在这个故事中，一个名叫斯科蒂的男孩在他生日的那天早上被车撞了。当他昏迷着躺在医院时，他的父母接到一个声音里充满威胁的陌生人的电话，此人正是为斯科蒂制作生日蛋糕的烘焙师傅，因为没人来拿蛋糕而变得越来越烦躁。当男孩的母亲接起电话，十足绝望地问对方是否是来询问她儿子的近况时，烘焙师傅说："是关于斯科蒂的。是跟斯科蒂有关，是的。"在里什的版本中，故事就停留在烘焙师傅的"是的"，他的声音从电话那头传来，以讽刺和无意的残忍结束。这个版本写的是无谓的悲剧以及它所揭示的人与人之间的沟壑；距离可以逐渐变成恶意。

数年后终于得以出版的卡佛原版《很小很美的事》并未以那一通电话结束。斯科蒂的父母最终到蛋糕店里去找那位烘焙师傅，并解释说他们失去了儿子——在这个版本中，他们的儿子死了。当他们告诉他所发生的事后，这位师傅给他们端上了"刚从烤炉里拿出来的热乎乎的肉桂面包卷，上面的糖霜还没凝结"，以及一整条新鲜的黑面包，跟他们讲起了自己疲惫不堪的日子。"他们听着他说话。他们尽量吃了些。他们咽下那黑面包。它就像是一排排荧光灯下的日光。"烘焙师傅给了他们某种实实在在的快乐所带来的微小安慰——我自己在那热烘烘的艾奥瓦厨房待着的日子里所学习到的那种"很小很美的事"——且这被他们掰碎的面包最终引发了另一种交流："他们一直聊到清晨，窗外透进黎明苍白的光，而他们一直没想要走。"

卡佛原本的结尾既没有令人彻底绝望，也没有带来明确的救赎。它更像是明暗对照法：这对父母在悲伤的时刻得到了短暂的安慰，这个烘焙师傅也不全是冷酷无情的。这对夫妻的儿子死了，但是这个世界并不是一个无可救药且冷漠无情的地方。不论恩惠多么渺小，它仍会暗中降临，且来自意外的角落——不完整、不完美，但是重要的。

在那个被里什命名为《粗斜棉布》的故事中，一个戒了酒的老汉因为看到一对年轻的嬉皮士情侣在宾果游戏当中作弊而愤怒无比。在这种愤怒背后，有他对妻子癌症复发的万分痛苦，而故事以他用愤怒表达痛苦结尾——男人拿起他的刺绣，"把一段蓝丝线戳向眼睛"。然而，被卡佛命名为《如果那让你高兴》的原版并没有以愤怒结尾——男人往他的刺绣上戳，无力改变自己的命运，又迁怒于命运更为眷顾的人——而是以不可名状的神秘力量将愤怒变成了某种更宽容的东西作为结尾。"他和那对嬉皮士同是天涯沦落人"，老汉这么想，并感到"他心里有什么在搅动，但这次不是愤怒"。故事以激动人心的"某样东西"结尾：

> 这次，他也可以为女孩和嬉皮士祈祷。由得他们吧，是的，开着货车，傲慢着，大笑着，戴着戒指，甚至随心所欲地作弊。与此同时，祷告是需要的。他们也可以用到，甚至是他的祷告，事实上，应该说，特别是他的祷告。"如果那让你高兴。"他在为他们所有人——生者以及逝者——所做的新的祈祷中这样说。

这样的祈祷——不单单是为一个陌生人，也是为一个他憎恨的陌生人——其实是匿名戒酒会的特定内容之一：如果你想放下一种憎恶，如果你为这个人或者你憎恶的事物祈祷，那么你就会得到解脱。

里什的修改或许是为了抵制在他看来多愁善感的部分，但如果说多愁善感是沉溺在脱离世界的虚假情感之中（就像詹姆斯·鲍德温说的那样："多愁善感者那潮湿的双眼背叛了他对于经历的厌恶……他干涸的心。"），那么卡佛从未试图逃离经历的复杂性。老汉的祈祷是一个带有多层次情感的结尾——暴怒与恩惠并存——而不是以一种更简单、更可预见的放肆的鄙视口吻就此了结。卡佛的慰藉是困扰且来之不易，但是他的结尾对于吃着黑面包进行的交流——在深夜里彼此交流很小很美的事——抱有信心。

几年后，在这一轮令人忧虑的修改后，卡佛对里什坚称下一部小说集不能再经历同样的过程了："戈登，这绝对是真的，而我也应该现在就讲清楚，我不能经受这种外科截肢和移植手术，以便把它们塞进一个纸箱，盖上盖子。或许就是会有一些塞不进去的肢体和长满头发的头。不然，我的心将无法承受，它只会爆炸，我是认真的。"卡佛为了捍卫他戒酒后的作品，宁可冒夸大其词（"它只会爆炸"）的风险。这些作品更杂乱，充满勇毅和起伏、粗俗的亲密行为以及难以解释的深厚感情。他想要捍卫那些并不以讽刺收尾的故事。戒酒伴随着陌生的应许和出乎意料的纽带，而那些故事如此尴尬，如此予取予求，足以守住戒酒的渴望。

回到纽黑文的第一个秋天，我开始参加早上 7 点半在市中心的会议。刚过 7 点就走在教堂街上——初冬时分，天亮得晚——让我有机会穿越那个更安静的纽黑文，而一旦我所熟知的那个纽黑文醒来，它又会被吞噬。在轮胎店，荧光灯闪烁着发出刺眼的光芒；通勤的列车将戴着格子围巾的商人带到了州立大街的站台；一美元店那隔着金属链条栅栏的橱窗展示的都是孩子的背包和打折的拉杆箱。

这场 7 点半的会在市中心一座庄严的石砌大楼举行。参加会议的人当中有一半来自这座城市的无家可归者收容所，这些收容所要求客人在早上 7 点前必须离开。有些人是为了来参加会议，有些则为了来喝咖啡——苦且烫，加上后面桌子上的咖啡伴侣——而很多人或许同时为了两者而来。人们来这里的目的并不总是很清楚，可能绝少是为了一样东西。会上有很多老前辈，有些人已经戒酒几十年了，他们之间维持着一个狂暴而费解的生态系统，累积了多年的宿怨和亲密关系。一个叫西奥的年长黑人是这群人的非正式精神领袖。你看得出他经历了很多不幸，但他没有表现出来，他每天早上都会来——就像他过去几十年来每天早上都会来。

会上，我很痛苦地意识到自己所拥有的和所失去的。我思忖着其他人会如何理解我分享的内容。他们的情况比我的艰难得多：那个在争夺孩子抚养权的女人；那个在将近一年的时间里都靠进出于无家可归者收容所而存活的男人，不过，最后他终于在市里的一家比萨店找到了一份工作。将我的上瘾和他们的比，要怎样才不会让人觉得那是对他们遭受的痛苦的误解呢？我并不想以我的存在表示我也经历了那些——因为我显然没有。我的故事更多的是由欲望而非损失造就的。

然而，我为其他人以各种方法寻求共同之处而吃惊，且在某一个点上，我意识到我才是那个投射着差别的人，因为我假设别人感到了我们之间的差别。相信我们的共同之处并不意味着我必须对我们之间的差别视而不见。共鸣与合并不同。它并不意味着假装我们都有同样的经历。它只是意味着倾听。人们因为不同的原因受打击，但酗酒让我们所有人的身体都变得脆弱。我们来这里并不是为了假设或者坚持完美的相似；我们来这里是为了敞开自我，寻找同伴。

我喜欢人们那么频繁地在会上说："该死，我就是没法停下来。"他们那么频繁地为别人和自己的人生而生气。有一天，一个男人站起来，对房间另一头的一个男人吼道："你什么时候才能还给我那20块钱？"那个人回应说："你干吗不去给人口交挣上个20块钱？"这些声音背离了诵读十二步骤那神圣不可侵犯的声音，令人畅快——这种诵读从承诺或开场白开始："一个由男人和女人组成的群体，他们互相分享经历、力量和希望，以便解决他们共同的问题。"另外，老实说，这样他们就可以说清楚欠钱的事或某某怎么就该死的错了。人们在经历了许多失去和复发后，正在试图重整旗鼓。在那个房间里，欲望和悔恨依然猛烈地燃烧着，依然灼热。

《无尽的玩笑》坦诚地反映了复原中失去了个性的善意的怪异之处——那种盲目的被爱，不是因为你的品格，而只是"因为因为"。

这本书清楚地知道听到复原计划承诺"让我们爱你，直到你学会爱你自己"时的不自在，以及向陌生人索取拥抱时那种带攻击性的坚持："是你冒着脆弱和不适的风险来抱老子，还是我他妈的扯断你的头，往你脖子里拉屎？"

唐·盖特力不像任何一个我所读到过的文学英雄：一个戒了酒的重罪犯，头大而方，文有刺青的肥厚的手经常端着他为别人的戒酒纪念日所做的蛋糕。会上，他谈及"在戒酒时搞砸"，且他总会对戒了酒的醉汉恼怒。当有人抱怨连篇时，他会用小指表演哑剧——用世界上最小的中提琴演奏电影《悲哀和怜悯》的主题曲。盖特力并不是圣人。正因如此，他使拯救具有可能性。我就是喜欢书中关于戒酒的这一点——它并不是冷淡的或学究气的；它是可触摸的、噼啪作响的、荒唐的。它在每一页上都如此毫不留情地活着。

盖特力在一场枪战中为了救一个大家都讨厌的康复院病人而中枪。住院期间拒绝使用吗啡。"没有任何一个瞬间是不可忍受的，"他想，"无法面对的是，想到这些瞬间都会连起来延伸开去并闪闪发光。"它让我想起我自己是如何想象戒酒的：一个又一个沉闷的夜晚，一大堆干了的茶包——没有任何一个夜晚是不可能的，而它们连在一起那无尽的地平线则不可想象。"我们都喜欢小题大做，即使是在清醒的时候"：我不喝酒的夜晚都是枪战伤口。

然而，即使在盖特力经受"突发事故类型的那种疼痛，比如喊叫着从灶台上把你烧黑了的手抽回来那一类的疼痛"时，他依然将自己大部分的时间——有点勉强地——花在聆听别人诉苦上："盖特力想要告诉泰尼·伊维尔，他完全可以了解伊维尔的感受，如果泰尼可以坚持住，背起那一大袋东西，穿着擦得锃亮的鞋，一步一步地走下去，一切都会好起来的。"在医院里，盖特力成了一个巨大的无声忏悔亭，就像路德在塞内卡接待来访者，当别人说话时，他安静地在厨房餐桌旁抽着烟。

《无尽的玩笑》里面到处都是像我这样的人，试图超越复原却依然从其仪式中寻求肯定 —— 就像波士顿匿名戒酒会上的那个商人，他的"职业背景让他一度要在会面的场合试图给别人留下好印象"。躺在医院的病床上，盖特力想象自己站在"一个巨大的承诺讲台，就像在匿名戒酒大会上，即兴地说一些让大家哄堂大笑的事情"。盖特力没有用吗啡，没错，但是他也幻想着如何在某天的一场会议上讲述那个英勇的故事。盖特力跟我一样极度渴望得到最响亮的掌声，讲一个故事，永远不会再有别人出来喊"这真沉闷！"这本书完全认同自我如何侵扰我的复原。它知道那种侵扰的平淡无奇。它理解我对复原文化的警惕。它懂我的窘迫和我的崇拜。它让我看到，我对于毫无新意的陈词滥调的鄙视是完完全全毫无新意的。它给我希望，因为它的希望是如此不加掩饰。

我读《无尽的玩笑》时就像一个绝望的老男人用他的金属探测器扫过一片沙，等待着每一声代表着埋藏的智慧被感应到的滴滴声 —— 虽然我担心华莱士太聪明了，他是不会让人以这种贪婪阅读他的作品的。我觉得受到了像克里斯琴·洛伦岑这样的评论家的指控：他鄙夷地写到一类读者，"他们从小说当中或小说家身上寻求如何度过人生的指示"，被华莱士"大脑像心脏一样跳动的镇静剂、文学作为孤寂的救赎，以及给痛苦的人带来安抚又给舒坦的人带来痛苦等等的那些小说"吸引。然而，我对镇静剂是有依赖的。我所忍受的或相信的最重要的东西或许都在洛伦岑的"等等"当中，因耻辱而掩面。我在阅读华莱士时，始终握着精神的荧光笔，好标出重点内容。或许，就在我咂吮着真理的润喉糖 —— "有时候，人类不得不待在一个地方并且，这么说吧，受着伤" —— 时我简化了它，但是，他的小说让我度过了许多时光，就只是待在那里并且，这么说吧，受着伤。它追求着成为贝里曼所谓的"智慧之作"。

跟我一起读博士的其他研究生都会以充满欢喜的居高临下谈论他们教的本科生，他们如何永远都在寻求故事的寓意，或其中的教训。但是，去他的草草打发。去他的简化指控，还有对镇静剂的窃笑。因为，有时候，我就是需要坐在那里并且记得《无尽的玩笑》里说过，我只需要坐在那里并且，这么说吧，受着伤。有时候我需要直白的真理。有时候我需要盛开的樱花、堆满肉的货架、冷冷的阳光、新的生活。"太过简单？"华莱士在他的一本自我帮助读物的页边空白处这样写道，"还是就这么简单而已？"

我一度如此害怕清醒会成为一种死亡，就像杰克逊一度害怕清醒会成为一种死亡，就像贝里曼和斯蒂芬·金和丹尼斯·约翰逊以及那个参加周二早上会议的年长女服务员一度害怕清醒会成为一种死亡。我一度害怕会议基本上就是配备了咖啡味的水和趣多多巧克力饼干的脑白质切断术；害怕即使清醒可以给我稳定、真诚或许甚至是拯救，它也永远不会成为一个故事。然而，《无尽的玩笑》看得更透。并不是小说的才华横溢胜过了清醒的麻痹作用，它的才华横溢有赖于清醒带来了什么。

在戒酒一周年时，华莱士收到了1987年的一出话剧的副本。这部话剧名为《比尔·W和鲍勃医生》。那是他的倡议人送他的礼物，封面上写着"给大卫，贺第一年"，还配上了一幅表达了同伴关系的插图：两个穿着西装的男人，他们的脸并不在画框内，其中一人拿着一杯蒸汽缭绕的咖啡。华莱士只在某一页的一段对话上做了标记：

> 鲍勃医生（将他的椅子挪得更近些）：如果我不喝酒，我就是个怪物。我需要它才能正常运作，当个医生、丈夫、父亲。没有它，我如此害怕，我完全没法运作。酒就是让我不散架的胶水，我可以依赖的那一样东西。

在那旁边，华莱士只写了三个字："我所感。"

人很容易因为有共鸣而幸福。它其实颇让人上瘾，交流过程中点头的律动——"是的，我明白你的感受。"这种被认定的共情有正当和豁然开朗的味道。在我戒酒的初期，我开始到处感受到共鸣，它就像我从未注意过的一种原色。一个下午，我坐在图书馆寂静走廊边一张隐蔽的橡木书桌前，注意到一个陌生人在木头上刻下的字："我是个处女。"别人也相继在旁边写下了："我也是。""我也是。""我也是！""我也是！"

然而，交流当中的谦虚——愿意说"我不是唯一一个"——的反面是假设或混为一谈的危险：我已经感觉到了你所感觉到的。认同他人分享的内容让人如此有满足感，它也可以成为其自身的诱惑——坚持处处都有共通性。

在其有关帮助贫民窟的上瘾者复原的那部著作中，临床医生加博尔·马泰中途将他自己带进了画面："你好，我的名字叫加博尔，我是一个古典音乐消费成瘾的人。"在前文出现的人物——那些无家可归的、卖淫的，或是因为注射针剂处感染而必须截肢的快克和海洛因上瘾者——之后，马泰的供认初读起来像一个玩笑，又像一种挑衅，让我们接受一种延续性，虽然他怀疑我们起初会对此有所拒绝。通过描绘自己在古典音乐上成瘾性消费了数千美元，大声播放这些音乐以压过家人的声音，马泰承认他的瘾戴上了"娇美的白手套"，不过他也坚称，这样一种"上瘾过程"体现在多种行为的连续体当中："过量进食者和购物狂那失控的自我安抚；赌博者、性瘾者和网瘾者的痴迷；工作狂那得到社会接纳甚至赞赏的行为。"这也就是伊芙·科索夫斯基·塞奇威克所谓的"归因上瘾"，我们由此试图将一切都理解为上瘾：购物、电子邮件，甚至运动——意志力的象征。归因上瘾自身就可以成为一种瘾。一个宽泛的类目赋予的满足感带来了自我陶醉：同是天涯沦落人！如果上瘾是一种连续体，那么我们都存在于这根轴线的某一点，大声播放贝多芬来盖过孩子们的声音，或是在我们被解雇后一个劲地吃巧克力。

然而，如此宽泛地归因于上瘾，以至于它不再有任何意义，而只意味着无法控制地渴望某种可以带来伤害的东西，我对这种做法心存警惕。我不想为太过轻易地发掘普遍真理而忽略上瘾特定的生理机制：我们都会有所渴望。我们都会进行补偿。我们都会寻求慰藉。因为我们并不都用相同的方式寻求，并且寻求并不总是会惩罚寻求者。承认某些渴望会带来特有的破坏是重要的：它们会如何影响大脑，它们会如何影响生命。

当美国精神病学会于 2013 年发行《精神疾病诊断及统计手册》第五版，并正式将"物质成瘾疾病"的定义从一个类别改成一个领域时，很多科学家都担心其拓宽的尺度实际会造成太多上瘾者涌现——本质上，它将会把每一个曾经胡乱喝酒的人都列为上瘾者，并消除失衡和疾病之间极为重要的区别。

我怎么看？很重要的是，不因为将其定义得太宽泛而模糊对疾病或其生理机制的看法。然而，所有人都渴望得到某样会伤害她的东西也确是实情。我希望我们在可以援引那种普遍性的同时，不会使上瘾的界限变得彻底失去意义，而是将那些身陷其中无法自拔者人性化。

当我在醉后问自己的日记"我是个酒徒吗？"时，我正试图回答一个有关于欲望的问题：平常的渴望什么时候就变成了病理？如今我这么想：当它变得残暴到令人羞耻。当它停止构成自我，并开始将它解释为缺乏。当你想停下，却又不能；再试着停下，又不能；又试着停下，还是不能。"直到你经历了很多次困境后，你的欲望才成了需求，"乔治·凯恩写道，"那是我出生的目的，终此一生都在等待的东西。"

当我在醉后问自己的日记"我是个酒徒吗？"时，我在寻求一种分类，它或许可以告诉我，我的痛苦是否真实——仿佛喝多一些会让它变得无可争辩。当然，我的痛苦是真实的，就像所有人的痛苦那样。当然，它并不太像别人的，只是像所有人的。

作为问题的根源和起因，酗酒为我的某些难以名状的问题提供了一个方便的载体。当我第一次戒酒时，我写给自己一个有关我和戴夫的故事。在那个故事里，我是我们之间问题的根源，我的不安全感和怀疑，而酒则是我的问题的根源——也因此，通过戒酒，我开始解决这些问题。然而，我们之间的关系没有那么破碎，或者更为破碎，而回到纽黑文后，一种奇怪且令人恐惧的安静笼罩着我们的共同生活：在图书馆的日子，在慢炖锅里冒泡的炖菜，留在法式压滤咖啡壶里的旧咖啡渣，还有那只垃圾桶。这种平静并不像是脱离了争吵，它比争吵更遥远。我们之间的争吵以某种奇怪的、恶劣的方式让我们变得更亲密更离不开对方：有毒却令我们彻底沉浸，无法抗拒。争吵意味着我们都完全投入其中。回到纽黑文后，我们对彼此更仁慈、更温和，但也不知怎的有些机械呆板。当我们晚上回到家中看到彼此时，仿佛我们都在接近并不真正存在于此的躯体。

那年秋天，我们参加了另一场婚礼——我们的第十次，或第十二次，或第一百次，谁能数得清——并在一片草地上搭起了帐篷。婚礼上都是一些跟新郎参加过各种无乐器伴奏乐团的人，常常有一群陌生人在我身边突然开唱，就像一起突然发生的灌木丛火灾。"我承诺跟你一起享受灵性。"在宣读结婚誓言时，新娘这样告诉新郎。"我承诺跟你一起享受自然。"他回答说。那一夜，雨一直下到天亮，我醒来时发现自己团在我们帐篷的一角，泥泞的地面在那层很薄的乙烯基塑料帐篷下很滑——我的身体完全在我们的睡袋之外，仿佛我一直在试图滚得离戴夫越远越好。那天早上，他给我拍了张照片，照片中我穿着长内衣站在我们的帐篷外，背景是后面的草地和山丘，而一旦我们为这张照片找到了合适的滤镜，它便让我们的露营地点看起来像魔幻的精灵之地。"真美！"所有人都在脸书上这样说，但是我知道我当时其实又恼怒又疲惫，因为别人的幸福而沮丧。

那一晚之前，婚宴的招待会是一场 supra。那是格鲁吉亚的一种传统宴会，主要内容是一连串复杂且全面得令人晕眩的敬酒——向上帝、向逝者、向生者、向我们的帐篷——新娘和新郎则用杯口镶银、带着动物皮毛的号角杯喝红葡萄酒。新一轮的敬酒都有一个不同的陌生人看着我，皱着眉头。

"难道你不知道吗？"其中一人终于说，"以水代酒干杯会让你倒大霉。"

回到家后，我开始在我们的卧室里闻到某种奇怪的味道：一种谷仓的味道，就像是湿软的干草或潮湿的皮毛，某种湿乎乎的、跟动物有关的东西。之前的租客告诉过我们，他们曾遭遇一场松鼠大侵袭，我就在想，它们是否依然在我们的砖墙后面筑窝，它们的那些小地洞里都是尿液和果仁，没有毛的松鼠宝宝们蠕动着——无助的、奇形怪状的动物在我们四周扭动。

当我们开始发现老鼠时，那几乎是一种慰藉。是有问题，而我们会解决它。我们在柜子下面布下了捕鼠夹，并在上面小心地涂上了一团团的花生酱。一开始，老鼠们在没有触发捕鼠夹的情况下成功地偷走了花生酱，把黄色的塑料短桨舔得一干二净，就像练就了某样本领的极其小只的超级英雄。我坐在躺椅上，看着一只老鼠如此优雅地行动着——它的爪子着力如此轻，它的舌头小得几乎不存在——它得到了一切想要的，而免于一死。

我们接下来又设置了黏鼠板，夜里醒来听到一只老鼠挣扎时的尖叫声：依然可怕地、痛苦地活着。我们躺在彼此旁边，听着。睡觉是不可能的。最终，戴夫起身将那只老鼠摔在地上。那是无痛致死。我们的公寓又安静了下来。

当我向苏珊坦白，我开始幻想和戴夫分手——只是想象那会是什么样子——时，她提醒我匿名戒酒会的复原计划建议不要在戒酒的第一年做出任何重大改变，包括结束一段关系。我想说："你结束了你的。"她自己有一间公寓，独自一人生活不知为何似乎具有很强的生成能力。

在复原会议上，我总是听到那些重新开始的人的故事，他们如何生活在洁净和空白中：离开旧的关系、旧的家、旧的城市，在复原治疗中心、会议和十二步骤中重新开始。事实上，很多人都只是在他们过往的生活当中清醒过来——同样的工作、同样的婚姻、同样的孩子——然而我一直看到重生的故事，因为那是我想要看到的故事：重新开始的人，他们寂寞而自由。当我看见戴夫，我觉得筋疲力尽，仿佛我们之间的关系是一个杂乱的房间，已经被我打扫干净。某种程度上，我渴望一个新的开始可以给予我解脱——一种纯粹的失去，然后靠我自己重建一切。

塞内卡之家激发了我，因为它一度是数千个上瘾者重新开始的起点，至少它是这样承诺的。我想要亲自看一看这个地方。然而，等到我2015年来到塞内卡溪的时候，这栋房子本身不过是个野鬼罢了：介于水流和树林之间的一片荒芜草地。1992年，在与一家更大的治疗中心合并失败后，这个地方倒闭了，整栋房子被拆掉了。当时跟我一起驱车前往的是律师索亚，索亚正忍受着一种退化性肌肉疾病的折磨，整个人几乎动不了，因此我们开了一辆有特殊装备的厢式货车，可以容纳他的轮椅。

在电话里，索亚将这种病称为他的"折磨"，他那讽刺的语气让人想到这个词是带引号的。在一个彼此交流共同的痛苦的群体中生活了数十年之后，索亚知道表达受苦的各种语气。他知道人们从他们的生活当中榨取戏剧时是什么样子，而他则在选择另一种语气：就事论事，大声指出戏剧化的诱惑，而不是沉溺其中。他的前列腺和一根肋骨中还有癌细胞。这些疾病像是事后想起来才提及的事。

索亚的家位于马里兰州，离塞内卡溪仅半小时车程。我登门拜访他时，正值七月的某一天，天又热又亮，仿佛要在中午前就让所有的牵牛花都合起来。他的冰箱上贴满了孙儿孙女的照片，其中一个孙女仔细打出一份应聘保姆的广告："我认真可靠。"要让索亚坐上他的货车需要两辆配有发动机的轮椅、一架助行器，以及一台装有发动机的升降机。我把他配有发动机的轮椅装进他的货车里，用四根绑带把轮椅拴牢在地上的闩上，并且——因为害怕他的身体会脱离轮椅——以每小时20英里的平稳速度驾驶着，而我全是汗的手掌仿佛锁在了方向盘上。索亚在货车后方指出了那家就在塞内卡不远处的、建于1901年的老护墙板杂货店。塞内卡的住客曾经到那里买香烟，即使他们本不该在室内吸烟。他指向在飓风艾格尼丝来袭期间住客们走过的那个高尔夫球场，在塞内卡之家被水淹的时候他们需要找一家廉价旅馆暂住。

回到家后，索亚并不想跟我讲他的酗酒史：那些唐人街的劣质酒和他的孩子就着烛光吃晚餐的故事。他想要讲的反而是自我提高和戒酒上的成功：作为出庭律师、作为特拉华州的房地产开发商、作为他父母亲故乡的复原使者——他说，在那里，他一度被称为"立陶宛的比尔·威尔逊"。1991年，就在立陶宛宣布从苏联独立出来后，他走访了全国所有的戒酒病房，并留下了一本翻译成立陶宛语的"大书"。

在立陶宛的功绩是索亚想要讲述的个人故事的关键部分。在这个故事里，戒酒带给他的自我提振成了他一辈子坚持靠劳动自立的巅峰：还是个孩子的时候就连夜守卫农产品货架，或是在一家轧钢厂工作，融化的钢铁像水银一样向火焰倾倒。戒酒让索亚可以继续追随他知道自己注定拥有的叙述弧：一个女佣的儿子出息了、达成了母亲心愿的故事，这个故事始于他的母亲带他去1933年芝加哥世纪进步博览会，他看到了未来的高速公路，那不可想象的旋转的俯冲。那一天，他惊叹不已——想要成为一个可以做东西的人，一个有权势的人，一个可以改变世界的人。

索亚跟我讲的戒酒故事是他为了让自己活在其中而建构出来的故事，就像溪边的一幢房子：在这个故事里，他努力奋斗，并得到了回报；他的努力成了把母亲为他的教育省下或家人需要用来支付煤气费的钱都花在喝酒上的自我惩罚。在他的叙述中，勤奋是他复原的剧场。良好的意图化成了利益，而戒酒让这种化腐朽为神奇成为可能。

直到我们在塞内卡之家曾经的所在地停下车、熄了火，索亚才跟我讲起他被捕的经历，和他在结婚前在巴尔的摩爱上的那个女孩

（"溜走的那一个"），以及他如何因为在第一次约会前喝醉而毁掉了他们之间的机会。仿佛那条溪流本身——或是这幢房子的记忆——打开了他心里的某些东西，仿佛我们在开属于我们俩的会议，就在那水流旁，包围我们的是他曾经帮助兴建的一家康复中心如今不复存在却令人无法忘怀的墙壁。我们面向那座运河看守小屋，它以漆有石灰水的砖头砌成。夏季野营者穿着救生衣，水面上一团团沙沙作响的荧光橘色。

索亚说，他写的诗与他的酗酒无关。它们关乎他清醒时的敬畏。他依然是一个对着未来那不可想象的高速公路惊叹的男孩；依然是一个被带着去看小溪弯处一栋脏而旧的钓鱼汽车旅馆，并想，"好啊，一群醉汉可以在这里待一段时间"的男人。在它被拆掉数十年后，他居然被扣在一辆装有发动机的轮椅上，又来到了同一条溪流，跟一个陌生人讲述当时是什么模样——一个比他小 55 岁的陌生人，此人在索亚戒酒 55 年之后，也为同样顽固的渴念作出了她自己的、含着泪的道歉。

"我们跟自己讲故事，就是为了活下去。"琼·狄迪恩这样写道。刚开始，我把她的话当作人生信条：故事帮助我们活下去！最终，我意识到它们更像是一个忠告——一个暗示，我们对于它们虚假的连贯性的依赖是有些妥协和羞耻的。当狄迪恩写下"我开始怀疑我给自己讲过的所有故事的前提"，将她的怀疑理解成一种指责：相信故事是幼稚的表现，是拒绝面对真实情况的一切无意义。

然而，在戒酒过程中，我开始重新相信，故事可以做到所有那些狄迪恩一度教我不要相信的事情，它们可以带来有意义的完整性的弧线；它们可以通过让我们构建自我，将我们从自己的生活当中解救出来。我曾经一直信奉怀疑精神——质疑以及暗中破坏、寻找裂隙、揭开简洁答案的接缝并发现下面充满的复杂性——然而，我开始猜想，是否有时候怀疑只是一个简单的借口、避免那种更危险的肯定状态的一种方式，以防自己站在某样可以被批评、驳倒或嘲弄的东西背后，让自己变得不堪一击。或许它帮助我们既怀疑故事，又支持它们。指出空白处而不予以填补，躲进矛盾的狐狸洞是多么容易。或许，有时候你就不得不接受你人生的故事是被打造出来的一样东西——被挑选、策划，为了你说得出名字以及或许另外一些你说不出名字的东西而有所倾向。或许你可以对此全盘接受，并且依然相信它对你，或是别人，会有些益处。

复原提醒我讲故事最终跟社群有关，而非自我欺骗。复原并没有说："我们跟自己讲故事，就是为了活下去。"它说："我们跟别人讲故事，就是为了让他们也活下去。"

当我寻找有关塞内卡之家的故事时，我发现每一个戒酒的故事都有其自身特定的救赎路线。索亚将他的戒酒经历编织成一个有关责任的故事——学着做一个负责的父亲——并彰显了命运，那正是他要告诉我他赚了多少钱的原因。格温将她的故事说成一段让她谦卑的必要经历；马库斯将他的故事说成傲慢得到惩罚的神话；而雪莉则将戒酒叙述成重新发现自我，最终将她自己放在首位。

如果说索亚讲述的戒酒故事关乎自我提振，那么格温——那个在断片状态下开车将她的孩子们带到波托马克河的女人——的故事在第一章就取决于失败。在她参加会议的前16个月里，格温总是怀念酒，并再次喝起来。她看到一幅施丽兹啤酒的广告，上面有个女人站在一艘帆船的船头，穿着一袭飘逸的白色长裙——"你只活一次"——并一直试图搞明白，她是否依然能在那艘帆船上活下去，身上的白裙在风中飘扬。

最终，格温实在受不了匿名戒酒会，写了一封辞别信。唯一的问题是，她不知道要把它寄到哪儿。她问了她的倡议人，那人已经是老前辈了，而她说："你为何不直接给我呢？"

不久之后，格温在一次会议上听说那家旧的木制钓鱼旅馆——隔着溪流就在她家对面——正在被改建为一间康复中心。她可以从客厅的窗户看见它那摇摇欲坠的招牌。她想，天哪！现在她不得不保持清醒了，不然她每次看电视时都会被提醒自己的失败。她的最后一杯是在一个周日下午 2 点喝的一小杯温热的伏特加。她和丈夫一整个周末都在忙着应酬客人，她一直那么乖，滴酒未沾，而一旦所有人都离开了，她便来到地下酒吧，给自己倒了一杯她在过去 48 小时之内都不让自己碰的东西。

她最后一次喝酒是在 1971 年 3 月 7 日。距此 44 年后，我跟格温在马里兰她退休的社区待了一天。当我们在自助餐厅里排队拿托斯卡纳龙利鱼时，她告诉了我她的人生最低谷：让她的孩子们失望，把酒装进醋瓶里。当她最终来到塞内卡时，她是想来当辅导员的 —— 无论如何，她是一个受过训练的社工 —— 但是那里的主管克瑞格不这么看。他在匿名戒酒会上认识了她，知道她一直在复发。他说，她要连续服用安塔布司①满一年才能成为辅导员，但是，如果她想做志愿者，可以随时来帮忙。就这样，格温成了"爱好女士"：教住客们如何做莫卡辛软皮鞋、皮带、钱包。每天早上，她和她的戈登塞特犬"薄雾"都会过桥来到塞内卡。

在服用安塔布司的那一年里，她很害怕自己会复发。有一次，她在不知情的情况下吞下了圣代冰激凌上的薄荷甜酒，冰激凌在她舌头上融化时她尝到了那种滋味。从那以后她一直怀疑，即使是那些她依然可以享受的乐趣，即使是热浓巧克力酱圣代，都可能会让她惹上麻烦。然而，她也并不确定如果没有酒她还剩下什么。"如果你把我切除，"她思忖，"剩下的够成为人吗？"

在这一切令人谦卑的经历之后又如何呢？在当了一段时间"爱好女士"后，格温成了塞内卡的一名辅导员，并最终成了一名主任。她开始每周 7 天都在那里上班，往往每天要工作 10 个小时。那时，她的婚姻已经陷入了困境。她的丈夫只想要回他当初娶回来的那个小女

---

① 安塔布司，一种戒酒药物。

孩，他说。然而，格温告诉他，那个小女孩从来都不存在。他们最终离婚了，而格温则全身心地投入塞内卡之家的工作中——新的结合替代旧的婚姻。

戒酒 5 年后，格温又重读当初那封给匿名戒酒会的辞别信。那个收了她信的女人将它保管了好几年，只是为了有朝一日还给她。就这样，格温实际上是将她的辞别信寄给了一个未来的自己，她处在当初的格温无法想象的清醒状态当中。

40 年之后，格温告诉我，她对孙儿孙女们心怀感恩，因为他们给了她第二次机会，做那些她没能和她自己的孩子做的事情。她在地板上跟他们玩。她跟他们那样度过了时光。

马库斯将他的戒酒故事说成伊卡洛斯[1]传说的翻版：他飞得离太阳太近了，坐过上百架沙特飞机，结果吸毒吸到只剩皮包骨头。如果酗酒和吸毒都跟浮躁有关——满世界飞、赚钱、感觉自己很特别——那么复原就是放下这种自己与众不同的错觉。在塞内卡最初的日子里，马库斯可以认同其他住客的饥渴，但非他们的经历。他的见识更广。然而，没有人相信他在一个月内从孟买去到曼谷、马尼拉、檀香山和旧金山。他们从那么多上瘾者那里听到过那么多胡言乱语。

马库斯的突破，是在一个名叫巴特的塞内卡辅导员的带动下实现的。他是一个比较年长的黑人，有一份稳定的政府工作。这些都是马库斯想要的东西：不错的薪水，受人尊敬的简历。那次，马库斯在小组成员面前三心二意地做着第一步骤，而巴特说："你何不现实一点？"也就在那一刻，马库斯内心有某种东西突然爆发了。他气急败坏，将椅子扔到了房间另一头，并开始看到自己内心有多愤怒：对他的国家——对其种族主义、虚伪——还有对他自己，虽然他当时还

---

① 伊卡洛斯，希腊神话中代达罗斯的儿子。他在与代达罗斯使用蜡和羽毛造的翼逃离克里特岛时，因为飞得太高，双翼上的蜡遭太阳融化，跌落水中丧生，被埋葬在一个海岛上。

没看清这一点。他跟塞内卡之家的狗，一只名叫史努比的小猎犬，一起坐在前门廊的板凳上，想："我搞砸了。"在他的家庭里，成员们彼此不谈及自己的感受。在开往摩加迪沙的火车上，或是当他在白原市叼着一根快克烟斗玩棒球时，或是在那些朦胧的曼谷酒吧里，他都没有谈及自己的感受。然而，数十年后，当我跟他在杜邦圆环^①附近的一间咖啡店见面时，他已经谈感受好几年了。当时，他刚刚从海地回来，他在那里短暂地从事了一份选举观察员的工作，并在太子港参加了匿名戒酒会——他们的口号用的是克里奥尔语，不过内容是一样的：Yon sèl jou nan yon moman（一天一天来）。他最终花了很多工夫在给予他人——那些参加了他的联邦政府复原计划的犯人们——发言所需的工具上。

雪莉的戒酒故事的主题是重新发现。成年之后，她大部分时间都把自己放在奴仆的位置上——对于她的丈夫、对于他们的家、对于她的孩子们而言——并通过喝酒让这一切变得可以忍受。戒酒就是振作起来，宣布她需要为自己做些事。刚开始，她并不认为自己可以在塞内卡待28天，因为那样的话，谁来照顾她的孩子们呢？然而，塞内卡的一位辅导员玛德琳说，雪莉需要将戒酒排在其他一切事情——孩子、婚姻、事业——前面。难道她的丈夫就不能照顾一回他们的孩子吗？

雪莉在1973年来到塞内卡，她是这个康复中心的第269个客人。第一顿午饭时，她坐在长木桌前一边哭泣，一边吃着芝士汉堡，立体声收音机里播放着《一直爱你》。一个粗鲁的老汉给她拿来了一盒牛奶并告诉她，每个人来的时候都会哭，每个人走的时候也都会哭。雪莉在塞内卡做家务比在家里做家务更快乐，因为那是互惠的——每个人都要做家务——而不那么像是签了契约的苦役。当厨师酒瘾复

---

① 杜邦圆环，华盛顿的一个街区。

发不辞而别时，她开始为四十个人做饭。有一次，她错将汰渍当成喀斯喀特①放进了洗碗机里，并在接下来的几个小时里试图清理掉所有已经溢到客厅的肥皂泡。

雪莉是个极好的聆听者。另外一个住客甚至给了她一个止血带，以期安慰她流血的心。然而，在小组讨论时，玛德琳会敦促她坦诚相见。"我们来谈谈你婆婆的水晶吧。"她说。雪莉在塞内卡的最后一天，玛德琳给她安排了一场马拉松式的会议。她找来了十个辅导员，锁了房门，并说："我们来看看你可以做到多诚实。"当雪莉问如果她要去洗手间怎么办时，玛德琳说："你又不会把你的情感都排出去！"

雪莉崇拜玛德琳，玛德琳最终也成了她的倡议人：凶悍且总是在那儿。"我就在这里，亲爱的。"她会说。

玛德琳曾经是个有裸露癖的酒鬼，一丝不挂地在雪里跑，她的丈夫在后面追。在此之前，她是一个失去了双亲的孩子。她在印度长大。10岁时，她的继父在德里的一家酒店里枪杀了她的妈妈和其情人。她的继父还曾在枪杀案的几年前试图强奸她。有一天，在塞内卡，当玛德琳和雪莉正沿着小溪散步的时候，玛德琳捡起了一根被闪电击中的树干，并指着它那烧焦的中心。"你看到那片黑了吗？"她告诉雪莉，"当我遭遇不幸的时候，那就是我的感受。"

我们回到纽黑文的第一个10月，为了庆祝我们在一起三周年，戴夫和我来到公寓楼后面一家有乙烯沙发的比萨店吃晚餐。我们吃着白色派上的蛤蜊，并以根汁汽水干杯。餐馆的特色。"我知道，以你的情感经历去丈量的话，这基本上只能算是一次厕所小憩的时间，"我写信给一个跟他的妻子已经在一起10年的朋友时说，"但对于我来说，3年已经是永远了。我为我们感到骄傲。"

---

① 喀斯喀特，洗洁精品牌。

我们跟一家位于木桥镇、开车半小时就到的农场签订了每周收取农产品的合约：鱼雷红洋葱、欧芹、羽衣甘蓝、青菜、塌棵菜，一些我从来没听过也不知道要怎么处理的绿色蔬菜。订下这些每周配送的蔬菜就像是为一种我想要却并没有真正过上的生活付了首付——在那种生活里，我们快乐地喝着塞尔兹矿泉水，遵从农场用电子邮件发来的菜谱做菜：味道香浓的、浇了亮汁的胡萝卜配蔓越莓，焦化奶油意大利面配塌棵菜，巧克力红菜头蛋糕。大多数时候，那些绿色蔬菜都在我们的保鲜储藏格里枯萎，并在塑料抽屉的角落里留下一小摊一小摊的棕色菜汁而已。

在艾奥瓦，戴夫和他的距离——或者说我投射到他身上的距离——带来的渴望维持着我们之间关系的热度。我永远不能完全拥有他就意味着我永远想要他。如今他更有空了，而我总是不在——在很多晚上，我都会离开我们的公寓，到城外一家全天候开放的小餐馆写作。那家餐馆名为雅典人，有很大的玻璃窗和石质壁板，在凌晨2点的时候基本空无一人——只有几个警察和一个疲惫的、值凌晨班的女服务员。我会叫上炸薯圈或苹果派，为我那篇有关作家们如何戒酒的论文写提纲。我喜欢深夜去那家小餐馆，周围都是一些孤寂的陌生人，给我一种肾上腺素飙升的感觉。随着夜半的苦咖啡带来大量咖啡因，这个环境令清醒充满激情，且让离开家、离开戴夫变得更容易——仿佛我在证明着有关独立的某些事，证明我不再需要从他那里得到什么。

当我开始走进那些酗过酒又戒了酒的作家的档案馆时，我在寻找"威士忌和墨水"这一神话的薄弱环节——寻找他们酗酒过程中的血、汗以及呕吐物，也寻找他们因戒酒成就的事情。在档案馆中找到他们的声音让我联想到参加一次会议：在陌生人自我镇静的外表下，潜伏着的那些巨大的损失。

每一间档案馆都有其仪式：在此处留下你的包。在此处签名。把你的钥匙拿过来。用这些文件夹。用这个密码。用这间房间做你的阴谋调查。用这些耳机来听这些老克里奥尔语歌曲音质很差的录音。买这张画有一张破烂厨房餐桌的明信片。给这个寡妇写信寻求许可。所有一切都靠这支铅笔头。

每一间档案馆都用同样的轻拿轻放的祈使语气。每一间档案馆都是一座神殿，徒劳地努力保护着一个生命。每一间档案馆都是一个危险的诱惑，都想要诱哄那种亲密的、受骗的口技——想要说出某个不能再说话了的人的真实情况。每一间档案馆都在那些无耻的过去——一切已经破碎和正在破碎的东西不再能让人听见的噪音，一切在脆弱泛黄的纸页下噼啪作响的暴力——面前轻声地呼吸着。

在达特茅斯学院一间崭新的、满是新罕布什尔州阳光的房间里，我想要驳斥查尔斯·杰克逊对成为像其他匿名戒酒会成员那样失去了生命力的灵魂的恐惧，"并不机智、风趣，或有任何可取之处"。然而，当我去寻找他戒酒后的创造力的成果时，我找到的手稿却令我厌倦。当我去寻找并不会在复原中失去自己的希望时，我没有找到恐惧的解决方法，而只找到了它们的反射——以其发光的眼睛潜伏着，等我垮台。

杰克逊或许在一次匿名戒酒会上说过，写作《失去的周末》并没有帮助他保持清醒，但是它确实在一次灾难性的复发中给了他慰藉："它绝对诚实，有一说一。"他写信给一个朋友这么说，"是一个不折不扣的作家在述说普遍真理。"在他的档案里，他在一个装有第一版打字稿的纸板箱上留下的潦草字迹让人想到他对这本书的矛盾看法："《失去的周末》的原稿并不珍贵但请保留。"

读到杰克逊的信件时，我盯着自己不可能实现的、违背事实的渴望那发光的彗星尾巴：如果他对妻子好一些，为自我多斗争一些，保持清醒久一些，会如何？我的渴望带有一丝尴尬——一种不可能的过去完成时。而在晚上，我会回到房间：我在佛蒙特山间一家明亮的、有芬兰式的烧木炉子的农场租了个房间，房东是一对与女儿们共同生活的女同性恋者。她们的鸭塘在那个时候结了冰，然而她们的鸡还在下蛋，所以她们每天早上都炒新鲜鸡蛋当早饭吃。当我来到档案馆，翻阅杰克逊的妻子罗达的信，并想象着她一直没能真正拥有的那段婚姻时，她们那个农场的家的余温还在我心头。"我一直幻想一段好的、快乐的婚姻对我而言会意味着什么，"她写信给她的内弟时这么说，"如果有爱，那会多么不同。"数年后，她告诉她的女儿，遇到查尔斯是她一生中最美好的事情。这正是生活的恶作剧，这两种感觉可以同时真切地存在。

就在查尔斯不断复发的同时，罗达在罗格斯大学的酒精研究中心工作了数十年。这个中心的早期匿名戒酒会简报列出了只有一个会员参加的单人会议：加拉加斯的沃尔多、哥伦比亚的亚历山大、德里泰姬陵大酒店的米尔德丽德。一张传单宣称，比尔·W 会亲自参加一场"三十周年庆祝会"："亲自！亲自！亲自！"

等我到达威尔逊在纽约韦斯特切斯特的进身之阶——一座棕色的、谷仓风格的殖民复兴建筑，霍比特人般老式，却大得出奇——时，它已经成了朝圣之所。那里的主管曾经说过："我们总是说，如果没有至少一个人哭泣的话，这就不是一次成功的参观。"人们在威尔逊和他的妻子洛伊斯每天早上对彼此诵读康复文学的大木床边哭泣。人们对着他们日常生活的遗物——一罐喷发胶、一只发夹——哭泣。他们还在威尔逊一边喝杜松子酒一边听艾比跟他讲戒酒的那张厨房餐桌前哭泣，当时威尔逊告诉自己，杜松子酒比朋友的说教更为恒久。他们对着那只放在一整墙马克杯下面的小银咖啡壶哭泣，就是那只咖啡壶曾为数百个刚刚戒酒的上瘾者泡过咖啡。（我自己的眼睛也湿了。）然而，如果这是一个敬拜场所，比尔·威尔逊也不是这里的神。这个神是交流本身：那一杯杯咖啡，洞察一名酗酒者平凡的孤寂的可能。

在威尔逊的档案中，在那本"大书"一份早期的手稿中，我看到他划掉的一句话，那是在另一个人的自白里："没有什么时候，也没有什么地方，~~但凡我想喝的时候，~~我弄不到烈酒。""但凡我想喝的时候"，还有什么时候是他不想的吗？这句话已经作了暗示。我发自内心地想要起立向威尔逊这一删除致敬，就像在一次会议上点头：阿门。

在我最后一次离开贝里曼的档案馆——此前，我已经花了好些天仔细阅读有关匿名戒酒会十二步骤的内容，那些纸页上都是咖啡渍和香烟洞——的那晚，我的优步司机是一个名叫凯尔的男人，他刚回到明尼苏达不久，那之前，他在西部海岸的一家非法酒吧当凌晨班的扑克发牌人。他告诉我，他回来是因为想要逃离那种已经变得有毒的生活——喝太多酒，彻底爆发的赌瘾，也因为他想要重新找回对于他最钟爱的基督教说唱的感觉。青少年时期，他曾经一度势不可当，在中西部的教堂里表演，而当加州的生活开始变糟糕时，凯尔就只想再次提起笔写说唱。然而，如今他回来了——不再赌博，也喝得少了——却也写不出东西来了。

就在那个下午，我一直在读贝里曼的分析师的笔记（"你的创作技巧与你的情感问题并没有那么多千丝万缕的联系"）。我问凯尔，他觉得自己是在危机时还是在平稳时写得更好。凯尔想了想，然后说，他在两种情况下都会写作，不过写出来的说唱会有所不同。然而，如果他可以选择的话，他想都不用想，就会选择平稳——即使那意味着他将不再写作。原因很简单：他觉得自己平稳时最接近上帝。

就在万圣节前，我问戴夫是否觉得艾奥瓦破坏了我们之间的什么，且那是无法修复的。这样造句比较容易：那是艾奥瓦的错。

"那就像是有什么变得麻木了，"我告诉他，"你感觉不到吗？"

"是的，"他只是说，"我可以感觉到。"

我已经做好准备要说服他，然而，当他立刻表示同意时，我又感到震惊。他告诉我，他曾试图向一个朋友解释，当我们在一天结束后回到家里时，他抱我是什么感觉：多么僵硬，多么空洞。这让我畏缩，想象着所有我们拥抱的时刻，他却在想，这是空洞的。我本来想要相信意图、意图、意图——做好规定动作，说到做到，当我的直觉似乎失灵的时候，用那些程式语言作为我的方向舵——然而，显然，有时候做好规定动作也不过如此，什么都挽救不了，只有空洞。就像是拥抱一具尸体。

我告诉他，不论是什么问题，我不确定我们可以解决它。我那么一说，戴夫就开始哭泣。我从未看到过他哭泣。我们那巨大的图画般的窗户外飘起了一阵雪，一层白色的粉末开始堆积在那座旧紧身衣工厂的砖瓦上。3 年前，在那间工厂里，我们曾经一度喝醉、相爱。那是一场提早来临的巨大的东北风，人们把它称为十月雪。

我指责戴夫只会欣赏我的优点，却从我的缺点面前逃离，在我需要关怀的时候，或是无趣的时候，或是低落的时候。这已经不是我第一次如此指责他，然而，他第一次同意了我的说法。

"我知道那种冷淡，"他在静默了很久之后说，"我对此感到羞愧。"

3 年以来，他从未承认过这一点——而我则突然如释重负，像是一次呼气。原来，一直以来并不是我神经质。

然而，那从来都不是因为他只想要我好的那部分，他解释说，从来不是因为他不想要我的悲伤，那只是我写的故事。他并没有逃避我的恐惧，而只是躲开我为此对他展开的指责。

"我并没有指责你——"我开始说，接着就想到了所有那些我对着他哭泣的时刻，那就像是一个武器。

"我给的永远都不够，"他继续说，"那让人筋疲力尽。"他说，有时候，有一块冰会从他的头顶一直滑到脚底——一种关机的感觉——而他想要与之抗争。但是，他从来没有被我的需求击退过，而只是对我一直忘记他给了我多少而疲惫。

我第一次看到他脸上的冷淡？在我做手术前的那晚，当我说我害怕时？他问我是否想到过，或许他也害怕呢？

老实说，我从未想到过这一点。

他问我是否想到过，在纽波特纽斯为奥巴马拉票的那一次，在我们第一次亲吻后的那天，就在我等他给我一个信号的同时，他也在等我给他一个信号？

那听起来很荒谬，但令我震惊。我一直都以为他很自信。

我从来没有看到他这样过，这样祈求。我们可以试试吗？我们可以继续尝试吗？我们达成一致意见，我们可以，我们会的。这就是清醒，我想——不是那种一刀两断，那种清清楚楚地把它毁灭的方法，而是别的方式。这是留守在困境中，直到守得云开。从当晚所有的哭泣中冷静下来后，戴夫和我看了电影《银翼杀手》，我又哭了。没有人相信那个复制人可以有感受，而结果是他深受感动：战舰在猎户座的肩端之外燃烧，C光束在黑暗中闪烁。

在我所写的伦理剧中，事情都更简单：我在承受痛苦，戴夫却回避我的痛苦。我曾经多次告诉戴夫，他在我悲伤的时候讨厌跟我待在一起，但是我开始意识到，他当时只是讨厌我如何指责他在我悲伤的时候讨厌跟我待在一起。我让自己相信，我们之间的问题是基于戴夫厌恶我的需求——他就是虚无缥缈的"一无所求"的典型——但是，问题或许在于我将需求如此直接地变成了指责，"你石头般的脸"，而事实上，他的脸包含了很多：往往是体贴，往往是聆听，往往是好奇。我如此害怕那张石头般的脸，竟然到了开始对之有所预期，开始觉得他在往回缩，开始觉得我自己的不足就是起因，开始觉得，觉得，觉得。情感是我的冲动和痴迷所在，是我消化这个世界的器官——将它转换为赞扬和危害，就像是肝脏将乙醇转换为乙醛和酸。我可以做得更好。

那一晚，我们决定为在市中心驻扎的占领运动的抗议者准备一些食物。我们选择做这件事，而不是分手，那是希望和可能的标志。我们烤了糖曲奇，甜甜的味道弥漫在我们的公寓。我想象着他们收到这些曲奇时会如何——吃惊和感激。

当我们来到那片绿地时，天已经黑了。在别人给我们指了路后，我们来到了那个食物帐篷，我们把曲奇放在一张桌子上，那上头放满了布朗尼、撒满糖的柠檬方块酪、一只盖着塑料盖子的蓝莓派，以及从杂货店买来的酥皮圈。当我们离开时，我听到有人说："为什么所有人都带**曲奇**来？我们这儿有那么多该死的甜点。"

契约逻辑为一切努力提供了理由，也给出了一切承诺——如果我做 x，我就会得到 y——但是任何以契约逻辑行事的人迟早都要遭到它的背叛。那些占领运动帐篷里的人不会永远说你想要他们说的话。清醒的作家甚至不会永远保持清醒。查尔斯·杰克逊最终认定匿名戒酒会"把他抽空了"，且它最适合"那些没有头脑的人"——它让他在之后的好几年中都注定成为"某种灰暗、惨淡、空洞的人"，那让真正的创造性工作失去了可能，将他淹没在"冷漠、沮丧、彻底的清醒以及蔬菜般的健康状况中"。杰克逊认定，他最终还是相信了浮士德交易，相信了清醒和天才之间的交易。他在想："我是否应该大声说出来，回到我之前的纵容，并就此把我从那健康的牢笼里释放出来，不再有恐惧，做回作家？"在经历了数年的莫比乌斯环般的清醒——进进出出，断断续续——后，杰克逊最终在 1968 年服用过量速可眠自杀身亡。

如果我对那些戒酒作家的痴迷是契约逻辑的另一版本，应用于我暂时向其祈祷的任何什么神和我之间（"如果我戒了酒，你就让我看到那些因戒酒而得到启发的作家"），那么，这种痴迷带来了一种令人谦卑的、部分的希望。那并不是说我没有找到在复原中写出佳作的作家——华莱士、约翰逊、卡佛——而是说，这个宇宙以它惯常的方式对我的要求作出了回应：不可预料地，由它的时间支配，没有无限的吗哪[①]或是彻底的拒绝那些大戏。我希望每一个复原的故事都能

---

① 吗哪，《圣经》故事中摩西及其子民在沙漠中得到的神赐食物。

340

穿上清醒这件发光的、超自然的长袍，然而有时候，一个故事只是某人需要说出来的一件事，或是某人需要失败的一种方式。

契约逻辑中有它自己专制的、作家式的冲动——"我会写出剧本，而上帝会让它成真"——但是对于我写的这些契约，清醒并没有履行它那部分职责。它所做的恰恰相反：让我自己的故事情节给了我安慰。

我从塞内卡之家听到的那些戒酒故事都取决于被推翻的剧本以及受挫的预期。马库斯以为他命中注定要在海外过不计后果的异乡人生活，结果却在湿软的溪边门廊养起了小猎犬。格温在成为"爱好女士"之前曾经是年度公民。雪莉以为她人生的大局已定——从事新闻事业，并与另外一个新闻记者结了婚——然而清醒给了她完全不同的东西：离婚，跨境搬家，当单身母亲数年。清醒不会在瞬间实现愿望：它更像是撕开绷带，直接面对她一度靠酗酒来抵御的一切。

雪莉初次做第四步骤时，几乎要自杀了。她的清单是九十六张用单倍行距打出来的内容，充斥着所有她对丈夫的憎恨，以及她对当母亲一事的矛盾心态。她计划坐进车库里的福特平托车，以一氧化碳自杀，她甚至进行到了点燃引擎的那一步，却在此时想到孩子们放学后回到家，在那里找到她的尸体的情形。因此，她关了引擎，回到房里，转而给精神病医生打了个电话。结果她被锁在病房里 30 天，接受自杀观察。她告诉我，那是她婚姻真正的终结：她住进了一家精神病医院。娄无法接受这一点。

他们离婚后，雪莉搬回了波特兰——带着两个孩子，没有丈夫，没有工作。她第一次参加匿名戒酒会是在一间烟雾腾腾的房间里，里面都是严厉的老前辈。"我们不拉手，"他们说，"我们也不互相问候。"搬到波特兰后，她再一次试图自杀——割腕——但活了下来。

雪莉自杀未遂后，发生了如此多的事情：又跨境搬家两次，两个小孩成年，一个小孩变性，六次与其他匿名戒酒会成员恋爱，两次得癌症。她在路易斯安那找到了一份教新闻学的工作，当了数十年的激进主义者——反对"基石"输油管道①的建造、参加"黑人命也是命"运动游行——并养了一群强壮的波特兰鸽子，成为其他戒酒女人的倡议人。会上，她永远主张你无论如何都不能拒绝一个新人，无论他的酗酒情况有多糟糕。你必须要找到一个方法，让他在这间房间里留下来。

戒酒 40 年后，雪莉向我展示了她的波特兰：不是后院的蜂窝或手工冰激凌店，而是她做了乳房切除术的医院，令她想起自己一次自杀未遂的威拉米特河的弯道。她给我看了用来庆祝她最近的戒酒里程碑的那些瘪了一半的气球——35 年，然后是 40 年——它们从她公寓的天花板上悬下来，就像是吊篮植物。她还给我看了一张挂在她办公室墙上的海报：那是她女儿劳拉在大学报纸上刊登的一篇名为《便宜而雅致》的专题文章的放大版，上面的劳拉穿着她从二手店买来的衣服、别致的自行车裤，并戴着一顶毛茸茸的绿丝绒帽。这篇长篇报道《便宜而雅致》对雪莉颇有意义，因为那从某种程度上来说是对她戒酒后教女有方的证明，她鼓励孩子们学会如何为自己购物。

在我跟随索亚、格温、马库斯和雪莉的叙述造访塞内卡时，就在客厅里和咖啡店里，过去的戏剧性事件在现今的陈词滥调中阴魂不散：那些关于发丝上裹着一连串呕吐物、坐牢的夜晚、在白原市抽快克、蒙罗维亚的白色闪电、断片时驱车将孩子们开过桥的记忆。在格温跟我讲述了她企图自杀的故事后，我们端起装着托斯卡纳龙利鱼的盘子，一勺一勺地盛印度香料饭。复原是这样的：你带着过去的痛苦经历加入自助餐队伍中。那并不是对痛苦的贬低，也不是使之理想化，而只是意识到一切都在给别的事物让位：这道鸡汤饺子，这个沙拉吧。

某些故事或许会带着熟练的叙述节奏的轻快旋律：玛德琳的变黑

---

① "基石"输油管道，计划将原油从加拿大运至美国中西部的一根管道。

了的树枝和格温的莫卡辛软皮鞋制作；马库斯一气之下将一张椅子扔到了房间另一头；索亚在立陶宛走访酗酒者病房；雪莉在一家空荡荡的面包店跳探戈。然而仅仅因为一个故事是为了生存而精心编织出来的——被记忆雕刻，因重复而精进，慢慢琢磨成工艺品——并不意味着其中没有真理。

雪莉在第二次企图自杀的数年后，在波特兰的复原圈里遇到一个男人。这个人划船给石油钻井台输送供给，而他也曾试图割腕自杀。每当他和雪莉在会上碰到时，他们都会把手腕撞在一起，让自杀的伤疤互相触碰。

在复原过程中，有些困难较难予以承认。最初，雪莉最难以启齿的是她的婚姻。讲述她多么憎恨自己的丈夫、他的暴怒以及他的自私自利并不难，难的是讲述她如何享受成为他"牺牲的配偶"。对于他俩的生活，雪莉有一种特定的描述，讲她如何讨厌自己在其中的角色，而另外一个部分更难予以承认：折磨和牺牲带来的兴奋感。她花了更长的时间说出她在领养女婴劳拉那天，轻声对她说的话："我不想要你。我不想要你。我不想要你。"

有时候，最难以承认的事情就是戒酒中的困难。雪莉养育孩子的故事并不是一种简单的转向叙述：她在酗酒时曾经是一个很糟糕的母亲，在她清醒时则好很多。在她戒酒过程中，孩子们也受了累。当她在康复治疗的时候，他们想念她。雪莉让她的女儿在她戒酒14周年时发言，而劳拉则说起她如何感到雪莉为了戒酒而抛弃了她。作为一个女孩，劳拉曾经问过雪莉的倡议人玛德琳："为什么我的母亲不爱我？"玛德琳告诉她："你的母亲如今没法爱任何人。"

1970年，在迈阿密举行的匿名戒酒会大会上，一位发言人抱怨匿名戒酒会成员或许会觉得"他必须讲述一个绝对的成功故事，不然就别发言"，或许会觉得"不应该谈及对别人的恐惧，谈及他无法完成那些步骤，或理解整套计划的方方面面，或他也许经常表现欠佳，或他很痛苦很沮丧，即使这一切都是真的"。然而，在会议中，我发现你并不会被要求在清醒中删除这些经历；它们**就是**清醒——那些不好的行为以及坏脾气，和那种奇迹一样。索亚在地下室的墙上挂了一幅装了框的书法："匿名戒酒会并不是由我们个人的成功故事构成的一部历史。更确切地说，它是由我们这些人的巨大失败构成的故事。"

一次，索亚告诉我，格温在当塞内卡之家主任的时候曾彻底崩溃过一次。"让她来告诉你吧，而不是我，"他说，"不过，我们不得不把她送到一家专门治疗崩溃人士的复原治疗中心。他们对她进行了介入治疗。"

当我最终鼓起勇气向格温提及此事时，我们正坐在"蓝色音符"里，那是她所居住的老人院里的一间酒吧。当时正值下午，酒吧里空无一人。她说那次介入治疗发生在她无比焦虑的一个时间点。她一直在安排儿子婚礼的事宜，为塞内卡之家准备文件，为获得批准从保险公司那儿得到第三方索赔。她哭着崩溃了。就一次，她说。接着，当她来到塞内卡时，却发现等待她的是圆桌式介入治疗。"当然，我过去一直都是教别人如何做这一套东西的。"她告诉我。

在职员们的要求下，格温最终来到了位于加州棕榈泉的一家特殊治疗中心，那里专门帮助那些在试图帮助别人复原的过程中将自己弄得筋疲力尽的人。格温知道他们的所有训练方式。他们将手提包和枕头挂在她伸出的双臂上。"他们让你负重到几乎站不起来，"她说，"然后，她们说：'你感觉怎么样？'我心想：'呃。我知道你想让我说什么。'"

可以清楚地看到，格温已经在她的叙述中欣然承认了某些脆弱——她作为母亲的不可靠，她在戒酒初期的复发，成为"爱好女士"带给她的必要的谦卑感，为了保持清醒一年而连续服用安塔布司——而她故事中其他的脆弱之处并未全然经过新陈代谢：她成为圆桌式治疗的焦点而非带领做这项治疗工作的那一天，别人指责她已经被击垮的那一天。

然而，最有用的戒酒故事是那些承认戒酒怎样到达最低谷的故事，因为它们也承认了它的意外和深度，即从本质上来说，戒酒充满了不可测：不可思议的、悲惨的。对我而言，知道格温曾有一天到达了个人极限且开始哭泣，不仅仅让人为之动容，更是有用的。

复原意味着给你自己所需要的，而非你已经拥有的。你的脆弱并不是一种负担，而是一种馈赠。你跟一个陌生人互碰自杀的伤疤。你不会把一个醉汉踢出戒酒会。你会找一种方法让他在这间房间里待下去。

在纽黑文的第一个秋天，我坚持遵从倡议人的话——"第一年不要有重大改变"——保持着我和戴夫之间的关系。然而，在遵守那一点的同时，我也将它变成了一种可能性：一旦一年过去，我就可以获得许可。而就在我成功连续一年戒酒后，在 12 月初，我告诉戴夫，我无法继续下去了。

我们之间的一切都已经筋疲力竭、一碰就碎、消耗殆尽。冲突的炙热岩浆——带着热量和汹涌——已经冷却成了坚硬的憎恨的山脊，一种更安静的月球的地表。我对我俩之间的问题认识得太晚，无法挽回失血过多的死亡。很难对我自己或任何人解释我们爱情中的几乎：它如何强烈，那种我们几乎可以让它继续下去的感觉。他的头脑是我最想对之提出一切问题的头脑。他曾经半夜在火车站的大理石地砖上铺开毯子，弄了一次野餐。他曾经告诉我，我应该服用维生素，这样当他跟我做爱时，我的骨头不会断掉。他曾经在潮湿的 8 月的厨房里，给我读贝里曼。他在不喝酒的情况下都是活力十足的。当我们的关系处于高涨时期，我们如此彻底地一起沉浸在那种高涨当中，然而当我低落时，我一直相信我背叛了那个他想要的我。我如此不喜欢这个自己，甚至到了无法相信他并不讨厌这个人的地步。

当我告诉他，我觉得我们之间已经完了的时候，戴夫看起来如此痛苦。他让我给他一些时间，再想一想。那似乎很残忍——出于某种原因，对我们双方都是如此——他想要得到我竟是因为我或许最终会离开。

我到布鲁克林跟一个朋友住了几天。我们在她位于第九街的小单间里一起狂看蕾哈娜的录像：她坠入情网了！她在浴缸里很伤心的样子！她一口气抽了八支烟！我在她街区的潜水酒吧吃着油腻的汉堡时哭了。在那里，我接到戴夫的短信，说他在我们的床上找到了我的那本"大书"。他承认开始翻阅这本书，阅读我在页边空白里做的笔记，而我则感受到了对等的可悲的满足：他想要了解我那些跟他无关的部分。他写道："你以这种我并未真正询问过的安静方式，如此无所畏惧地审查你自己。"他引用了那本"大书"中我画了线的一段话——"恐惧是一条罪恶且具有腐蚀性的思绪"——并写道："我觉得我现在感受到了你在艾奥瓦肯定经常感受到的东西。"他并不只是害怕我会离开他，而是开始理解恐惧会如何重塑你，让你满脑子都是具有征服性的、难以抵挡的渴望——去了解另外一个人，去收集他们所有的片段，去解读他们的不为人知的想法。

当我回到我们的公寓，我在我们的可循环垃圾回收桶里发现了三个空的小烈酒瓶，就是酒店房间迷你吧里提供的那种。他喝了，他说。这就是他喝起酒来的样子：三个小小的瓶子。我知道我想让他高兴，但又担心自己怨恨他到了无法让他高兴的地步。我看着那三个小烈酒瓶，说："我做不到。"

当我们在那天下午做爱时，感觉是熟悉而家庭的——从彼此的脚上拉下袜子，慢慢脱掉长内衣。所有的叶子都从树上掉了下来，无法再挡住阳光。他把我的腿弯起来，这样我的膝盖伸向窗户，冬日的光从后面照过来。既然我已经知道我在失去他，反而可以毫无保留地得到他。我看着我们的四肢相互缠绕，想道：我无法相信这一切就要结束了。我曾经告诉自己，我在学习如何在不酗酒的情况下生活，这样我就可以成为更强大的自己，可以跟他一起建立一种生活而无须害怕它会腐烂。我曾经告诉自己，我放弃喝酒是为了让我们的爱变成可能。如今，我却把自己推向另外一种两者都没有的生活。

十三

解　决

　　贝里曼在一本作文本里写满了为其未完成的小说《复原》所做的笔记。在最末，他留下了一则名叫《森林里的猎人》的童话故事。那是他跟女儿玛莎一起写的，大部分都是由玛莎非常用力的儿童字体抄录下来的。故事里，一个猎人在一片住有两只熊的森林里迷了路。这两只熊都叫"亨格利"[①]，"因为它们总是很饿，分分秒秒都是如此"。它们偷走了猎人的食物，把他的枪放进松鼠洞，接着脱掉了他的裤子。（"那是一个很狂暴的猎人！"）然后，它们将他关进笼子，锁上门。虽然这个故事从来没有这么表述，但这些就是上瘾的矛盾之处：熊分分秒秒都感到饥饿。猎人不知所措。猎人被关在笼子里。贝里曼和他的女儿写了四个不同的结局，其中三个都由贝里曼的草书写就：

　　　　他打开了锁，走出了笼子，并战胜了所有的动物。

　　　　然后它们说："看！那就是你对我们做的事。我们没有杀你，

---

① 原文为 Hungry，即饥饿。此处为音译。

已经算你走运了！"寓意：善待动物，这样它们也会善待你。

他醒来，它们只喂给他些干草，其他的什么都没有。

一个结局给的是胜利：猎人战胜了动物。另一个给的是寓意：如果你善待这个世界，它就会善待你。第三个给的则是失望：除了干草，什么都没有。玛莎用她认真的孩童笔迹写下了第四个结局，她将其标注为"真正的结局"："猎人醒来并说：'嗯？'"

最后那个结局，那个真正的结局，呈现了拯救那令人扫兴的真实结局：猎人醒来后不知该如何理解这个世界。"嗯？"在醒来之后，永远会有那个"接下来会如何"的问题——在你抛开过去后，未来会如何？

我和戴夫搬离我们的公寓后，我在 91 号州际公路灰色的侧翼附近租了一间砖砌的单间。那是一个狭长的、阳光充足的房间，楼下住的是一对中年夫妇。他们将过道堆满了装着梅森罐的大纸箱。他们是做果酱的。她背后拖着一条长长的马尾辫，而他的头皮上则在一次未被提及的手术后留下了 U 形钉。我刚搬进去就给了他们一盘姜饼娃娃曲奇。那是我用一套新的曲奇模具做的，都是森林动物的形状 —— 驼鹿、松鼠、狐狸。我买它来是为了象征并非出于刻意的慷慨和向外聚焦的新时代的开始，在这个时代里，我将会一直为其他人做一些小事。"哦，那个吗？"我会说，"那不算什么。"我想象着自己会用漫不经心的声音，某个并不是为了因果回报而做好事的人那自谦的口气。"不是什么大事，只是给你烤了一些狐狸形状的曲奇。"我在那间公寓住了 18 个月，却只用了那些曲奇模具一次。

独自一人生活那尖锐、刺痛的兴奋感就像是跳进未加热的泳池。我告诉自己："你会调整过来，你会调整过来，你会调整过来。"我们之前所有的家具都是戴夫的，因此他把那些装上了乙烯玫瑰垫子的破旧椅子留给了我——它们是我们从艾奥瓦的一家廉价旧货店买来的，我们在旧货店边的人行道上看到它们时很兴奋，为要一起买些什么而兴奋。如今，它们坐在房间的硬木地板上，依然等待着一张床、一个书架、一张桌子……任何家具。我手头很紧。我们的房东太太扣下了我们的保证金，因为我们提前退了租。她说，如果我们6个月就退租的话，这样或许我们下一次会在跟别人同居前想得更清楚些。

我开始在里昂街的新住处发现老鼠出没的迹象——冰箱旁像气枪金属弹丸般的一粒粒粪便——但并不想干掉它们。于是，我试着用薄荷萃取物把它们赶走——有人告诉过我，它们很讨厌薄荷。然而，它们还是赖着不走，把我铝箔袋装的可可粉肆意侵吞得只剩下几条金属碎片。有一只在我的炉灶下死去，而当我意识到这一点时，我已经开始闻到它腐烂尸体的味道，夹杂着那无情的薄荷气味，像一条毯子一样将覆盖我一辈子。

每天清晨，我坐在厨房台板旁，看着汽车在91号州际公路上快速向北驶去。酒的缺席就像是鬼的肢体在刺痛。另一种生活的幽灵感觉上去像是有人在旁边大声喘气，那是这次分手的另一个版本：我夜夜喝到失去知觉，哭着，拿着厕纸擤鼻涕，在凌晨醉着酒拨通戴夫的电话问："你现在跟谁在一起？"我知道我不应该想要那另一种生活——它不得体而支离破碎——但我又有点渴望它。在那种生活里，我会让自己出丑，而那种愚蠢会让他知道我有多么想念他，其效果胜过一切。然而，事实上，我眼泪全无，只是在搅我的酸奶。每隔几周，我门口就会有一罐新的果酱——黑莓、大黄、红醋栗。然而，罐子都拧得太紧了，我一直打不开它们。我用水冲这些果酱罐，还把它们砸向厨房台板，然后每个礼拜都向邻居撒谎，说我有多喜欢在早餐的烤面包片上涂他们的果酱。

我开始主持每周三早上7点半的会议，在1月的凛冽寒风中，步履艰难地走向那间温暖的房间。每当那些遵从法院指令来参加匿名戒酒会的人在会后来找我给他们的卡片签名，我的第一反应都是让他们去找别人——并不是因为我不想给他们的卡片签名，而是因为我觉得自己不够格。我想说，"你应该找一个比较官方的人"，却意识到我跟其他人都一样。

我依然喜欢这个早会。其他人的声音依然让我想要跪在他们面前——谢谢他们让我有这样的片刻，在聆听他们的过程中忘掉我自己——还有一个穿着褐红色运动服的男人开始不时从房间另一头看着我。我抱着追求精神寄托的心态，小心地选择着装。"我并不在乎你们这些新人为什么会来到这里，"这个小组的定海神针、老前辈西奥说，"你们来这里是因为想要戒酒，或者你们来这里是因为想要喝免费的咖啡，或者你们来这里是想要寻找性伴侣，去你们的，我都不在乎。继续来吧。"

房间另一头的那个男人名叫卢克。他告诉我，每次在我们早上开会前，他都会在城边的一座叫东石山的大山山顶遛狗、看日出。我是否有意哪天加入他们？我有意。他在次日早晨5点半——过来接我的20分钟前——发短信给我，问我是否想要在他给我带来的咖啡里加上牛奶或糖。我们往山上走，沿途都是雪，我们在清晨的寒冷中调着情，看着黎明像浑浊的果汁一样散开，笼罩在纽黑文的工业大楼之上。我曾经一直想，戒酒后的约会会是什么样子的，而如今它就在眼前——跟在烛光下享受葡萄酒的甜美醉意全然不同。它是在一个冬日淤泥般的早晨，带着开裂的双唇和黑咖啡留下的满嘴酸味往山上走——不加修饰的、未知的、令人兴奋的。

在那些日子里，如果认识我的人想知道自己是否有酗酒的问题，他们会喝醉并把我拉到一旁，跟我倾诉。我就像他们的清醒版本，一个他们认为应当对其负责的假设自我。一天晚上，就在我离开锚酒吧——一家潜水酒吧，我依然喜欢它的唱片和薯条——走在人行道上时，一个拿着一罐海妖啤酒的女人追上了我。她是我研究生院的一个朋友的朋友，经常在派对上喝醉。她告诉我，她开始为自己的醉晕而害怕。我醉晕过吗？那是我不喝酒的原因吗？她注意到我没有喝酒。还有，我是如何戒酒的呢？那是什么滋味？第二天，我发了条短信给她："你所说的许多关于喝酒的事情我都能理解。如果你想要来参加会议……"然后，出于劝诱他人改变信仰的内疚感，我写道："不要有压力。"

"哈！"她回复，"我都完全不记得我说了那些话了！"

通过会议，我跟一个在耶鲁纽黑文医院参加麻醉护理师培训的女人成了朋友。她以前一直从医院里偷鸦片制剂，并意外地在医院的洗手间里因服用了过量鸦片而引起心脏停搏。"如果你想要引起心脏停搏，医院的洗手间是个不错的地方，"有一天她在午餐时这样告诉我，"只是不要锁门。"当她描绘自己对那种美好的黑暗挥之不去的欲望时，我并没有感到同情或憎恶。我亦有些渴望那种屈服。

我们喝完了我们的扁豆汤——我们的绿色奶昔，我们那极小的面包，我们健康生活的标志。

当艾米·怀恩豪斯喝高或喝醉时，狗仔队的镜头总是试图尽可能近地瞄准她身上的伤口和瘀青——她狂饮的余孽。这些小伤口就像帐篷门帘的开口，从中可以窥见她的隐私，仿佛这些照片在试图扒开那些伤口本身，那是照相机可以做到的最接近于性侵她的事情了。

在她死后，一个记者反省说，她的死迫使公众"因为塞进我们集体喉咙的摇滚乐神话而呛了一口……那个备受折磨的天才，那个坏心眼的放荡者，那个为了高尚的虚无主义而献身的殉道者"。我们着迷于一个美丽女人自己造成的痛苦，这种迷恋不会结束。这与伊丽莎白·哈德威克对比莉·荷莉戴那"光辉的自我毁灭"的惊叹如出一辙，虽然是荷莉戴自己说："如果你以为吸毒是为了获得刺激和兴奋，那你一定是疯了。"

如果那是真的就好了。然而，我总是一看到酗酒史就双眼放光。在赢得五项格莱美大奖的那个晚上，艾米·怀恩豪斯告诉她的朋友朱尔斯："没有毒品，这好闷。"麻醉药品农场入住申请表格上的答案表述得如此简单。"上瘾原因：为了避免生活的单调。"我爸爸以前总是对我高中的人类发展课如何粉饰真相而恼怒，他说："如果他们无法坦白毒品会让人感觉有多好，那他们又怎能防止你们走上吸毒的歧途？"他一直告诉我，毒品最大的危险在于它是非法的。这话出自一个生于1943年的人，跟他同一年出生的还有乔治·凯恩。虽然他从未因吸毒坐牢，但他知道有人因此坐牢。

并不是说个中没有刺激。只是后果的问题。荷莉戴或许会这样继续道：如果你以为吸毒是为了获得刺激和兴奋，那么请想象一下，一个女人一边在她一脸的疮上抹粉底，一边询问她的保镖为何她月经没有来潮。怀恩豪斯在数年的狂饮和暴食症后就是如此——当时她已经因名声和吸毒而彻底与世隔绝，她的身体也已经垮掉。她不仅仅是一个传奇，更是一个路都走不直的女人，一个倒在床上，并不是在睡觉而是死去了的女人。她去世时体内的血液酒精浓度为0.4%，完全超过了致命的水平。验尸官断定她"死于意外"。

"毒品从来没有帮助任何人唱得更好。"荷莉戴坚称。不过，如果怀恩豪斯当初去了康复所，我们或许永远都不会有《回到黑暗》——那张让她成名的大碟。我在想，如果她去了的话，我们将会听到什么。"她拥有全部的天赋，"她的偶像托尼·班奈特说，"如果她还活着，我会说：'真的，生活会教你如何生活，如果你活得够久的话。'"

我很想听艾米·怀恩豪斯清醒着唱歌。并不只是清醒2周，而是清醒3年、清醒20年。我从未经历过她的人生，她也没有经历过我的，但是我知道，我在27岁戒了酒而她则在27岁死去。我知道，当我看她在贝尔格莱德表演的录像时——当时她已经醉到语无伦次，就像是被扔进了一个她无法理解的瞬间——我想到了自己从晕厥中醒过来，发现自己在那怪异的新世界里，或许是墨西哥的一间厕所隔间，或许是剑桥一间满是尘土的地下室，或许是尼加拉瓜一间不透风的卧室，在那里让一个男人干我比阻止他要容易。

当她在贝尔格莱德踉跄着走上舞台并最终蹲下来——静止且安

静地，笑着——只是等待什么事情发生或什么事情不再发生时，与其说我知道她内心的感受，倒不如说她的眼睛看透了我内心的感受。我痛恨她没有过上几年喝着咖啡约会的日子，人们说"我明白那一点"——她注定孑然一身，她那因伏特加而变得稀薄的血液以及她那像破碎的塔楼一样的蜂窝头下，喝醉的躯体难以支撑其重量而跌跌撞撞着——直到事态不再如此，直到它不能再如此。

我一个人待在新公寓里时，一直在想象城市另一端的戴夫待在他的新公寓里是什么情景。我将事情作了了结是因为，我讨厌总是对那个令人筋疲力竭的问题念念不忘：我们是否应该在一起？然而，如今我们不在一起了，我反而对我们更加念念不忘。这种失望情绪似曾相识。为了不再想着喝酒，我已经戒了酒，但是戒酒后，我却无时无刻不惦记着喝酒，既不得喘息又无法解脱。

多少个夜晚，我想在醉后发短信给戴夫，然而我不再喝酒了，因此我没法这样做。我只能在清醒的时候给他发短信。我们在短信里没有说什么，而没有说什么也就意味着我们在说：我还在这里。在一些夜晚，我们会多说一些。"我依然感觉你是我的真实生活，"我告诉他，"不再有别的什么感觉像是我的真实生活了。"

我找了第二份工作，在一所位于艾奥瓦北部、离我家40分钟车程的大学当客座讲师，目的是还清因为给新住处买了一屋子宜家家俬而欠下的信用卡债，也是为了在冷清的夜晚可以用批改文章让自己分心。我的学生描绘了校游泳队内部的钩心斗角，以及专横的母亲留下的尖酸刻薄，而我则从自己的角度加以评论。"不必要的愤世嫉俗，"我写道，或"不具意义的讽刺？"

对我的新同事们，我在不经意间撒了一些并无恶意的谎：在一次对话中提到"我的伴侣"后——仿佛我还有伴侣似的——我便继续就此撒谎，仿佛缔造了一个平行空间，在那里，戴夫和我还幸福地在一起。

课堂上，我开始和学生们讨论丹尼斯·约翰逊的《耶稣之子》，问在这部集子里是否有他们最喜欢的篇章。"不用担心，"我说，"没有什么正确答案。"然而，我却在撒谎。我心里是有正确答案的。他们最喜欢的故事应当是我最喜欢的故事——《贝弗利之家》，整本书中唯一一篇关于复原的故事。故事的叙述者——蠢蛋在一家为长者和伤残人士所设的康复治疗中心工作。他晚上会去参加匿名戒毒会的会议，在那里，戒了毒的瘾君子"围坐在折叠桌子旁，很像一群深陷泥沼的人"。那可不是什么明信片般的救赎画面。这些会议让蠢蛋觉得自己像只泥沼里的动物。他是满心绝望的康复中心护工。他睡上了一个在匿名戒毒会认识的、有黑寡妇厄运的女人。她爱上的男人都死了——火车事故或车祸或药物过量——而当蠢蛋听到这些事情时，他"对他们无法再活着，带着悲伤醉去"充满了"甜美的怜悯"。他想，"我太喜欢这种感觉了"。他以同样的方式回应了一个哀悼中的女人的叫喊，他如何"到处找那种感觉"。白天，蠢蛋跟那些伤残、绝望的人在康复中心的 O 形环道上往来。"所有这些怪人，还有就在他们中间每天康复一点的我，"他说，"我从来不知道，也从未有一刻想象过，世界上或许会有一个属于我们的地方。"

我将那句话，那个故事的最后一句话，读出来给学生们听。在我一次、两次、三次读它的时候，他们正悄悄地扫荡着甜甜圈屑——我为了博得他们的喜爱，带了甜甜圈到课堂上来。上课的第一天，我带了两打甜甜圈和一纸箱的咖啡，之后就每周都会这样做——还有一叠纸杯、甜味剂和咖啡伴侣、塑料搅拌棒，那是一捆焦虑——我害怕如果我不再带这些东西来，学生们会失望。这样做的话，一整个学期下来，我得花费 400 美元，比半个月的房租还贵，只是为了避免他们不再喜欢我的可能性。

"世界上或许会有一个属于我们的地方。"我在会上听到的每一个声音都仿佛是那句结语的一部分。或许我的一些学生会觉得那种归属感有些多愁善感或太过感伤，但是我面对这些假想的指责却感到内心正直地澎湃起来。我告诉自己,那些最喜欢前面的故事——那些充斥着毒品和发烧噩梦的恶作剧的故事——的学生,还停留在关于充满意义的毁灭的欺骗性幻想中。谁知道他们在我们周五下午的那节课后吸什么毒呢?一个学生告诉我,他最近在一次萨满教仪式中发现了他自己的动物图腾。然而,那些喜欢《贝弗利之家》的学生则是真正懂了的人。除了功能失调的自我献祭的噱头——它们摇曳的、令人陶醉的光芒——外,那个故事还相信些别的。它看到的是地平线以外、越过那烈焰的某个地方。

约翰逊《贝弗利之家》的早期草稿之一如此开头:

> 我刚好在一次神经衰弱前戒了酒
> 我不知
> 我知
> 我的内心是一只哭一只哭泣的狗。仅此而已。

约翰逊第一次尝试戒酒是在 1978 年,当时他和"古怪"的祖母咪咪一起住在他父母位于图森的家中。然而,直到 20 世纪 80 年代早期他才真正戒酒成功。"我对一切都上瘾,"他在数十年后告诉一个采访者,"如今,我只是喝很多咖啡。"

约翰逊"对戒酒感到担忧",并明白"具有艺术气质的人往往如此",但他在(一直酗酒的)10 年中只写了两部短篇小说和少量的诗歌,因此他觉得自己也不会有什么损失。在戒酒后的 10 年里,他写出了四部小说、一部诗歌集、一部短篇小说集,还有一个电影剧本。他就是我一度在寻找的弧线:清醒可能成为喷气飞机的燃料。他将其中的两部小说献给了 H.P.,而我在几年前绝对不会意识到这就是"更高力量"的缩写。他写出了内心哭泣的狗,既没有歉意,也没有瞬间的救赎——且每过一段时间,他就会写一写这只狗或许可以找到的慰藉。"比起药物或酒精,我更渴望得到认可,"他在《贝弗利之家》

的一份初期草稿中这样写道，"我并没能在酒吧里找到它，但在这些病房里似乎可以。"他指的是康复病房。

"我们真的那么备受折磨吗？"杰克逊对此感到疑惑，"还是说那就是我们抓住、助长，甚至珍惜的某种东西？"1996年，一个年轻的作家写信给约翰逊："我想要感谢你长足的支持和友谊，你帮助我认识了自己的酗酒问题。似乎有两种美国作家，一种在酗酒，另一种酗过酒。你让我认识了后者。谢谢，兄弟。"

一次周四晚间会议上，我遇到了一个美丽但坐立不安的女人——大概二十多，比我小几岁，橄榄肤色，穿着紧身牛仔裤和一件闪光的衬衫，一缕缕棕色的头发梳成一个发髻。她的一举一动都让人觉得她似乎因为栖居在自己的皮囊里而犯了规，且不想被人抓到。她的眼睛下方有暗黑的凹陷，她一直在把那几撮零散的头发别到耳后。要是在艾奥瓦的派对上，我或许会因为她而感受到威胁——或许会看着她如何跟男人们、跟戴夫讲话——然而，在那个教堂地下室里，我立刻强烈感受到了她的不自在，搞得原本坐得好好的我也开始坐立不安。

她一边在塑料椅子上挪动，一边讲述她戒酒的第一周有多么难熬，她的口气是短促而带着不确定性的。会后，我走到她跟前，并做了自我介绍。"我对你所说的话真的很有感触。"我告诉她。那更关乎她说话的方式，而不是那些话本身。

"我不知道该说什么。"她说。

"那正是令我有感触的部分，"我说，"还有就是独自一人喝酒的部分。"

她点点头，眼睛往下看。她似乎感到高兴。"我是否可以，"她开口了，"我是说，如果不是太奇怪的话……"我对那些停顿——至少我自己的版本——很熟悉：就在这个地下室里，我是否基本上就是在向这个陌生人投怀送抱？

"互换号码?"我微笑,"我刚要这么问。"

她名叫莫妮卡,是我所倡议的第一位女性。她最初请求我时,我差点说,你或许应该找一个有不同酗酒故事的人,你或许应该找一个比我更了解这套戒酒计划的倡议人。然而,我又怎么知道她想要什么呢?或许她喝起酒来跟我一样;或许她需要我告诉她,酗酒很沉闷,同时依然让人相当丧气;或许她需要听听一个依然还在学习这套戒酒计划的人怎么说。

我们第一次单独见面时,我坐在莫妮卡厨房里的吧台凳子上。她的住所位于郊区的一栋砖砌公寓楼里,看出去是一片停车场。她跟我讲述了下班归来在蒲团上喝醉的事。那些夜晚的鬼魂在我们周围低语,扯动着她的丝巾,在她的亮片靠垫上昏睡了过去。我想要帮助她,而且我看得出她有多么想要得到帮助 —— 她有多么想要让自己复原 —— 而那更令我紧张。我能给这个女人什么样的未来呢?我在想,仿佛她的未来由我决定似的。接下来我应该说什么?因此,我紧紧抓住由别人对我说过的话构成的一格一格的阶梯,这些人包括我自己的倡议人以及我在会上听到他们发言的人。我跟她讲了我的故事,那是什么感觉,然后她跟我讲了她的故事。我们按部就班。说实话,如果我试着改变程序,很难说她能从中得到什么。

我所描述的痴迷正是她的感受,莫妮卡说。那也正是其他上百万人的感受。我们的渴望没有原创性,我们的对话也没有原创性。我可以是任何人,她也可以是任何人。然而,我们就在那里,坐在我们的凳子上,在一间康涅狄格的公寓里,在那一种暮色里。我们的对话并没有新鲜之处。它只是对我们而言很新鲜。

在我最开始做莫妮卡的倡议人的那段时间 —— 当时我们两个都从交流的简单行为中获得了慰藉 —— 一群被监禁的女上瘾者被带到亚利桑那的沙漠并被锁在了一起。她们的看守让她们反复喊:"我们是被锁在一起的囚犯,唯一被锁在一起的女囚犯。"她们穿的 T 恤衫上写着"我是一个吸毒者",或是"复原（中）且清醒着"。她们住在帐篷城，那是一堆热得要命的帐篷，里面满地都是蝎子，垃圾堆里都是老鼠。帐篷里的温度经常高达140华氏度[①]。"如果要我设计一套体系，让人们持续上瘾，"医师加博尔·马泰告诉一位记者，"我就会设计跟现在一模一样的体系。"推动葡萄牙毒品去罪化的若昂·葛里奥相信，哈里·安斯林格开创的"恐怖主义"手法——用"关押、羞辱"来对付上瘾——是"让（上瘾者）继续吸毒的最好方法"。

然而，安斯林格的方法得以流传了下来，帐篷城正是他的门生乔·阿尔帕约的主意。阿尔帕约从1957年起受雇于缉毒局，并在从1993年至2016年的长达24年的时间里，担任亚利桑那州马里科帕县治安官。当记者约翰·海利为他2015年出版的书《追逐尖叫：毒品战争的开端以及尾声》访问阿尔帕约时，阿尔帕约骄傲地向他展示了装裱好的、挂在他办公室墙上的安斯林格的签名。"这可是个了不起的人。"阿尔帕约说。凭借帐篷城，阿尔帕约终于——确确实实地——将安斯林格数年前引用的洛杉矶警官的话从梦想变为现实："这些人跟麻风病人属于同一类，社会对他们的唯一防御办法便是尽可能地区别对待及隔离。"

2009年，在帐篷城以西22英里的一所监狱里，有个囚犯——109416号——真的就是在荒漠中的一个牢笼里被活活烤死的。那是一间野外的、无遮盖的单人牢房，除了钢丝网眼的房顶外，没有任何遮阳物。她因为轻微的违纪行为而被送到那里接受处罚。109416号犯人因拉客坐牢，然而她是靠做妓女来满足其甲基安非他命的毒瘾。上瘾将她送进牢笼，并最终害她死去。被发现时，尸体的皮肤上布满了水疱和烧伤痕迹。一位目击者称，她的眼球"像羊皮纸一样干"。她死前的体温记录为108华氏度[②]，已经是医护人员所持体温计的测

---

① 即60摄氏度。

② 即42摄氏度。

量极限。

在她死于这间单人牢房之前，109416 号犯人的真实身份是玛西亚·鲍威尔。在《追逐尖叫》中，海利从她那毫无人道可言的悲剧之死中挖掘出了她人生的人性细节。她来自加州，年少便离家出走，在温暖的沙滩上睡觉，在麦当劳的洗手间里清洗自己。她慷慨且喜水。她喜欢在亚利桑那州的湖里淘金。她每天都会为男朋友的狗做一顿丰盛的早餐：鸡蛋和肉肠。

玛西亚·鲍威尔死于 2009 年，也就在那一年，我第一次戒酒。当她待在荒漠中的一个牢笼里时，我却在教堂的地下室里得到欢迎，收到扑克筹码，应接不暇地拿到别人的电话号码。在我所参加的会议上，我的身体被视为珍贵，仅仅因为我就在那间房间里，仅仅因为它**就在**。我不必和其他囚犯锁在一起，一边走一边捡起路人乱丢的垃圾。也就是这些路人，选举出了那位治安官，后者让她们穿上一件写着"我是一个吸毒者"的 T 恤。多么幸运。不用在一间牢房或亚利桑那州荒漠中 140 华氏度的帐篷中醒来，是多么幸运；不用为了已经腐蚀了我的那种瘾而坐牢，是多么幸运。

玛西亚·鲍威尔的荒漠之死是我原以为很个人的痛苦颂歌中的又一卡带之处。本来，那首歌是可以在艾奥瓦城连续播放的。在那里，我在一群神话般的诗人——服侍于他们白色逻辑的残暴之神的白种男人——的陪伴下，点着小杯威士忌。然而，在这个世界里，玛西亚·鲍威尔死于荒漠，梅兰妮·格伦因为是一名上瘾的孕妇而面对大陪审团，詹妮弗·约翰逊最初被判有罪，罪名是给她的婴儿服用了一种管制药物，乔治·凯恩在医生的办公室里遭遇了枪的威胁，比莉·荷莉戴在病床上铐着手铐死去——在**这个**世界里，我的酗酒并不是一个个人故事。我曾经一度以为它是，或者说它只跟我有关，或许还涉及那些睡过我或我与之争斗的男人，那个在街上打我的男人，那些跟我同姓且在我出生之前就已经在酗酒的男人。

然而，我悲伤的故事从来不只是我个人的，它一直包含着陌生人：不只是我在会上见到的陌生人，还有那些因为上瘾而被锁在一起、并没有机会走入教堂地下室的陌生人，以及那些并不会到连锁超市里给老资格的会员买没有牌子的咖啡的陌生人。我的故事包含着那个在荒漠中的牢房里死去的女人，或者说她的故事包含着我，并不仅仅因为我的愧疚——因为我的特权或我的幸存而愧疚——更因为我们都往我们的身体里放了某些东西，而这些东西改变了我们的感受。

人们容易忘记 109416 号犯人和我都是同一个故事的一部分，因为我们被赋予了讲述不同痛苦情节的权利。在我们文化的剧本里，我们之中有一个是受害者，而另一个则是犯人。然而，将我们的故事区分开来，将它们视为互无关联，就等于正式批准了让我们的命运如此不同的那种逻辑：荒漠里的牢笼，地下室的和声。我们的故事都是关于如何开始依赖一种物质的故事——渴望它、寻求它、使用它——而我不想再遵循那种传统，将它们区别对待。

我终于在 2014 年来到了麻醉药品农场。当时，它已启用 80 年，被全面改造为一家监狱也已 15 年。我发现里面那些高耸的砖楼外围都是一圈一圈互相缠绕的带刺铁丝网。农场那野心勃勃的建筑、那些回廊和庭院和威严的装饰派艺术外墙，在这些参差不齐的、闪亮的铁丝网——以及它们所提醒我们的监狱的目的：隔离受惩罚的人——之下显得很阴险。

我的导游——监狱的媒体关系负责人——使用的是"康复"的辞令，然而那往往跟惩罚的语言一样令人恐惧。"或许他有过几次违法行为，做了几次糟糕的选择，"他在描绘一个典型的被视为有资格配以最低安全措施的犯人时这么说，"但我们还是相信他是可程控的。""可程控的"：那是一种更古老信念的令人困扰的后继者，那种信念认为一个机构可以"重构"一个人。

自从列克星敦的这一场所被改造成监狱后，它便不再只限于治疗上瘾者，然而它还是有一大主要项目是针对上瘾的：一套被称为

RDAP 的、为期 9 个月的住宿戒毒方案，犯人们都住在所谓的绯瑞楼里。宣传海报邀请参加者成为"领航员"或"远征者"，跟随某个会修东西或帮助别人的卡通人的脚步。这一项目宣讲了八大"思想错误"的危险，包括懒散、特权、多愁善感（被定义为为自己的罪行提出自私自利的情感借口的冲动）。在那间以保龄球馆改建的团体活动房里，我感受到了那些人在过去为康复所做的努力：1937 年记录下了 8 842 个小时的保龄球活动。如今，囚犯们聚集在房间里，给彼此做"俯卧撑"（即赞扬）和"引体向上"（即建议）。那一排一排的牢房以美德命名——比如谦虚巷，这一独立存在的、固定程式般的讽刺似乎坚持认为通过禁闭削弱意志力可以培养美德。"你还是什么都懂吗？"毒品法庭的法官曾经如此问一个上瘾者，"现在愿意听了？"

我的公关导游骄傲地带我参观了监狱的职业培训设施：布莱叶盲文工作坊，在那里，囚犯们为学前的盲童设计布莱叶盲文书；还有那位于露天中央空地的、空无一物的木屋框架，它被一批又一批囚犯在木工课上重建，房梁上都是鸽子粪。似乎有些奇怪的是，这些鸟可以来去自如，而那些人却得留在这里。我的导游骄傲地向我指出了他们多元主义的宗教建筑：土著的蒸汽浴室、威卡教①的火坑、北欧异教的火坑——他提及最后这一样时带着一种沾沾自喜的漫不经心，仿佛我会说，"是的，当然了，北欧异教的火坑"。但是当我问起有多少信奉北欧异教的囚犯时，我没有得到任何确凿的回复。

"每一个犯人都是受害者的行走的证明。"狱长告诉我，我知道那不是真的，至少跟他说的不一样，看似是个令人伤感的思维谬误。狱长将我手臂上的拉丁文刺青完美地翻译了出来（"我是人类，人类所拥有的一切，我都毫不陌生。"），然后说："不过，我不确定这说得对不对。"他向我保证，有些囚犯会令我感到陌生，那些做的事情坏到让我无法理解他们的人。然而，我不相信他所相信的那种绝对的划

---

① 威卡教，（现代）巫术宗教。

分，我只部分同意他的话，即我的认知是有限的。我知道，很多被关押在这里的人的具体情况是我无法理解的，除了带刺的铁丝和犯人所建造的风景秀丽的凉亭，上头的鸟屎结了块的焊接模拟器和 A 型框架，蒸汽浴室和火坑，和有血有肉的犯人背后真正的和假装的受害者，在所有这些我不能与之对话的犯人背后，有很多是我无法看到的。

我询问掌管教育的狱长，关于这个曾经既是监狱又是医院的地方，他知道些什么。他说他知道一切。他说，它曾经是一个康复治疗的实验，却失败了。

我得到的不是荒漠中的牢笼，也不是谦虚巷的牢房，而是伙伴。我得以听到别人描绘他们的第一杯酒，那些回忆永远是如此精准地被召唤。通常听起来温和而自由，就像是对一个小恶霸的悼词，细节中还带着事业未竟的味道：威士忌瓶子的光芒、自制雪利酒那让人晕眩的甜美、胡桃木的架子、吱嘎作响的金属小推车。我对如此清晰地记得自己的第一杯酒感到惭愧，几乎是害怕。那是在我哥哥的毕业派对上：躺椅面料的纹理，突出的石砌壁炉，香槟冷酷的噼啪声。要不是我还对它有些眷恋的话，我怎么会记得那么清楚？

如果记忆和渴望是调拨到同一频率的两个无线电旋钮，那么其他人也都在倾听。一个有多处血脉硬化的名叫佩特拉的女人说："从早到晚都是如此，每天都是如此。"她谈到了靠喝酒忘却自己病痛的躯体，以及轮椅撞到桌椅的尴尬，然而在她的声音里还几乎是向往的东西，在怀念那种逃避，对已然不可能之事的徒然神往。一个名叫洛丽的女人——很胖，妆容无懈可击，痛哭到全身发抖——醉着酒来到会上，说，有一次，她在被强奸后，和强奸犯一起喝醉了。早晨，她 6 点半就起床了，这样有时间在 7 点半的会议前买好烈酒。会后，我带她去小餐馆用餐，她点了奥利奥奶昔而我则喝了太多的黑咖啡，以至于有好几小时我都一直觉得要小便。她告诉我她试图一有空就来参加会议，因为她害怕不来的话就会把时间用在喝酒上。我想："我想要帮助你。我不知道从何下手。"我跟她讲我喝醉后曾任由一个男人上了我，因为那比阻止他要容易些。她说："正是如此。"我并不觉得她是在说自己的经历正是如此，因为她的经历并非如此。我觉得她的意思是，喝酒可以把你带往某个地方，在那里你甚至觉得你的躯体都不重要了，而我们都在那个地方停留过。

我开始让温迪搭便车。她 20 岁，挂着结肠瘘袋。我是在城镇另一头的教堂地下室里认识她的。一天早上我去接她，显然是醉了的她拿着一只巨大的泡沫塑料杯，里面装满了前一晚从 7–11 便利店买的、当天早上又用微波炉热过的咖啡，她含糊不清地解释说她不想浪费，仿佛想通过解释做对了一件小事来弥补自己喝醉的行为。我不知道该怎么办。我没法把她扔在她的私人车道上。还是说我可以这么做？关于她的复原故事，我跟自己讲的版本是这样的：这个比我年长的酷酷的女人开始让我搭便车，并让我看到清醒竟然可以成为我想要的某样东西。然而，她复原的故事并不由我来撰写。我还是开车送她去开会了。

要说我在那个冬天明白了什么的话，我明白了放下所爱有多难，即使你已经断定它非你所需。又是那些抓痕。分手几个月后的一晚，戴夫和我在他市中心公寓所在街区的豪华酒店见了面。是那种你会说"让我们喝几杯吧"的聚会，不过，我们都知道，我只能喝塞尔兹气泡水加小红莓和青柠。我们坐在低低的皮座椅上，在昏黄的灯光下，并点了甜点作为留下来的理由：撒了肉桂粉的甜甜圈，旁边还配有小烤盘，上面是热的香草奶油。它让我想起我们第一次亲吻的那个夜晚——如何在朋友家的厨房洗涤槽边站了数小时，为杯子不断满上水，这样就可以继续讲话。我们在酒店的酒吧里待到打烊，待到过了午夜的某个时间，就像刚刚遇见的陌生人，就像没有过去的两个人。那是不存在酒醉的鲁莽，仅仅由苏打水和果汁激起。第二天早上，我在他的床上醒来，沐浴在晚冬的阳光中——在他的而不是我的家里，在他的而不是我的被单下。

之后发生的一切都在没有酒作为托词或借口的情况下发生：我清醒着约会戴夫；我清醒着跟他上床；我们清醒着，半夜吃着从他街区的曲奇店买来的曲奇。然而，那跟清醒的感觉并不完全一样。早会前，我依然会跟卢克一起去爬山。天气变得足够暖的时候，会上结识的另一个男人带我去了长岛海湾航行。我躺在铺在船头的帆布网上，沐浴在阳光之下，非常喜欢这种毫不凌乱的感觉，这种跟一个我与之没有历史包袱的人相处的可能性，没有憎恨，没有错误。早晨跟卢克一起爬山时，我把和他的调情保持在一定的范围：远到不会真正成为一段恋情，又近到可以感觉到其光芒。跟别的男人共度时光并没有违反任何规则——在那段炼狱般的日子里，我和戴夫之间没有制订任何规则——却似乎还是让人觉得有些自私，仿佛我在收集他人的肯定，以便不需要向戴夫多作索取。我不再相信我值得从他那里得到肯定，因为我跟他已不再处于恋爱关系，不再对他有那么多期待——而让人不舒服的是，这让我想起了戒酒：一旦不再喝酒，喝酒便会让人感到那么充满可能性，它是那样地在后视镜里闪闪发光。

那年冬天，苏珊和我开始在市中心的小餐馆进行我们的倡议人会议。餐馆永远都很冷清，是她朋友开的，生意每况愈下，而她则想帮帮忙。我第二次为第五步做的长长的清单包裹着午后的寂静，光线像卡布奇诺的泡沫般浓密似乳状，加了奶的甜甜的咖啡掺杂着薯条的滋味。戒酒过程充满了奇怪地混合在一起的味道：会上的薄荷口香糖和夹了奶油的香草曲奇；会后小餐馆里的洋葱圈和奶昔和煎蛋饼，所有人都有不一样的睡眠时间，互相交换着彼此盘子上的食物。

我并没有告诉苏珊又开始跟戴夫约会的事。我们的所作所为似乎很混乱，无法解释，甚至不明智，而我也不知道如何将其纳入戒酒的陈述当中。它是凌乱的情节线上的瑕疵。有一天，苏珊告诉我——声音中充满了痛苦——她可以感到我在躲她。她难得跟我见面，而且我总是一再推迟见面时间。一开始，我想要反对：我做了一切我应该做的！我在清单上填写了一切！然而，跟苏珊讲真话感觉很好。我告诉她，我没有跟她说我和戴夫之间的事是因为那太乱了，似乎与我俩之间的交流或十二步骤的戒酒流程格格不入。

"那正是你的问题，"苏珊告诉我，"当你心里还是一团乱麻时，你不知道如何把它说出来。说之前你需要把一切都理顺了。"

贝里曼写作《复原》的初衷是为了颂扬伙伴关系，然而，小说与其说是对他复原过程的描述，倒不如说是他并未全然经历的、预想中的复原情况。它是为了激励贝里曼，让他复原得更好。然而，贝里曼无法在写作此书时始终保持清醒。我的一个朋友曾经注意到，写你自己"就像是人还在床上就试图铺床"，而在《复原》中，被单下的那一团显而易见。连章节标题都暴露出这部小说充满让人发疯的重复，而非进步的救赎："第一步骤"之后是"最后两个第一步骤"，之后又是"戒酒后的醉酒"。在第一个第一步骤后，还有另一个第一步骤，之后还有再一个第一步骤，而就在这种一刀两断之后，竟依然是戒酒后的醉酒。

贝里曼在初期草稿的边页上留下了笔记，列举了酗酒者的"症状"。笔记显示，他依然在认真地自我诊断（"早上喝酒——工作时喝酒——这不是应酬式饮酒者的标志"）且它们证实了他的复发："无数的决定——一段又一段戒酒期——可怕的懊悔。"就像塞弗伦斯在《复原》的第 8 页上坦白的，"'诚恳'在此不算什么"。160 页后，他说："我近来放弃了对'诚挚地'以及'诚实地'这些词语的使用，因为它们不过是我犯病的大脑为了支持其谎言而设计出来欺骗人的话。"他又一次放弃了诚恳，就在第一次放弃它的 100 多页之后。书中的一个人物写下了他第三步骤的祷文："让我永远按照您的旨意行事，就像我永远按照我的旨意行事。"

生活中，贝里曼对他的复发感到心烦意乱，却依然一次又一次地屈服。在一张标有"第一步骤，周六晚"的纸条上，他写道：

> 我不相信这能成为合格的第一步；我并不在乎。我不相信
> 有人可以真的"迈出"第一步；也许有些人可以，但是我知道我
> 很努力地尝试了，却失败了。去年春天，我详尽地写下了……
> 23 年的混乱酗酒史：失去了妻子，在公众场合颜面尽失，丢了
> 工作，受伤＋住院，一次喝晕后打电话给一个女学生威胁说要
> 杀了她，公共场所大便失禁，震颤性谵妄，全身抽搐，等等，而
> 那是全然诚恳的……但一个月后，我又不小心喝了一次，之后
> 的两个月喝了四五次，清醒两个月，酗酒五天，如今又回到原
> 点——虽然我极其认真，从来不会错过任何一次匿名戒酒会、
> 圣玛丽的交流小组会议以及其他一切帮助，包括每天的祈祷和那
> 本 24 小时的书。所以说，去他的第一步吧。这只是我现今对这
> 个问题的想法的简短而真实的描绘。

然而，即使在说"去他的"时，他还是将纸翻了过来并在背面写
了段话给自己："当你在早晨梳理头发＋胡子时，对着镜子说：'贝
里曼……上帝对你有所眷顾，意识到了你的挣扎＋你的苦役。祝你
好运。'"他一直试图从危机转向意图：你的挣扎＋你的苦役。清单
上的内容不断回到同样的徒劳和沮丧："我觉得自己是不可阻挡的吗？
（是）""我是否会通过戒酒来证明我可以停下来？（是）"在"我会
否喝醉？"这个问题后面，他没有写下是或否——仿佛答案太明显了，
不需要作答。他的一世人生已经就此作出了回答。

如果写小说是为了将自己写入复原，那么，贝里曼对初期草稿的
手动修改痕迹则背叛了他悬而未决的疑问。一位康复病人从"真正饶
有兴趣地"看着塞弗伦斯，变成"貌似真正饶有兴趣地"看着塞弗伦
斯。另一处手写的插入内容则坚称每个康复病人都在集体背诵宁静祷

文后回到"自己的世界"。某个时间点，塞弗伦斯知道"他感到——沮丧"。然而，他甚至无法明白自己为何哭泣。"该死，我不知道我在哭什么。"他说他"感到——无所适从"。在每次暂停的屏息凝神之后，每个破折号的另一边都潜伏着失望。

在接近尾声处的一次小组治疗中，塞弗伦斯承认他有个儿子，已经和他分开多年。他甚至不确定他到底几岁了。（"13。我觉得。"）就像塞弗伦斯"痛苦"地承认的那样，他不太了解自己的儿子，虽然他并不准备全然为此负责。"他的信非常孩子气，"塞弗伦斯抱怨说，"我无法从中了解他的任何情况。"

贝里曼自己也有个分隔两地的儿子，他的档案里收藏着一些信，非常清晰地表达了他们之间那并未说出口的白色页边空白似的距离：

> 亲爱的爸爸，
>
> 　　我这个学期的学习成绩很好，平均分是91%。随信附上成绩册。希望你会喜欢。
>
> 　　我被南肯特学校录取了。这是我目前为止收到的唯一一份录取通知书，所以我不知道会不会去那里。
>
> 　　代我向凯特和玛莎问好。
>
> 非常爱你的，
保罗·贝里曼

"他的信非常孩子气。我无法从中了解他的任何情况。"几周后，保罗·贝里曼寄来了菲利普斯学院的录取通知书——末尾签名再次用了全名，仿佛是在写信给陌生人。当时，他和父亲已经好几年没有见面了。

然而，贝里曼想要跟保罗分享复原的成果，想让复原成为某种让他们变得更亲密的东西。就在他某年生日之前，贝里曼写了封信给他的儿子：

给我的儿子： 就在我 56 岁生日的前夜，在几经挣扎之后，我想我懂得了这一点：诚实（诚恳）地描述任何事情是一个人设定自己去做的第二难的事情……如今在我看来，唯一比这还要难的事情，是试图以无法打破的静默去爱并领会上帝。

不足为奇的是，贝里曼给他疏远的儿子的信里充满了一种渴望，渴望跟一个疏远的神更亲近，这个神由一个缺席的父亲升华而来。同样不足为奇的是，这些信都跟贝里曼和他自己的追求有关。复原会让你变得以自我为中心，即使你在学着不这么做——试图跟被忽视的孩子、受伤的配偶或无法接近的上帝取得联系。

到 1971 年秋天，贝里曼已经完全放弃了《复原》的写作。他没有完成这部小说。直到他死后，小说才得以出版。他仅留下了一些黄色的笔记卡片，暗示他所想象的可能的结尾。"小说结局，"卡片上写道，"把这张卡片翻过来。"反面写道："他或许，肯定，会在某刻再次酗酒。然而，似乎不太可能。他感到——镇静。"它又出现了，那个破折号。

贝里曼在试着想象一种持续的平静状态，然而他只能抽象地召唤那种感觉。在另一张卡片上，他写下了"书的最后一页"的另一个版本："在派克峰上，往下走。他完全做好了准备。没有遗憾。他此生从未如此快乐过。幸运，他并不值得拥有。他非常非常幸运。祝福所有人。他感觉——很好。"

贝里曼想要在破折号另一头抓住稳定的可能性："他感到——镇静。""他感觉——很好。"然而，这些感觉令人难以信任，不仅因为它们存在于从来没有被采用的笔记卡片上，还因为书中出现过的破折号一直在干扰它们："他感到——沮丧。""他感到——无所适从。"

即使在放弃写作《复原》后，他依然保留着这部小说的笔记。然而，1971 年 12 月留下的最后那些笔记却充满了绝望。"就试试吧，"他告诉自己，"高兴一点，感恩地祈祷。"情况还是变糟了："可怕的、反复出现的自杀念头 —— 懦弱的、残忍的、乖戾的 —— 祛除它们。不要相信枪和刀；不会相信。"

在这部未完成的小说里，塞弗伦斯在准备最后一次戒酒时说："如果这次还不成功的话，我就放轻松，把自己喝死。"在哈特福德一家汽车旅馆的房间里，贝里曼写道："**够了！我受不了了**／**就这样吧。我受够了。我等不及了。**"

1972年1月8日，贝里曼从执教近20年的明尼苏达大学的华盛顿街大桥上跳了下来，击中下面的河床摔死。自杀前几天，他复发了。在为期最长的一次戒酒 —— 11个月 —— 之后。

"我无法再忍受我那丑恶的生活，"简·里斯曾经写信给朋友说，"它彻底令我作呕。"那么，毫不意外地，里斯发现自己想在写作中抛开"我"的个人经历，那种半遮半掩的自传的羞耻，转而写出"可以是所有人的另一个我"。和杰克逊一样，她想要自我抽离。这在周围有人时比较困难。"简听不进去！"塞尔玛·瓦斯·迪亚斯说，"她似乎完全不理会别人。"

小说让里斯最接近他人的意识，她想要在小说中消融"我"和"所有人"之间的隔阂，而《藻海无边》—— 她的第五部小说，其成名之作 —— 正是对于这种欲望的最完整的表达。里斯的前四部小说植根于其自我生活的图景，巴黎和伦敦那些阴暗肮脏的酒店房间和凄凉的寄宿住房，然而这最后一部小说却在想象中的别人的人生中，找到了她最核心的伤口 —— 疏离感和离弃感。那个人物就是《简·爱》中罗切斯特先生的第一任妻子，阁楼里的那个疯女人。里斯将这个不为人知的人物重新构想为安托瓦内特，一个离乡背井放逐在外、被男人傲慢拒绝的女人，一个在废墟中被重新发现的生命，一个从疯狂的邪恶行为中被重新找回的人物。（跟里斯毫无相似之处。）

里斯花了将近20年来写这部小说 —— 近20年的贫困、狂饮、四处奔波流离的生活，同时试着照顾病得越来越重的丈夫麦克斯（并往往失败）。一次醉后暴怒，她将小说的草稿扔进厨房的炉架烧成了灰烬。当手稿最终完成时，她立马写信给编辑戴安娜·阿希尔："我几次三番梦见自己怀了个宝宝，然后就醒了——松了一口气。最后，我梦见自己看着摇篮里的宝宝——如此羸弱的东西。所以这本书必须写完。"巧合的是，麦克斯在书快完成时去世了。阿希尔写信说自己会尽快拜访："我会带好奶瓶来！"

《藻海无边》那"羸弱"的故事探究了安托瓦内特的不幸婚姻。一个在败落的种植园长大的多米尼克女孩，嫁给了一个英国人，他是个寻求继承权的次子，最终成了勃朗特笔下的罗切斯特先生。她在勃朗特的杰作中似乎仅仅是个危险的疯女人，在《藻海无边》中却被赋予了完整的意识，因其丈夫而遭遇的毁灭被戏剧化——他不爱她，却还是把她带回了英国，关进了他的阁楼里。里斯的脑海里浮现出他们令人心痛的蜜月，不过是在岛上的旧宅里度过的混乱而疏远的日子：雨后红土地上的小水坑，从绿色植物上冒出来的蒸汽，火光在走廊另一头闪烁，飞蛾在蜡烛的火光中死去。这片成熟的土地是残酷的，它的美加深了夫妻之间距离的刺痛感。如果大脑可以变天堂为地狱，那么一段没有爱的蜜月可以让它变得更糟。

安托瓦内特做了一切企图让她的丈夫更爱她的尝试，然而他无法理解她所经历的那些遗弃已经将她对爱的需求削成了一把锋利的刀。在尝试用她儿时保姆使用的奥比巫术——角落里的一堆鸡毛，做了手脚的葡萄酒——来赢取丈夫的欢心失败后，她跑到走廊的餐具柜边借朗姆酒浇愁。

"不要再喝了。"她的丈夫跟她说。

"你有什么权力指使我？"她回答，并继续喝着。我们明白，朗姆酒不过是古老魔术的拙劣替代品，带给她的慰藉远不如从前奥比巫术给予她的。她的核心欲望是爱。酒不过是微薄的安慰，一种虚假的维持。

在《藻海无边》中，里斯发现了移情的两个载体。她恢复了罗切斯特夫人的原貌，但是也想象出了那个轻蔑地拒绝了她的男人的心理。小说思考的不仅仅是一个被囚禁的女人的感受，还有那个囚禁她的男人的感受。小说的中间部分是从罗切斯特的角度来讲述的，第三部分则由他儿时的家庭女教师艾芙女士代表他发言："在他小时候我就认识他了。他温和、慷慨、勇敢。"艾芙女士坚称，简单地将罗切斯特视为魔鬼是错误的。这与里斯想象的审判过程中的自我评论非常类似。"我不了解其他人，"她承认，"我把他们当作行走的树。"

通过给罗切斯特发言权，里斯让他不再只是一棵被瞥见的树，不再只是她可以再一次悬挂那件有毒外套的挂钩。罗切斯特象征着从离弃到人本的回归：复杂多面且自我矛盾。"我不习惯让人物义无反顾地仓促离去。"里斯曾经在给朋友的信中这样写道，当时她正在写《藻海无边》。她将罗切斯特想象为一个看起来像魔鬼却曾经是个男孩的男人，并且通过他，她开始想象每一个她觉得像魔鬼的男人都或许曾经是"温和、慷慨"的男孩。当罗切斯特告诉安托瓦内特他在年轻时被迫隐藏自己的情感，安托瓦内特开始理解几乎每个邪恶的人都曾经是受害者。

如果这部小说将邪恶行为重新构想为受害者身份转化而来的结果，那么它的结局便将破坏行为——安托瓦内特将罗切斯特的庄园烧毁——重新设定为一种痛苦的表达。在《简·爱》当中，那场火是令人无法理解的，且带有彻底的威胁性，是"像女巫一样狡诈的疯女人"的报复。然而，里斯赋予这个"疯女人"一种复杂的心理，在看似毫无意义的自我毁灭或盲目的恶意中，挖掘出痛苦这一根源。这场火成了一场善于表达的大火，它让这部手稿在被里斯醉后抛向炉架烧成灰烬之后复活。"如今，我终于知道我为何而来，"安托瓦内特在捡起蜡烛时说，"以及我要做什么。"

从《藻海无边》出版到 1979 年她 88 岁去世，最后的 13 年里，里斯住在一个名为切里顿菲茨帕恩的德文郡村庄，房子就坐落在一排名为"旱船平房"的村舍中。她被陆地包围，很饥渴。令人震惊的是，她喝了那么多，还活了那么久。她告诉一个朋友，唯有鬼故事和威士忌才能给她带来宽慰。然而，事实并非如此。酒水商店"JT戴维斯和他的儿子们"的账单显示，除了威士忌（詹姆逊黑桶和教师威士忌），她还喝了大量的哥顿杜松子酒、斯米诺伏特加、马天尼白香艾酒和博若莱葡萄酒。她每个月花在酒上的钱有时和其他日常开支的总和不相上下。

在生命的最后阶段，里斯无法在无人看顾的情况下活下去。在绑着红色细绳的作文本里，她的朋友戴安娜·梅里给多位护理员写下了一系列指示：

1. 避免容易引起争执的话题，比如政治
2. 永远不要试图阻止她做与她的样貌有关的事（比如买红色的假发套）
3. 不要讨论年龄和相关的话题，比如祖母
4. 当事情变得情绪化时，试着转换话题，不过要慢慢来

然而，梅里的大部分指示都跟管理里斯每日的饮酒量有关：

12:00 喝酒。仅仅在她的要求下，且用一只小葡萄酒杯。很多冰，一点点杜松子酒，再加满马天尼香艾酒。早上和傍晚都是同样的酒。除非她要求，不然（永远）不要给她其他酒。

1:00 午餐。布丁。（几乎必加冻得很硬的冰激凌。）葡萄酒——~~如果可能的话，不要多于两杯~~。仅仅在她要求的时候。

梅里将那些话删去仿佛是在承认，任何限制的努力或许都是徒劳的。在其他场合，她说："永远不要在她面前喝其他不同的酒，例如

威士忌，不然她也会想喝。"梅里建议，如果里斯要求的话，可以给
"一点点，然后加大量的冰"。里斯几乎总在黄昏时分想喝。"我一
直陪她到 7 点，"梅里写道，"因为这是她最容易难过的时间。"梅里
明白她朋友的悲伤很有时间规律，总在黄昏时分降临。它需要酒，但
它真正需要的是陪伴。这种酗酒已经超越了争辩了。与其说它是应该
治愈的疾病，倒不如说它是房间里的一个生物，一只可以在诱骗下变
得不那么凶残的野生动物，它的耳朵在聆听，舌头很小心，含着大量
的冰。

然而里斯早就看穿了这些伎俩。在她快要去世时，当朋友大
卫·普朗特[1]来看望她，她抱怨说，其他人总是在她的酒里加太多的
冰。"世间所有的写作是一面巨大的湖。"她向他解释说。随着她越来
越醉，她的比喻也越来越流畅优美。"大江大河都奔向这面湖，像托
尔斯泰和陀思妥耶夫斯基。还有一些涓涓细流，像简·里斯。"当普
朗特起身要走时，她向他请求说："再给我一杯酒，可以吗，亲爱的？
并且就放一块冰。"

在那个充满痛苦的春天 —— 我和戴夫分手后又开始约会的那段
时间 —— 我问他是否想来看我如何在会上讲述我的故事。他似乎很
高兴，并说好。因此，在 3 月一个寒冷的夜晚，我开着我那小小的黑
色丰田去接他，他戴着格子围巾，穿着深蓝色的厚呢短大衣，从他的
那栋楼（**他的**，说起来依然让人感到奇怪）的大堂里走出来，带着一
股热气。

当我感谢他能来时，他双眼盯着我并告诉我，我请他去对他来说
意义非凡。

我们开车来到了市区边上的一座教堂。它位于哈姆登，在去往
冰雪皇后的路上。在夜空下，它就是一座黑色的尖塔，只有底部在发

---

[1]　大卫·普朗特（David Plante, 1940— ），美国作家。

光，仿佛一丁点蛋黄似的光从教堂底部溢出，汇聚成一团。这就是匿名戒酒会的摩尔斯电码：暗黑的教堂，点亮的地下室。带戴夫去地下室让我感觉怪异。我们分手时，我曾在那里因此哭泣。这让我感觉自己像个骗子，或是一个傻瓜。然而，他安然就座——靠近后排，邮差包靠着折叠椅的金属蹬脚。看见他与我在复原过程中认识的人坐在一起就像一场梦，梦里你生命的所有角落互相碰撞：你的奶奶在跟你大三时曾经亲热过的击剑手碰杯喝着科罗娜啤酒。这会儿，戴夫正跟坐在他后面一排的中年妇女聊天，因为什么事大笑。在说到一半时，我对会上的人说："喝酒让我变得自私。"而事实上，这话我是对他说的。

不过，我俩都知道事实比这复杂。我的自私是之前就有的问题，同时也是后果，而且，话说回来，谁不自私呢？或许对着我自己——或会上的人，或戴夫——说喝酒让我变得自私，不过是一种务实的、让我自己负责的方法：你现在没有借口自私下去了。

初春时节，天气转暖后的一天，我们坐着船来到了康涅狄格州海岸边的顶针群岛——咸咸的风从长岛海湾吹来，我俩的嘴里都是我飘扬的头发，阳光照射在钴蓝的水面上，波光粼粼，像碎玻璃。我想象着我们两人在每一个岛屿上可能会有的未来，我们的孩子可以在他们的草地躺椅里阅读，一边嚷着要吃薄煎饼。戴夫曾经写过一首诗，正是它令我在我们的房子后面独自饮酒：

　　而如今你走了——
　　带着湿漉漉的头发和我们未出世的孩子。
　　正当我坐在这里给他们起粗鄙的名字时
　　他们围在门廊的边缘
　　举起手等着被叫到，雨水
　　沿着他们的手臂流下来，流过他们的身体。

这些雨中的孤儿让人感觉近在眼前，如此真实，仿佛我们因为彼此那么相爱而将他们带到这个世界上，然后又因为分手而抛弃了他们。因此，他们不得不待在房子外头——每一座顶针岛上的每一幢房子——举起他们的手，等着被叫到，融进"要是……会怎样"的边缘。

那年春天，我感觉像再次坠入了爱河——那种眩晕、那种揣测、那种幻想——不过，所有这些感觉都伴随着一大堆混杂在一起的、正在腐烂成护根的其他感觉：期望、正直、愤怒。我们的分手原本已成定局：终止的租约、我们彼此之间以及和所有我们认识的人之间含泪的对话；而这次复合则带着一种热切的遮掩，一种异常兴奋的迫切感。一切都像是占卜的茶叶——光影的图案，或是戴夫刚巧打电话来的时间，都仿佛是一种征兆，它在告诉我："这或许能行。"或者就是在说："放弃吧。"每一条短信都是一张塔罗牌，显现出某种预兆。

那年夏天，戴夫回到艾奥瓦城去教书。我们的许多朋友依然住在那里。我感觉身在远方的他在逐渐消失，只剩下一些片段：酒吧里的对话和门廊上的威士忌之夜。就像是一个老情人在电话簿里找到了他。我试着不去怨恨，试着不去记账——他联系了我多少次，我联系了他多少次——试着不去讨厌和他之间的距离，试着告诉自己我很荒唐，是我要跟他分手的，难道我就不能给他些自由吗？我以为自己有什么权利？

"我一直在跟自己斗争，不让自己跟 D 在一起。"我写信告诉一个朋友，就是那个在我跟戴夫闹分手时，让我寄宿在她的小公寓里，给我看蕾哈娜的录影带疗伤的朋友。跟我自己斗争，不让自己跟戴夫在一起，这让我想起跟我自己斗争，不让自己喝酒。倒不是说戴夫或酒必然是毁灭性的——戴夫没有毒性，他只是个人；且很多人都能好好地喝酒——只是我为了可以与他们共存而一直试图重新调整自己，一直告诉自己，正因为我太需要他们了才破坏了一切。

为了庆祝戴夫 8 月的生日，在他从艾奥瓦回来后，我跟一些我们共同的朋友一起出钱，在卡兹奇山附近一个名为弗莱施曼斯的小镇租了一栋房子。小镇是某个酵母大亨的夏日天堂，到处是城里来的东正教犹太人。镇上的主桥已经被飓风艾琳摧毁，栏杆上还贴有一张手写字条："韦恩，请修好这座桥。"这个世界充满了要求。

为了给戴夫准备生日礼物，我花了好几个月的时间向戴夫生活中的所有人收集信件和照片：朋友、过去的老师、他的父母、兄弟。我努力拒绝将爱视为一个有限的经济体，不去认为他给别人爱就意味着给我的爱少了一些。在那次旅程中，我再次对我们有了信心。我们在一起的那些时光并没有白过。我的清醒可以拯救我们。我已经好几周没有去参加会议了。越来越难在会上做分享了，因为我已经分享了太多关于我们分手的事，如今，我不知道如何讲述我们复合的故事。

在从卡兹奇山开车回家的路上，我们中途停车去玩彩弹游戏。我们穿着租来的工装裤，极为兴奋地向彼此投掷着，仿佛从 30 岁变成了 13 岁。我被告知这些弹丸或许会让人感到疼痛，不过它们只是有点像冰雹而已。唯一一个让我真的有刺痛感并且留下了瘀青的，是击中我的颈部并且在该破时没有破的那一个。

那年秋天，我第一次提交了论文提纲。一幢阴森的哥特式塔楼里，我坐在雅致的会议桌前，向一群研究生和指导老师阐述我的论文。我一直很担心自己听起来过分正经，有关戒酒和创造力之间关系的陈述毫不性感，因此我抹上了比平时颜色更深的口红——魅可那款名叫"红宝石的追求"的女伶式大红——希望能让人觉得我依然可以把握风险和极端因素。我的健怡可乐还在我的包里。

"但是，上瘾和创造力之间的关系呢？"一位教授问，"某些沉迷不也引发了实验和变化吗？"

大家来回看着我们俩。我恭顺地将他的问题记在了笔记本里："上瘾＝变化？"

"沉迷其生成性的一面，"他继续说道，"那就让我感兴趣了。"

我意识到他的"那"意味深长。那是标准的学术礼节，通过一个不同的问题提出一个假定的兴趣点，以此表示你所提出的问题并不有趣。这个教授就像在说："你可以对自己想说什么就说什么，但没有什么会带来这么多破碎感。"

"我觉得——"我停了停，有些结巴，"我觉得上瘾常常像是变化的对立面。"

我想说的是：上瘾只是同样的事情一再地发生。从生成变化的角度来看待上瘾，是一个没有花很多年对着酒水店店员撒同一个谎的人才能拥有的奢侈。

然而，我无法全盘否定他的话。上瘾并不只是创造力的燃料那么简单，但它也不只是钝力创伤。我一度如此迫切地想要反驳威士忌和墨水的谬论，结果花了很久才学会接受其真相：渴望是我们最强大的叙述动力，而上瘾是渴望的一种方言；上瘾是一个原始且令人信服的故事，它建立在讽刺的基础上，它以背叛为转移，逃避的幻想和遭受毁灭的身体碰撞在一起。"痛苦来自黑暗，而我们将其称为智慧。它是痛苦。"兰德尔·贾雷尔[1]曾经这样写道，然而即使是他也在字里行间承认了其自身的欺骗性：它们是智慧，但它们来自痛苦。

通过上瘾获得写作的可能性并不仅仅是一个迷人的谎言，它也的确是一种神秘的炼金术。当我在寻找一个神话的终结时，我找到了输出的策略：雷蒙德·卡佛将他喝醉的日子写进了他清醒的小说中；艾米·怀恩豪斯在其制作人的迈阿密公寓里戒酒1周，潦草地写下了关于酒的歌词，而那成了上百万人的背景音乐——一个心碎的专业歌手，将她的心碎专业化。那几乎就像是一份食谱里面的分量说明：分量恰到好处的痛苦可以推动创造而不至于影响其执行。那个谎言并不在于说上瘾可以揭示真相；而在于说唯有上瘾才能揭示真相。

在詹姆斯·鲍德温的短篇小说《萨尼的蓝调》中，一个爵士钢琴

---

[1]　兰德尔·贾雷尔（Randall Jarrell，1914—1965），美国著名诗人和批评家。

手告诉他的哥哥他为何需要海洛因："倒不是说为了去弹奏，"萨尼告诉他，"而是去忍受它。"不过之后，萨尼公然撤回他的说法："我不希望你觉得它跟我音乐人的身份有关。它不只这么简单。或者也许它比这更简单。"他的想法在宣称不确定性时最为有用：或者也许。"或者"的重点在于，拒绝承认上瘾让他成为一个艺术家这样一个简单的说法，也承认他无法彻底否认两者的关系。同样的痛苦驱使他从两样事物当中获取慰藉。

对于我来说，复原并不是创作的死亡，但是它也不是创作的即时推动力。它并没有像电报一样送来新的创造力。它更像是一系列生成性的正式限制：在这个世界上寻找故事，并试图勾勒出其轮廓。

一个人住并跟论文提纲搏斗的那一年，我去了得克萨斯州，想要写另一篇报道。我花了4天时间访问那些相信自己得了一种怪病的人。这种怪病令一些不可解释的纤维、线头、晶体和毛绒从他们的皮肤下面冒出来。大部分医生都不相信他们。在他们的年会上，这些病人用像MRI扫描仪一样大的显微镜寻找纤维，分享满腹狐疑的医生们的故事，交换治疗的小方法：硼砂和根汁汽水和抗真菌软膏。在我看来，他们的窘境并非不可解释，而是极其直观的：他们知道自己有问题，但是别人好像看不出来。他们会寻找群体，借此弄明白自身的问题或与之抗争，这合情合理。

当我拿着小小的银色录音机，站在得克萨斯州的干热中跟这些病人对话时，或是当我在西弗吉尼亚的监狱里吃着从自动贩卖机里买来的薯片时，或是与疲惫不堪的长跑运动员一起坐在野餐长椅上时，或是漫步过哈勒姆的社区公园，向一位妇女询问重新学习走路的事情时，我得以听到自己以外的声音。那些日子满是支好的帐篷和灰色的雨水和能量棒和号角声，以及枯萎的番茄藤和哈得孙河边的晚霜，那是一种不一样的清醒：出席并留心。

最终，我让自己放弃了那部桑地诺小说——明白它只是让自己去撞墙，撞它野心勃勃的墙以及我办公室那堵确实存在的墙——并开始寻找它一直想要寻找的东西：别人的而非我的人生。我开始写的那些文章证明了杰克逊的某种道德观——自我抽离，不过它们也经常包含了我的人生：依然是房间里的一个声音，却不是唯一的声音。从它往往不受我控制的角度来说，它的确是超越了我自己的写作：我无法决定人们讲述什么或如何讲述。世界由此让人感到无限大，仿佛它突然降临——当然，它其实一直都在那儿。

10月底，飓风桑迪来袭，戴夫和我一起躲进他位于教堂街的六楼公寓，大风在窗外喘息着，呼喊着。暴风雨过后，我们在安静的街道上游走——四处都带着一种诡异、潮湿的平静——并发现市中心绿地一棵巨大的橡树被连根拔起，树根朝天。到了秋天，我们便已经从复合的冲动、复合之初的酒店酒吧和岛屿孤儿，回到了恋爱关系的日常模式，因为谁忘了买厕纸的问题而心烦。戴夫在爱彼迎上把他的公寓租了出去，住到了我那里，借此赚取额外收入。我们的关系变得比原来的更将就，就像带着手稿四处走，将分散的活页纸塞进购物袋里。争吵时，我们俩更着意证明自己是对的——"我需要这种每天的投入是对的！""我需要这种自由是对的！"——而不是在探求如何改善局面。

有一次去伍斯特广场散步时，戴夫告诉我，他有个朋友说我有感情虐待倾向。我们当时所在的位置刚好是我俩以前住过的街区，靠近以前同居的公寓，树上满是锈橙色和鲜红色的叶子，就像前一年秋天我们从客厅看出去所见到的那样。那让我措手不及，**有感情虐待倾向**，但是我不得不承认——在客观地看待一切后——我不能说这是错的。我们所有混乱的倒转都跟我多么努力地想要尝试有关，证明我内心无法放弃我们。然而，从外表看，或者甚至从内心看，那都只显得疯狂而自私。

那年秋天的某个晚上，和朋友在市中心的餐馆吃晚饭时，我几乎晕倒。就在摆满蛋糕的柜台旁边，我两眼一抹黑。当我往地上倒，双手抱住头时，我闭起的双眼在放映流光。朋友将我带到医疗中心，不停地给戴夫打电话，他却一直没接。当他最终出现在医院检查室的门口时——好几小时之后，解释说他的电话死机了——脸上的表情并不是无奈，但也不算是爱。几年后，朋友告诉我，那晚当她看见他脸上的表情时，她就知道我们结束了，或希望我们结束了。她说，那不像是某个想要照顾我的人。我知道他想，而且他也确实做到了——但是我也知道我们俩都疲倦了。

我开始幻想复发，幻想将一箱子葡萄酒放在我那辆丰田的后座，开上91号州际公路，就像每天早上从公寓窗口看到的那些车一样，我想让自己在哈特福德的酒店房间里喝到不省人事。有时候，复发的幻想涉及跟陌生人睡觉，或是吸快克，虽然我（通常）并不是那种会把酒吧里的陌生人带回家的那种醉鬼，且我完全不知道如何弄到快克。有时候，这种幻想涉及半夜打电话给戴夫，让他来救我，虽然他连车都没有。他会坐地铁吗？他会不得不转车吗？它成了一个曲折得荒谬的灰姑娘情结。然而，我喜欢电影情节般的戏剧性一幕：他冲进酒店房间，告诉我他会为我的康复做一切事情。而事实上我知道，如果在酒店房间里复发，我或许只会喝得醉到不计后果地把钱浪费在收费电视节目上并在电影放到一半时就晕过去，或是买自动贩卖机里的巧克力然后醉到毫无愧疚地将它们塞进我的嘴巴。

我在第一轮尝试戒酒的过程中，一直在告诉其他复原的人，或许我得用更厉害的药物才能让自己的状况糟糕到不再喝酒或吸毒。"听起来是个很好的计划。"一位妇女说。另一位则耸耸肩，微笑着说："听起来像是上瘾者会说的话。"

哈特福德的风景线似乎很适合做我这些幻想的背景，因为它有丑陋不堪的摩天大楼、毫无魅力的保险公司，它拒绝赎罪情节。网上流传着一些照片，市中心的希尔顿酒店有一个蓝绿色的池子，像一块水果糖一样发着光——可以吮咂或给邻居做成彩色果酱的某种东西——但这幢雄伟的摩天大楼似乎过于规整、光鲜。火烈鸟旅店更适合些，四周都是被一块一块脏兮兮的雪覆盖的黄色草地。几年之后，一个政客的儿子在那里死于过量服用芬太奴。即使在天空很蓝、布满蓬松的云朵时，这个地方依然像在下雨。它完美契合我的这些幻想。

复发可以成为我对戒酒的报复。报复并没有使我免于失望的降临，特别是最近，我颓丧地意识到，我和戴夫的第二段关系跟第一段一样，正沦为同样的剑拔弩张。如果要复发，我肯定不会像上次那样，只喝一杯鸡尾酒，试图喝得"更好"。这一次，我想要给自己无限制喝酒的许可证。

"够了！"贝里曼曾经在哈特福德他的旅馆房间里这样写道，"我受不了了。"我想要的并不是自杀，而是又一个谷底，又一场爆炸，而我可以从其废墟中重新站起来，满身灰尘及闪着光的玻璃碎片。对于危机——或是爆炸——的幻想可以替代在不确定性中生活的那份辛苦和平庸；而戒酒则让我少了些可以从中复原的爆炸。

那年秋天，戴夫和我告诉彼此，我们要么结婚，要么彻底分手。那似乎是我们仅有的选择。当我一个最亲密的朋友跟我讲到另外一个女人的恋爱关系——"她说他们既不需要结婚，也不需要分手，你就会知道那种关系有问题"——时，我只是沉默地点点头：对。然而，我们的日常感觉像是炼狱，而我渴望一种不可能的确定性，仿佛在不知道它会如何发展的情况下，一段关系应该超越在每天早上醒来，然后对之竭尽所能的这种现状。

想象与戴夫在一起的未来——或许在顶针群岛的某座岛上——一直都比当下跟他一起生活要容易。我们在电影史诗模式下相处得很好，但是在日常生活的世俗现实中不尽如人意。那感觉像是将一块拼图硬塞到并不属于它的地方。我不断告诉自己，我在两年前、两周前犯了错——从错误的角度去拼这块拼图，如今，它可以拼进去了。会上，我曾听到有人说："失去理智的人一次又一次地做着同样的事情却期待有不同的结果。"

那年秋天在郊区戒酒之家的一次会议上，一个女人谈到想自愿双手空空站在那里，直到有某样东西将双手填满。我想要有足够的勇气做到这一点，让双手先空一段时间——我担心或许我会想跟戴夫再试一试，因为不愿一直双手空空地站在那里。然而，事实上，跟他在一起时，我也不知道如何双手空空。"事情不是永远都会好转的，"有人曾经在艾奥瓦的一次会议上告诉我，"但是一直会有所改变。"

戴夫和我最终第二次分手了，而这次是彻底了结了。那是在一家肉丸子餐馆里，在1月，我们复合的7个月后。我们两度终止关系，就像对酗酒一样；而就像酗酒的尽头一样，比起突然爆发，它更像平淡的彼此耗尽。我们之间什么都没有了。我们在他的太平梯那儿抽了最后一支烟。

离开他的大楼时，我想起二十出头时认识的一个女人。她身材娇小，头发是深色的，就像女巫一样美丽。她向我描绘了一次艰难分手的后果：坐在她那光秃秃的硬木地板上，喝着红酒，听着唱片。然而，那一晚，我的绝望毫无迷人之处，它不过是一块跟我的巴掌一样大的曲奇，以及嘴边沾的巧克力。一到家，我就注意到羊毛暖腿裹套上沾着一片枯叶，那是几天前跟戴夫一起散步时留下的。我转身面向垃圾桶，准备把它扔掉——然后又小心翼翼地把它拿下来，收在了抽屉里。在戴夫身上，我找到了在其他任何人身上都找不到的东西。我或许将会得到其他东西，我甚至无法想象的东西，但我永远都得不到他了。那让人觉得不可忍受。

十四

归　来

　　"我经历了两种不同的人生。"雷蒙德·卡佛曾经说。他的意思是，他经历过一段酗酒的人生和一段清醒的人生。"过去的确是异乡，且他们确实处事方式不一样。"他的第一段人生大致是和他的第一任妻子玛丽安一起度过的。他在青少年时代就遇到了她，当时她在一家马铃薯甜甜圈咖啡店当店员。她17岁怀孕。他们俩都梦想远大。他们俩都酗酒。卡佛后来写道："最终，我们意识到辛苦工作和梦想是不够的。"玛丽安为了让丈夫有时间写作，以包装水果和当餐馆侍应养家糊口。他把自己喝到既肿胀又愚蠢。在1975年的一次鸡尾酒会上，她和别的男人打情骂俏，他用一只葡萄酒瓶击中她的头部，划开了她耳朵旁边的动脉，险些令她送命。不过，他们还是深深爱着对方。即使在离婚后，他们俩都依然这么认为。然而，他们的生活是"混乱的"，他写道，"几乎看不到什么前景"。

　　戒酒后的那10年，即卡佛的第二段人生，大多是和诗人泰丝·葛拉赫一起度过的。他俩住在一个名叫安吉利斯港的小镇——位于华盛顿的奥林匹克半岛，俯瞰太平洋——在海里和川流不息的清澈的河里钓鱼。戒酒初期，他的写作量如此之大，以至于他决定给自己买一部新的打字机来更好地应对他的高产。那是一台 2500 型史密斯·科罗纳牌打字机。"听起来像雪茄，"他告诉朋友们说，"但它是我的第一台电动打字机。"一次派对上，他躲在灌木丛里，因为他害怕喝醉。他回忆自己第一段人生的戏剧情节，并明白了他的写作是即使有这些混乱却依然还是产生了的东西，而不是基于这些混乱而产生的东西。"我在试着学习如何成为作家，"他说，"生活中鲜少有微妙之时，如何做到像河里的水流一样微妙。"

这对我来说就是吗哪：卡佛的创造力曾经向他酗酒岁月的混乱作出抗争。我脑海中喝醉的卡佛 —— 狐狸头酒吧里那个神志不清、面向黑暗的人 —— 被清醒的卡佛 —— 在家里敲着键盘，在胡安·德富卡海峡，在小帆船上迎着风，在宽广的天空下钓着大鱼的人 —— 取代。

清醒的卡佛与白色逻辑下的那些喝醉的无赖相去甚远。他靠吃懒人牌甜味爆米花过活。在佛蒙特教书时，他从自助食堂偷走布朗尼和甜甜圈，把它们塞进双人宿舍的书桌抽屉里。当他应邀飞往苏黎世进行演讲时，他寄明信片回来说，他正在"注射"巧克力，并想要回到苏黎世这个"短篇小说中的瑞士三角朱古力之冠"。卡佛并不是例外：在《无尽的玩笑》中，华莱士描绘了戒酒者的"油酥糕点依赖性"，而我则回想起自己刚戒酒的日子里那一叠堆积如山的粉色蛋糕盒 —— 装满了蓝莓麦芬和摸脏了的小甜饼。不论我吃多少，它们都不会有伏特加的味道。

清醒的卡佛想要得到糖分和肯定。第一部小说集出版时，他将所有的正面评论收集起来，放在公文包里随身携带，并在朋友面前拿出来高声朗读。他还杜撰了自己戒酒神话的部分细节。在戒酒 8 年后，他写信给一个刚刚戒了酒的男人：

> 停止喝酒后，我至少有 6 个月甚至更多的时间都只能写写信而已。最主要的是，我对于重拾健康和人生心怀感恩，乃至我是

否能再写些什么已经不再那么重要……我可以告诉你，那是真的，我并未对此担心。我只是为活着而非常开心，非常开心。

但是，1986 年的卡佛或许并没有如实描述 1978 年的卡佛。玛丽安坚称，他在停止喝酒后几乎是立刻就试图开始写作。那是他第一次戒酒的夏天，在他和玛丽安一起居住的小棚屋里。在那里，他们用苹果汁、烟熏三文鱼和新鲜的生蚝庆祝结婚二十周年纪念日。卡佛在信中试图用一条谬论（戒酒意味着你不会再在意你的创造力）驳斥另一条谬论（你必须在戒酒后放弃你的创造力），以他认为对一个刚刚戒酒的人有用的方式，呈现他自己的人生。

如果就像卡佛曾经说过的，好的小说"把消息从一个世界传递到另一个世界"，那么他的短篇小说便传递了有关喝醉的感觉及其状态的消息。就像他的传记作家卡罗尔·斯克莱尼卡说的那样，过去酗酒的"坏雷"所发出的电讯正被如今清醒的"好雷"辛勤地转录下来。这种转录绝不是枯燥或毫无热情的。"不喝酒的每一天都带有光芒和热忱，"葛拉赫写道，"他的想象力之豹扒开了故事的羽毛和带血的肉。"清醒的卡佛的文字是男子气的、胆大的。他写诗像钓鱼。"我对于捕完再放生没有兴趣，"他说，"当它们靠近我的船时，我就猛击它们，直到它们投降。"卡佛的家所在的那片太平洋海岸满是盐，也因为海水而变得肿胀，河水既冷又清，波涛汹涌。他每天清晨 5 点起来写作，用纪律替代混乱的狂怒。他的朋友兼学生杰·麦克纳尼一直将作家视作"酒喝得太多、车开得太快的疯子，在注定走向毁灭的轨迹上散落下才华横溢的篇章"，然而，卡佛让他看到，"你不得不生存下去，寻找些许宁静，每天努力工作"。

卡佛对待他笔下的角色就像他在匿名戒酒会上对待其他会员一样——带着好奇和同情，没有优越感。"雷尊重他的人物，"葛拉赫写道，"即使在他们无法尊重他们自己的时候。"这也与匿名戒酒会的口号相呼应：让我们爱你，直到你学会爱你自己。当评论者提及他的人物多么可怜时，卡佛很讶异，因为他觉得他们不过是平凡的人。因为有一种可互换感，他才没有那种优越感。一次有一个醉汉冲到他车前，而他说："多亏上帝开恩（我才逃过一劫）。"

《我致电的地方》是他最出名的短篇小说之一。故事发生在弗兰克·马丁之家，一个虚构的"晾干"的地方，原型则是卡佛自己曾经去过的位于卡利斯托加的一家康复中心——达菲之家。这个故事唤起了康复治疗初期那种恍惚的迷失感——在前门廊上抽的烟、吃着鸡蛋和吐司时说的恐怖故事——以及一塌糊涂的绝望：一段引爆了的婚姻，为了戒酒和新女友一起开车旅行，带着一桶炸鸡以及一瓶打开的香槟酒。"我有点需要帮助，"叙述者说，"但是又有点不想。"

在康复中心，叙述者在听一个名叫 J.P. 的扫烟囱工人说话时找到了安慰。"说下去，J.P.，"他说，"别停下来，J.P.。"叙述者很喜欢 J.P. 的故事，这些故事比他自己的故事占了更多的篇幅。原因就像他解释的那样："它把我带离我自己的境遇。"J.P. 的故事并不需要多么有趣——"如果他一直跟我说有一天他如何决定开始抛掷马蹄铁，我也会听的"——它只消属于别人。

卡佛在最后 10 年——住在奥林匹克半岛，一边钓鱼一边写作——写的诗因为心怀感激和充满勇气的注视而充满激情。"我热爱／这寒冷而湍急的水，"他写道，"光看着它就让我的血液奔流／我的肌肤刺痛。"实体世界不仅是美丽的，它是他的肌肤上和血液中的湍流。葛拉赫称他的诗为"像玻璃一样明净，像氧气一样维持人的生命"。

当他写到水时，他的声音总是充满感激。"爱河流，它深得我心……一直爱它们到它们的源头。／爱扩充我的一切。"作家奥利维亚·莱恩在这个瞬间找到了第三步骤的一个"浓缩的、特殊的版本"：作出决定将我们的生命交给我们所认识的上帝。对于卡佛来说，爱河流一直爱到它们的源头是一种让自己屈从的方式，屈从于某种更大的、他难以恰当理解的东西——可感的壮丽和对世界本身的敬畏之情。而我也爱卡佛一直到他的源头，我戒酒后就去探究清醒的神话，就像我在酗酒时去探究酗酒的神话一样。我将清醒的卡佛变成了另一更高力量，他的血脉里奔涌着河流，他故事中带血的肉挂在鱼线上。然而，他的作品最终都能深深感动我，因为里面没有什么神话。它更重视氧气。

葛拉赫说，卡佛戒酒后写的诗创造出了"由强有力的情感瞬间组成的电路，我们在这些瞬间融入了事件，胜似被邀请参与其中"，由此，诗与读者之间形成了一种"共性的纽带"。对卡佛戒酒后写的诗，我可以说的最诚实的一点是，我参与其中："一幢房子／没人在家，也没人会回来／而我可以随心所欲地喝酒。"这些诗句在我心中引起了巨大的共鸣，以至于它们像是一场戒酒会，仿佛我坐在某个教堂地下室的折椅上，聆听卡佛的声音传送这样的消息：有一天，或许我们可能会想要更多。

在卡佛的诗中，戒酒并不是虔诚得毫无幽默感的。它是讽刺而调皮的，且往往是饥饿的。戒酒意味着盯着宽广的太平洋吃奶油味很浓的爆米花。"爱扩充我的一切。"卡佛被爆米花扩充，也被海浪的汹涌翻滚，以及夜里远处萤火虫般的陌生人家的灯火扩充。他坚称他会"想抽多少烟，就抽多少／想在哪儿抽，就在哪儿抽。烘烤饼干并且吃了它们／加上果酱和肥腻的培根"。他的清醒可不是童子军，它想要整天游荡并抽烟，跟它的一群朋友厮混。"我的船正在定制中，"卡佛写道，"上面会有足够的空间容纳下我所有的朋友。"他的船上会有炸鸡和成堆的水果。"所有人的需要都能得到满足。"

卡佛的清醒并不是清心寡欲的，而只是试图以新的定义来想象欲望：一船的美食，加了果酱和培根的饼干。他的叙述者承认了诱惑，而并未陷入愤恨。其中一个梦见将威士忌举到他的唇边，翌日早晨醒来却看到一个铲雪的老头，那是日常坚持的提醒："他点着头并紧握着他的铲子。／继续，是的。继续。"那个"是的"。仿佛卡佛在跟某个人或者他自己讲话——说，世界就是这样在继续。如果你在寒冷

388

地带跟足够多的复原中的酗酒者谈过话，我可以保证，你会听到某个人将戒酒比作铲雪。

关于他酗酒的过去，卡佛曾经说："那段人生已经过去了，而我对于它的过去没有遗憾。"然而，与初恋一起度过的那段岁月萦绕着他的诗句，他没能跟她一起分享他戒酒后的人生。"他早就知道／他们会在不同的生活中、远离彼此的情况下死去，"他写道，"尽管他们在年轻时曾交换誓言。"在他的第二段人生中，在远离玛丽安的情况下，卡佛依然在写有关遗憾的诗："关于酒精的问题，永远都是酒精……你到底做了什么，以及对另一个人，那个／你一开始就执意要爱的人。"

在戴夫和我彻底分手的数月后，纽黑文下了三场巨大的暴风雪。有好几次，我一连几天都没见到任何人。一天下午，我试着在扫雪机车开过、把我的车埋得更深前，把它挖出来。（如果你在寒冷地带跟足够多的复原中的酗酒者谈过话……）在我旁边，一对情侣也在挖他们的车。他们挖完时，我才挖出了一只轮胎。那个男人帮我挖出了另外三只轮胎。"你有点像艾米·亚当斯[1]。"他说，而他的女朋友则说："不太像。"我从来没听说过艾米·亚当斯，但是回到家后，我用谷歌搜索了她的脸，吃了一整盒瑞士小鱼软胶糖，之后3天没跟任何人说话。我在日记里写道："我的灵魂是一张没有尽头的嘴巴。"

那年春天，我开始在康涅狄格心理卫生中心做志愿者，参加一个写作小组。那是靠近医院的一处巨型门诊设施。每周，有五六个人会聚在一间房间里的一张小桌子前。房间有干净的纱布绷带和潮湿黏土的味道，到处是塑料的小水彩盘和插在塑料杯子里的僵硬尖细的刷子——这个房间同时承担双重职责，也被用于艺术疗法。写作小组已经有一个组长了，是一个领薪职员。虽然大家觉得我可以协助工

---

[1] 艾米·亚当斯（Amy Adams，1974—　　），美国女演员。

作，因而热情欢迎我，但事实上，我更像是又一个参与者，试着为我的抑郁寻找一个好的比喻。

有一周，有个男人在写作中构想了自己在拥有视力的最后一天会做什么，其中就包括观看交通阻塞：磨损的轮毂盖和靠在方向盘上的恼怒的新英格兰人。它似乎准确得奇怪：你甚至想要紧紧抓住那些丑陋的东西不放。另一周，有个女人写了个蝴蝶寻找蜂后的童话故事，结果，蜂后其实也一直在找她。这是一个古老而美好的幻想：有可能，你觉得自己配不上的，实际上一直都在追寻你。

在严酷的 2 月中旬，一家大学出钱请我飞到拉斯维加斯开读书会。此前从未有人请我飞到哪里开读书会。之后，我们去了赌城大道，进了一家酒吧，其设计意在让它看起来像一座枝形吊灯的内部。我喝了一杯杯沿上有盐的无酒精鸡尾酒，觉得自己彻底地、优雅地活着。过了午夜，东道主中的一个问我还有什么想做的事，我告诉他我想给朋友的新生儿买一套连体衣——最好是极其俗气的那种。"应该不难。"他说。我们便开车到了城里最大的纪念品店。关了。我们又开车来到几所结婚教堂附近的那些便利店。关了。"还没完。"那个人说。我们继续寻找。

他说我们的夜晚尚未结束，我为此喜欢他。对于我来说，那意味着**夜晚都尚未结束**。他带我去看金砖酒店水族馆里的鲨鱼，它们在水中滑梯的玻璃管道里平静地滑行着。我们最终在弗里蒙特街找到了我要的连体衣，就在一个装满了等离子屏幕的巨大穹顶之下，一间出售各种风趣小酒杯的店里。这就是清醒：凌晨 3 点在拉斯维加斯，给人家的宝宝买东西。

我参加了很多地方的戒酒会议。赌城大道北面尽头的里维埃拉酒店里的会议，我将咖啡洒在了磨损的地毯上。加州一间修道院由一位穿着长袍的修道士主持的会议，就在门廊上进行，下面是喃喃低语的溪流，我们的脸都被油灯照亮。洛杉矶一家咖啡馆里的会议，满是回收来的电影院丝绒座位，以及脸蛋像鸟、戴着大墨镜的女人。她们以声音中郑重其事的努力，一次又一次令我讶异："我的名字叫……""我的名字叫……"我可以感到她们的信仰像一种呼吸的生物——逐个叫着名字。

我主持了一个朋友的婚礼，并在招待会上狂喝冰水。到处都是有关戴夫的回忆：吃豆苗意大利调味饭，跟吧台后面的女人讲话。我甚至开始怀念自己一直无法忍受的事情。我提早离开了，在莫利特公园大道的加油站停了下来，在便利店外头抽了一根烟。黑暗之中，雨一直下。一旦你做好了准备，你就可以拿回一些东西：它们一直在耐心地等待着你。然而，有些东西是永远逝去了的。

那年春天，我每周都跟莫妮卡见面，吃水果沙拉、喝咖啡。我俩之间的倡议关系包括我跟她一起过她在十二步骤工作表上填写的答案，就像我和我自己的倡议人过的内容一样。"你是否在发誓不会喝醉的情况下还是喝醉了？"我跟她讲起，我把动态心电监测仪挂在脖子上喝酒，电线接在脉搏上，且挂在我的衣服上。我喝晕了，第二天醒来的时候，发现有个小金属盒压迫着我的肋骨。她笑着说我看起来不像是那种会在脖子上挂个小金属盒喝酒的人，而我则说："你不会吗？"

或许她可以是任何人，而我也可以是任何人；或许我们喝咖啡约会只因为我们希望它们有意义，它们才有了意义。然而，她的信任，她相信跟我谈话或许会帮助她好起来，对我的意义胜过一切。**一切**，那是什么意思？它意味着我借鉴了自己所有过往的经历，所有两眼一抹黑的夜晚以及嘴巴泛酸的早晨。它意味着我余下的清醒人生的每一刻都包含了那些平凡的咖啡厅约会、春意料峭的阳光下的切片水果。那是过去的我会感到厌恶的生活，我们在工作表上仔细画下的一行行泡泡似的字母，我们整天都在喝着冰柠檬茶并面对我们害怕的一切。这可不是天打雷劈后的顿悟，它更像是：你对 12A 的回答是什么？

有天晚上，莫妮卡开车送我去参加会议，在她那辆尺寸刚刚好的轿车里，我在副驾驶位置的遮日板下面看到了一张相片。那是她母亲，在莫妮卡小的时候就去世了。这张照片让我极其震撼。我想象着每一瓶葡萄酒里，有什么在等待莫妮卡。我们到东黑文的一家养老院参加会议，拼图上有人留下了字条："不要玩拼图！对日间病人不公平。"我曾经听说过戒酒后的光芒，当你因做回自己而感到自在时，会渐渐容光焕发。我从未在自己身上看到过这种光芒，但在莫妮卡身上看到了。我到会时，会发现她在聆听别人当天的经历，或给他拿曲奇。

贝里曼的《复原》了解对别人有如此同感的感觉有多好。它胜过了利他主义。它给人的感觉是正义的。那并不使它变得虚假。

当我搬离纽黑文时，莫妮卡搬进了我的公寓，我戒酒后独自居住的第一个地方——在那里，我在水晶般的清晨看着高速公路；在那里，当我向一个不确定自己信仰的上帝祈祷时，冬日的太阳在我的膝盖上留下一条条热乎乎的印记。我的清醒在那里独自生活了一段时间，然后就在那里跟她的清醒住了下去。

11 月里明媚的一天，在我离开纽黑文一年后，我开车从西雅图来到安吉利斯港。我想要看看卡佛度过他第二段人生的地方。他没有想到自己会过上这样的日子。我想寻找那些扩充他的河流，以及那埋葬他的土地——位于胡安·德富卡海峡之上的一处墓地，在那里可以眺望太平洋那壮阔的、令人振奋的美。我想要看那段诗的节选，像教义问答一样被刻在他的墓碑上："而你是否得到了 / 你想从生活中得到的，即使如此……而你想要什么呢？ / 称我自己为亲爱的，感觉我自己 / 在这个地球上被爱。"我知道，在他的坟墓边有个小黑铁盒，里面放着一本笔记本，里面都是来朝圣的人手写的寄语，我想拿来看看。这些人受到他的作品的激励：清醒的人和复发的人和依然在喝酒却想要不喝酒的人，或许还有些人跟卡佛的关系是无关酗酒的，就像人跟酒的关系很有可能是无关酗酒的一样。

在其他人造访他坟墓的描述中，我读到过笔记本中的一些留言："R.C.[1]——我穿越整个国家，来到你的坟墓前……""我从日本来告诉你真相……""花钱就像酒精一样是一种逃避。我们都在试图填补那个空洞。"我将这本笔记本想象成我努力将戒酒变成最好的故事的"圣杯"：一个饱满的最强音，来自人群的"阿门"。感谢上帝，你在戒酒后写作，R.C.！这就是它对我们的意义。

奥林匹克半岛让我惊艳——阿盖特海峡那波光粼粼的蓝色海水，以及起伏有致的白顶群山、层层叠叠的云杉和薰衣草田地。很容易想见，这片土地可以令第二段人生惯例的快节奏显得恰到好处，就像秋天充足的阳光下你手臂上的鸡皮疙瘩一样真实。它似乎充斥着清醒，充沛而有活力。我摇下车窗，在光影斑驳的常青树丛之间驾驶着，开过一个偶遇的小海湾那经阳光冲洗过的水，以及一节旧火车车厢改造成的冰激凌店；开过棕色的山丘，它们因为砍伐而变得蓬乱，且留下了许多带有歉意的凹洞。那些参差的标牌上写着："为了未来的山林，山林人要播种。"在每一帧风景前，我都被那宽广的、无名的美震撼，那是一种不在乎你是否觉得它美的美，它只是这样一去数英里地展现在你面前。

数小时之前，在驶向班布里奇岛——被那壮丽得荒唐的海水环绕，而这海水便是卡佛创造出自己重生神话的剧院——的轮船上，我读了里斯在她生命接近尾声时写的信，它们讲述了她肮脏的小屋和她每夜都喝的威士忌。

在卡佛复原的宽广空间里，我想到了麻醉药品农场的铁窗，以及拖网渔船如何给小比利·伯勒斯带来某种监狱永远给不了的东西，即使那也不足以拯救他。他在33岁时死于肝硬化——一次肝脏移植手术都无法阻止他喝酒。

当我来到安吉利斯港时，它并不像我想象的那样过时——而那

---

[1] 雷蒙德·卡佛的英文缩写。

样更好。锈迹斑斑的起重机，它们的阴影投射在商用船坞码头，而码头两侧则是堆满树干的木材场，游艇码头停满了名为"修理玩具"和"美人鱼之歌"等的游艇。一位作家将这座小镇形容为"美丽而坚强，就像是卡佛小说里的一个美容师"。一个教堂的大帐篷里在宣传着当地一场名为"与海洛因斗争的希望"的5 000米长跑，而马路对面的一群纠察队员则在与绝望斗争。"戒除甲基安非他命，"他们的标语写道，"夺回属于我们自己的小镇。"小螃蟹状的霓虹灯点亮了汽车旅馆的雨篷。农贸集市出售红喉羽衣甘蓝以及黄色棱纹南瓜。一个名为"必需品和诱惑"的小店出售鸡蛋造型的计时器和炖煮锅，却没有一丁点大麻，那要到小山丘上一家卖三文鱼干和急冻大洋青花鱼的店隔壁才能买到。

我在角落之家来了份珍宝蟹煎蛋饼，卡佛和葛拉赫曾经是这家小餐馆的常客。我被告知葛拉赫依然会点她所谓的"镭射眼①"：一只薄煎饼上放一枚鸡蛋。每个星期二的晚上依然是吃到饱的意大利细面。我想要找到那样的小餐馆女招待，她们会让我想起卡佛笔下的小餐馆女招待，在她们裤袜之下的曲张静脉中，跳动着讥讽和希望的双重脉搏。我的女招待挺和善。那天是她的生日，我为不是反过来由我给她送上一盘蟹肉煎蛋饼而感到内疚。当天下午，她将以看护孙女作为庆祝生日的方式。墙上都是老照片：伐木工人们倚靠着伐倒的树，树干的直径是一般人身高的两倍，他们所有人都在咧嘴笑着。

我吃得很饱，便把最后三分之一的煎蛋饼留在了盘子上。但是，我的女招待拒绝让我就这样溜走。"在这个餐馆，我们是不会扔掉珍宝蟹的。"她说，完全不带疑问语气。那我又怎能违背她的意愿或是让她失望呢？我来到坟墓时，满肚子都是蟹肉。卡佛曾经写道，在他的船上，所有人的需要都能得到满足。唯有吃饱了来到他的坟墓前，才是正确的做法。

---

① 镭射眼，漫威漫画出版物《X战警》中的超级英雄虚构人物。

他的墓碑靠近山脊，高高在上，远眺大洋：一大块花岗岩，旁边还有留给葛拉赫的一块。我坐在他坟墓旁边的大理石长凳上，避开鸟屎所形成的曲线。长凳下面有一只黑色的铁盒，就像是逝者的邮箱，里面还装了一只自封袋。打开它时，我的心跳开始加速，手心都是汗。这本笔记本是红色的，并且贴有海湾杂货店的标签，那是我在镇中心看到的一家杂货店。翻开笔记本时，我的喉咙口像噎住了一样。我做好了准备，聆听上百个不同声音的安静和声。

结果呢，它却几乎是空白的。葛拉赫一个月前在盒子里放了一本新的笔记本。这又像是那些受伤的猫头鹰，在我需要它们的时候，它们永远都不在——我想要带一个刚刚开始戒酒的女孩去那个猛禽中心，却没有找到。我知道在某个地方，**某个地方**，这些受伤的土耳其秃鹰在树丛中的笼子里演绎着它们的肥皂剧。如今，我来到这里，手里拿着一本空白的笔记本，刚好放在由鸟屎形成的括号之间。

我短暂地、胡乱地想象着下山后回到镇中心，开车去酒吧或参加会议，唤醒若干厌世的渔民或伐木工人来这本笔记本里写些什么，这样我就可以引用他们的话。"别留情面，"我会说，或许我内心的那个老师会出来轻推两下，"具体点。"然而，那里只有我和逝者，以及葛拉赫写在第一页的话——留给所有或许想要在这本本子上写下点什么的人，同时也是对雷说的："长凳上有一个掐灭的烟头，我把它扫开了。我没明白个中含义。一只老鹰在哭泣。就在我们靠近长凳时，一只红尾鹰向着我们飞上来。生活依然如此令人称奇，而你是我的珍贵之物。"它给了我我所想象的战栗。

在第 2 页上，一个陌生人的留言是这样写的："当我们经过，我们去向我们所相信的地方。"再翻过几页，一个来自北卡罗来纳的音乐家留言说，他第一次读卡佛时是他第一次接触真正的艺术。他把他的 CD 放进塑料购物袋里，也装进了那个邮箱。如果卡佛曾经相信来生会有很多能发出巨大声响的匣子，那么或许他已经在聆听了。最新的留言是来自韩国的一位访客写下的："我走我的你歇你的。谢谢你所做的以及你给我们留下的。"

没有别的了。没有老鹰为我哭泣。我感到契约逻辑的老鬼挨着我坐在长凳上：如果我完成了这次朝圣之旅，我就会得到文字；如果我在意这个戒酒的女孩，我们就会找到猛禽；如果我在和这个男人一起的时候就戒酒，我们就会白头偕老；当我想的是一本满是留言的笔记本时，我却找到了一本空本子，且几乎没把它当回事。我没明白个中含义。然而，卡佛所相信的戒酒计划并不关乎你拿走什么，而关乎你给予什么。因此，我翻到第一页空白页，言简意赅地写下："谢谢你。"

在艾奥瓦，我找到了一个图书馆管理员、一个摩托车手和一个单身母亲，他们站在一座教堂后面的小巷里。我们说："你好。""你叫什么名字？""这就是我所遭受的伤害。"在肯塔基，我坐在圣诞宝石灯饰下，听一个男人描述他如何埋葬自己的最后一瓶威士忌。在阿姆斯特丹，我将 2 欧元放进一只瓷做的木屐，并听一个女人描述为何她的女儿不再跟她讲话。在洛杉矶，当一个老汉说他的猫死了时，我聆听他的哭泣。

在怀俄明，在充斥着万宝路香烟味的房间里，一个带着 2 岁孩子的 20 岁女人说，她想要成为地质学家。在波士顿，在感恩节那天，一个女人说她在 3 年前的这一天试图自杀，却没有成功，因此她还活着。在波特兰，一个激进分子和一个石油工人将他们手腕上的伤疤碰撞在一起：没有成功，而如今我们在这里。

在艾奥瓦，在肯塔基，在怀俄明。在洛杉矶，在波士顿，在波特兰。我可以说，我写这本书，是为了所有这些人 —— 我们所有人 —— 或者我也可以说，他们为我写了这本书。

在明尼阿波利斯，一个男人将自己压缩到他所读内容的页边空白里，成为那 1/500 000。在那本棕色的小笔记本里，一个女人让自己接受审判。在得克萨斯空旷的乡下，一个男人担心上帝会将他看得太清楚。在曼哈顿的一家医院，一个临终的女人被戴上了手铐。在华盛顿的一条河边，一个男人得到了扩充。在明尼苏达的一条河边，一个男人死了。在艾奥瓦的一座教堂后面，一个穿着皮衣的摩托车手说，旅程刚刚开始，而一位单身母亲则说，她无法想象它再继续。我听到了他们俩说的话，而门锁着，但它并没有阻挡我们。

作者的话

　　本书将大量篇幅聚焦于匿名戒酒会。这是一个已经在很大程度上帮助了许多人戒酒的非常有价值的草根组织。然而，十二步骤复原法并不是戒除物质依赖的唯一方法，而且，它并不一定能彻底帮助所有人戒酒，或给予所有人帮助。问题并不在于十二步骤复原法本身——不过，像是上了发条一样，每过几年，就会有主流杂志刊登针砭十二步骤复原法的新闻时评——而在于将十二步骤复原法视为我们照料酗酒者工作的全部。任何在道德上负责任的治疗方案都需要涵盖远比此宽泛的一系列选择，包括药物辅助治疗以及保健方法，比如认知行为疗法和动机增益疗法。

　　20世纪下半叶的大多数时间里，众多遵循十二步骤复原法的康复中心认为，药物辅助治疗不利于戒酒。仿佛药物成了道德沦落的标志、某人实际上依然在依赖药物的标志，而非承认应将上瘾理解成一种疾病。记者卢卡斯·曼恩曾经刊发过一篇名为《试图矫枉过正》的文章，内容是相关规定以及高风险如何阻挠医生，使其难以在面对上瘾危机的社区开出丁丙诺啡。曼恩写道，用药物治疗和**依然在依赖药物**有很大区别，用药物治疗并不是一种道德失败。举个例子，丁丙诺啡就是一种部分活化剂，通过防止其他鸦片制剂产生制约作用而制约鸦片受体，但其最大刺激程度为 47%——因此病患感受到的是有限的（往往并不存在的）兴奋。其中的对抗成分即使是在该药物被"滥用"时也会防止其过量。因而，它是我们所拥有的最有效的治疗方法之一，能帮助海洛因上瘾者稳定下来并重建他们的生活。

在写这本书的过程中，我所咨询过的每个临床医师都强调了十二步骤复原法以及药物辅助治疗的重要性。他们都表示，希望采用十二步骤的群体和医疗群体之间有更开放的沟通。就像医生格雷戈·霍贝尔曼说的那样，"解决问题的方法有上百种"，而在我写这本书的过程中，我也开始坚信多元化的复原路径。对药物辅助治疗和减缓伤害方案感兴趣的人，我会建议他们阅读曼恩的《试图矫枉过正》（刊登在《格尔尼卡》杂志上）、莎拉·雷斯尼克的《H》（刊登在《n+1》杂志上）、加博尔·马泰的《饿鬼之域：与上瘾的近距离接触》，以及玛雅·萨拉维兹的《完好的大脑：对于上瘾的一种全新理解》——这本书将上瘾重新定义为一种学习障碍，写得特别明晰。萨拉维兹提出，如果上瘾的定义是面对负面结果一意孤行，那么惩罚又怎么能成为最有效的解决办法呢？

我们所讲述的有关上瘾的故事一直对法律政策和社会意见产生着深远的影响（反毒战争只是其中最极端的例子）。然而，人们在描述上瘾时，常常禁不住聚焦于单一的幸福结局——持久的戒绝。然而，戒绝是限制了治愈的一种定义，它很可能会让我们忽略减缓伤害的必要工作：针头换新[①]计划、安全注射中心、纳洛酮（这种药可以救命，缓解过量摄入鸦片类药物所造成的影响）的非处方分销，以及对上瘾者的医疗。接受除了戒绝以外的其他故事线，就意味着接受并非每个上瘾的故事都会有同样的叙述弧线，并寻求不把戒绝作为我们所

[①] 指让吸毒者将弄脏的旧针头换成干净的新针头。

能想象到的唯一的政策和措施。

我跟卢卡斯·曼恩——他不仅是一名写过大量有关上瘾的报道的记者，还碰巧是我的私交——讲到了写这本书的过程，他告诉我，或许我对十二步骤复原法的信念远胜于他。他曾目睹了它可能带来的危害。他告诉我，他认识一个男人，他因为尿液不净而被踢出美沙酮持续治疗计划。那是治疗吗？对于卢卡斯而言，那似乎是崇尚戒绝的文化所带来的一种严苛结果，这种文化无法包容那些更凌乱的复发故事。在被踢出治疗计划6周后，那个男人死于吸毒过量。卢卡斯说的是他的哥哥。

每个上瘾者都是某个人的兄弟，或某个人的儿子，或某个人的爱人，或某个人的父亲，或以上所有——或以上都不是，孑然一身——但那永远都是某个正在经历宝贵人生的人。

我们并不始终喜欢戒酒故事当中混乱的部分，那些后记和脚注和后话：比尔·威尔逊对酸进行的尝试、查尔斯·杰克逊重归巴比妥酸盐类和酒精、约翰·贝里曼的复发、清醒的卡佛抽大麻并吸可卡因。然而，有时候，复原的故事并不是一个绝对戒除的故事。就像加博尔·马泰告诉莎拉·雷斯尼克："戒绝就不是一个你可以强加给所有人的模式。对于那些适合它的人，它没什么不适之处。然而，人们在谈及戒毒治疗时总有个一刀切的假设，而如果你放弃那些无法戒绝的人的话，那么你就是彻底放弃了"。

支持缓减伤害包括承认或许不是每个人都能立刻，甚至是最终，成功戒酒——或许不是每一个上瘾故事最后都有凯旋的结局。（而且，就算它是，它也不会是一个定局，且它不会轻易到来。）当我们抵制戒绝的专制——"戒绝是唯一有意义的治愈"的想法——我们让自己意识到，还有一些生命可以被挽救，还有生病的人可以好起来。

这并不仅仅关乎政策，更关乎从根本上改变我们将上瘾者视为应当受到惩罚的恶人的做法——就此而言，罪犯就是恶人，罪有应得。

这并不只是恻隐之心，也是务实的做法：怎么做才能帮助他们好起来？它关乎改变我们的看法。对此，曾经被监禁、如今则成了司法正义改革者的强尼·佩雷斯如是说："如果我们把人当作人，那么我们就会把人当作人一样对待。句号。"

致　谢

　　本书的故事其实就是其信息来源的故事。我想把它写成仿佛是在开会一样，因此我知道需要在其中涵盖自己的以及别人的故事。然而，写《在威士忌和墨水的洋流》时的头等大事是保持人物匿名。为了这个目的，书里出现得最多的复原中的人物——索亚、格温、马库斯和雪莉——都是我以记者身份接触的人，且他们的名字已被更换。他们同意让自己的故事成为书的一部分，我很感激他们付出的时间、他们的诚实、他们的回忆和洞见。对他们故事的书写都基于我们在 2015 年进行的电话和当面访谈。

　　我也更换了几乎所有在书中出现的当代的复原中人的名字——除非他们明确要求我不要这么做——并且，在某些情况下，点出例如地理位置或性别这样的细节。对于出现在书中的人物，我都事先征得了他们的同意，且如果他们成了我叙述的一部分，我会请他们阅读有他们出现的那些章节。我很感激他们的慷慨和坦率。

　　为了保持他们的匿名性，很多在我的复原过程中起到最重要作用的人未被写进本书，然而，我深深地感激他们。谢谢你们所有人——那些未提及姓名的、匿名的、光荣的每个人——你们的戒酒也成就了我的戒酒。

为本书做功课，我去了好几个档案馆，感激所有为我指路的人：新罕布什尔州汉诺威达特茅斯学院善本图书馆的查尔斯·R.杰克逊文献部门；明尼阿波利斯州明尼苏达大学的约翰·贝里曼文献部门，俄克拉何马州塔尔萨大学麦克法林图书馆的简·里斯档案馆，马里兰州的大学公园市国家档案馆里收藏的麻醉药品农场记录，纽约卡托纳的进身之阶基金会档案馆，新泽西州新不伦瑞克罗格斯大学酒精研究中心图书馆，奥斯汀得州大学哈利·兰森中心的大卫·福斯特·华莱士文献和丹尼斯·约翰逊文献，以及纽约城的哥伦比亚大学的威廉·S.伯勒斯文献部门。

我向三位医生以及研究员讨教了他们对于科学和上瘾治疗的看法：梅格·奇瑟姆、亚当·卡普林和格雷戈·霍贝尔曼，他们都是在约翰·霍普金斯大学医院（或附属机构）执业的医生。我还发现，和作家卢卡斯·曼恩的几次对话都很有价值，大大帮助了我思考十二步骤复原法和药物辅助治疗之间的关系。卡尔顿·艾瑞克森的《上瘾的科学》，卡尔·哈特的《高昂的代价》，以及玛雅·萨拉维兹的《完好的大脑：对于上瘾的一种全新理解》都重塑了我对上瘾生理和心理上的复杂性——以及上瘾方面的研究如何倾向于某一种说法——的认识，也使之变得清晰。

书中的文学和传记分析归功于文学传记作家的作品。特别感激布莱克·贝利那部做足功课的查尔斯·杰克逊传记《更远且更野》，以及不论是在书里还是在书外他永远都令人欢愉的陪伴。对于我写的有关杰克逊的部分，布莱克给出的反馈意见远远超出了他的职责范围。我们并不总能达成一致，但是争执让我的作品更有力。我参考了D.T.麦克斯经过缜密思考写出的大卫·福斯特·华莱士传记《爱情故事皆灵异》，以及他对马尔科姆·劳瑞和雷蒙德·卡佛的报道，而他也很慷慨地为这本书的好几个部分提供了富有洞见的大量反馈意见。还有几本传记也令我受益匪浅：道格拉斯·戴的《马尔科姆·劳瑞》，卡罗尔·斯克莱尼卡的《雷蒙德·卡佛：一个作家的一生》，卡罗尔·安吉尔的《简·里斯：人生与作品》，莉莲·皮齐基尼的《蓝调时分：简·里斯的一生》，约翰·哈芬登的《约翰·贝里曼的一生》，约翰·茨威德的《比莉·荷莉戴：音乐家及世人的误解》，茱莉亚·布莱克本的《与比莉在一起：重新看待令人难忘的戴小姐》，以及比莉·荷莉戴的《蓝调女伶》。我也对乔治·凯恩的家人心怀感激，特别是乔·普尔和马力克·凯恩，感谢他们分享他人生的回忆。

在我的文学分析中，我与几位有洞见的批评家和学者进行了对话，而他们都帮助我进一步理解了上瘾、复原和创造力之间的关系：约翰·克劳利的《白色逻辑：美国现代主义小说中的酗酒和性别》和奥利维亚·莱恩的《回声泉之旅：文人与酒的爱恨情仇》，还有伊莲·布莱尔刊登在《纽约书评》上的有关大卫·福斯特·华莱士的文章（《美好新开端》），这些文学评论作品都用人性和洞见去检视上瘾、复原和创造力之间的关系。尤其是克劳利的书中对杰克逊和劳瑞之间相互较劲的描写，以及《失去的周末》和《火山之下》如何描绘出截然不同的酗酒图景很有启发性。

在试图理解20世纪的美国如何叙述上瘾的社会大背景时，我在这些作品中找到了大量的——并且必然是可怕的——洞见以及启示：米歇尔·亚历山大的《新吉姆·克劳法：无肤色偏见时代的大规模监禁》，德鲁·汉弗莱斯的《快克母亲：怀孕、毒品以及媒体》，约翰·海利的《追逐尖叫：毒品战争的开端以及尾声》，以及多丽丝·玛丽·普罗温妮的《法律上的不平等：毒品战争中的种族问题》。艾薇塔尔·罗内尔的《快克战争：文学中的上瘾狂热》和伊芙·科索夫斯基·塞奇威克的文章《意志的泛滥》帮助我思考社会想象如何吸收并制造了各种往往是互相矛盾的上瘾概念。加博尔·马泰的《饿鬼之域：与上瘾的近距离接触》让我以新的眼光看待上瘾和缓减伤害。南希·肯贝尔、J.P.奥森和卢克·沃尔登的《麻醉药品农场》是有关列克星敦该治疗设施的至关重要的信息来源，我还查阅了克拉伦斯·库珀的《农场》、威廉·伯勒斯的《瘾君子》、小比利·伯勒斯的《肯塔基火腿》和海伦·麦吉尔·修斯的《幻想的小屋：一个吸毒成瘾的女孩的自传》。

我感谢所有向与药物依赖斗争的脆弱人群伸出援手并在过程中跟我分享他们的洞见和智慧的医生、社工和护工。本书的预支稿费中，有相当一部分被用于支持两个援助受药物依赖影响的脆弱人群的非营利性组织：桥梁组织，纽约市的一处过渡性住所，以及玛丽安之家，一处位于巴尔的摩，为坐过牢、无家可归以及参与过住院治疗的妇女提供的过渡性住所。

本书的大部分调研工作很大程度上受益于我在耶鲁大学写的博士学位论文，我很感激那些给我提过建议的人：宋惠慈、艾米·亨格福德以及凯勒·史密斯。多年来，他们三人都以提出困难的问题和深刻的洞见一次又一次地帮助了我。在我需要时，即使——往往——在我浑然不知自己有所需要时，凯勒会激怒我。我曾经的老师和永远的朋友查尔斯·德安布罗休是我所见过的最了不起的人之一。每当我坐下来写作时，都会想起他说的话。

因为兰南基金会的慷慨，我有幸在 2015 年 4 月到得州的马尔法当上了他们的驻会作家。不夸张地说，那个月的工作让本书开始成形：我把大纲铺在我办公室的地板上，每天工作 12 个小时，并终于开始相信，它真的可以实现。

我有幸与五湖四海杰出的编辑共事，特别是英国格兰塔书局的麦克斯·波特、柏林汉瑟出版社的卡斯滕·克瑞戴尔、瑞士韦勒出版社的思凡特·韦勒、荷兰深河出版社的罗伯特·阿默兰和黛安娜·沃兹登、法亚尔出版社的苏菲·德克洛塞茨和雷奥奈罗·布兰多里尼，以及——当然了，永远的——灰狼出版社的杰夫·肖茨和菲奥娜·麦克雷，还有无与伦比的安柏·库雷希，所有的朋友和伙伴和志同道合者，以及在我心中占据独特位置的迈克尔·泰肯斯。谢谢星期二代理机构的特里妮缇·雷和凯文·米尔斯，他们令一路演讲成为可能。谢谢哥伦比亚大学那些激励了我的同事们，可以成为他们的一员令我永远心怀感激；也谢谢我过去及现在——包括在哥伦比亚、耶鲁、维斯和南新罕布什尔大学——的所有学生，他们挑战了我，给了我惊喜和启发。肖恩·莱弗里几乎花了一年的时间核查本书中内容的真实性，纠正了我有关真实世界、毒品战争及其他内容所犯的错误。

我跟怀利文学经纪公司合作已超过10年。我何德何能，居然有幸碰到安德鲁·怀利，他从一开始就对我抱有信心。还有不可阻挡的金·奥，充满自然之力的她一直是我的盟友、知己、坚定不移的支持者和多年的好友。特别鸣谢杰西卡·弗莱德曼，这位青年才俊是我的救星，还有怀利英国分公司的同事们，特别是卢克·因格拉姆以及莎拉·查尔方特。

感谢利特尔和布朗出版社的所有人：谢谢里根·亚瑟对我的信任，也谢谢迈克尔·佩施邀请我加入我所仰慕的众多前辈的行列。谢谢艾莉森·华纳设计出如此漂亮的书封；谢谢帕梅拉·马歇尔、黛博拉·P.雅各布斯和大卫·科恩确保全书的内容万无一失；还要谢谢克雷格·扬、劳伦·委拉斯奎兹、塞布丽娜·卡拉罕以及丽兹·加里加让这本书走向世界。谢谢雪莉尔·史密斯和查尔斯·麦克罗里将我纳入他们动人的声音世界；谢谢莎拉·豪根以及辛西娅·萨阿德；当然还要谢谢保罗·博卡尔迪来参加那第一次的会议。最后，我要向才智过人并极具激情的本·乔治深表感谢。我从一开始就把你视为这本书的编辑，然而跟你合作比我想象的强度更大、更让我受益。谢谢你的人道，你坚定不移的信念，以及你深情的双眼。你把工作做到了点子上。

我很幸运，认识了这么多杰出的作家和思想家，并与他们有如此深厚、长久的友谊。8年来，他们一直听我谈论这本书，对此我很是感激，特别是对帮我读过这本书的一些章节的朋友（杰瑞米·瑞夫以及格雷戈·帕德罗）以及那些奇迹般读了整本书的朋友：哈丽特·克拉克、科琳·健达、格雷戈·杰克逊、黎南、艾米丽·玛查尔、凯尔·麦卡锡、雅克布·鲁宾，以及鲁宾·瓦瑟曼。我也为有幸得益于他们的陪伴和智慧而感恩。还有无数其他的人也是如此，特别是瑞秋·法格南特、艾比·怀尔德、阿丽亚·斯洛斯、凯蒂·派瑞、布理·霍珀、塔拉·梅农、亚历克西斯·赤玛、凯西·瑟普、米兰达·费瑟斯通、本·纽金特、奇奇·彼得罗希诺、麦克斯·尼古拉斯、吉姆·韦瑟罗尔、妮娜·西格尔、布丽姬特·塔隆、艾玛·博尔赫斯 – 斯科特、玛戈·卡明斯基、珍妮·张、米歇尔·亨尼、麦卡·费兹曼 – 布鲁、塔琳·史威林、阿里·马利安那、苏珊·斯米特、斯塔奇·佩雷尔曼、迪拉克斯蛋糕店的女士们——特别是洁米·鲍尔斯和玛丽·西蒙斯——以及多年的"午餐小组"：伊芙·彼得斯、阿玛利亚·麦吉本、凯特琳·皮拉和梅格·斯沃特娄。

我要特别鸣谢大卫·戈林，他将这本书的草稿读了两遍，并全心全意地将其非凡的头脑贡献出来，令这本书变得更如实。DG[①]：感谢我们相知的这些年，感谢你的关心、智慧、洞见以及你给这本书增添的色彩。

感谢我大家庭的所有成员，他们是我的精神支柱，让我受到鼓舞：吉姆、菲丽斯、本、乔治娅、婕妮维芙、伊恩、凯西、克里、科林以及他们的后辈，还有杰克爷爷（100岁了！），还要特别谢谢我的阿姨克伊和凯思琳，以及我的继父母，梅和华特。感激我的哥哥们——我最初就很崇拜的朱利安和艾略特，以及他们可爱的家人；感激我的父亲狄恩，我对他的爱令我心潮澎湃，以及我独一无二的母亲乔安妮·莱斯莉，对于她，再多的言辞和感激都是不够的，我只知道，如果没有她的爱，就不会有我的今时今日。

谢谢你，莉莉，可爱的人、雷厉风行的苦行僧，带给人快慰的小鞭炮。

---

① 大卫·戈林的缩写。

谢谢你，艾奥尼·博德，每天都以爱让我敞开心扉。一切尽在未来。

最后，谢谢你，我的丈夫，查尔斯·博克。他是最早读这本书的人，并帮助我发现它的可能性；后来，他在一年之后又读了一遍，并帮助我最终完成了这部作品。我感激你的智慧、你美好的创作，以及——最重要的——你的爱。没有人能像你一样让我开怀大笑。谢谢你让每一天都比我能写出的人生剧本更美好。

注 释

一 惊 奇

3 "让我在匿名戒酒会发言总有一定的风险……我想，我是做不动自己的英雄了……我写了一本被誉为将酒徒描绘得最为淋漓尽致的书……"查尔斯·杰克逊演讲，匿名戒酒会，克利夫兰，俄亥俄州，1959年。

13 "艾奥瓦城有关喝酒的神话就像地下的河流，与我们如今在地面上喝着的酒并存……"有关约翰·契弗的更多内容，参见布莱克·贝利所著传记《契弗的一生》（纽约：克诺夫出版社，2009年）。有关雷蒙德·卡佛的更多内容，参见卡罗尔·斯克莱尼卡所著传记《雷蒙德·卡佛：一个作家的一生》（纽约：斯克里布纳出版社，2009年）。有关他俩友谊的生动而尖锐的叙述，可以在奥利维亚·莱恩《回声泉之旅：文人与酒的爱恨情仇》（纽约：皮卡多出版社，2014年）中找到。有关贝里曼在艾奥瓦的事迹，参见约翰·哈芬登所著传记《约翰·贝里曼的一生》（伦敦：缪修安出版公司，1984年）。

14 "不过是一个可怜的普通人……"丹尼斯·约翰逊《失落的神灵饮酒之处》，《万国千禧年大会第三重天宝座：新旧诗摘选》（纽约：哈珀常年出版社，1995年）。

14 "当契弗跑到艾奥瓦教书时，他对这片峡谷心怀感激……"有关卡佛和契弗之间的友谊，参见斯克莱尼卡《雷蒙德·卡佛：一个作家的一生》，253、258页。有关耶茨和杜伯斯，参见布莱克·贝利写的耶茨传记《悲惨的诚实：理查德·耶茨的人生和作品》（纽约：皮卡多出版社，2003年）。

14 "我和他在一起什么都没干，就光喝酒了……"语出卡佛，斯克莱尼卡《雷蒙德·卡佛：一个作家的一生》，253页。

14 "蓝色的老鼠和粉红色的大象……白色逻辑那无情的、幽灵般的三段论……"杰克·伦敦《约翰·巴雷库恩》（纽约：世纪出版社，1913年），7—8页。

15 "被呆滞的蛆咬到呆滞……看穿所有的幻影……上帝是不好的，真相是个骗子，人生则是个笑话……"出处同上，14页。在某些版本中，这句话被引用为"好即不好，真相是个骗子，人生则是个笑话"（比如，伦敦该小说在1953年3月15日的《周六晚报》第185期的连载版）。

15 "宇宙般的悲哀……"出处同上，309页。

411

15　"如此强烈，就好像有人在她的脑袋里插了若干电线一样……"雷蒙德·卡佛《维生素》，《短篇小说选集》（纽约：美国图书馆，2009年），威廉·史达尔和莫林·卡罗尔编，427页。

15　"你没法告诉一帮作家别抽烟……现在，我们将交流彼此的人生故事……"语出卡佛，斯克莱尼卡《雷蒙德·卡佛：一个作家的一生》，427页。

16　"我觉得雷是我们认定的迪伦·托马斯——带给我们勇气……"斯克莱尼卡《雷蒙德·卡佛：一个作家的一生》，265页。

17　"'即使就这么看着他，也令人非常难堪，'一个认识卡佛的人说，'他的烟酒如此之多……'"出处同上，269页。

17　"当然，喝酒带有某种神话色彩……"对雷蒙德·卡佛的访谈，莫娜·辛普森和刘易斯·布兹比，《巴黎评论》（1983年夏）。

17　"看不见的力量……"斯克莱尼卡《雷蒙德·卡佛：一个作家的一生》，269页。有关卡佛对《约翰·巴雷库恩》的喜爱，参见斯克莱尼卡该书。

19　"就像蜂鸟盘旋于花簇之上……"丹尼斯·约翰逊《耶稣之子》（纽约：皮卡多出版社，2009年），53页。

19　"麦金尼斯今天感觉不佳……"出处同上，37页。

19　"天空被扯开……"出处同上，66页。

19　"1967年秋天，约翰逊作为大学一年级新生来到艾奥瓦城……"有关约翰逊大学一年级的细节，都出自他于1967年9月20日写给双亲维拉·柴尔德里斯和阿尔弗雷德·约翰逊的一封信。丹尼斯·约翰逊文献，哈利·兰森中心，奥斯汀得州大学。

19　"小伙子，我一整天都在设法把你弄出来……"佩格［姓氏不详］给丹尼斯·约翰逊的贺卡，1967年11月，丹尼斯·约翰逊文献，哈利·兰森中心，奥斯汀得州大学。

20　"我彻底地吻了她……"约翰逊《耶稣之子》，93页。

20　"钻石在此焚化为灰烬……"出处同上，9页。

20　"而你们呢，你们这些荒谬的人……"出处同上，10页。

21　"因为我们都相信我们是悲惨的……"出处同上，32页。

23　"威士忌和墨水，这些就是约翰·贝里曼需要的液体……"简·霍华德《威士忌和墨水，威士忌和墨水》，《生活》杂志，1967年7月21日，68期。

23　"我在，外面……"约翰·贝里曼《梦歌第四十六首》，《梦歌》（纽约：

法劳·斯特劳斯·吉罗出版公司，1969年）。

23 "你有放射性么，老兄？……"约翰·贝里曼《梦歌第五十一首》，《梦歌》。

23 "嘿，外头的！——助理教授，满了，副教授——讲师——其他——任何……"约翰·贝里曼《梦歌第三十五首》，《梦歌》。

23 "一生都无所庇护……"蒂宁·佩金帕于1970年7月8日写给约翰·贝里曼的信，约翰·贝里曼文献，明尼苏达大学。

23 "现在，你已债台高筑……"詹姆斯·塞于1954年9月写给约翰·贝里曼的信，约翰·贝里曼文献，明尼苏达大学。

24 "贝里曼来到艾奥瓦的那一天，就从楼梯上摔了下来……"见莱恩《回声泉之旅：文人与酒的爱恨情仇》，225页。

24 "贝里曼先生经常打电话给我……"语出贝特·西赛尔，哈芬登《约翰·贝里曼的一生》，283页。

24 "他的饥渴与生俱来……"约翰·贝里曼《梦歌第三百十一首》，《梦歌》。

24 "我，那个渴望得到她的爱的人……"吉尔·贝里曼写给约翰·贝里曼的信，哈芬登《约翰·贝里曼的一生》。

24 "我有受苦的权利……"哈芬登《约翰·贝里曼的一生》，149页。

24 "狂暴的脾气和对于耻辱极度敏锐的感受力……"出处同上，154—155页。

25 "我不会把你跟里尔克相比较……"詹姆斯·塞写给约翰·贝里曼的信，1954年9月，约翰·贝里曼文献，明尼苏达大学。

25 "灵感伴随着死亡的威胁而来……"索尔·贝娄《引言》，约翰·贝里曼《复原》（纽约：法劳·斯特劳斯·吉罗出版社，1973年），xii。

25 "看你的作品，我常常有种感觉，你的诗是来自一颗星星的光芒……"蒂宁·佩金帕写给约翰·贝里曼的信，1970年7月8日，约翰·贝里曼文献，明尼苏达大学。

25 "有关保持清醒的话可以（已经）说出/但很少……"约翰·贝里曼《梦歌第五十七首》，《梦歌》。

26 "对于'有趣'的虚无主义的、感伤的定义……"苏珊·桑塔格《疾病的隐喻》（纽约：皮卡多出版社，1978年，再版于2001年），31、26、28页。

26 "再一次看到真实、朴素和原始的情感……"帕特里夏·海史密斯，引自奥利维亚·莱恩《"每小时一杯葡萄酒"——喝酒的女作家》，《卫报》，

2014年6月13日。

27　"女人无法了解醉汉生活的危险……"马尔科姆·劳瑞《火山之下》（纽约：雷纳尔和希区柯克出版社，1945年），108页。

27　"我不会再喝酒……"伊丽莎白·毕肖普《一门艺术：信件》（纽约：法劳·斯特劳斯·吉罗出版社，1995年），罗伯特·吉罗编，210—211页。

27　"请你不要……指责我……"出处同上，600页。

27　"或许简·鲍尔斯……认识到了醉汉生活的复杂性……"内加尔·阿齐米《简女王的疯狂》，《纽约客》，2014年6月12日。

27　"或许玛格丽特·杜拉斯……认识到了……"有关杜拉斯的故事的情节都来源于埃德蒙德·怀特的《爱上杜拉斯》，2008年6月26日，《纽约书评》。怀特写道："那时候，杜拉斯和她的伴侣扬·安德烈亚会打开廉价的波尔多葡萄酒，她会喝上两杯，呕吐，然后继续喝下去，直到她喝了9升并晕过去。"9升等于十二瓶葡萄酒，远远超过了通常被视为致命的量。因此，怀特很可能是就杜拉斯及其酗酒给出了一个荒诞不经的版本。不过，无论如何，她每天的饮酒量足以令自己伤残。

28　"当一个女人喝酒时……"玛格丽特·杜拉斯《物质生活》（伦敦：威廉·柯林斯之子出版社，1990年），342页。

28　"女人嗜酒被视为其在家庭关系方面的失败……"雪莉·H.斯图尔特、杜布拉芙卡·盖夫里克以及帕梅拉·柯林斯《女人、女孩，和酒精》，《女性和上瘾：完全手册》（纽约：吉尔福德出版社，2009年），342页。

28　"我逃脱了……一扇门打开了，我得以步入阳光……"简·里斯《微笑吧，拜托：一部未完的自传》（纽约：哈珀及罗出版社，1979年），142页。

28　"虽然里斯和她的丈夫……既年轻又贫穷……"关于1919年年末里斯在巴黎的生活，参见卡罗尔·安吉尔《简·里斯：人生与作品》（纽约：利特尔布朗出版社，1991年），107—113页。

28　"巴黎让你忘记、忘记，放过自己……"简·里斯《离开麦肯齐先生之后》，出自《小说全集》（纽约：W.W.诺顿出版社，1985年），91页。

28　"我从来不是个好母亲……"安吉尔《简·里斯：人生与作品》，113页。

28　"这个该死的婴儿，可怜的东西，身体的颜色变得很奇怪……"出处同上，112页。

29　"他正在死去……"简·里斯《微笑吧，拜托：一部未完的自传》，119页。

29　"我了解自己……"简·里斯《早安，午夜》，收于《小说全集》（纽约：

W.W.诺顿出版社，1985年），被引用于安吉尔《简·里斯：人生与作品》，378页。

29 "为生活挣扎……就像是一个睡着的人……"玛丽·坎特韦尔《与简·里斯——目前最杰出的英语小说家——对话》，1974年10月《淑女》杂志。

30 "这太惊人了……多么有意义……"简·里斯《四重奏》，出自《小说全集》（纽约：W.W.诺顿出版社，1985年），130页。

30 "喝醉的时候，你可以想象那是海……"简·里斯《离开麦肯齐先生之后》，出自《小说全集》，241页。

30 "今晚我必须喝醉……"简·里斯《四重奏》，出自《小说全集》，217页。

30 "把自己喝死的绝妙主意……"简·里斯《早安，午夜》，出自《小说全集》，369页。

30 "有时候，我就像你一样痛苦……"出处同上，347页。

30 "你说过，如果你喝得太多，你会哭的……"出处同上，449页。

31 "透露你的寂寞或痛苦不是个好策略……"简·里斯《微笑吧，拜托》，94页。

31 "我可以拒绝承认自我……然后，我就可以令他们都爱我并对我好……"简·里斯《黑色练习本》，简·里斯档案，塔尔萨大学。

31 "现在我喝得够多的了……"简·里斯《早安，午夜》，出自《小说全集》，393页。

二 放 纵

36 "我渴望两样东西,而它们之间又互相矛盾……"简·里斯《绿色练习本》，简·里斯档案，塔尔萨大学。

36 "我找来一块大石头……"简·里斯《微笑吧,拜托：一部未完的自传》（纽约：哈珀及罗出版社,1979年),31页。有关里斯在多米尼加的生活细节，都来自她未完成的自传，除非另外标出引自卡罗尔·安吉尔《简·里斯：人生与作品》（纽约：利特尔布朗出版社，1991年）。

36 "我想要认同它……"里斯《微笑吧，拜托》，66页。

36 "调制鸡尾酒……的声音……"出处同上，17页。

37 "在她家的家传银器上方，摆放着……"里斯《微笑吧，拜托》，17页。

37 "里斯的著作永远无法彻底厘清她正在承受却超越她自身的痛苦：奴役

的狭长阴影，以及家族在其中扮演的角色……"里斯的家族曾经拥有并经营日内瓦种植园（被她的曾祖父，詹姆斯·波特·洛克哈特于1842年收购；他的分类账显示，他拥有1 200英亩地，以及258个奴隶），直到该种植园在所谓的人口普查暴乱（亦被称为黑人战争，伴随1844年的解放而爆发）中被毁。参见莉莲·皮齐基尼《蓝调时分：简·里斯的一生》（纽约：W. W. 诺顿出版社，2009年），12页。

37　"她12岁的时候……"里斯被霍华德先生性侵的年龄在她所写下的不同版本的故事中有所不同（12至15岁）。详细内容参见安吉尔《简·里斯：人生与作品》（27页）以及里斯《黑色练习本》。

37　"你想要归我所有吗？……"里斯《黑色练习本》，简·里斯档案，塔尔萨大学。

37　"它就是从那个时候开始的……"里斯《黑色练习本》，64页，简·里斯档案，塔尔萨大学。

37　"我把自己彻底毁灭了……"出处同上，72页。

37　"我要是可以把这种贯串一生的痛苦弄明白些就好了……"出处同上。

38　"你完全不明白，亲爱的……"出处同上。

38　"余生都保留了安葬他的收据……"安吉尔《简·里斯：人生与作品》，113页。

38　"你回来得太早了……"出处同上，235页。有关里斯与其女玛莉芳之间的关系的详情，参见安吉尔。

38　"我的母亲试图成为艺术家……"出处同上，285页。

41　"传说中，他在皇宫的墙上画了个山洞口……"有关吴道子的传说，参见赫伯特·艾伦·翟里斯《中国绘画史简介》（伦敦：伯纳德·夸里奇出版社，1918年），47—48页。

44　"我正在发觉喝酒是多么有用……"安吉尔《简·里斯：人生与作品》，74页。

45　"小猫咪……你有时让我心痛……"兰斯洛特·格雷·休·史密斯的信件，引文出处同上，68页。

45　"然后，它成了我的一部分……"里斯《微笑吧，拜托》，97页。

45　"对她而言，整个地球都变得没法住了……"语出弗朗西斯·温德姆，引自安吉尔《简·里斯：人生与作品》，71页。

45　"你看，我喜欢情感……"1946年7月3日简·里斯致佩吉·柯卡尔迪的信，

《简·里斯书信，1931—1966年》（伦敦：安德烈·德意志出版社，1984年），弗朗西斯·温德姆和戴安娜·梅里编，45页。

46 "我们为什么喝酒……"安吉尔《简·里斯：人生与作品》，53页。

46 "在一幅延伸开去的画布上，我们会更清楚地意识到……"《新政治家》杂志中的评论，引文出处同上，234页。

46 "她第一部手稿《黑暗中的航行》的素材……"《黑暗中的航行》是里斯写的第一本小说，不过那并不是她出版的第一本小说。它写就于1911—1913年，但是出版于1934年，继《四重奏》和《离开麦肯齐先生之后》之后。参见莉莲·皮齐基尼的《蓝调时分》。

46 "我不痛苦……"简·里斯《黑暗中的航行》，《小说全集》（纽约：W. W. 诺顿出版社，1985年），68页。

46 "哦，不……算不上是个派对……"简·里斯《微笑吧，拜托》，101页。

三 归 咎

51 "谁被视为可摒弃的——那些被一个民族扫地出门的人……"米歇尔·亚历山大《新吉姆·克劳法：无肤色偏见时代的大规模监禁》，206页。

52 "'毒品恐慌'的说法……"德鲁·汉弗莱斯对于"毒品恐慌"这一现象的更完整、更敏锐的讨论，参见《快克母亲：怀孕、毒品以及媒体》（哥伦布：俄亥俄州立大学出版社，1999年）。

52 "人类历史上最致命、最易上瘾的毒品……"德克·约翰逊在《好人在艾奥瓦变坏，人们怪罪毒品》中引用迈克尔·亚伯拉姆医师的话。该文刊登于1996年2月22日的《纽约时报》。

52 "然而到了2005年，当《新闻周刊》一篇封面故事将甲基安非他命称为……"雅各布·苏伦姆在其刊登于2014年2月20日《福布斯》上的文章《夸张法让人疼痛：有关甲基安非他命的令人吃惊的真相》中提及了2005年7月31日《新闻周刊》上刊登的《甲基安非他命之灾——美国新一轮的毒品危机》。

53 "不是特别令人兴奋的、从未被提及的、非上瘾的故事……"卡尔·哈特《高昂的代价：一个神经科学家的自我发现之路或可推翻你对于毒品和社会的所有认知》（纽约：哈珀出版社，2013年），122页、19页、188—191页。

53 "安斯林格实际上是把惩罚性冲动的矛头从禁酒转向了禁毒……"多丽丝·玛丽·普罗温妮将禁酒令和毒品非法化称作"姐妹运动"。《法律下的不平等：反毒战争中的比赛》（芝加哥：芝加哥大学出版社，2007年），89页。

53 "然而，在之后的数十年里，在大众想象中，美国的法律系统把酒瘾和毒瘾分化成不同的类型：前者是一种病，而后者则是一种罪……"我在写这本书——以及此前，当我在写毕业论文，而那篇论文最终成了这本书——的时候，我最常被问到的问题是，我是在写酒瘾还是毒瘾，仿佛将两者联想在一起有些奇怪。实际上，在我看来，把两者区分开来更奇怪。唯有法律系统和大众想象将尼古丁和酒精放在一条明确的分界线的一边，而"违禁"药物在另一边。从生理学上来说，这是一条随意制定的边界，倒不是因为各种物质有所不同——它们所引起的依赖性，和它们引起此种依赖性的可能——而是因为每一种物质的作用都不同，而酒精只是众多物质当中的一种。在《成瘾的科学：从神经生物学到治疗》中，卡尔顿·艾瑞克森建议对上瘾使用更具体的字眼——具体地说，他建议用具体的"滥用"（适用于负面作用）类别和"化学依赖性"（在没有帮助的情况下，无法停止）来替代宽泛的"上瘾"一词，并给出了一张"依赖性倾向"图表（25—26页），将海洛因排在最高处，其次是可卡因，再次是尼古丁，而酒精则紧随其后。英国医学期刊《柳叶刀》刊登过一张图表，旨在衡量一系列物质的相对"依赖性的潜力"——包含了这些物质所带来的愉悦、它们引起生理依赖的潜力，以及它们引起心理依赖的潜力——并将它们如此排序：海洛因、可卡因、烟草、巴比妥类药物、酒精、苯二氮平类药物、安非他命、大麻、摇头丸。（大卫·纳特等《为估算药物或有滥用的潜在危害而开发的一种合理衡量方法》，《柳叶刀》369，9566号，[2007年]：1047—1053页）然而，所有这些研究都推荐用一种新的范例，取代非此即彼的分类（香烟和酒精是一类，"违禁"药物是另一类）。这种观点会考虑每一种物质汇集了一系列特定性质，包括其可能性和效果。

53 "《哈里森麻醉药品法》于1914年出台……在此之前……"在接下来的20年，美国人对于毒品和上瘾者的形象的看法，以及美国法律系统对待它们的方式，发生了重大改变。在监管性的《哈里森法》之后，更全面的毒品非法化措施相继出台：1922年的《琼－米勒法》、1924年的《反海洛因法》和1934年的《统一麻醉药品法》。

54　"精神变态狂……经由与已有毒瘾的人接触而出现……"哈里·安斯林格和威廉·汤姆金斯《麻醉药品的非法交易》（纽约：芳瓦纳出版社，1953年），223页。

54　"令人憎恶并具传染性的疾病……"语出安斯林格，被约翰·海利引用于《追逐尖叫》（纽约：布卢姆斯伯里出版社，2015年），14页，当中引述拉里·斯洛曼《大麻疯狂》（纽约：圣马丁出版社，1998年），36页。虽然酒精一直都是我们必用的"合法"药物，但是由酗酒引发的认知失调也有相当一段斑驳的历史。在耶鲁生理学教授E. 莫尔顿·耶利内克发表其具开拓性的研究《酗酒的疾病概念》4年之后，酗酒在1956年被美国医学协会正式列为一种疾病。虽然如此，酗酒也被1988年一份最高法院的裁决视为有意的不法行为（特雷诺诉特内奇案）——裁决认为两位酗酒的退伍军人对于其酗酒负有法律责任。这两位老兵为在10年期限后继续根据《退伍军人权利法案》获取福利而进行上诉，理由是他们在那10年中因酗酒而失去正常生活的能力，却被驳回。有关特雷诺诉特内奇案的详情，参见德瓦德·瑞格《"有意的不法行为"造成的主要酗酒：最高法院维持退伍军人事务部规定》，刊于《健康和人力资源管理杂志》13期第一号（1990年夏）：112—123页。乔治·凯恩1970年的小说《布鲁斯吉尔德宝贝》（纽约：麦格劳·希尔出版社，1970年）写的是20世纪60年代，来自哈勒姆的一个黑人海洛因上瘾者。在这部小说中，从生理依赖性上来说，海洛因和酒精是被相提并论的。酗酒者被描述为"在过道里颤抖着的酒鬼，为他们需要拿来买药的零钱而乞讨"，而旁白则说，"海洛因不再有任何激动人心或是令人愉悦之处，它不过是药物，一种补药，让我可以重新正常运作"（19、5页）。

54　"穿着发亮的西装、打着印有中国宝塔的领带……"茱莉亚·布莱克本《与比莉在一起：重新看待令人难忘的戴小姐》（纽约：众神殿出版社，2005年），53页。

54　"不止一个管理者担心它会被误以为是种鸦片的地方……"《美国并未在麻醉药品农场上种植鸦片》，1934年1月24日《纽约先驱报》。RG511——酒精、毒品滥用和精神健康管理，全国精神健康中心，马里兰州大学公园市国家档案馆。

54　"大约有三分之二是被判违反了联邦政府麻醉药品法的囚犯……"南希·D. 肯贝尔、J. P. 奥森和卢克·沃登，《麻醉药品农场》（纽约：亚伯拉姆出版社，2010年），62页。

55 "当麻醉药品农场于1935年开始运行时……"《哈里森法》于1914年出台，开启了一个联邦法律变本加厉地反毒品的时代。该法出台2年后，麻醉药品农场开始运行了。不过，在20年后才有安斯林格最终通过博格斯法宣传的严苛的惩罚性措施，以及1956年的丹尼尔法，也被称为1956年的麻醉药品管制法。

55 "我觉得这些人跟麻风病人属于同一类……"语出一位匿名的洛杉矶警察，在安斯林格和汤姆金斯《麻醉药品的非法交易》272页中被引用。

55 "20世纪30年代后期，为了制造理由让他的机构继续存在，他一直在煽动公众对于麻醉药品的焦虑……"海利《追逐尖叫》，12—13页。

55 "对众议院拨款委员会发表演讲，内容为'有色学生'与同校的白人学生一起参加派对，并以种族迫害的故事博得同情，而结果是怀孕……"出处同上，15、17页。

55 "尽管一直以来大部分毒品使用者是白人……"约翰·赫尔默和托马斯·维托里兹，《毒品使用、劳工市场和阶级矛盾》（华盛顿：毒品滥用理事会，1974年），无页码。

55 "《黑人可卡因'恶魔'成为南部的新威胁》……"由医学博士爱德华·亨廷顿·威廉写的这篇文章刊登于1914年2月8日的《纽约时报》。对于黑人可卡因上瘾者的种族妄想的更详尽的描述，参见多丽丝·普罗温妮的《法律上的不平等》，76—78页。有一段描述中，美国非裔毒瘾者甚至被赋予了超人类的力量（"你可以往他身上射满子弹，而他依然可以屹立不倒……"）。也参见海利《追逐尖叫》，26页。

55 "在南部，白人女性受到袭击的案例，大多是由因可卡因而发疯的黑人直接引起的……"《文学摘要》（1914年），687期，被引用于普罗温妮《法律上的不平等》，76—77页。

56 "某种东西的底部……"詹姆斯·鲍德温《萨尼的蓝调》，《去见那个男人》（纽约：戴尔出版社，1965年）。

56 "第一本权威地对待可怕的全国性毒品问题的书……不是为了满足病态的、耸人听闻的欲望……"安斯林格和汤姆金斯《麻醉药品的非法交易》，内封。

56 "引导全国人民……的意愿，并付诸实践……"出处同上。

57 "去买葡萄酒和大麻烟卷……"安斯林格和汤姆金斯《麻醉药品的非法交易》，22—25页。

57 "大麻中毒……"出处同上，296页。

57 "普通人……惯常的感情平面……"出处同上，249—250页。

57 "'罪恶'的那张脸，总是完全需要的脸……"威廉·伯勒斯《证言：有关一种病的证词》（1960年），重印于《裸体午餐》（纽约：丛林出版社，1962年）。

57 "他的疾病观念是有选择性的、自私自利的……"安斯林格和汤姆金斯《麻醉药品的非法交易》，223、226页。

58 "在吐出来的液体里有活着的东西，青蛙和昆虫在蹦跶……"凯恩《布鲁斯吉尔德宝贝》，148页。

58 "医生没用的……"出处同上，149页。

58 "他是个病人。你是个医生……"出处同上，150页。

58 "剥夺屈从于抑郁的特权……"马戈·杰斐逊《黑人之地》（纽约：众神殿出版社，2015年），171页。解读那些使我个人的痛苦经历成为可能的公众说法，就像是又一次从塔纳哈西·科兹所谓的"那个梦"中醒来。那个梦就是完全建筑在根本性的种族主义之上的、美国白人渴望成功的幻想。这些对于不同物质的不同说法——往往是带有种族色彩的——是那个梦的又一次再现。在《在这个世界和我之间》（纽约：斯碧格及戈劳出版社，2015年）中，科兹写到自己目睹做着那个梦的人出没在西百老汇、曼哈顿下城，那些"白人从葡萄酒酒吧里涌出来，手里拿着晃荡的酒杯，却没有警察来抓他们"（89页）。

63 "1944年，一部小说的出版将白色逻辑彻底推翻……"约翰·克劳利至关重要的、对于美国文学中的酗酒的论著《白色逻辑：美国现代主义小说中的酗酒和性别》（阿默斯特：马萨诸塞大学出版社，1994年），特别是其中对于杰克逊如何打破美国文学将酗酒和形而上学的深度混为一谈的传统，为我提供了理解杰克逊《失去的周末》（纽约：法勒和莱因哈特出版社，1944年）之意义的必要背景。

64 "自德·昆西以来最令人瞩目的、对于上瘾类文学的贡献……"菲利普·威利《查尔斯·杰克逊〈失去的周末〉书评》，1944年1月30日《纽约时报书评》。

64 "应该有权威性的科学意义……"布莱克·贝利在他那本杰克逊的权威传记《更远且更野：查尔斯·杰克逊那些失去的周末和文学梦》（纽约：经典书屋，2013年）中引用谢尔曼医生的话。

64 "如果他能写得够快……"杰克逊《失去的周末》，16—17页。

64 "'唐·伯南：一个没有小说的英雄'或'我不知道我为何告诉你这些'……"出处同上，237页。

64 "谁会想读一本关于笨蛋和醉汉的小说……"出处同上。

65 "连续剧！他的一生……"出处同上，237页。

65 "它甚至算不上戏剧化……"出处同上，216页。

70 "他们说你因为犯罪、毒品、卖淫、盗窃和谋杀被捕……"凯恩《布鲁斯吉尔德宝贝》，56页。

70 "我们在毒品问题上是故意撒谎吗？……"丹·鲍姆访谈约翰·埃利希曼《彻底合法化：如何赢得反毒战争》，2016年4月的《哈珀》杂志。埃利希曼的家人对于在他死后出版的这些言论予以否认。在写给CNN的一封声玥中，他的孩子们说："我们今天在社交媒体上反复看到的所谓1994年的'引述'，与我们所了解的父亲并不相符。相加起来，我们度过了185年的时间。我们不相信这位作家在所谓的与约翰进行的访谈22年之后，在我们的父亲去世16年之后，当他无法再予以回应时，所影射的所谓种族主义观点。"然而，记者丹·鲍姆为了他的书《烟和镜子》录下了访谈时埃利希曼的这段言论，并将他的叙述和饱受创伤的退伍军人的故事联系起来，详细叙述了多年后发生的事件。"我觉得埃利希曼在等着某人来问他，"鲍姆告诉CNN，"我觉得他对此感到内疚。我觉得他对很多事情都感到内疚。"参见http://www.cnn.com/2016/03/23/politics/john-ehrlichman-richard-nixon-drug-war-blakcs-hippie/index.html。

70 "鬼缠身的瘾君子聚在一起，'点着头、散发着臭味、发着热、神志恍惚'……'枯瘦且双颊凹陷……头部皮肤紧紧包着头颅……全世界的毒品都无法满足他的需要……'"凯恩《布鲁斯吉尔德宝贝》，114—115页。

70 "到了1982年，吸毒的情况实际上已有所好转……"见亚历山大《新吉姆·克劳法》，49页。

71 "上瘾犯罪者……"安斯林格和汤姆金斯《麻醉药品的非法交易》，297页。

71 "意识形态的遮羞布……"语出雷纳曼和莱文，被引用于普罗温妮《法律上的不平等》，105页。

71 "警察称，这场争执起于……"雅各布·拉马《城门失火》，1986年8月4日《时代》。

72 "快点克，快点克……"出处同上。

72 "将快克想象成一种带有掠夺性质的'流行病'——其传播者是要为其行为负道德责任的黑人上瘾者……"在1990年，三K党宣称将通过成为"警察的眼线"，"参与反毒战争"。《三K党宣称将向毒品宣战》，1990年1月3—9日《托莱多报》，在亚历山大《新吉姆·克劳法》55页中被提到。

72 "快克是最热门的斗争类报道题材……"罗伯特·斯图兹兹曼在亚历山大《新吉姆·克劳法》52页中被引用。

72 "他们有权没收在缉毒过程中逮捕的人的现金、汽车和房子……"有关反毒战争中当地警力的军事武装化更详细的内容，参见亚历山大《新吉姆·克劳法》。亚历山大写道，警察部门得以保留他们在缉毒过程中查处的赃物，不仅仅没收了毒品，还没收了"有吸毒和贩毒嫌疑者的现金、汽车和房子"。赋予此类没收以理由的有关上瘾和罪责的文化上的叙述的权威性植根于更深层的有关上瘾和罪责的叙述：那种看法认为上瘾者是有罪的，他们的财物应该予以没收（79页）。

72 "与快克一样……"被引用于普罗温妮《法律上的不平等》，115页。早在1991年，美国量刑委员会的一份报告发现，强制最低刑期"显然不公正"。参见艾瑞克·E.斯特林《毒品法和告发：初步介绍》，电视节目《前线》。https://www.pbs.org/wgbh/pages/frontline/shows/snitch/primer/。

72 "旧金山的一位法官在判处一名船坞工人10年监禁后坐在长凳上哭泣……"见普罗温妮《法律上的不平等》，10页。

72 "1980年到2014年间，被监禁的毒品犯罪者从4万出头增加到了接近49万，他们之中多数是有色人种……"在1980年，有40 800名毒犯被监禁，而在2014年，则有488 400名。这些数据摘自量刑项目的报告《美国责罚的趋势》。该报告的数据来源于司法统计局，最后一次更新为2015年12月。囚犯按照令其获判最长服刑期的罪行来分类，因此这些囚犯要么就只是因为吸毒贩毒而服刑，要么就是吸毒贩毒和别的罪行——只要是与毒品相关的罪行就会令他们获判最长服刑期。目前，还有许多被监禁的毒犯，然而但凡他们的其他罪行导致他们获判更长的服刑期，他们便不在此列。

反毒战争是否为引起大规模监禁的主要原因成了近期辩论的焦点。米歇尔·亚历山大在《新吉姆·克劳法》中直截了当地提出了论点："在有色人种系统的大规模监禁的问题上，没有什么比反毒战争的贡献更大的了（60页）。"在此，我们必须区分一些事实：这并不是说，在美国，大部分被监禁的人都是"非暴力的毒犯"——这个短语已经成了主流开放派在批判美国大规模监禁时的一个熟用的复合主语，特别是继亚历山大的书之后。然而，在他的近作《锁住：大规模监禁的真实原因以及如何实现真正的改革》（纽约：基础书局，2017年）中，大卫·普法夫提出，反毒战争是引起大规模监禁的主要原因的说法曲解了整个问题——实际上，是检察官的决策（向法院提交更多案件）增加了监禁比例——且即使我们将所有的非暴力毒犯释放出狱，在大规模监禁的问题上，那也只是杯水车薪：美国依然会是全球人均监禁率最高的国家。不过，虽然非暴力毒犯仅仅是监禁囚犯的五分之一，但大量因暴力罪行而被关押的犯人都是因为反毒战争才受到了监禁。反毒战争创造了一系列条件，以致毒品交易变得如此暴力，且持续暴力下去。尽管如此，我们应当意识到，反毒战争及其种族主义化的、惩罚性的做法是更广泛的、系统的不正义的一部分，而不是整个问题的全部。

有关这些问题的数据，参见美国司法部的年度报告，比如《2015年的囚犯》，https://www.bjs.gov//content/pub/pdf/p15.pdf。 其他信息来源包括詹妮弗·布鲁克斯梅耶《作茧自缚：政策制定者可以超越"反毒战争"，放眼毒品治疗法院吗？》，《耶鲁法学杂志》118期（2008−9）。对于反毒战争及其遗留下来的大规模监禁的具体描述，亦可参见马克·莫尔和赖安·S. 金《量刑项目，一片25年的沼泽地：反毒战争及其对美国社会的影响》2（2007年），网址为http://www.sentencingproject.org/Admin%5CDocuments%5Cpublications%5Cdp_25yearquagmire.pdf。另可参见亚历山大《新吉姆·克劳法》，6、20页。自反毒战争以来，已有超过3 100万人因毒品相关罪行而被逮捕。

72　"1993年的一项调查显示，仅19%的贩毒者为非裔美国人，然而他们占了被捕人数的64%……"海利《追逐尖叫》，93页。

72　"通过向吸毒者和贩毒者宣战，里根成功履行了他的承诺……"亚历山大《新吉姆·克劳法》，49页。

73　"毒品问题反映出某些意志自由的个人做出的糟糕决定……"乔治·H. W. 布什《全国毒品控制策略》，1992年，被引用于詹妮弗·布鲁克斯梅耶《作茧自缚：政策制定者可以超越"反毒战争"，放眼毒品治疗法院吗？》，2008年6月30日《耶鲁法学杂志》。

73　"你能否闭上双眼1秒钟，想象一个吸毒者的样子，并向我描绘那个人……"贝蒂·沃森·伯斯顿、迪昂·琼斯和派特·罗伯逊·桑德斯《吸毒和非裔美国人：错误观念和现实的比较》，《酒精和毒品滥用杂志》40（1995年冬）：19页，被引用于亚历山大《新吉姆·克劳法》，106页。

74　"因为我不去酒吧，我才能更好地享用它。"贝里曼被引用于哈芬登《约翰·贝里曼的一生》，287页。

76　"疗养院……的一个病友记得……"有关杰克逊踏在葡萄酒上的足印的回忆，来自贝利《更远且更野》。

76　"杰克逊第一次戒酒是在31岁，用的是皮博迪法……"皮博迪法基于理查德·皮博迪《喝酒的常识》（波士顿：利特尔布朗出版社，1931年）。我使用了皮博迪法，并参考了贝利在《更远且更野》中更详细的描述，对杰克逊的时间予以描述。

76　"这种方法基于实际考量……"参见皮博迪《喝酒的常识》。

77　"我们……有条理地、有益地调整我们的生活……"杰克逊于1936年12月19日给巴德·威斯特的信，查尔斯·R.杰克逊文献，达特茅斯学院善本图书馆。

77　"你何不就此给我写封信呢？我觉得你现在有点醉……"杰克逊《失去的周末》，149—150页。虽然杰克逊自己狂热地追捧菲茨杰拉德，但他对其他酗酒的作家并不报以同样的尊重。在一封没有日期的、给罗伯特·内森的信中（见达特茅斯学院杰克逊档案），杰克逊写道，他无法找到《太阳照常升起》的感人之处……它不过很普通"。他觉得酗酒不应该仅仅被表现为悲哀的闹剧。

78　"起了头又放下了的书……"杰克逊《失去的周末》，17页。

78　"'为何'早就已经不再重要……"出处同上，221—222页。

78　"我并不是说评论家本可以治好贝里曼的病……"刘易斯·海德《酒精和诗歌：约翰·贝里曼以及酒在说话》，1975年10月《美国诗歌评论》；重印于达拉斯：达拉斯人文和文化中心，1986年。

79　"我的论点是……是贝里曼的创造力与酒精之间的一场较量……"出处同上，17页。

79　"一个顾影自怜的酗酒诗人……"出处同上，14页。

79　"我们可以听到酒在说话……"出处同上，17页。

79 "那不会很容易……"出处同上，18页。

80 "他承认自己曾……当过2年护理员……"出处同上，2页。

80 "光辉的自我毁灭……"伊丽莎白·哈德威克《比莉·荷莉戴》，1976年3月4日《纽约书评》。

80 "非常有吸引力的客户……"乔治·怀特被引用于布莱克本的《与比莉在一起》，219页。

81 "我有个习惯，我知道它不好……"荷莉戴接受尤金·卡兰德采访，引用于海利《追逐尖叫》，21页。

81 "害羞至极……"约翰·克林顿被引用于布莱克本《与比莉在一起》，63页。布莱克本的《与比莉在一起》是收集了有关荷莉戴人生和事业的口述历史的一部巨大著作。布莱克本的这本书颇有意思，仿佛有鬼魂出没：这些口述历史来源于琳达·库尔所录制的访谈，而库尔正是那位在还未完成荷莉戴的传记前就自杀了的传记作家。

81 "她被告知没有人可以像她那样唱出'饥饿'一词……"荷莉戴与威廉·达夫狄《蓝调女伶》（纽约：双日出版社，1956年），195页。

81 "她在位于西五十二大街……的俱乐部里唱歌……"这些细节来自布莱克本《与比莉在一起》，94页。

81 "她罪恶之深重……一个人必须要经得起那种巨大的破坏力……"哈德威克《比莉·荷莉戴》。

81 "20世纪40年代末，安斯林格派了好几个缉毒员追查荷莉戴，他们数次突击搜查并逮捕了她，包括在1947年判她有罪并将其关押在西弗吉尼亚的奥尔德森联邦监狱营地将近一年……"约翰·海利在《追逐尖叫》中对于安斯林格如何对荷莉戴孜孜不倦给出了精彩的描述，而茱莉亚·布莱克本则在《与比莉在一起》中提供了两个被派去调查荷莉戴的缉毒员吉米·弗莱彻和乔治·怀特的看法。我对于荷莉戴上瘾故事的法律层面、她所受的法律诉讼以及这种诉讼的种族色彩的描绘，都基于荷莉戴的个人自传《蓝调女伶》，以及海利的历史和布莱克本结集的证词。在《蓝调女伶》中，荷莉戴描绘了她因吸毒被捕时得到的媒体曝光，包括1949年1月的一条标题："比莉·荷莉戴因毒品相关罪行被捕"，这令她尤其愤慨——它似乎是在为她一直身陷毒品的泥沼而窃喜。

81 "在奥尔德森，荷莉戴收到……圣诞贺卡……"有关荷莉戴在奥尔德森的日子的这些细节，来源于《蓝调女伶》。

82　"当你与某人产生了友谊之后……"吉米·弗莱彻被引用于布莱克本《与比莉在一起》，215页。

82　"1986年7月，美国广播公司在新闻中向美国公众介绍了简……"美国广播公司（1986年7月11日）和全国广播公司（1988年10月24、25日）的报道来自德鲁·汉弗莱斯《快克母亲：怀孕、毒品以及媒体》，29—30页。

82　"正如犯罪学家德鲁·汉弗莱斯提出的那样，媒体有效地创造出'快克母亲'……"《快克母亲》是犯罪学家汉弗莱斯对于"快克母亲"这一现象坚决的、揭露真相的调查。她调查了1983年至1994年间有关女性和可卡因的新闻报道——总共84条，大多来自美国广播公司、哥伦比亚广播公司和全国广播公司的夜间新闻——其中包括1989年快克恐慌时的报道高峰期（19—20页）。

82　"虽然大部分上瘾的孕妇是白人……"出处同上，128页。

82　"'快克母亲'引起的民愤实际上重新将公众对上瘾的定义从疾病转向了罪行……"美国民众对于"快克母亲"这一形象的短暂而热切的执念——对她被误解的孩子的同情和对她被误解的罪恶行为的轻蔑造成的一种执念——中，有一大核心讽刺，它在某种程度上将一群本质上很脆弱的女性变成了一大公开的替罪羊。就像汉弗莱斯说的那样："一群通常是软弱的女性如何成为具有威胁性的骚乱的象征，全国反毒战争中不值得羡慕的敌人？"

82　"艾拉·查斯诺夫医生曾就可卡因对胎儿的影响发表早期报告，进一步引发了媒体的狂热……"在1992年刊登于《新英格兰医学杂志》的一篇文章中，查斯诺夫给出了进一步的研究结果，证明媒体基于其早期报告所做的结论是错误的。他基于他早前的研究报告公开斥责媒体"过早定论"，并表示他"从未见过'快克孩子'"，也不相信他将来会看到这样的孩子。见汉弗莱斯《快克母亲》，62页；以及艾拉·查斯诺夫《拼图中遗失的部分》，《神经毒理学与畸形学杂志》15（1993年）：287—288页，被引用于克雷格·雷纳曼和哈里·莱文《后视镜里的快克：解析反毒战争的谬论》（伯克利：加州大学出版社，2007年）。媒体基于早期的科学发现进行耸人听闻的推断，预测越来越多的"快克孩子"将成为社会底层难逃厄运的一群人：一大堆挣扎求生的早产儿以及小小的"疯狂的"亚瑟。《华盛顿邮报》在1989年7月30日刊登了查尔斯·克劳特哈默德写的特别令人恐惧的一篇专栏。这篇文章提出了世界末日预言的一个臭名昭著的版本："内城的快克泛滥正引起最新的恐怖：一群底层生物，一代身体受损的可卡因孩子，他们一出生就在生理上低人一等。"克劳特哈默德宣称，他们的未来"从第一天开始就已经向他们关上了门。他们的人生注定会受苦，可能会有异常情况，肯定会永久低下。最好的情况不过是严重贫困的下等人生活"。他在想，"是否那些死去的婴儿更为幸运"。如今，医学界已经达成一致意见，"快克孩子"完全不是注定不幸的，而且所谓"快克孩子"的概念是无法单独成立的。有一系列互相作用的因素影响了这些孩子，不仅仅有毒品，还有环境因素，包括贫困、暴力、短期的寄养安排以及无家可归，因此想要分辨出快克本身带来的负面影响是不可能的（汉弗莱斯《快克母亲》，62页）。

83　"如果你因为无法自控而给孩子吸毒……"出处同上，2页。

83　"特蕾西非但不表示羞愧，还在公开的谴责面前表现出轻蔑……"出处同上，52页。

83　"当吸毒的白人孕妇被媒体（罕有地）曝光时……"出处同上。

83　"这样一来，她们不仅仅是'不配得到的'穷人、享受着社会福利却损害自身公民健康的吸毒者……"正是快克母亲这样的模式化印象引发了20世纪80年代新右派发起运动减少社会服务。参见吉米·L. 李维斯和理查德·肯贝尔《千疮百孔的报道：电视新闻、反可卡因运动以及里根时代的遗留问题》（达勒姆，北卡罗来纳州：杜克大学出版社，1994年）。

83　"她们跟大多数上瘾者不同，是通过医院进入刑事司法系统……"汉弗莱斯《快克母亲》，6页。

83　"检察官们用新的方式歪曲人们熟悉的法律……"有关梅兰妮·格伦和詹妮弗·约翰逊的详细情况，参见同上出处，72—73页，75—79页。詹妮弗·约翰逊的罪名最终被推翻。

84　"我为一个未出生的、无助的孩子感到担心……"语出彼得·沃尔夫法官，出处同上，35页。既然如今医学界已经达成一致意见，"快克孩子"完全不是注定不幸的，或者说，如果他们是注定不幸的，那也是因为他们的政府无法应对那些社会因素，那么似乎很显然，这种对于未出生的孩子的"担心"应该转化为更多的社区服务而不是对快克母亲的诋毁。

84　"如果你以为吸毒是为了获得刺激和兴奋……"荷莉戴《蓝调女伶》，212—213页。

84　"荷莉戴的合著者、记者威廉·达夫狄认为，上瘾可以成为一个'促销噱头'……"我参考了约翰·茨威德在传记《比莉·荷莉戴：音乐家及世人的误解》（纽约：维京出版社，2015年）中对于《蓝调女伶》出版过程的描写。虽然《蓝调女伶》警告读者吸毒很危险，这本书的销售却最终帮助荷莉戴购买了更多的毒品。出版自传的念头肯定是出于财务需求：荷莉戴欠着国家税务局的税债，且因被判重罪而被吊销了卡巴莱执照而无法在多数的纽约夜总会唱歌。她正在寻求正面的宣传，以期帮助她重回正轨。然而，令荷莉戴丢掉卡巴莱执照的吸毒记录，也让她可以通过把自己"耸人听闻的"故事卖给通俗杂志而赚钱。这些文章为《我如何虚掷了100万美金》《瘾君子还能有救吗？》以及《我彻底好了》（此文大肆渲染荷莉戴仅有的一点点乐观，而她最终予以否认）。有一期《棕褐肤色》杂志在封面上刊登了一幅荷莉戴的照片，她穿着翡翠绿的礼服，胸前戴着栀子花，手里抱着她那两只白色的吉娃娃狗。有关出版其自传的财务需求的描述来自茨威德《比莉·荷莉戴》，12页；《我如何虚掷了100万美金》刊登于1953年3月《我们的世界》，《瘾君子还能有救吗？》刊登于1953年2月《棕褐肤色》，《我彻底好了》刊登于1949年7月《乌黑色》。

84 "我一度上瘾，又一度戒毒……"荷莉戴《蓝调女伶》，218页。

84 "没胆的荷莉戴……"海利《追逐尖叫》，23页。

84 "一个习惯，绝对不是该死的个人地狱……"荷莉戴《蓝调女伶》，218页。

84 "毒品从来不会让谁唱得更好……"出处同上，214页。

84 "卡尔……'不要再抽这种垃圾了'……"布莱克本在《与比莉在一起》中引用卡尔·德林卡德的话，230页。

84 "我要你知道，你以违法犯罪者的身份被判有罪……"荷莉戴《蓝调女伶》，151页。

85 "他会把一个糖尿病患者当作罪犯吗？……"出处同上，153页。

85 "她生于1915年，就在针对鸦片和可卡因使用及分销的《哈里森麻醉药品法》实施的1个月后……"《哈里森麻醉药品法》在1914年12月被通过，并于1915年3月正式生效。荷莉戴生于1915年4月。

85 "为的是那些……一生被毁的年轻人……"荷莉戴《蓝调女伶》，212页。

85 "威廉·伯勒斯以'一个未得到救赎的吸毒者'为副标题的《瘾君子》于1953年出版，与安斯林格《麻醉药品的非法交易》出版是同一年"，也是《毒品控制法》出台前三年。作为王牌书局的《二书合一》的一部分，《瘾君子》售价为35美分，一起出售的是一本名为《缉毒侦查》的回忆录，作者是一个名为莫里斯·黑尔布兰特的前卧底缉毒员。在一本充满圈套、突击搜查和欺骗的流浪汉小说中，黑尔布兰特将他的经历呈现为对立面的故事：对那个未得到救赎的吸毒者的追捕。然而，它成了一个平行的故事、对上瘾的另一种描述，呈现出一系列片段：一个疯狂的反毒斗士在破旧的汽车旅馆里蹲点，房间里堆满了威士忌酒瓶。黑尔布兰特痴迷于海洛因：如何使用、如何假装使用、如何看出某人正在使用。他执意要惩罚毒瘾者的这一沉迷，结果这种执意本身也成了一种沉迷。那种道德愤怒成了另一种毒药，这一斗争成了另一种狂吸。

85　"一旦得到配合……"威廉·伯勒斯《瘾君子》，99页。

85　"一个'并不恳求戒毒或改变的'吸毒者……"哈德威克《比莉·荷莉戴》。

85　"以冷酷的愤怒……"出处同上。

86　"他们为何总把她推上舞台？他们肯定知道她有问题……"阿斯弗·卡帕迪尔导演的纪录片《艾米》（2015年）中引用了两位新闻播音员的话。

四　缺　失

97　"过多的神秘色彩……"伊芙·科索夫斯基·塞奇威克《意志的泛滥》，《倾向》杂志（达勒姆，北卡罗来纳州：杜克大学出版社，1993年），132页。

97　"一旦承认你厌倦了……"约翰·贝里曼《梦歌第十四首》，《梦歌》。

97　"曲目的缩减……"本书作者在2016年8月11日对梅格·奇瑟姆进行的访谈。

98　"过旋转栅门……"本书作者在2016年10月13日对亚当·卡普林进行的访谈。

98　"那种确凿的回家的感觉……"出处同上。

98　"科学家将上瘾描述为……失常……"对上瘾的科学机制的更详细解释，参见卡尔顿·艾瑞克森的《成瘾的科学：从神经生物学到治疗》（纽约：W. W. 诺顿出版社，2007年）。在第三章，艾瑞克森介绍了化学物质依赖性的基本机制，而在第五、六、七章中，他评述了不同物质的具体机制。

98　"病态攫取……"出处同上，64页。

98　"'无节制饮酒的实际利弊图表'……"该图表存档于新泽西州新不伦瑞克罗格斯大学酒精研究中心。

98　"一种痛苦/上瘾的螺旋式循环……"G. F. 科布和M. 勒摩尔《毒品滥用：

快乐的、自我平衡的失调》，《科学》278期（1997年）：52—58页。

99　"用于解释痛苦／上瘾的螺旋式循环图表看起来像龙卷风……"艾瑞克森《成瘾的科学》，59页。

99　"当回忆起在尼加拉瓜和陌生人度过的一夜时，我可以说自己神经元中的GABA受体被血液中的朗姆酒……激活了……"有关酒精对神经传输系统的作用机制的简要描述，参见艾瑞克森《成瘾的科学》，69页。亦可参见《神经化学杂志》37期第四号（2000年10月）：369—376页，吉本等《酒精增强了杏仁核之中央核特有的对与多巴胺和血清素的释放》；C. 费尔南多·瓦伦祖拉《酒精和神经传输介质的相互作用》，全国酒精滥用和酒精上瘾学院：http://pubs.niaaa.nih.gov/publications/arh21–2/144.pdf。

99　"我喝醉不要紧……"简·里斯《离开麦肯齐先生之后》，出自《小说全集》（纽约：W. W. 诺顿出版社，1985年），262页。

103　"我们都是有依赖性的人……"约翰·贝里曼《复原》（纽约：法劳·斯特劳斯·吉罗出版社，1973年），154页。

103　"受到酗酒严重影响……"全国酒精滥用和酒精上瘾学院《对于酒精上瘾的基因遗传的合作研究》，http://www.niaaa.nih.gov/research/major–initiatives/collaborative–studies–genetics–alcoholism–coga–study。

104　"你的字里行间到处是吊挂痛苦的挂钩，却没有关于有毒大衣出处的说明……"大卫·戈林，手稿笔记，2016年8月。

104　"天空是鲜红色的；一切都是红色的……"伊丽莎白·毕肖普《一个醉鬼》，《乔治亚书评》（1992年）。毕肖普记忆中见证的那场火灾是1914年的塞林镇大火。参见克劳迪娅·罗斯·皮尔彭特《伊丽莎白·毕肖普的"失却的艺术"》，2017年3月6日《纽约客》。https://www.newyorker.com/magazine/2017/03/06/elizabeth–bishops–art–of–losing。

105　"三心二意的免责声明……"布雷特·C. 米黎尔《放荡者：伊丽莎白·毕肖普和酒精》，《当代文学》39号第一期（1998年春）：54—76页。

105　"你为何喝酒？……（不用真的回答）……"约翰·贝里曼，手写笔记，约翰·贝里曼文献，明尼苏达大学。

106　"我告诉他我喝了很多……"玛格丽特·杜拉斯《黑夜号轮船中的声音》，《物质生活》（伦敦：威廉·柯林斯之子出版社，1990年）。

106 "'为何'这个问题早就不重要了……"查尔斯·杰克逊《失去的周末》(纽约：法勒和莱因哈特出版社，1944年)，221—222页。

106 "伯勒斯预先提出这样的问题……"威廉·伯勒斯《瘾君子：一个未得到救赎的吸毒者》(纽约：王牌书局，1953年)，5页。

106 "酒瓶即猛兽……"本书作者在2016年10月13日对亚当·卡普林进行的访谈。

五　羞　耻

116 "邪恶是否可以溶于艺术……"约翰·贝里曼，摘自他于1966年写的一首序言性的十四行诗，被引用于约翰·哈芬登《约翰·贝里曼的一生》(伦敦：缪修安出版公司，1984)，183页。

116 "你在舔自己的旧伤……这个世界给予亨利的……"约翰·贝里曼《梦歌第七十四首》，《梦歌》(纽约：法劳·斯特劳斯·吉罗出版公司，1969年)。

116 "我是那个不断在抽烟的、不起眼的男人……"约翰·贝里曼《梦歌第二十二首》，《梦歌》。

117 "有兴致/成为一朵郁金香……"约翰·贝里曼《梦歌第九十二首》(《231房间：第四周》)，《梦歌》。

117 "满心懊悔，把吐出来的又咽回去……"约翰·贝里曼《梦歌第三百一十首》，《梦歌》。

118 "任何一个接近酗酒者并受到伤害的人都会产生的愤怒……"刘易斯·海德《再看贝里曼》，《复原中的贝里曼》(安娜堡：密歇根大学出版社，1993年)，理查德·凯利和艾伦·拉斯罗普编。

118 "饮食：差……"约翰·贝里曼，手写笔记，约翰·贝里曼文献，明尼苏达大学。

120 "一半是抱怨，一半是慷慨……"马尔科姆·劳瑞《火山之下》(纽约：雷纳尔和希区柯克出版社，1945年)，43页。

121 "谁在我的菠萝汁里放了菠萝汁……"约翰·贝里曼《复原》(纽约：法劳·斯特劳斯·吉罗出版公司，1973年，107页)中提到的逸闻。

123 "龙舌兰酒的烈焰……沿着他的脊椎烧下去……"劳瑞《火山之下》，278页。

125 "他最大的弱点……变成他最大的优点……"马尔科姆·劳瑞《我朋友所安息之处如坟墓般黑暗》（伦敦：乔纳森·开普出版社，1969），41页。

125 "当杰克逊于1944年出版《失去的周末》时，劳瑞在扼腕之际更感到义愤填膺……"有关劳瑞和杰克逊之间的竞争关系，约翰·克劳利《白色逻辑：美国现代主义小说中的酗酒和性别》提供了精彩的敏锐叙述（阿默斯特：马萨诸塞大学出版社，1994年）。

125 "轻快的、粗糙的、芳香的、酒气扑鼻的黄昏……"劳瑞《火山之下》，55页。

126 "在作永恒的庄严宣誓……"出处同上，50页。

126 "你是否意识到，当你在与死亡抗争……"出处同上，281页。

126 "人的意志是不可战胜的……"出处同上，118页。

126 "被一种情绪淹没……"出处同上，168页。

126 "清晨的小酒馆……除非你像我这样喝酒，不然你怎能希冀欣赏……的美丽……"出处同上，62—63页。

126 "啊，除了他没有人知道那有多美……"出处同上，115页。

127 "一本有关微不足道的伟大著作……"迈克尔·伍德《富有激情的自我主义者》，2008年4月17日《纽约书评》。

127 "有关悲痛和悲剧的模糊画面……"劳瑞《火山之下》，111页。

127 "成功或许是……最坏的事情……"马尔科姆·劳瑞的信，被引述于D. T. 麦克斯《亡者之日》，2007年12月17日《纽约客》。

127 "他就是书中领事的原型……"D. T. 麦克斯在《亡者之日》中引用唐恩·鲍威尔的话。

127 "他的震颤性谵妄变得如此严重……"出处同上。

127 "有一点自知是件危险的事……"劳瑞《火山之下》，232页。

128 "他丢失了太阳……"出处同上，264页。

134 "这些家伙有着皮包骨的脖子、小嘴巴、瘦弱的四肢，以及空空如也的因胀气而鼓起的大肚子……"加博尔·马泰《饿鬼之域：与上瘾的近距离接触》（多伦多：克诺夫出版社加拿大分社，2008年），1—2页。

134 "他们与排挤他们的社会之间有很多相似之处……"出处同上。

134 "从20世纪60年代晚期到80年代晚期，最吸引媒体……的科学研究……"约翰·P. 摩根和琳恩·齐莫尔《可吸食可卡因的社会药理学：不是所有情况都是崩溃的结果》，《快克在美国：魔鬼毒品和社会正义》（伯克利：加州大学出版社，2007年），克雷格·雷纳曼和哈里·莱文编，36页。

134 "药物的定义就是任何……物质……"出处同上。

134 "'可卡因老鼠'是1988年一则公益广告片的标题……"为无毒美国并肩作战，《可卡因老鼠》，1988年。录像中的小药丸也有误导性：大部分老鼠做过外科手术，它们的背上"装了永久的注射装置"。它们的确是为了上瘾以及被困在一些促使它们上瘾的条件下而造。

135 "20世纪80年代初期，这些科学家设计了一个'老鼠公园'……"布鲁斯·亚历山大《上瘾：从"老鼠公园"来看》，2010年。"老鼠公园"最初的结果出版于B.K.亚历山大等《群居老鼠口服吗啡的早期和晚期作用》，《药理学生物化学和行为》第15号第4期（1981年）:571—576页。卡尔·哈特也在《高昂的代价：一个神经科学家的自我发现之路或可推翻你对于毒品和社会的所有认知》（纽约：哈珀出版社，2013年）中描述了"老鼠公园"的实验。

原先的"老鼠公园"实验的结果也被复制了。见S.申克等《神经科学通讯》81期（1987年）和M.索林纳斯等《神经心理药物学》34期（2009年），1102—1111页。有关"老鼠公园"的形象描绘，参见斯图尔特·麦克米伦《老鼠公园》。

135 "实际上，是什么让我成了一个抽鸦片的人呢……"托马斯·德·昆西《一个吸食鸦片的英国人的自白》，《伦敦杂志》，1821年。

135 "内心拼图缺失的一块……"大卫·福斯特·华莱士《无尽的玩笑》（纽约：利特尔布朗出版社，1996年），350页。

137 "'酒精上瘾遗传学合作研究'是一项持续进行的研究项目……"全国酒精滥用和酒精上瘾学院如此定义"酒精上瘾遗传学合作研究"的使命和方法：为了研究基因如何影响我们对于酒精中毒的易受影响程度，全国酒精滥用和酒精上瘾学院自1989年以来一直资助"酒精上瘾遗传学合作研究"。我们的目标是识别那些影响一个人形成酒精上瘾的可能性的特定基因。"酒精上瘾遗传学合作研究"的调研者从超过2 255个扩大家庭收集数据，而所有这些家庭中都有多名成员受酒精上瘾影响。研究人员从数据库里的17 702名个人身上收集了大量临床的、神经心理学的、电生理学的、生物化学的以及基因上的数据。研究人员也基于这些调研对象，建立了一个细胞系的知识库，作为给基因研究提供

DNA 的 永 久 来 源 （https://www.niaaa.nih.gov/research/major-initiatives/collaborative-studies-genetics-alcoholism-coga-study）。有关"酒精上瘾遗传学合作研究"的更多信息，以及对于其结果更完整的描述，可参见劳拉·简·贝鲁特《定义酒精相关的人类显型："酒精上瘾遗传学合作研究"》，全国酒精滥用和酒精上瘾学院，2003年6月，https://pubs.niaaa.nih.gov/publications/arh26-3/208-213.html。

是什么加大了酒精上瘾的风险？一些生理学上的特征（新陈代谢和器官敏感度）、精神药理学上的特征（大脑当中有关奖赏和厌恶的结构）、个性上的特征（冲动和寻求感官刺激），以及精神病理学上的特征（抑郁和焦虑）。卡罗尔·A. 普雷斯科特《我们从双胞胎研究中对酒精上瘾原因学到了什么》，提交给塞缪尔·B. 罗伯兹酒精上瘾研讨会的论文，华盛顿大学医学院，2004年，http://digitalcommons.wustl.edu/guzepresentation2004/4。其中"酒精依赖性"的显型是根据DSM（《精神疾病诊断与统计手册》）和WHO（世界卫生组织）的分类衡量的。

137 "这些证明酒精上瘾与基因有关的证据基本是无可争议的了……"一项研究滥用酒精的双胞胎的调查显示，同卵双生的双胞胎中有76%的一致性，异卵双生的双胞胎中有61%的一致性。详情可参见罗伊·皮肯斯等人所著《酒精上瘾遗传性中的异性质：对于男性和女性双胞胎的一项研究》，《综合精神病学档案》，48号第1期：19—28页。亦可参见艾瑞克森《成瘾的科学：从神经生物学到治疗》（纽约：W. W. 诺顿出版社，2007年），84—85页。

149 "'耻辱是其自身的面纱，'丹尼斯·约翰逊写道，'不仅遮住了那张脸，还遮住了整个世界。'……"丹尼斯·约翰逊《失落的神灵饮酒之处》，《万国千禧年大会第三重天宝座：新旧诗摘选》（纽约：哈珀常年出版社，1995年）。

150 "故事发生在1967年夏的曼哈顿。当时的纽瓦克暴乱让纽约充满了噪音、需求和可能性……"凯恩同时写出了哈勒姆的魅力和沙尘，那些"发光锃亮的大车在霓虹灯的闪烁下就像是珠宝一样"，以及这些车如何"在清晨带着露水和疲惫，看起来暗淡无光"。他在黎明时分喝着咖啡，从一家小餐馆里看到了这一切，也看着荧光灯暴露出宿醉的狂欢者的皱纹。当他回到出生地，探访西城的公房区时，他描绘林肯中心（"大理石的洗手间，铺着地毯的大厅，还有水晶吊灯"）就在街对面却有着天壤之别——"我从来没到过这样的地方，"一个女人解释说，"不知道要怎么做，也没人跟我一起去。"凯恩的经历的一大特点是，让人感觉到有个象征向上流动的人物形象——一个带着集体梦想的人，以及一个处在不同世界之间的大使："没把我自己看成黑人或白人，"他说，"而是一个边缘人，在时间和空间两者的边界上。"他首先因为被期待着承受这种向上流动的负担而感到愤怒，又因为他在向上流动上的种种挫败而感到耻辱。乔治·凯恩《布鲁斯吉尔德宝贝》（纽约：麦格劳·希尔出版社，1970年），50、69、115、177页。

150 "一轮稀奇的月亮高挂天空……极其突然又无限的平静……"出处同上，197—199页。

150 "一个既聪明又充满渴望，却往往处事富于攻击性，甚至冷酷无情的角色……"乔治·凯恩这个角色正如作者想要的那样，自始至终都令人反感。他的大部分敌对情绪都是冲着小说中的白种人，而小说也拒绝就此道歉或是予以谴责——它只是将这种敌对戏剧化，并永远不会忘记它的背景。凯恩强奸了一个青少年白人女孩，对他女儿的（白人）母亲不管不顾，还幻想着杀死一个白种男人。凯恩不但没有为了体面政治掩饰其人物的愤恨，还让这种愤恨跃然纸上，与对所有造成这种愤恨的社会现实的描绘并存。

150 "骨头互相摩擦……"出处同上，200页。

151 "过不受阻碍的生活……"出处同上，7页。

151 "点着头的瘾君子……纽瓦克暴乱的受害者……不再是被选中了的、被他们的意识和挫败感毁掉了的人，而只是迷失的受害者，弱到无法抗争……"出处同上，129页。

151 "我更了解他……"文中引用的乔·琳恩·普尔的话以及这一章节中有关乔治·凯恩生平的资料，都来源于2016年3月30日的访谈。

151 "他心里已经有了一本书的草稿……"本书作者在2016年3月20日对乔·琳恩·普尔进行的访谈。凯恩心里还有一份书封上作者简介的草稿。麦格劳·希尔出版社在该书第一版中，谨慎地声明这段作者简介是凯恩自己所写，出版社对此不担负任何责任。"作者写道：'乔治·凯恩生于1943年，是天蝎座，诞于纽约的哈勒姆医院。在该城市上了公立和私立学校，并获得奖学金进入爱纳大学。在大三时辍学去旅行，在加州、墨西哥、得州和监狱中度过时光。'"

152 "出自非裔美国作家的最重要的小说……"小艾迪生·盖尔对于乔治·凯恩《布鲁斯吉尔德宝贝》的书评，1971年1月17日《纽约时报》，3页。

152 "乔治·凯恩，那个曾经的上瘾者，仿佛凤凰涅槃……"出处同上。

152 "他在拿到第一张版税支票的几天后，在街上撞见一个朋友的弟弟，凯恩把他带到附近的一家唱片店……"拉希德·阿里《向"贫民窟里的天才"致敬》，《美国黑人穆斯林》，http://www.theblackamericanmuslim.com/george-cain/。

154 "状况好的时候，你是什么样子的？……"本书作者于2016年10月13日对亚当·卡普林进行的访谈。

154 "毒品使他的希望破灭……"威廉·格莱姆斯《乔治·凯恩，〈布鲁斯吉尔德宝贝〉的作者，死于66岁》，2010年10月29日《纽约时报》。

156 "那本书的副标题是'一个爱情故事'……"卡洛琳·奈普《酩酊：一个爱情故事》（纽约：戴尔出版社，1996年）。

157 "我们去年醉后的争吵没有任何理由……"罗伯特·洛厄尔《夏日潮汐》（纽约：法劳·斯特劳斯·吉罗出版社，2017年），凯蒂·彼得森编。

159 "尊敬的先生：这是一封奇怪的信……"欧文·康奈尔于1939年6月26日写给美国联邦麻醉药品管制局的信。RG511，马里兰州大学公园市国家档案馆。

159 "每年都有将近3 000人来到它紧锁的大门前，要求进去……"南希·肯贝尔、J. P. 奥森和卢克·沃尔登《麻醉药品农场》（纽约：亚伯拉姆出版社，2010年），63页。

159 "如果世上有任何可以治愈我的方法，我想要试试看……"J. S. 诺斯卡特写给美国联邦麻醉药品管制局的信，RG511，马里兰州大学公园市国家档案馆。

160 "我抽大麻烟卷已有6年了……"米尔顿·摩西写给美国联邦麻醉药品管制局的信，RG511，马里兰州大学公园市国家档案馆。

160 "尊敬的先生，我非常希望……"保罗·扬曼于1938年5月8日写给美国联邦麻醉药品管制局的信，RG511，马里兰州大学公园市国家档案馆。

160 "请……发送……申请表格……"切斯特·索卡尔于1941年9月6日发给"麻醉药品局"的电报。RG511，马里兰州大学公园市国家档案馆。

161 "媒体把麻醉药品农场称为'瘾君子的新归宿'……"肯贝尔等《麻醉药品农场》，12页。

161 "列克星敦当地的一份报纸发起了一场比赛，让当地居民为这个地方起名……"出处同上，36—37页。

161 "事实上，这座监狱/医院/大腕梦幻城堡依然没有清楚的定义……"除了为上瘾者"进行康复治疗"之外，麻醉药品农场也令住客成了一系列当时正在进行的实验的测试对象（表面上是服务于全国上瘾者的康复治疗过程）。此类实验中，有多项在数十年后的20世纪50年代遭到伦理委员会的质疑。麻醉药品农场的上瘾研究中心当时正在进行一些开创性的实验，但它们也是充满争议的。这些实验主要围绕着戒毒机制和一种不致上瘾的鸦片类止痛药展开，且该农场是第一批测试美沙酮治疗方法的地方。参见肯贝尔等《麻醉药品农场》，142页。

161 "我们在农场的待遇之有礼貌……"出处同上，83页。本段文字中其他有关列克星敦的生活细节，亦出自这部历史著作，包括劳作和娱乐的细节：番茄和牙科服务和奶制品农场。

161 "一个名叫利平科特的魔术师在麻醉药品农场表演……"《今晚将有魔术师光临本医院》，1948年11月15日《列克星敦领袖报》，RG511，马里兰州大学公园市国家档案馆。

162 "1973年，病人们总共投掷马蹄铁4 473小时，玩保龄球8 842小时……"肯贝尔等《麻醉药品农场》，142页。

162 "抽香蕉烟流行一时……"小比利·伯勒斯《肯塔基火腿》（纽约：E.P.都顿，1973年），100页。

162 "如此多的音乐家都被送到列克星敦……"肯贝尔等《麻醉药品农场》，152页。

162 "在很大程度上，这种治疗不过是……有技巧地重新组合……"罗伯特·凯西《被肯塔基实验室'以旧换新'的人的命运》，1938年8月23日《芝加哥每日新闻报》，RG511，马里兰州大学公园市国家档案馆。《亚特兰大乔治人报》的一则刊登于头版的报道上有一幅卡通画，画面显示有一长串上瘾者在刺眼的阳光下，踏步迈向麻醉药品农场的高耸塔楼，其标题为："公众启蒙"。这篇报道的主旨相当郑重其事：每个州都应该有一个麻醉药品农场，因为它实现了必要的人道主义改造。然而，麻醉药品农场不自在地凌驾于堂皇的辞令和惩罚的实质之间，而且其康复治疗的辞令有相当一部分实际上都是空洞的。许多上瘾者是为了逃离生活的陷阱才上了瘾，然而却发现他们又落入了上瘾本身的陷阱。因此，他们便寻求另一种控制——麻醉药品农场——所承诺的自由。

163 "'没什么感觉'……'你的意思是感觉不太好'……"小克拉伦斯·库珀《农场》（纽约：皇冠出版社，1967年），27页。

163 "姓名：罗伯特·伯恩斯……"《针对非医疗类上瘾者的报告》，1944年10月24日，RG511，马里兰州大学公园市国家档案馆。

六 投 降

171 "那意味着你不必从零开始建立团体的仪式……"因为仪式的限制而得到解放的感觉无独有偶：它是每一种宗教传统的一部分——然而，当里昂·维塞提尔在描绘珈底什的清晨仪式如何免除他即兴表现其痛苦的需要时，对此进行的表述尤其精当："我再次意识到，珈底什是我的巨大财富。它排除了外部问题，并因此让我不必即兴表演丧亲的仪式，而那是很艰巨的任务。"摘自《珈底什》（纽约：经典书屋，2000年），39页。

173 "这就是答案——自知……"所有这些引文都摘自《比尔的故事》，《匿名戒酒会》（更多地被称为那本"大书"）的第一章。

173 "我感到被提起来，仿佛山顶上那巨大的清净的风一直在吹啊吹……"也摘自《比尔的故事》，《匿名戒酒会》。比尔·威尔逊在医院里顿悟的这个故事跟他在成长过程中与他自己的祖父威利爷爷对话中的一段陈述非常接近。那是威利摆脱"酒魔"的故事，而那就发生在他在佛蒙特州的埃俄罗斯山遇到神的时候。这种重合并不意味着这个故事是虚假的，而只是证明，在编写我们获得救赎的说法时，我们会采用所有手头既有的材料——那些我们继承的故事、那些我们觉得自己最需要的故事。有关威尔逊祖父转变的故事的细节，参见苏珊·契弗的《我叫比尔：比尔·威尔逊——他的人生和匿名戒酒会的创立》（纽约：华盛顿广场出版社，2005年），或是唐·拉丁《蒸馏酒：跟一位著名的作家、一个被遗忘的哲学家，和一个无望的醉鬼喝醉，然后清醒》（伯克利：加州大学出版社，2012年）。

176 "他在自传中则坦陈，在埃比那次到访后，他还有过几次狂饮……"比尔·威尔逊一直表示不愿意写自传，但是最终——为了先发制人，避免他预感到的、其他人为他作传的不准确性——他在1954年将自己的人生录制成一系列对话，并在2000年将其出版，即《比尔·W：我的前40年》（明尼苏达州中心城市：哈泽尔登出版社，2000年）。

176 "将这场运动的基础定为自下而上……"威尔逊《比尔·W：我的前40年》。

176 "一号人物……"这句引用自比尔·威尔逊的话出自2012年的一部有关他生平的纪录片：《比尔·W》（凯文·汉龙导演）。这部有关威尔逊的正片长度纪录片探究了他对于匿名戒酒会发起人的地位带来的顶礼膜拜的矛盾感受。在一个他不想让自己的故事比别人的更重要的领域里，他发现自己成了"一号人物"。

176 "我像你们一样……我也容易犯错……"比尔·威尔逊在1958年4月27日于乔治王子酒店举行的一次匿名戒酒会的结束语中如是说。进身之阶基金会档案馆，WGW 103, Bx31, F6。进入进身之阶基金会档案馆并摘选其中文件的内容，并不代表本书作者在此书中发表的意见或结论经过进身之阶的审核和同意。此书中表达的结论以及这些结论的调研基础，完全是本书作者的责任。本书中所使用的所有从进身之阶档案馆中获得的文件选段，都经该机构同意——比尔和洛伊斯·威尔逊，卡托纳，纽约，10536, steppingstones.org（914）232-4822。

177 "他给一个名叫芭芭拉的匿名戒酒会成员写了一封信……"这封给芭芭拉的信在纪录片《比尔·W》中被提及。威尔逊为了回应一个名叫芭芭拉的女人指责他"令她失望"，而解释说他被放到了一个不可企及的地位，一个"没有任何容易犯错的人可以企及的、虚幻的显要地位"。他不希望自己的故事被看成神圣的工艺品。

177 "当然，我一直都对……非常反感……"威尔逊《比尔·W：我的前40年》，2页。

177 "艾德和我对华尔街时光的最后记录报以一笑……"出处同上，80页。

177 "表现得像一群被某个百老汇选角中介派来的演员……"杰克·亚历山大《匿名戒酒会：获得解放的酒的奴隶，如今去解放其他人》，1941年3月1日《周六晚报》。

178 "在许多夜晚，她都忙于看顾那些歇斯底里的女酗酒者……"出处同上。

179 "你将成为匿名戒酒会成员每天多次干杯的理由……"比尔·威尔逊于1941年1月6日给杰克·亚历山大的信，匿名戒酒会数码档案馆。

179 "截至1941年年底，该会成员已超过8 000人……"1941年的成员人数数据摘自那本"大书"第二版的前言，http://www.aa.org/assets/en_US/en_bigbook_forewordsecondedition.pdf。

2015年的数据摘自匿名戒酒会综合服务办公室，http://www.aa.org/

assets/en_US/smf–53_en.pdf。

179 "法国哲学家凯瑟琳·马拉布提出了三种不同的复原情形，分别对应三种动物：凤凰、蜘蛛和蝾螈……"凯瑟琳·马拉布《凤凰、蜘蛛和蝾螈》，《改变中的区别》(剑桥：政体出版社，2011年)，卡洛琳·施瑞德译，74—75页。

179 "满是污点、缺口和划痕……"出处同上，76—77页。

179 "没有伤疤，但与之前的不同……"出处同上，82页。

180 "见证权威……"本书作者在2016年8月11日对梅格·奇瑟姆进行的访谈。

180 "医生，你也得服用海洛因才行……"本书作者在2016年10月13日对亚当·卡普林进行的访谈。

180 "'意外管理'和'团体强化'……"全国毒品滥用学院(NIDA)在承认十二步骤治疗法本身在上瘾复原方面的有效性外，还认可了已被证明有效的四种行为治疗法：认知行为疗法、意外管理、团体强化和动机增益疗法。(这其中的一部分疗法，例如意外管理和团体强化，会由十二步骤小组予以提供，不过这些小组并不是唯一可以获取或长期进行这些疗法的途径。)一项调查显示，其中的三种治疗方法(认知行为疗法、动机增益疗法和十二步骤的建立)在一年之后取得了相当接近的戒除效果，而对于精神病症状轻微的病人，十二步骤的建立达成了更高的戒除效果。参见《针对病人的特性选取酒精上瘾治疗法：MATCH项目治疗后的酗酒情况》，《酒精和毒品研究杂志》58期，第一号(1997年1月)：7—29页。

180 "会议对那些需要听到自己忏悔的人特别有用……"本书作者在2016年10月13日对亚当·卡普林进行的访谈。

181 "你真的很聪明……"本书作者在2016年8月11日对梅格·奇瑟姆进行的访谈。

181 "杜撰的胡说八道……"布莱克·贝利在《更远且更野：查尔斯·杰克逊那些失去的周末和文学梦》(纽约：经典书屋，2013年)中引用杰克逊的话，144页。

181 "你这狗娘养的……如果……你还看不出……"出处同上，147页。

181 "解决方法……被拿出来，然后又收回去，没派上用场……"1943年查尔斯·杰克逊写给斯坦利·莱因哈特的信，查尔斯·杰克逊文献，达特茅斯学院。

181 "想要从中了解什么，或听出笑话背后那真实的、令人不舒服的……" 杰克逊《失去的周末》，113页。

182 "我没法自我抽离……" 查尔斯·杰克逊的发言，克利夫兰，俄亥俄州，1959年5月7日。

182 "我跟你说吧，小伙子，匿名戒酒会的意义远远、远远超过……" 查尔斯·杰克逊于1954年9月14日写信给查尔斯·布拉克特的信，查尔斯·杰克逊文献，达特茅斯学院。

182 "然而，在哈特福德的一场会议上……" 参见贝利《更远且更野》中对于杰克逊参加哈特福德的一次匿名戒酒会的详细叙述（145页）。

182 "这些人了解我……" 语出查尔斯·杰克逊，出处同上，310页。

182 "我只是念及你的责任……" 语出C. 都德利·索尔，出处同上，308—309页。

183 "智力相仿……" 语出查尔斯·杰克逊，出处同上，308页。

183 "当他致电佛蒙特州蒙彼利埃的一个分会……" 该事件在同上出处中被描述，312页。

183 "他越来越喜欢G. K. 切斯特顿的一句话……" 切斯特顿的名言（和杰克逊对其的喜爱）都在同上出处中提到，337页。

188 "一切如此简单而自然，没有装腔作势那一类的东西……" 罗达·杰克逊于1953年11月24日写给弗雷德里克·斯多利尔·杰克逊的信，查尔斯·杰克逊文献，达特茅斯学院。

188 "植物般的健康……" 查尔斯·杰克逊《沉睡的大脑》，未出版的手稿，查尔斯·杰克逊文献，达特茅斯学院。

188 "请不要为此局促不安……" 查尔斯·杰克逊于1954年1月9日写给沃尔特·莫德尔和梅里曼·莫德尔的信，查尔斯·杰克逊文献，达特茅斯学院。

188 "去一个节育诊所看医生……" 语出自理查德·兰帕斯基，贝利《更远且更野》，347页。

189 "那些成员们就是不让他走……" 语出自理查德·兰帕斯基，贝利《更远且更野》，339页。

189 "优等生……新上的瘾……" 出处同上，341页、346页。

189 "我亲爱的查理，谢谢你如此周到……" 比尔·威尔逊于1961年4月24日写信给查尔斯·杰克逊，进身之阶基金会档案馆，WGW 102，Bx

15，F 1–9。

189 "杰克逊……受《生活》杂志之邀写作一篇关于匿名戒酒会的文章。这篇文章分两部分……"参见贝利《更远且更野》中对于杰克逊受《生活》杂志之邀，撰写文章的故事，320页。

193 "何等运气，我想……"雷蒙德·卡佛《运气》，《我们所有人：诗歌集》（纽约：克诺夫出版社，1998年），5页。

193 "嗜酒者在过程中会到达一个点，需要一些精神上的体验……"语出威尔逊，拉丁《蒸馏酒》，198。亦可参见匿名戒酒会《"传下去"：比尔·威尔逊的故事和匿名戒酒会的要旨如何传播到全世界》（纽约：匿名戒酒会世界服务公司，1984年）。

193 "对朋友描绘第一次迷幻之旅时，威尔逊将那种感觉与自己对于匿名戒酒会的早期认知，即'世界各地一串又一串的醉汉都在互相帮助'，相比较……"语出奥斯蒙德，拉丁《蒸馏酒》，195页。

193 "愤世嫉俗的酒鬼……"拉丁《蒸馏酒》，取自威尔·佛斯曼。

193 "大多数匿名戒酒会成员都强烈反对他尝试致幻物质……"《匿名戒酒会》，《传下去》，372页。

194 "幽灵造访时段……"语出内尔·威恩，拉丁《蒸馏酒》，194页。

194 "那天有个自称波尼法修的幽灵出现了……"威尔逊于1952年7月17日写给埃德·道林的信，《倡议的灵魂：见证埃德·道林神父和比尔·威尔逊之间友谊的书信》（明尼苏达州中心城市：哈泽尔登出版社，1995年）。

194 "先做最重要的事……放轻松……"比尔·威尔逊手写笔记，进身之阶基金会档案馆，纽约卡托纳。WGW 101.7，Bx. 7，F. 6。

195 "你会戒烟吗……"比尔·威尔逊手写笔记，进身之阶基金会档案馆，纽约卡托纳。WGW 101.7，Bx. 7，F. 6。

196 "建议张三在此时脱稿发言……"匿名戒酒会综合服务总部广播和电视发言样稿，1957年2月2日。1957的这份"发言样稿"实际上是对一份已有的"发言样稿"的更新。罗格斯大学酒精研究中心。

198 "数年后，当一个医师将顽固地聚焦于当下一刻描述为上瘾者典型的性情时……"本书作者在2016年10月13日对亚当·卡普林进行的访谈。

七 饥 渴

205 "就像饥饿的人，除了食物，什么都谈不了……"威廉·伯勒斯《瘾君子：一个未得到救赎的吸毒者》（纽约：王牌书局，1953年），63页。

205 "在那里根本就没事可干，一点都没有——除了谈毒品……"海伦·麦吉尔·修斯编写的《幻想的小屋：一个吸毒成瘾的女孩的自传》（纽约：福西特出版社，1961年），214页。《幻想的小屋》被作为"个案研究"推广：基于访谈录音的、隐去真实姓名的、一名女性海洛因上瘾者的故事。访谈由社会学家霍华德·贝克主持，由海伦·麦吉尔·修斯编辑。海洛因上瘾者以男性为主，而这本书则揭示了一个女性上瘾者的个人经历，并从社会学（而非文学）目的出发，建构并描绘了一个上瘾者的故事。

205 "她抱着极大的希望，想要出版这本书……"出处同上，266页。

206 "治愈，预后良好（3）；治愈，预后谨慎（27）；治愈，预后差（10）……"肯塔基州列克星敦市，美国公共服务医院，截至1945年6月30日的财年年报。由美国公共服务医院医疗主任及医疗主管 J. D. 理查德提交给军医署署长，1945年8月11日。RG511，马里兰州大学公园市国家档案馆。

208 "在十二杯鸡尾酒后，每个人都很可爱……"有关特蕾西拉、史蒂芬和弗兰克之间更完整的故事——那个我知道我的编辑会让我删掉的故事——参见http://www.mtv.com/news/2339854/real-world-las-vegas-hookups/。

209 "敬戒酒5个月的痛苦……"《闪灵》（斯坦利·库布里克导演，1980年），编剧为斯坦利·库布里克和戴安娜·约翰逊。

210 "他到底能不能有一小时……"斯蒂芬·金《闪灵》（纽约：双日出版社，1977年），25页。

210 "紧握在他的大腿上，互相顶着，出着汗……"出处同上，有关紧握或是出汗的手的描述可参见7、53、186、269、394页。

210 "如果一个人洗心革面……"出处同上，346—347页。

210 "为戒酒的每一个月，我都要喝一杯……"出处同上，350页。

211 "戒酒的地板……"出处同上，354页。

211 "充满期待地、静静地看着他……"出处同上，508—509页。

211 "杰克把酒端到嘴边……"出处同上，509页。

211 "他在酒吧拿着一杯酒干吗？……"出处同上，507页。

211 "那就像是在某出老掉牙的戒酒话剧的第二幕开始前……"出处同上，356页。

211 "你必须让他喝那些坏东西。只有这样你才能抓住他……"出处同上，632页。

212 "几乎带着负罪感，仿佛他偷偷喝了酒……"出处同上，242页。

212 "跟他通常在喝了三杯后感觉到的微醺一样……"出处同上，267页。

212 "派对结束了……"出处同上，641页。

212 "并没有意识到……我在写自己……"斯蒂芬·金《关于写作：一本有关这门手艺的回忆录》（纽约：史克莱柏纳出版社，2000页），95页。金在写杰克的拒不承认时，自己也在顽强地拒不承认，不仅将自己的上瘾还把对于没有上瘾的幻觉都投射到他笔下的人物身上。"他一直不相信自己是个酗酒者，"金这样描述杰克，他一直告诉自己，"不是我，我任何时候都可以停下。"（《闪灵》，55页）。

212 "我害怕……如果我不再喝酒、吸毒，我将无法写作……"金《关于写作》，98页。即使在斯蒂芬·金无法真正面对他自己的酒瘾时，他仍写道，"在内心深处，我明白自己是个酗酒者……开始用我唯一所知的方式呐喊，寻求帮助——通过我的小说，通过我笔下的怪物们。（96页）"金将他的三部小说——《闪灵》《战栗游戏》和《绿魔》——都说成试图向自己描述自己的问题：《绿魔》写的是"外星生物进入了你的头脑，并且就这样开始……在里面'绿魔'起来。你看到的是能量和一种肤浅的智慧"（97页）。它不是一种不易觉察的升华：能量＋肤浅的智慧＝可卡因。他在1986年写这本书时，不仅在用可卡因的隐喻，还在疯狂地吸食着可卡因，"经常是工作到半夜，我的心跳加速到1分钟130跳，棉花棒插在我的鼻子里，堵住可卡因引致的流血"（96页）。他在那个故事里血迹斑斑，然而，却是《战栗游戏》——关于一个名叫安妮的疯狂护士和她被威胁的病人，那个被她当作人质的作家——最终令他戒毒。"安妮是可卡因，"他写道，"安妮就是酒，而我确定我已经厌倦了当安妮的作家宠物。"（98页）

213 "每个酒瘾者的幻想……"《牛津哲学和精神病学手册》（牛津：牛津大学出版社，2013年），K. W. M. 福尔福德等编，872页。

215 "你在一条路上平静地走着……"里斯《早安，午夜》，《小说全集》（纽约：W. W. 诺顿出版社，1985 年），450 页。

215 "有传闻说她死在了一家疗养院里……"卡罗尔·安吉尔《简·里斯：人生与作品》（纽约：利特尔布朗出版社，1991 年），437 页。

215 "已故的简·里斯……"亨特·戴维斯，1966 年 11 月 6 日《周日时报》。

215 "如有任何人知道她的下落……"塞尔玛·瓦斯·迪亚斯，刊登于 1949 年 11 月《新政治家》上的私人广告。简·里斯档案馆，塔尔萨大学。

215 "哈默太太行为焦躁……"语出贝肯汉姆和彭琪广告公司，引自安吉尔《简·里斯：人生与作品》，451 页。

215 "然而，谁是简·里斯，她在哪里？……"瓦斯·迪亚斯在收到里斯的回复后，"被兴奋冲昏了头脑"，去拜访里斯。里斯穿着一件"粉色居家长衫"来应门。而对于瓦斯·迪亚斯来说，她像是一个从这个世界消失的女人："我立刻意识到，对她而言，黑夜和白昼之间没有什么分别。"当她们见面时，里斯正"迫切想要喝酒"，因此瓦斯·迪亚斯在寒冷而荒凉的贝肯汉姆走了好几英里，才找到一家酒吧，并在一番努力后成功买到一些令人疑惑的雪利酒。塞尔玛·瓦斯·迪亚斯《要消失很容易》，手稿草稿，3 页。简·里斯档案馆，塔尔萨大学。

216 "简的生活……实在像是同样的几个场景……"安吉尔《简·里斯：人生与作品》，455 页。

216 "真理万能，终必奏凯……"出处同上，362 页。

216 "不给茶——不给水——不外借厕所……"简·里斯，在同上出处中被引述，475 页。当时，住在切里顿菲茨帕恩的里斯需要用钱，才轻率地跟瓦斯·迪亚斯达成了一项协议：里斯签字同意将其作品改编所得的一半收入分给对方。后来，她将这个错误称为"醉后签名的冒险"。在安吉尔写的传记中有相关故事的细节，而该书也是本书中有关里斯在切里顿菲茨帕恩的生活的信息来源。

216 "我在努力写就一部新作品……"里斯于 1957 年 6 月 28 日写给艾略特·布里斯的信，简·里斯档案馆，塔尔萨大学。

217 "在雅斗的每天早上，我几乎都会喝醉……"琼·圣卡尔在《才华横溢的海史密斯小姐：帕特里夏·海史密斯的秘密生活和严肃艺术》（纽约：圣马丁出版社，2009 年）255 页引述帕特里夏·海史密斯的话。

八　复　萌

224 "[他] 每天会做四件事……"李·斯金格《中央车站的冬天》（纽约：七个故事出版社，1998年），17页。

224 "在烟管里……"出处同上，111页。

224 "发酵般的期待……焦糖和氨的烟……黄-橙的光……绽放、摇摆、转淡……"出处同上，220页。

224 "固守着这样一种想法……"出处同上，247页。

225 "一旦我无法个人化……"查尔斯·杰克逊于1953年11月24日写给玛丽·麦卡锡的信，查尔斯·杰克逊文献，达特茅斯学院。

226 "慰藉、憩息、美丽或能量……错误地认为那魔幻的一刻是美丽的……"伊芙·科索夫斯基·塞奇威克《意志的泛滥》，《倾向》杂志（达勒姆，北卡罗来纳州：杜克大学出版社，1993年），132页。

226 "我的天，我永远不会再喝了……"约翰·贝里曼《复原》（纽约：法劳·斯特劳斯·吉罗出版社，1973年），83页。

227 "具侵犯性且好斗……"卡罗尔·安吉尔《简·里斯：人生与作品》，442页。

228 "一遍一遍地重温这样那样的痛苦……"戴安娜·梅里在如上出处中被引述，649页。

228 "证明自己醉心于忧愁……"丽贝卡·韦斯特《某些新小说中对于痛苦的追求》，1931年1月30日《每日电讯报》。简·里斯档案馆，塔尔萨大学。

228 "'注定悲伤'……"汉娜·卡特《注定悲伤：简·里斯对话汉娜·卡特》，1968年8月8日《卫报》，5页。

228 "预设的角色，受害者的角色……"里斯在卡罗尔·安吉尔的《简·里斯：人生与作品》中被引述，588页。

228 "呻吟小调的终结……"简·里斯于1948年7月8日写给佩吉·柯卡尔迪的信，《简·里斯书信，1931—1966年》（伦敦：安德烈·德意志出版社，1984年），弗朗西斯·温德姆和戴安娜·梅里编，47页。"修女们曾经总是说世上只有两种罪，假定和绝望，"里斯在一份没有日期的手写文件中这样写道，"我不知道我的罪算是哪一种。"简·里斯档案馆，塔尔萨大学。

228 "每个人都把她小说中的人物看作受害者……"简·里斯访谈。《每天都是新的一天》，1947年11月21日《广播时代》，6页。简·里斯档案馆，塔尔萨大学。

228　"我是一个参加假面舞会却没有戴面具的人……"玛丽·坎特韦尔《与简·里斯——目前最杰出的英语小说家——对话》,1974年10月《淑女》杂志。

228　"我不是妇女解放运动的热衷分子……"里斯在安吉尔的《简·里斯:人生与作品》中被引述,631页。

228　"我看到一个愤怒的女人,她有理由感到愤怒……"莉莲·皮齐基尼《蓝调时分:简·里斯的一生》(纽约:W.W.诺顿出版社,2009年),308页。

229　"受尽痛苦和折磨的面具……"简·里斯《早安,午夜》,收于《小说全集》(纽约:W.W.诺顿出版社,1985年),369—370页。里斯不断地在通过将自怜的借口和承诺抽丝剥茧来剖析它,用她那些形象不佳的文学虚拟化身的刚毛衬衣来惩罚自己。在她的书中,一个男人在看待其中一位女主角时,想:"即使她也肯定能看出来,她是在将原本可笑的情形变成一出悲剧(里斯《离开麦肯齐先生之后》,出自《小说全集》,251页)。"这种自食其果的观点让里斯可以不单单只是处在一种自怜的状态,而是可以远远超越它,做到更多:像变魔术般,她描绘出在别人看来那是什么样子,它该有多奇怪。在《黑暗中的航行》里,她准确而又令人不安地描绘出安娜的脆弱:安娜想道,"我如此紧张,四分之三的我都在监狱里不停地转圈"。一个女人"四分之三"在坐牢,那比一个在坐牢的女人要明确且有趣得多。一个女人"四分之三"在坐牢也在她自己之外盘旋,她剩下的那四分之一在考虑她入狱的期限和严重性——对于从句法上分析三分之二和四分之三坐牢之间的区别加以嘲弄。《黑暗中的航行》,《小说全集》,47页。

229　"插着绿色羽毛的一顶高帽子……"里斯《早安,午夜》,收于《小说全集》,370页。

230　"落入某个需要它帮助的人的手里……"约翰·罗伊德在布莱克·贝利的《更远且更野:查尔斯·杰克逊那些失去的周末和文学梦》(纽约:经典书屋,2013年)中被引述,168页。

231　"解决精神问题……"查尔斯·杰克逊在梅·R.马里昂的《查尔斯·杰克逊在哈特福德匿名戒酒会上的发言》,《匿名戒酒会秘密情报》,1945年1月。贝利《更远且更野》,168页。

231　"你知道,我又开始喝酒了……"查尔斯·杰克逊写给罗达·杰克逊的信,在贝利的《更远且更野》中被引述，226页。

231 "没有什么会让我再喝酒……"查尔斯·杰克逊，来自一份由莱因哈特出版社发出的、名为《失落的小说家》的宣传册，在贝利的《更远且更野》中被引述，226页。

231 "'《失去的周末》的作者自己失去了一个周末'……"出处同上，283页。杰克逊那起正面撞车的结果轻微得令人意外。据贝利报道，另一辆车的乘客只是有些轻伤，而杰克逊自己则几乎毫发未损。

231 "我昨天才意识到……他是如何停止喝酒的……"罗达·杰克逊于1947年7月3日写给弗雷德里克·斯多利尔·杰克逊，查尔斯·杰克逊文献，达特茅斯学院。

231 "谁也不知道下次会怎么样，但何必为那担心呢……"查尔斯·杰克逊《失去的周末》（纽约：法勒和莱因哈特出版社，1944年），224页。

232 "查尔斯和比利的电影远非基于我的小说……"查尔斯·杰克逊于1945年2月19日写给罗伯特·内森的信，查尔斯·杰克逊文献，达特茅斯学院。

234 "你看着吧，宝贝……"有关比莉·荷莉戴去世时的情况，参见约翰·茨威德《比莉·荷莉戴：音乐家及世人的误解》（纽约：维京出版社，2015年）和约翰·海利《追逐尖叫》（纽约：布卢姆斯伯里出版社，2015年）。亦可参见1959年7月18日刊登《纽约时报》上的讣告《比莉·荷莉戴死于44岁；爵士歌手影响广泛》。

234 "一个开放性伤口……声带已经被损得不成样子了……"茨威德在《比莉·荷莉戴：音乐家及世人的误解》194页引述迈克尔·布鲁克斯的话。

235 "现在我要吃早饭了……"茱莉亚·布莱克本在《与比莉在一起：重新看待令人难忘的戴小姐》（纽约：众神殿出版社，2005年）171页中引述的话。

235 "我看过她10年前的照片……"埃利斯在如上出处中被引述，269页。

235 "其他顾客也在喝啤酒和小杯烈酒时哭泣……"茨威德在《比莉·荷莉戴：音乐家及世人的误解》105页引述了斯特兹·特克尔的话。

235 "她试图以母乳喂养干儿子，但她的乳房里没有奶……"这些信息大多来自茨威德《比莉·荷莉戴：音乐家及世人的误解》，44—45页。

236 "所有人包括我都停止了呼吸……"弗兰克·奥哈拉《女伶去世的那一天》，《弗兰克·奥哈拉诗集》（伯克利：加州大学出版社，1995年），唐纳德·艾伦编。

九 坦 白

241 "为什么要再给你一次机会……"这段对话摘自一场毒品法庭的审判，而这场审判的内容被收入毒品法庭的人种论记录当中。斯泰西·李·伯恩斯和马克·佩洛特《严厉的爱：加州毒品法庭中对于责任和复原的培养及威逼》，《社会问题》第50期，第3号（2003年8月）：433页。

第一处毒品法庭在1989年设立于迈阿密，到了2015年6月，全美有超过3 142家毒品法庭（国家司法研究院，"毒品法庭"，http://www.nij.gov/topics/courts/drug-courts/pages/welcome.aspx）。纽约、马里兰、堪萨斯和华盛顿等是第一批通过类似加州36号提案（2000年）法令的州，而这类法令基本上就是强制初级罪犯上毒品法庭。斯科特·埃勒斯和杰森·齐登伯格《36号提案：5年之后》，《司法政策研究院》（2006年4月）。

就像社会学家伯恩斯和佩洛特所说，毒品法庭就是为了"体现那个复原中的自我"（《严厉的爱》，430页）——那个强大到足以抵御上瘾的新的自我。被告在毒品法庭法官的要求下，必须遵循一套个人化的治疗方案。这些方案通常都会包括匿名戒酒会/匿名戒毒会的会议、心理治疗、就业培训、住院/非住院的康复治疗和尿检。在完成治疗方案后，通常都会有一场毕业典礼，配以掌声和巧克力蛋糕、帽子和礼服，以及写着"拒绝滥用"或是"坚持复原"的T恤。

241 "大声斥责……'我厌倦了你的借口！''我对你忍无可忍了！'……"泰伦斯·D. 米瑟、陆洪（音译）和艾琳·瑞茜《毒品法庭的耻感重建和再犯风险：对于一些出乎意料的发现的解释》，《犯罪和违法行为》46期（2000年）：522页、536—537页。毒品法庭依赖于"耻感重建"的理论，意即公开羞辱罪犯能让他们重新回归社会组织。"耻感重建"是建立在羞耻感从个人转向行为本身这样一种观念上的，然而事实上，毒品法庭经常模糊两者的区别。

241 "还能挽救……无可救药……"伯恩斯和佩洛特《严厉的爱》，428—429页。

242 "这个世界上没有一个灵魂可以在死前确定，他们与毒品的斗争结束了……"比莉·荷莉戴《蓝调女伶》，220页。

242 "是的，尼克复发了……"大卫·谢夫《跛》，《美好男孩》（纽约：霍顿·米弗林·哈考特出版社，2008年），323—324页。

243 "'戒酒和……对于匿名戒酒会的巨大兴趣'与'这种新的态度有很大关系'……"查尔斯·杰克逊于1954年1月9日写给沃尔特和梅里曼·莫德尔的信，查尔斯·杰克逊文献，达特茅斯学院。

244 "当时，杰克逊正在写一部他认为可以成为其代表作的书稿：一部名叫《发生了什么》的巨作……"《发生了什么》的初衷并不在于明确地写复原。也正因此，它和杰克逊为《失去的周末》设计的续集《解决》截然不同——《解决》要讲的是唐如何"走了出来"。不过，当杰克逊最初开始写《发生了什么》的时候，其字里行间都透露着匿名戒酒会的价值观的影响，而事实上，他也正在参加匿名戒酒会。

244 "有关认定和接受人生的小说……"查尔斯·杰克逊于1948年2月27日写给斯坦利·莱因哈特的信，查尔斯·杰克逊文献，达特茅斯学院。

244 "将是这次聚会的主人……"查尔斯·杰克逊于1945年3月8日写给斯坦利·莱因哈特的信，查尔斯·杰克逊文献，达特茅斯学院。

244 "做什么事都行……"布莱克·贝利《更远且更野：查尔斯·杰克逊那些失去的周末和文学梦》（纽约：经典书屋，2013年），346页。

244 "它绝对是我的最佳作品，更简单，更诚实……"查尔斯·杰克逊于1954年1月9日写给沃尔特和梅里曼·莫德尔的信，查尔斯·杰克逊文献，达特茅斯学院。

244 "我这样描述它最为贴切：这个故事在每一页纸上都在发生……"查尔斯·杰克逊于1953年12月30日写给罗杰·斯特劳斯的信，查尔斯·杰克逊文献，达特茅斯学院。

245 "它真的很美好，简单、平实、以人为本，关注生活本身——不在那光彩夺目的知识分子之列……"查尔斯·杰克逊于1954年1月8日写给罗杰·斯特劳斯的信，查尔斯·杰克逊文献，达特茅斯学院。

245 "几乎可以随心所欲……我喜欢让它平实，就像普通人一样……"出处同上。

245 "让生活一刻一刻地展开……是随意的，信笔乱写的……完全缺乏新意……"查尔斯·杰克逊写给多萝西娅·斯特劳斯的信，在贝利《更远且更野》中被引述，318页。

245 "一切都在我之外——之外！……"查尔斯·杰克逊于1954年1月8日写给"安吉尔"的信，查尔斯·杰克逊文献，达特茅斯学院。

246 "对我妻子的忠诚，也有几次是在极端酒醉的帮助下……"《比尔的故事》，《匿名戒酒会》，3页。

249 "终我一生，我最担心自己什么？"约翰·贝里曼《第四步清单指导》，日期不详，1970—1971年，约翰·贝里曼文献，明尼苏达大学。

249 "邀请监狱里的犯人们在释放后到他的家里共进晚餐……"参见约翰·哈芬登《约翰·贝里曼的一生》（伦敦：缪修安出版公司，1984年），408页。

250 "伤害自己。永远都为了那些不可改变的……"约翰·贝里曼，手写笔记，日期不详，1970—1971年，约翰·贝里曼文献，明尼苏达大学。

250 "所谓的'明尼苏达模式'……""明尼苏达模式"，也就是如今我们所谓的"康复治疗"，最早是在20世纪50年代中期一个叫作威尔马州立医院的地方开发的。那是位于明尼苏达州威尔马的一处"酗酒者避难所"，数十年来为晚期酗酒者提供监护服务。（在1912年刚开时，其原名为威尔马酗酒者医院农场。）1954年推出的更全面的模式基于匿名戒酒会的原则，却是为了其住院病人而设计的，且相信复原的可能性：他们不再为酗酒者病房的门上锁，开始给病人们上课，并聘请清醒的酗酒者辅导员来帮助他们。为酗酒辅导员创造正式的专职岗位遭遇了多方阻力。州长克莱德·埃尔默·安德森在首次倡导在公务员系统中应该设置"酗酒者辅导员"的职位时，遭到了"嘲笑"。匿名戒酒会的成员担心，会员会受雇开展"十二步骤"的工作，而"十二步骤"恰恰对戒酒会是至关重要的。然而，威尔马和匿名戒酒会之间有紧密的合作关系，且在附近还有另一处治疗中心——一处名为哈泽尔登的农舍，而那之后最终成了美国最著名的康复治疗中心之一。1949年（仅仅在荷莉黛因为上瘾而被关押的2年后），哈泽尔登刚开始的时候很小，每次只收四位住客。在其第一个圣诞节，那里只有两位住客：其中一位为另一位做了圣诞晚餐。他们唯一提供的药品是一种安慰剂，给那些说感觉不太舒服的新来者。不过，他们确实开始给每个住客个人化的咖啡杯。来自这些早期的治疗中心的明尼苏达治疗模式聚焦于建立亲密的团体关系，并且不再注重酗酒（包括其起因）的精神分析，而是强调有条理的日常生活习惯可以带来清醒。明尼苏达模式在20世纪60、70和80年代很快扩展开来（有人将1968年住有1 420人的哈泽尔登比喻为上班高峰的中央车站），且它最终成了"康复治疗中心"（因为起源于明尼苏达，它也令这片"万湖之地"有了它的绰号："上万治疗中心之地"）。有关明尼苏达模式的发展和初期的哈泽尔登，请参见威廉·怀特《屠龙：美国的上瘾治疗和复原历史》（布卢明顿，印第安纳：栗子医疗系统，1998年）。

250　"因为我的酗酒，在结婚11年后，妻子离开了我……"约翰·贝里曼，手写笔记，1970年，约翰·贝里曼文献，明尼苏达大学。

250　"列举了他的'责任'……"约翰·贝里曼，手写的第四步骤，1970年或1971年11月8日，约翰·贝里曼文献，明尼苏达大学。

251　"当贝里曼开始考虑写一本有关复原的小说时……"体裁的改变（从诗歌变为小说）对于贝里曼来说也是至关重要的。小说的形式为叙述的发展或其明确的中断或否认，而非孤独的时间中的抒情瞬间，提供了空间。从一种体裁转向另一种体裁也实现了结构上的变化：从声音和影像上的实验转向通过风景秀丽的互动呈现出一幅心理肖像。

251　"有用的第十二步的工作……"约翰·贝里曼，手写笔记，日期不详，约翰·贝里曼文献，明尼苏达大学。

251　"他曾想到将这部小说命名为'坟墓上的科尔萨科夫氏症候群'，但还是更倾向于'我是个酗酒者'……'将我一半的稿费给——谁？不是匿名戒酒会——他们不会收的'……"出处同上。

252　"这段关于我复原之始的摘要和有所欺骗的描述……"约翰·贝里曼，打字机打出的《复原》草稿片段，约翰·贝里曼文献，明尼苏达大学。

252　"'后小说：成为智慧之作的小说'……"哈芬登《约翰·贝里曼的一生》，396页。马尔科姆·劳瑞的《火山之下》在其教学大纲之中。

252　"善良、罪恶、爱、恨、生活、死亡、美、丑……""简·里斯的审判"中的所有引述内容，都来自一本笔记本中未经出版的手写文章。这篇文章出现在其1952年被称为"结绳者日记"的日记本里。这本日记之所以如此被命名，是因为里斯于1951至1952年居住在一家名为结绳者酒吧的小客栈里时，用的就是这本日记。简·里斯档案馆，塔尔萨大学。

252　"我把他们当作行走的树……"在"简·里斯的审判"中的这一刻，里斯极有可能是在暗指马可福音22—25节的内容。一个盲人被带到耶稣面前，接受治愈。耶稣第一次治愈他时，他的视力只恢复了一部分。他抬头看着，并说："我看见了人，我看见他们像是树一样，在行走。"之后，耶稣将他的双手放在盲人的身上，他的视力就彻底恢复了：他"开始可以清楚地看见一切事物"。那是令人痛苦的一刻，那种救赎是有瑕疵且不完全的（第一次，那个人的视力并没有全然恢复），而里斯的祈祷也充满了痛苦：她似乎并不觉得自己可以彻底恢复视力。

254　"如果我可以写出这本书，那就不那么要紧了，不是吗？……"里斯对于救赎的渴望——写得够好就能令她"值得死去"的想法——让人联想起她的母亲一边调制番石榴果酱一边读着《撒旦的悲伤》，这个故事说的是撒旦想要得到救赎，却做不到。如果里斯将无法爱别人，那么她便想要通过用绝妙的文字来描绘它，以弥补自己的失败。

254 "对其传记提出了强有力的反驳……"A. 阿尔瓦雷斯《在巴黎和伦敦落魄记》，1991年10月10日《纽约书评》。

254 "上午8或9点至下午1点在书房里写作……"约翰·贝里曼，手写笔记，日期不详，约翰·贝里曼文献，明尼苏达大学。

255 "我们的工作与我在列克星敦的情形全然不同……"小威廉·伯勒斯《肯塔基火腿》(纽约：E. P. 都顿出版社，1973年)，155页。

255 "你知道工作意味着什么吗？……"出处同上，174页。

十　谦　卑

260 "它就是一本医学研究书……它只是你所有内容的一小部分……创作了一部独一无二的作品……"劳瑞《像躺有我朋友的坟墓一样黑暗》(伦敦：乔纳森·开普出版社，1969年)，24—25页。劳瑞在被杰克逊《失去的周末》"抢先一步"后，对《火山之下》的出版感到焦虑。我对此的探讨主要参考了约翰·克劳利的《白色逻辑》和其中对于杰克逊和劳瑞的敌对关系的精彩描述。在劳瑞未出版的小说《像坟墓一样黑暗》中，西格弗里德觉得酗酒将是最终让他突破"新领域"的东西，最终让他不再"怀疑他将永远不会写出任何有新意的东西"的东西，而这更激化了他的失望。就像里斯一样，他希望他的作品将会把他从毁掉的人生中救赎出来："如具我可以写出这本书，那就不那么<u>要紧</u>了，不是吗？"

260 "冗长的照抄，唯一的推荐理由就是可将它视为一部认真编写的作品选集……"雅克·巴尔赞《糟糕局面中的说教者》，1947年4月《时尚芭莎》杂志。

261 "另：认真编写的作品选集——呃！……"马尔科姆·劳瑞于1947年5月6日写给《时尚芭莎》杂志的信。劳瑞不知如何为那封信写结语，觉得还是全盘推翻巴尔赞为妙："因此，如果这封信的结语不是'愿主基督让你悲伤并得重病'，我会这样说——如果有一天你能把你的袍子抛出窗外，并在读过历史后，从这个方向回应一部分言论，甚至有关写作和世界的问题，我将会不胜感激，希望你不会出差错。"

该信原稿可参见http://harpers.org/blog/2008/08/may-christ-send-you-sorrow-and-a-serious-illness/。

261 "如果丹尼备受困扰的父亲找到了匿名戒酒会,他又会怎样?……"斯蒂芬·金《安眠医生》(纽约:画廊书局,2013年),529页。

261 "门口的女人都回到了厨房……"出处同上,517页。

262 "我想要一首诗,让我在这诗里老去……"伊万·博兰德《画在叶子上的女人》,《处于暴利时代:诗歌》(纽约:W. W. 诺顿出版社,1995年),69页。

262 "我只能东拉西扯地写出那个人……"杰克逊写给多萝西娅·斯特劳斯的信,在贝利《更远且更野:查尔斯·杰克逊那些失去的周末和文学梦》(纽约:经典书屋,2013年)中被引述,319页。

262 "他开始明白……生活的意义……"出处同上。如果把整段文字完整地读一遍,它就更显得"东拉西扯"和重复了:"他开始明白(或他似乎意外听说)生活的意义,它意味着所有的时间,而不只是某几个并不存在的戏剧化时刻。如果生活有任何意义,它的意义存在于每一小时、每一分钟,在所有大大小小的事件之中,只消一个人能察觉到它……有一天,存在或许会重整旗鼓,并在他一直抱有浪漫主义思想地期待着的一个时刻,向他展示它的全部意义。然而,他对此有所怀疑。因为,如今,他知道(他刚刚被告知),生活的意义就是现在,这个时刻,还有昨天,还有明天,还有十年之前,已经二十年之后——戏剧化的和乏味的每一步——正在流逝的每一秒钟……"未出版的手稿,204页,查尔斯·杰克逊文献,达特茅斯学院。

263 "几乎没有什么'情节',而都是特质……"杰克逊于1954年1月9日写给沃尔特·莫德尔和梅里曼·莫德尔的信,查尔斯·杰克逊文献,达特茅斯学院。

263 "他所谓的人生'酒精大毁灭'……"D. T. 麦克斯《亡者之日》,2007年12月17日《纽约客》。

263 "基本上是我读过的最单调乏味的东西……"亚伯特·厄斯金写给传记作家高登·伯克的信,在如上出处中被引述。

263 "信笔胡扯的笔记……像一篇关于酒精的论文。没什么有用的内容……"玛乔丽·劳瑞在如上出处中被引述。

264 "他有一种冲动将车停在路边……"杰克逊《更远且更野》,未经出版的手稿，36页，查尔斯·杰克逊文献，达特茅斯学院。

267 "我一度以为，你得要信奉才能祈祷……"大卫·福斯特·华莱士，手写笔记，日期不详，大卫·福斯特·华莱士文献，奥斯汀得州大学。

268 "最钦佩的是，虽然这个英雄完全只顾自己……"查尔斯·杰克逊于1954年3月1日写给沃伦·安布罗斯的信，查尔斯·杰克逊文献，达特茅斯学院。

270 "只要我将自己仅仅视为我内在力量的媒质（用武之地），那么戒酒就是不可能的……"约翰·贝里曼，手写笔记，1971年8月，在约翰·哈芬登《约翰·贝里曼的一生》（伦敦：缪修安出版公司，1984年）414页中被引述。上瘾和创造力之间的关系在多个层面得到了讨论。其早前一段笔记中提到，在1970年《花花公子》的圆桌讨论会上，文学评论家莱斯利·菲尔德勒坚称"文学一直都是充斥着毒品的"，且"许多美国作家一直视酒精为其缪斯的代表，或就是缪斯本身"。然而，正是伟大的海洛因之贤伯勒斯表示不同意这一观点："我一直以为，任何有镇静作用的药物都会让意识变得薄弱——麻醉品、巴比妥酸盐、过多的酒精，等等——都减弱了作者的创造力。"《花花公子专家组：毒品的变革》，《花花公子》17期，第2号（1970年2月），53—74页。

270 "我们真的那么备受折磨吗？……"查尔斯·杰克逊《我们被误导可以期待更多》，马尔科姆·劳瑞《书信选集》书评，哈维·布雷特和玛乔丽·博纳·劳瑞编，1965年12月12日《纽约时报》。

270 "如果通过某种极大的努力，某种神秘的或是心理上的'换挡'……"出处同上。虽然杰克逊的书评对劳瑞的"过度自我关注"表示惋惜，它却最终通过杂耍般的批评扭曲和在看似没有一丝自我意识的情况下，成了一篇几乎完全关于杰克逊自己的文章。"我必须引入一段完全个人的话，它不可避免。"他写道，然而这段个人的话占据了这篇书评剩下的全部篇幅，体现了劳瑞对于《失去的周末》在他自己的酗酒巨著出版前就捷足先登的恐惧。那是作者自我的衔尾蛇：杰克逊对劳瑞对杰克逊念念不忘念念不忘。

270 "起床后，我并没有喝咖啡……"玛格丽特·杜拉斯《物质生活》（伦敦：威廉·柯林斯之子出版社，1990年），130页。

271 "酒醉无法创造出任何东西……"出处同上，17页。

271 "三次惨痛的'解酒'治疗……"参见埃德蒙德·怀特《爱上杜拉斯》，

2008 年 6 月 26 日《纽约书评》。

271 "确实有一万只乌龟……那唱歌的声音，有独唱的，也有合唱的……"
杜拉斯《物质生活》，137—138 页。

271 "在你们被阻隔的自我之外，接受某样小东西……"贝里曼《死亡歌谣》，
《爱和名誉》（纽约：法劳·斯特劳斯·吉罗出版公司，1970 年）。有关
贝里曼和泰森以及乔之前的关系，参见哈芬登《约翰·贝里曼的一生》。

272 "聆听……1/500 000……"贝里曼，手写旁注，匿名戒酒会《葡萄藤》
杂志，28 期，4 号（1971 年 9 月）。约翰·贝里曼文献，明尼苏达大学。

272 "我的群体……"贝里曼，手写笔记，1971 年 3 月 25 日，约翰·贝里曼
文献，明尼苏达大学。

273 "耸立于河对岸树丛之上的塔楼让他想起……"贝里曼《复原》（纽约：
法劳·斯特劳斯·吉罗出版公司，1973 年），63 页。

273 "他个人的希望是遗忘自己……"出处同上，148 页。

273 "难道你就想不起有自己没有这种感觉的时候？……"出处同上，208 页。
塞弗伦斯在免疫学方面的专长让贝里曼重新考虑自我和自我以外的一切
事物之间的关系。就像塞弗伦斯表述的那样，免疫学研究的是身体如何
分辨哪些是"自我"，哪些是"非自我"。在他的日记中，塞弗伦斯将此
运用到戒酒上："重点在于将威士忌分辨为'非自我'——事实上是全
然陌生的（22 页）。"威士忌是一种错误的"非自我"，塞奇威克或许会
将其称为"外部补充"，然而相形之下，复原是一种更好的"非自我"：
其他所有人的自我。在听说一个年轻女人堕胎的故事后，塞弗伦斯对她
产生了渴望，而当她最终将她埋在心里多年的愤怒诉说出来后，他"在
他自己身旁，充满骄傲和爱（193—194 页）"。"在他自己身旁"的想法
是关键：出于某种原因，他忘却了，就像比尔·威尔逊模仿幽灵，或是
查尔斯·杰克逊想要自我抽离。

273 "在医院，他找到了他的团体……这些热情的乡下人，令他无须冷嘲热
讽……"贝娄继续说："在这里，他敞开心扉，民主且热切地听从货车
司机的批评，得体地面对水管工人和精神有问题的家庭主妇的纠正。"
贝娄的语气同时流露着敬畏和兴味，以一丝嘲讽来弥补贝里曼敞开心扉
拒绝接受的所有"讽刺的"反应。贝娄暗指，对于贝里曼来说，康复治
疗意味着谦逊地看待阶级：货车司机和水管工人成了教授的老师。索
尔·贝娄《前言》，约翰·贝里曼《复原》（纽约：法劳·斯特劳斯·吉

罗出版公司，1973年），xi。

274 "大家都在欢呼，都很兴高采烈……"贝里曼《复原》，31页。

274 "他还在说，然而塞弗伦斯……"出处同上，30页。也有可能是塞弗伦斯对于一个想要得到亡父认可的人的同理心，至少在某种程度上跟他自己有关，因为贝里曼也在小时候就失去了自己的父亲。

274 "他浑厚、训练有素、讲师般的声音……"出处同上，12页。

274 "他从来没能真心实意地觉得他属于我们其他人……"哈芬登在《约翰·贝里曼的一生》374页中引述贝蒂·佩迪的话。

274 "又一部上瘾回忆录而已……""又一部上瘾回忆录而已"现象的一些例子包括：马特·梅德里《访问比尔·克雷格》，2010年8月9日《全国邮报》；南·塔丽斯在波林·米拉德《詹姆斯·弗雷描述他曾有的上瘾》（美联社，2003年5月8日）中谈及詹姆斯·弗雷的回忆录；史蒂芬妮·维尔德－泰勒给《喝醉的妈妈》（2014年）的荐语，作者为乔维塔·比德洛斯卡。《汉普顿表单》杂志将约书亚·里昂的《嗑药者》列为派对后的最佳读物："读了《嗑药者》5页，你就不再会指责里昂写出了又一部上瘾回忆录而已。"（2009年7月/8月）

275 "弗雷的编辑南·塔丽斯说她几乎不准备要他的这部手稿了，因为——正如有人所说的——它似乎就是（是的）'又一部上瘾回忆录而已'……"波林·米拉德《詹姆斯·弗雷描述他曾有的上瘾》，美联社，2003年的5月8日。

275 "一位将这本书推荐给她的病患的社工……"埃弗吉娜·派瑞兹《詹姆斯·弗雷的'大梦初醒'》，2008年4月28日《名利场》杂志。兰登书屋向所有寄回第163页的读者予以退款（莫托克·里奇《詹姆斯·弗雷及其出版商就谎言达成庭内和解》，2006年9月7日《纽约时报》）。

275 "弗雷的虚造成了他所处时代'感实性'的代名词……"在一篇刊登于《纽约时报》的评论中，莫琳·多德将弗雷的编造与全国性的欺骗相提并论："在我们的国家长期沉沦于虚假而无须承担任何后果，快船式攻击和赚快钱之中，W的错觉和否认中，看到同情女皇冷酷地要某人为撒谎和哄骗而负责，真令人大感欣慰。"（《奥普拉的瞎话俱乐部》，2006年1月28日《纽约时报》）。记者及前上瘾者——以及其个人上瘾回忆录的未来作者——大卫·卡尔在《纽约时报》上刊登了另一篇文章，名为《奥普拉精神如何压倒真实性》（2006年1月30日）。加尔文·特里林甚至在《国家》杂志上刊登了一首诗，名为《我梦见乔治·W. 布什采取了詹姆斯·弗雷的三部曲计划——否认、拉里·金和奥普拉》——以寻求伊拉克战争的真相（2006年2月2日）。

275 "我的错误……写下了那个……人……"《弗雷写给读者的话》出现在2006年2月1日的《纽约时报》上，并在之后在《百万碎片》重版时被加入了书中。

276 "不同寻常的个案，见鬼去吧！……"海伦·麦吉尔·修斯《幻想的小屋：一个吸毒成瘾的女孩的自传》（纽约：福西特出版社，1961年），224页。

276 "男人拔着萝卜 / 以萝卜 / 为我指路……"小林一茶《拔萝卜的男人》，18世纪诗作。

277 "折衷的办法不会给你任何帮助……"《开天辟地的那本书：〈匿名戒酒会〉的原手稿》（明尼苏达州中心城市：哈泽尔登出版社，2010年）。

277 "你认为自己有所<u>不同</u>吗？……"匿名戒酒会全球服务《你认为自己有所不同吗？》（1976年）。罗格斯大学酒精研究中心，19。

277 "你对于初次喝酒的回忆是什么？……"凯伦·凯西《从我的故事到你的故事：一部指导你如何写就复原历程的回忆录》（明尼苏达州中心城市：哈泽尔登出版社，2010年），60、115页。

278 "你或许对于那些喝酒的日子还有一些美好的回忆……"出处同上，60页。

278 "你相信命运吗？……"出处同上，127页。

279 "为何真相不仅仅总是无趣，而且还反对有趣……"大卫·福斯特·华莱士《无尽的玩笑》（波士顿：利特尔布朗出版社，1996年），358页。

十一　和　声

281 "我们一开始是在一家摇摇欲坠的招待所里，完全靠志愿者的帮助……"索亚给本书作者的电子邮件，2015年1月11日。塞内卡之家的历史的收集整理，有赖于对索亚的访谈（2015年1月21日电话访谈和2015年7月31日当面访谈）、索亚寄出的一份文件（2015年1月20日）以及对格温的访谈（2015年1月22日电话访谈和2015年11月3日当面访谈）、雪莉的访谈（2015年3月6日电话访谈，2015年3月20日电话访谈，2015年8月10日、11日、12日当面访谈）以及拉奎尔的访谈

（2015年12月4日）。为保障匿名性，所有当事人的真实姓名都已被隐去。我也用到了很多雪莉对我的问题的回复（2015年3月5日、15日和20日）。

282 "这个嘛……会比较难让这儿的人埋单……"查理·赫曼斯写给本书作者的电子邮件，2015年1月30日。

282 "它真的是美好、简单、朴素、人性的生活本生……"查尔斯·杰克逊于1954年1月8日写给罗杰·斯特劳斯的信，查尔斯·杰克逊文献，达特茅斯学院。

282 "他的名字叫索亚，是个酗酒者……"索亚人生经历的相关资料收集于2015年1月21日进行的电话访谈和2015年7月31日进行的当面访谈。

285 "刚开张时，塞内卡以每28日为一周期的康复治疗收费为600美元……"有关塞内卡的早期历史的信息，来自与索亚的对话（2015年1月21日电话访谈和2015年7月31日当面访谈）、与格温的对话（2015年1月22日电话访谈和2015年11月3日当面访谈）、与雪莉的对话（2015年3月6日电话访谈，2015年3月20日电话访谈，2015年8月10日、11日、12日当面访谈）、索亚写的一份文件（2015年1月20日），以及用假名雪莉写的一篇文章。

285 "我们都得面对那摊呕吐物……"引述自雪莉写的有关其在塞内卡的经历的一篇文章，她用了另一个假名：芭芭拉·兰马克。《一个酗酒的家庭主妇：28天内她遭遇了什么》，1973年11月18日《巴尔的摩太阳报》。

285 "那是1971年。在同一年，比尔·威尔逊去世，尼克松发动了反毒战争……"尼克松要求用1亿5 500万美元发动反毒战争，但他的政府在治疗和执法上花的钱比这个数字更多。他的后任杰拉尔德·福特砍掉了部分治疗经费，并把政府和病人的出资比例改为50/50。他离任后，福特的妻子公开承认了自己的上瘾，并开设了贝蒂·福特诊所，成为全国最有名的治疗中心之一。里根进一步砍掉了经费，彻底废除了海洛因上瘾者的治疗计划。我们正在为这些选择付出代价——美国对上瘾的惩罚，以及在治疗方面的匮乏——如今我们正经历有史以来最严重的鸦片泛滥。尼克松将其反毒战争经费的三分之二用于阻断需求（治疗），三分之一用于阻断供应（执法）。有关尼克松和他的反毒战争：艾米丽·德芙顿《反毒战争：尼克松总统如何将上瘾和犯罪挂钩》，2012年3月《大西洋》杂志，以及理查德·尼克松的《给国会的有关毒品滥用的预防和控制的特讯》，宣讲于1971年6月17日，http://www.presidency.ucsb.edu/ws/?pid=3048。

在他的"特讯"中，尼克松将战场分为坏人和他们的污点："我会为增强执法力度而要求额外的经费，一边进一步打击毒贩，从而放宽对吸毒者的惩罚。"1亿5 500万和1亿500万的金额也在那段演讲中被提到。

285 "我们已经遇到了敌人，那就是我们自己……"兰马克《一个酗酒的家庭主妇》。

286 "你走进一家便利店，永远都不会……"本书作者于2015年1月21日对索亚进行的访谈。

286 "塞内卡的住客往往都会拿到合约……"有关塞内卡之家的合约的信息都来自对格温进行的访谈（2015年1月22日电话访谈和2015年11月3日当面访谈），以及塞内卡之家流程设计的复印件，由格温友好提供。

287 "一旦你成真，你就不会丑陋……"玛格丽·威廉姆斯《绒毛小兔》（纽约：格罗塞特和敦莱普出版社，1987年）。

287 "利普斯·拉考维兹——'运气不佳'乐队戒了酒的主唱……"《讣告：马克·赫维兹，蓝调音乐家》，2002年8月4日《华盛顿邮报》。对格温进行的访谈，2015年3月10日。

289 "对匿名戒酒会抱怀疑态度的人往往假设其成员坚持认为这是唯一的解药……"这种怀疑的例子，特别是声称匿名戒酒会宣传其为唯一的解决办法的说法，包括兰斯·多德斯和扎卡里·多德斯《清醒的真相：揭穿十二步骤计划以及复原治疗行业背后粗劣的科学依据》（波士顿：烽火出版社，2014年）以及加布里埃·葛莱瑟《匿名戒酒会的不合理》，2015年4月《大西洋》杂志。

289 "解决问题的方法有上百种……"本书作者于2016年8月30日对格雷戈·霍贝尔曼进行的访谈。

289 "许多上瘾研究者预言，我们将最终可以追查这些会议对大脑本身的作用……"参见卡尔顿·艾瑞克森《成瘾的科学：从神经生物学到治疗》（纽约：W. W. 诺顿出版社，2007年），155页。

290 "是在上瘾机制之外敲着门而已……你可以给一个人无限多美沙酮……"作者于2016年10月13日对亚当·卡普林进行的访谈。

290 "让自我感觉是某种更伟大的存在的一部分的饥渴……一只动物在森林里找到了盐……"刘易斯·海德《酒精和诗歌：约翰·贝里曼以及酒在说话》，1975年10月《美国诗歌评论》；重印于达拉斯：达拉斯人文和文化中心，1986年。

290 "匿名戒酒会的那本'大书'最初被命名为《出路》……"匿名戒酒会的发起人一旦意识到已经有太多书叫《出路》，便决定将这本"大书"的标题改为《匿名戒酒会》，而那也正是戒酒令人不断领悟的：无论你想要说什么，可能已经有人说过这话了。

290 "当我们听着音乐，我感觉像是抽离了自我……"凯恩《布鲁斯吉尔德宝贝》（纽约：麦格劳·希尔出版社，1970年），133页。

290 "赤裸着，不设防……另一种抽离自我的方式……"出处同上，135页。

291 "对他自己脑子里的储藏室的痴迷……所有的意识流写作……"艾尔弗雷德·卡津《野孩子》，1971年12月12日《纽约时报书评》。

291 "足够自律地从你自身可以给予爱的那部分……出发……"拉里·麦卡弗利《与大卫·福斯特·华莱士的对话》，《当代小说评论》13期，2号（1993年夏）。

291 "你很特别——郑不错……"华莱士给埃文·莱特的信，被引述于D. T. 麦克斯《大卫·福斯特·华莱士最爱的语法学家》，2013年12月11日《纽约客》杂志，285页。

291 "她叫格温，她是个酗酒者……"这一段内容基于对格温进行的访谈（2015年1月22日电话访谈和2015年11月3日当面访谈）。

293 "他叫马库斯，一名酗酒者以及吸毒者……"这一段内容基于对马库斯进行的访谈（2015年7月28日电话访谈和2015年11月3日当面访谈）。

295 "你如何解气？……"国家公众广播《计划向联邦囚犯提供康复治疗》，2006年9月27日《晨报》。

295 "她叫雪莉，是个酗酒者……"这一段内容基于对雪莉的访谈（2015年3月6日电话访谈，2015年3月20日电话访谈，2015年8月10日、11日、12日当面访谈）。

298 "记住，我们要对付酒精——狡诈、使人迷惑、强大！没有帮助的话，我们将无法承受……"《匿名戒酒会》，58页。

299 "你真正需要的……只是做自己且不喝酒……"约翰·贝里曼《复原》（纽约：法劳·斯特劳斯·吉罗出版社，1973年），141页。

十二　拯　救

305 "发育受阻并有复杂畸变……"大卫·福斯特·华莱士《无尽的玩笑》（纽

约：利特尔布朗出版社，1996年），744页。

306 "勉强地迈出那一步，或许承认……" 出处同上，350页。

306 "严肃的匿名戒酒会成员看起来像是……奇怪混合体……" 出处同上，357页。

307 "谦逊、友好、乐于帮忙、得体……"《无尽的玩笑》中有一个名叫"可怜的托尼"的上瘾者。他在严重复发时乘搭灰线大巴，大便失禁，无形的蚂蚁沿着他的手臂爬上爬下。他穿红色高跟鞋，用一支旧的眼线笔，因羞耻而哭泣，而那些隐形的蚂蚁则接着他的眼泪。在那一页上方，我写道："这部小说人性化的特点在于让我们见证极度的屈辱。"仿佛这本书的形式本身令我们坐定，好好听一次会议上某些最难以启齿的发言。

307 "把对他们自己的责任推卸到……" 华莱士《无尽的玩笑》，863页。

307 "那里的人相当粗鄙……" D. T. 麦克斯《爱情故事皆灵异》（纽约：维京出版社，2012年），139页。

307 "最后分析下来，他们聆听是因为……" 华莱士《一位前住客的故事》，http://granadahouse.org/testimonials/an-ex-residents-story/。

308 "文学机遇……" 麦克斯《爱情故事皆灵异》，140页。

308 "在会议上听到的内容……" 大卫·福斯特·华莱士，手写笔记，大卫·福斯特·华莱士文献，奥斯汀得州大学。

308 "直白的、没有隐藏含义的写作……" 麦克斯《爱情故事皆灵异》，158页。

308 "复原彻底改变了华莱士对于写作可以做什么，它或许可以达到什么目的的看法……" 就华莱士的创造性和他的复原生活之间的关系，可参见伊莲·布莱尔《美好新开端》中的敏锐描述，2012年12月6日《纽约书评》。

309 "波士顿匿名戒酒会上的讽刺家就是教堂里的巫师……" 华莱士《无尽的玩笑》，369页。

312 "我不想说得很夸张……" 引自《有关正文的笔记》，《短篇小说选集》（纽约：美国图书馆，2009年）威廉·史达尔和莫林·卡罗尔编，993页。或许是里什的修改如此用力地夸张，这让卡佛在反对这些修改时，对于太"夸张"特别有意识。

312 "我是认真的……跟……息息相关……" 引自《有关正文的笔记》，995页。

312 "荒凉……"《有关正文的笔记》，991页。就像史达尔和卡罗尔注意到的里什的修改之处，"正如里什后来说的那样，卡佛文字中令他尤为动容的是一种'特别的荒凉'。为了突出那种荒凉，他大幅修改这些短篇，将情节、人物发展和比喻的文字减到最少"。

312 "还反对在他看来有多愁善感苗头的部分……"《卡佛编年史》是第一篇以新闻调查的角度考察里什的修改如何显著改变卡佛早期作品的文章。D. T. 麦克斯为编写该文，利用了印第安纳大学丽莉图书馆的卡佛档案。在那些短篇小说的原版于2009年以《短篇小说选集》为名出版前，这篇文章将编辑对于原版的修改幅度公之于众。《卡佛编年史》，1998年8月9日《纽约时报杂志》。

313 "我记得［雷］对于一个建议的困惑……"泰丝·葛拉赫《访谈》，《短篇小说选集》（纽约：美国图书馆，2009年），威廉·史达尔和莫林·卡罗尔编。

313 "经常打电话给他的学生取消上课，因为他不舒服到无法教课……"有关卡佛在最后那段酗酒的日子里教书的情况，摘自卡罗尔·斯克莱尼卡《雷蒙德·卡佛：一个作家的一生》（纽约：斯克里布纳出版社，2009年），256和259页。

313 "在第一本书出版前，他回到艾奥瓦城开朗读会……"出处同上。读书会的负责人不得不上台让他停下，说或许他可以在清醒后再回来朗读。卡佛的一些心愿实现了，但是他几乎意识不到。他的身体在，但是其他都做不到——且他的身体也支撑不了太久。

313 "如果你想听真话……戒酒比我这辈子做的其他任何事都更让我骄傲……"莫娜·辛普森和刘易斯·布兹比对雷蒙德·卡佛的访谈，《小说艺术第76号》，《巴黎评论》88（1983年夏）。

314 "没有人能以那种方式爱我，爱我那么深……"卡佛《大家去了哪儿？》，《短篇小说选集》，765页。

314 "如果你想在喝酒方面有所成就，你需要倾注大量的时间和精力……"卡佛《观景亭》，《短篇小说选集》，237页。

314 "当卡佛第一次看到里什的版本——不仅在文字上被削减了，更在精神上被篡改了——时，他无法想象这些故事的出版……""这事关我的神志正常，"他写信给里什说，"所有这些都复杂地，又或许不太复杂地，跟我在戒酒时对于价值和自尊的感觉有关。"卡佛写给戈登·里什的信，出自《正文笔记》，《短篇小说选集》，993—994页。

314 "一些故事中的不善和自我优越感……"迈克尔·伍德《满是锋芒和沉

默的故事》，1981年4月26日《纽约时报书评》。

314 "对于那些人与人之间的点滴灵犀，我不想丢失了线索，失去了联系……"卡佛写给戈登·里什的信，引述自斯克莱尼卡《雷蒙德·卡佛：一个作家的一生》，362页。

314 "至于卡佛为何在如此强烈地抗议这些修改后，还让他的小说就这样出版了，这并不为人知……"卡佛《短篇小说选集》美国图书馆版本中的注释描述了最终使其以《当我们谈论爱情时我们在谈论什么》出版的令人忧心忡忡的编辑过程，包括卡佛给里什的信，然而那一通起到决定性作用的电话却并未被录下来。数十年后，当里什在《巴黎评论》中向评论家克里斯琴·洛伦岑描绘那个过程时，他是这么说的："卡佛在那些年中无比热情、极度配合——或者说极度安于现状。"虽然卡佛的信透露出过程中有更多的摩擦，但是里什确实相信他对于卡佛的作品得到如此关注很有功劳："如果不是我修改了卡佛的作品，他会得到如今的关注吗？扯吧！"

315 "是关于斯科蒂的。是跟斯科蒂有关，是的……"卡佛《洗澡》，《短篇小说选集》，251页。故事描绘了其中的人物如何以最简短的方式沟通，都是"最低限度的信息，省去了一切不必要的细节"。

315 "刚从烤炉里拿出来的热乎乎的肉桂面包卷，上面的糖霜还没凝结……他们听着他说话……"卡佛《很小很美的事》，《短篇小说选集》，830页。

316 "把一段蓝丝线戳向眼睛……"卡佛《粗斜棉布》，《短篇小说选集》，272页。

316 "他和那对嬉皮士同是天涯沦落人……他心里有什么在搅动，但这次不是愤怒……"卡佛《如果那让你高兴》，《短篇小说选集》，860、863页。

316 "这次，他也可以为女孩和嬉皮士祈祷……"出处同上，863页。这段最终的祈祷涵盖范围很广，不仅包含了"他们所有人"，还有詹姆斯·乔伊斯《往生者》的结局：宇宙间，雪轻微地落下来，就像是他们最终结局的降临，降临于所有生者以及逝者。乔伊斯的故事讲的也是关于一个男人逐渐接受他的婚姻，以及他的婚姻如何总是与死亡纠缠——不仅是他的妻子即将死去，还有他自己的初恋迈克尔的死，以及后者一直出现的鬼魂。

316 "如果你想放下一种憎恶……"《挣脱捆绑》，《匿名戒酒会》，552页。

316 "多愁善感者那潮湿的双眼背叛了他对于经历的厌恶……他干涸的

心……"詹姆斯·鲍德温《所有人的抗议小说》,《土生子》(波士顿:烽火出版社,1955年),14页。

317 "戈登,这绝对是真的,而我也应该现在就讲清楚……"卡佛给戈登的信,引述于《正文笔记》,984页。

319 "是你冒着脆弱和不适的风险来抱老子……"华莱士《无尽的玩笑》,506页。

319 "在戒酒时搞砸……"出处同上,444页。

319 "他会用小指表演哑剧——用世界上最小的中提琴演奏……"出处同上,835页。此人的灵魂是詹姆斯·英坎登泽的鬼魂。英坎登泽是一个电影人,他的墨盒赋予了整部小说以生命,而他的自杀则给小说带来了极大的阴影。

319 "没有任何一个瞬间是不可忍受的……"出处同上,860页。

319 "盖特力想要告诉泰尼·伊维尔,他完全可以了解……"出处同上,815—816页。

319 "盖特力成了一个巨大的无声忏悔亭……"盖特力在如上出处中被如此描绘,831页。

320 "职业背景让他一度要在会面的场合试图给别人留下好印象……"出处同上,367页。

320 "一个巨大的承诺讲台,就像在匿名戒酒大会上……"出处同上,858页。

320 "他们从小说当中或小说家身上寻求如何度过人生的指示……"克里斯琴·洛伦岑《六卫·福斯特·华莱士的重写》,2015年6月30日《秃鹫》杂志。

320 "有时候,人类不得不待在一个地方并且,这么说吧,受着伤……"华莱士《无尽的玩笑》,203页。

321 "太过简单?……还是就这么简单而已?……"华莱士在他那本爱丽丝·米勒的《天才儿童的戏剧》上写下的页边注释,被引述于玛丽亚·巴斯蒂罗的《在大卫·福斯特·华莱士个人的自助书籍图书馆里》,2011年4月5日《锥子》杂志。

321 "鲍勃医生(将他的椅子挪得更近些):如果我不喝酒,我就是个怪物……"塞缪尔·什姆和珍妮特·瑟瑞《比尔·W和鲍勃医生》(纽约:塞缪尔法国公司,1987年)。该剧首次在马萨诸塞纽顿市的新保留剧目轮眼剧场上演。大卫·福斯特·华莱士文献,奥斯汀得州大学。

322 "你好，我的名字叫加博尔，我是一个古典音乐消费成瘾的人……"加博尔·马泰《饿鬼之域：与上瘾的近距离接触》（多伦多：克诺夫出版社加拿大分社，2008年），110页。

322 "描绘自己在古典音乐上成瘾性消费了数千美元……"除了马泰对于自己古典音乐消费瘾的描述（《饿鬼之域》）外，也可参见杰夫·卡利斯对他进行的访谈，《在音乐中遗忘自己：一个古典音乐消费狂的自白》，2013年1月29日《旧金山古典之声》。

322 "过量进食者和购物狂那失控的自我安抚……"马泰《饿鬼之域》，2页。也可参见马泰网页上的访谈内容：http://drgabormate.com/topic/addiction/。

322 "归因上瘾……"伊芙·科索夫斯基·塞奇威克《意志的泛滥》，《倾向》杂志（达勒姆，北卡罗来纳州：杜克大学出版社，1993年），132页。

323 "当美国精神病学会于2013年发行《精神疾病诊断及统计手册》第五版……"《药物类以及上瘾性失调》，美国精神病学会《精神疾病诊断及统计手册》（DSM-5）（华盛顿：美国精神病学会，2013年）。

323 "很多科学家都担心其拓宽的尺度……"举例可参见由全国精神健康中心发出的托马斯·因斯对于DSM-5的公开声明，http://nimh.nih.gov/about/director/2013/transforming-diagnosis.shtml。亦可参见：克里斯朵夫·莱茵《全国精神健康中心撤回对于DSM-5的支持》，《今日心理学》，https://www.psychologytoday.com/blog/side-effects/201305/the-nimh-withdraws-support-dsm-5；美国上瘾药物协会主席斯图尔特·吉特勒对于DSM-5的评论，http://www.drugfree.org/news-service/commentary-dsm-5-new-addiction-terminology-same-disease/；加里·格林伯格《痛苦之书：DSM-5的出现和精神病学的垮台》（纽约：蓝色骑士出版社，2013年）；以及对于格林伯格的访谈《精神病学的实际问题》，2013年5月2日《太平洋》杂志，http://www.theatlantic.com/health/archive/2013/05/the-real-problems-with-psychiatry/275371/。

323 "直到你经历了很多次困境后，你的欲望才成了需求，那是我出生的目的，终此一生都在等待的东西……"乔治·凯恩《布鲁斯吉尔德宝贝》（纽约：麦格劳·希尔出版社，1970年），199页。

328 "我们跟自己讲故事，就是为了活下去……"琼·狄迪恩《白色专辑》，《白色专辑》（纽约：西蒙和舒斯特出版社，1979年）。

332 "然而，塞内卡的一位辅导员玛德琳说，雪莉需要将戒酒排在其他一切事情——孩子、婚姻、事业——前面……"玛德琳在第一次跟雪莉通电话后，就告诉雪莉，每当想要喝酒的时候就打电话给她。玛德琳保证，如果她们能讲10分钟的话，就能抵制住那种迫切的欲望。又一次，雪莉打了电话，玛德琳说："你知道吗，尼克松没那么坏。"因为她知道那会让雪莉滔滔不绝——而那个方法奏效了，雪莉大说特说半小时。这让她们度过了10分钟，还能继续。

332 "雪莉在1973年来到塞内卡，她是这个康复中心的第269个客人……"有关雪莉在塞内卡的情况来源于作者对她进行的访谈，以及她用假名发表在《巴尔的摩太阳报》上的文章：芭芭拉·兰马克《一个酗酒的家庭主妇：28天内她遭遇了什么》，1973年11月18日《巴尔的摩太阳报》。

335 "它绝对诚实，有一说一……"查尔斯·杰克逊于1954年3月1日写给沃伦·安布罗斯的信，查尔斯·杰克逊文献，达特茅斯学院。

336 "我一直幻想一段好的、快乐的婚姻对我而言会意味着什么……"罗达·杰克逊于1951年写给弗雷德里克·杰克逊的信，查尔斯·杰克逊文献，达特茅斯学院。

336 "早期匿名戒酒会简报列出了只有一个会员参加的单人会议……"《小组秘书手册和指南》（纽约：嗜酒者基金会，1953年），罗格斯大学酒精研究中心。

336 "我们总是说，如果没有至少一个人哭泣的话，这就不是一次成功的参观……"安娜·佩奇被引述于丽莎·W. 福德拉罗《匿名戒酒会创办人的房子是一大自我帮助的地标》，2007年7月6日《纽约时报》。

336 "没有什么时候，也没有什么地方……"边页笔记，《滚石》，《匿名戒酒会》原手稿，进身之阶基金会档案馆。

340 "把他抽空了……那些没有头脑的人……"杰克逊《沉睡的大脑》，被引述于布莱克·贝利《更远且更野：查尔斯·杰克逊那些失去的周末和文学梦》（纽约：经典书屋，2013年），349页。

340 "冷漠、沮丧、彻底的清醒以及蔬菜般的健康状况……"杰克逊被引述于如上出处，348页。

340 "我是否应该大声说出来，回到我之前的纵容……"出处同上，360页。

343 "他必须讲述一个绝对的成功故事，不然就别发言……"C. H. 阿哈然《匿名戒酒会和其他治疗计划彼此配合中的问题》，在35周年国际大会上的发言，迈阿密海滩，1970年，9页，罗格斯大学酒精研究中心。

十三 解 决

348 "《森林里的猎人》……" 所有来自《森林里的猎人》的引文都摘自贝里曼那本《复原》笔记本最末那篇手写的故事。约翰·贝里曼文献，明尼苏达大学。

352 "为……摇滚乐神话而呛了一口……" 史蒂夫·肯德尔《艾米·怀恩豪斯：摇滚的神话，残酷的现实》，2011年7月25日《Spin》杂志。当然，肯德尔也是这个神话当中的一部分，而那也是他所承认的——他在2007年曾经为《Spin》写了一篇有关怀恩豪斯的封面故事，当时正值她事业的巅峰。

352 "如果你以为吸毒是为了获得刺激和兴奋……" 荷莉戴《蓝调女伶》（纽约：双日出版社，1956年），与威廉·达夫狄联名著作，212—213页。

352 "没有毒品，这好闷……"《艾米》（阿斯弗·卡帕迪尔导演，2015年）。

353 "她拥有全部的天赋……" 托尼·班奈特，被引用于如上出处。

355 "围坐在折叠桌子旁，很像一群深陷泥沼的人……" 丹尼斯·约翰逊《贝弗利之家》，《耶稣之子》（纽约：皮卡多出版社，2009年），126页。

355 "所有这些怪人，还有就在他们中间每天康复一点的我……" 出处同上，133页。

356 "我刚好在一次神经衰弱前戒了酒……" 约翰逊《贝弗利之家》，未出版的草稿，丹尼斯·约翰逊文献，奥斯汀得州大学兰森中心。

356 "约翰逊第一次尝试戒酒是在1978年……在他父母位于图森的家中……" 杰西·麦金利《浪子小说家成了剧作家》，2002年6月16日《纽约时报》。

356 "我对一切都上瘾……如今，我只是喝很多咖啡……" 约翰逊被引述于大卫·阿姆斯登《丹尼斯·约翰逊的第二个舞台》，2002年6月17日《纽约杂志》。

356 "对戒酒感到担忧……具有艺术气质的人往往如此……" 出处同上。

356 "比起药物或酒精，我更渴望得到认可……" 约翰逊《贝弗利之家》，未出版的草稿，丹尼斯·约翰逊文献，奥斯汀得州大学兰森中心。

357 "我想要感谢你长足的支持和友谊……"于1996年写给丹尼斯·约翰逊的信，写信者不详，丹尼斯·约翰逊文献，奥斯汀得州大学兰森中心。

358 "我们是被锁在一起的囚犯，唯一被锁在一起的女囚犯……"参见海利《追逐尖叫》（纽约：布卢姆斯伯里出版社，2015年），104页。

359 "如果要我设计一套体系，让人们持续上瘾……"马泰，被引述于同上出处，166页。

359 "用'关押、羞辱'来对付上瘾……"葛里奥，被引述于同上出处，237页。

359 "帐篷城正是他的门生乔·阿尔帕约的主意……"帐篷城最终在2017年4月宣布关门，而关闭的过程本应于该年年底结束。参见费尔南多·桑托斯《露天监狱，乔·阿尔帕约任期的残迹即将关闭》，2017年4月4日《纽约时报》。

359 "这可是个了不起的人……"语出自阿尔帕约，被引述于海利《追逐尖叫》，105页。

359 "这些人跟麻风病人属于同一类……"语出一位匿名的洛杉矶警察，在安斯林格和汤姆金斯《麻醉药品的非法交易》（纽约：芳瓦纳出版社，1953年）272页中被引用。

359 "2009年，在帐篷城以西22英里的一所监狱里，有个囚犯——109416号——真的就是在荒漠中的一个牢笼里被活活烤死……"有关玛西亚·鲍威尔的死，参见海利《追逐尖叫》，亦可参见史蒂芬·勒蒙斯《玛西亚·鲍威尔死而含冤：县律师放过狱卒》，2010年9月1日《凤凰城新时报》，其中唐娜·汉姆（来自一个名叫中间地带监狱改革的倡议小组）留意到鲍威尔的眼球"像羊皮纸一样干"。

360 "在她死于这间单人牢房之前，109416号犯人的真实身份是玛西亚·鲍威尔……"参见海利《追逐尖叫》，103—115页，其中有对玛西亚·鲍威尔的详细描述。她被关押在亚利桑那帐篷城附近的一家监狱。玛西亚·鲍威尔因为拉客坐牢，然而将其毒瘾问题判定为犯罪行为则改变了她的人生——既逼她走上了卖淫之路，又令其上瘾加剧，难以再找到另一种生活。在帐篷城附近，数千名上瘾者在类似的条件下，因为贩毒吸毒而坐牢。

361 "我终于在2014年来到了麻醉药品农场……它已启用80年……"在1998年，该农场被证实改建为联邦医疗中心，专门针对那些需要医疗和精神健康治疗的联邦犯人。

361 "'可程控的': 那是一种更古老信念的令人困扰的后继者, 那种信念认为一个机构可以'重构'一个人……"就像一份报纸如此形容原本的麻醉药品农场治疗: "娴熟地重构那些构成人类生活方式的无形事物。"《人类命运在肯塔基实验室里被"易换"》, 1938年8月23日《芝加哥每日新闻》。

366 "就像是人还在床上就试图铺床……"语出凯瑟琳·拉塞, 引述于《莱斯莉·贾米森和凯瑟琳·拉塞有关自恋、情绪化写作和回忆录小说的电子邮件对话》, 2015年3月30日《哈芬登邮报》。

366 "早上喝酒——工作时喝酒——这不是应酬式饮酒者的标志……"约翰·贝里曼, 打字稿和手写附注及修改, 日期不详(1970—1971年), 约翰·贝里曼文献, 明尼苏达大学。

366 "我近来放弃了对……这些词语的使用……"贝里曼《复原》(纽约: 法劳·斯特劳斯·吉罗出版公司, 1973年), 168—169页。

366 "让我永远按照您的旨意行事……"出处同上, 156页。笔误供认了一切: 放弃旧有的自以为了不起的创造力以及意志力有多困难。就像劳瑞说的那样, "人的意志力是不可战胜的!"在会上, 我听说哈泽尔登附近有家非常出名的酒吧, 它用一杯免费的酒换取你戒酒30天的奖励筹码。那家酒吧的墙上挂满了筹码, 不难想象贝里曼用筹码换酒的样子, 然后再获取一枚筹码, 再换酒。他的小说公开承认自己戒酒的过程变得循环往复。

367 "我不相信这能成为合格的第一步……"贝里曼, 手写笔记, 约翰·贝里曼文献, 明尼苏达大学。

367 "貌似真正饶有兴趣地……"贝里曼在未出版的《复原》手稿上留下的手写注释, 约翰·贝里曼文献, 明尼苏达大学。

368 "他感到——沮丧……"贝里曼《复原》, 18页, 172页。

368 "他的信非常孩子气……"出处同上, 165页。

368 "亲爱的爸爸, 我这个学期的学习成绩很好……"保罗·贝里曼写给约翰·贝里曼的信, 日期不详, 约翰·贝里曼文献, 明尼苏达大学。

369 "给我的儿子: 就在我56岁生日的前夜……"约翰·贝里曼于1970年10月24日写给保罗·贝里曼的信, 约翰·贝里曼文献, 明尼苏达大学。

369 "小说结局……"这些有关这本书可能的结局的笔记都留在贝里曼的档案中, 并在《复原》结尾处得以重印。

369 "就试试吧……高兴一点，感恩地祈祷……"贝里曼，一本标为"复原"的笔记本中的手写笔记，约翰·贝里曼文献，明尼苏达大学。

370 "如果这次还不成功的话，我就放轻松，把自己喝死……"贝里曼《复原》，55页。

370 "够了！我受不了了……"贝里曼，手写笔记，1971年5月20日那一周，被引述于约翰·哈芬登《约翰·贝里曼的一生》（伦敦：缪修安出版公司，1984年），397页。

370 "在为期最长的一次戒酒——11个月——之后……"有关贝里曼最后一次戒酒的情况，参见哈芬登和保罗·马利安尼《梦歌：约翰·贝里曼的人生》（伦敦：威廉及莫罗公司，1990年）。

370 "我无法再忍受我那丑恶的生活……"简·里斯于1941年3月21日写给佩吉·柯卡尔迪的信，《简·里斯书信，1931—1966年》（伦敦：安德烈·德意志出版社，1984年），弗朗西斯·温德姆和戴安娜·梅里编。

370 "可以是所有人的另一个我……"语出里斯，被引述于卡罗尔·安吉尔《简·里斯：人生与作品》（纽约：利特尔布朗出版社，1991年），375页。多年来，里斯一直梦想可以将叙述作为自我逃离的载体——或许写作不仅可以让你产生同理心，还有某种更像是自我超越的东西。在一篇叫"渺茫的希望"的段落中，她描绘了一次在一张长椅上瞭望地中海的极其快乐的经历：有那么几个小时，她感到"跟别的人融合在了一起"，并"觉得'我''你''他''她''他们'都是一样的——技术上的区别，不是真的区别"。她相信文学可以比日常生活更有力地支撑这种融合的感觉。"书可以做到这一点，"她写道，"它们可以废除一个人的个性，就像它们可以废除时间和地点。"里斯，手写片段"渺茫的希望"，7月3日（最可能是1925年），当她住在泰乌尔的一家酒店时写的。简·里斯档案，塔尔萨大学。

370 "简听不进去！……"塞尔玛·瓦斯·迪亚斯《要消失很容易》，4页。简·里斯档案，塔尔萨大学。引文全文："简听不进去！当你跟她说话时，她让人感觉如此疏远，她似乎完全不理会别人。那她又是怎么与这些人物产生如此共鸣的呢？"

371 "我几次三番梦见自己怀了个宝宝，然后就醒了……"简·里斯于1966年3月9日写给戴安娜·阿希尔的信，简·里斯档案，塔尔萨大学。

371 "我会带好奶瓶来！……"戴安娜·阿希尔于1966年3月23日写给简·里

斯的信，简·里斯档案，塔尔萨大学。

371 "不要再喝了……"里斯《藻海无边》，出自《小说全集》（纽约：W. W. 诺顿出版社，1985年），548页。

371 "带给她的慰藉远不如从前奥比巫术给予她的……"出处同上，554页。

372 "在他小时候我就认识他了。他温和、慷慨、勇敢……"出处同上，160页。

372 "我不习惯让人物义无反顾地仓促离去……"简·里斯于1959年7月5日写给艾略特·布里斯的信，简·里斯档案，塔尔萨大学。

372 "当罗切斯特告诉安托瓦内特他在年轻时被迫隐藏自己的情感……"里斯《藻海无边》，出自《小说全集》（纽约：W. W. 诺顿出版社，1985年），539页。他人或许是受害者的这种意识在《藻海无边》刚开始的部分就有所提示。当安托瓦内特的一个黑人仆人——一个名叫缇娅的女孩，安托瓦内特总觉得她不会感到痛（"尖利的石头不会令她的裸足受伤，我从未见过她哭泣"）——对着安托瓦内特的脸扔了一块石头，安托瓦内特没有退却到理所应当的受伤的默认姿态，反而产生了强烈的共鸣。"我们互相瞪着，我的脸上有血，她的脸上有泪。我仿佛看见了自己。就像是照一面镜子。"她们之间并不具有可比性——安托瓦内特将她承受的痛苦和这个仆人的痛苦混为一谈，而这个仆人的家庭刚刚从奴隶身份解放出来——然而，也就是在这一刻，安托瓦内特明白了其他人也在承受痛苦，而且每个令人受苦的人自己也是一个受害者。造成破坏的人是一个活在她受伤的躯体里的女孩（41页）。在小说结尾处，就在烧掉桑菲尔德庄园之前，安托瓦内特梦见自己向森林里的泳池眺望，看见的脸不是她自己的，而是缇娅的：那个拿着尖利石头的女孩，既在被人伤害，也在伤害别人，那个通过伤害别人，让自己的痛苦更明晰，还可以转移的女孩。她从那个梦中醒来后，就立刻拿起了一支蜡烛，下定决心以更大的毁坏让她的痛苦更明晰（171页）。

372 "像女巫一样狡诈的疯女人……"夏洛蒂·勃朗特《简·爱》（纽约：W. W. 诺顿出版社，1847年；2016年重印），455页。

372 "如今，我终于知道我为何而来……"里斯《藻海无边》，出自《小说全集》，171页。

373 "她告诉一个朋友，唯有鬼故事和威士忌才能给她带来宽慰……"里斯于1968年12月10日写给罗伯特·赫伯特·荣森的信，简·里斯档案，塔尔萨大学。

373 "她每个月花在酒上的钱有时和其他日常开支的总和不相上下……"里斯的一些酒水商店账单和每月花销可于其塔尔萨大学的档案中找到。

373 "避免容易引起争执的话题，比如政治……12:00喝酒。仅仅在她的要求下，且用一只小葡萄酒杯……我一直陪她到7点……"戴安娜·梅里，手写笔记，未经出版，日期不详，1977年。简·里斯档案，塔尔萨大学。

374 "世间所有的写作是一面巨大的湖……再给我一杯酒，可以吗，亲爱的？……"大卫·普朗特《追忆简·里斯》，《巴黎评论》76（1979年秋）。

379 "倒不是说为了去弹奏……"詹姆斯·鲍德温《萨尼的蓝调》，《去见那个男人》（纽约：戴尔出版社，1965年）。

379 "我不希望你觉得它跟我音乐人的身份有关……"出处同上。

十四　归　来

384 "我经历了两种不同的人生……"对雷蒙德·卡佛的访谈，莫娜·辛普森和刘易斯·布兹比，《巴黎评论》（1983年夏）。卡佛此话令人想到L. P. 哈特利的小说《幽情秘史》。

384 "最终，我们意识到辛苦工作和梦想是不够的……"卡佛《火》，《短篇小说选集》（纽约：美国图书馆，2009年），威廉·史达尔和莫林·卡罗尔编，740页。

384 "混乱的……几乎看不到什么前景……"卡佛《火》，《短篇小说选集》，739页。

385 "听起来像雪茄……但它是我的第一台电动打字机……"这句卡佛的引言，以及他新的电动打字机的故事，来自卡罗尔·斯克莱尼卡《雷蒙德·卡佛：一个作家的一生》（纽约：斯克里布纳出版社，2009年），349页。

385 "我在试着学习如何成为作家……"卡佛《〈我致电的地方〉作者笔记》，《短篇小说选集》。

385 "我脑海中喝醉的卡佛——狐狸头酒吧那个神志不清、面向黑暗的人——被清醒的卡佛……取代……"那个"清醒的卡佛"确实并未一直保持清醒。卡佛在其清醒的最后10年抽上了大麻，偶尔还抽可卡因。不过，虽然我在自己的人生中，并不会将此视为"彻底清醒"，我也不想去评判清醒对他而言意味着什么。卡佛戒酒过程中有些糊涂和混乱，就像他在《我致电的地方》中承认的；但也还是有另一部分。在那一部分里，卡佛在最后那10年抽大麻；就在约翰·列侬被射杀的那一晚，卡佛和麦克纳尼在曼哈顿的一间公寓里抽可卡因；几年后，在华盛顿，他因为抽可卡因而进了急诊室；在第一个肺肿瘤被切除后，他就立刻开始吃大麻布朗尼，而肺癌最终还是令他丧命——就像比尔·威尔逊：两个人都在克服了第一种瘾后，因为另一种瘾而死去。参见卡罗尔·斯克莱尼卡《雷蒙德·卡佛：一个作家的一生》（纽约：斯克里布纳出版社，2009年）364页和400页中有关其戒酒后抽可卡因和其他成瘾物质的故事。也可参见《巴黎评论》对杰·麦克纳尼的采访：http://www.theparisreview.org/interviews/6477/the-art-of-fiction-no-231-jay-mcinerney。

385 "他靠吃懒人牌甜味爆米花过活……'短篇小说中的瑞士三角朱古力之冠'……"这些有关卡佛戒酒的细节，他喜吃甜品、他如何应对戒酒生活的细节，摘自斯克莱尼卡《雷蒙德·卡佛：一个作家的一生》（纽约：斯克里布纳出版社，2009年），318、485、324、384、386页。

385 "停止喝酒后，我至少有6个月甚至更多的时间……"雷蒙德·卡佛于1986年9月17日写给霍尔斯特罗姆先生的信，被引述于《卡佛之乡：雷蒙德·卡佛的世界》，照片来自鲍勃·阿德尔曼（纽约：查尔斯·斯克里布纳之子出版社，1990年），105—107页。

386 "那是他第一次戒酒的夏天，在他和玛丽安一起居住的小棚屋里……"卡佛在那间棚屋的最初作品，以及他二十周年结婚纪念日的庆祝，引自斯克莱尼卡《雷蒙德·卡佛：一个作家的一生》，312—313页。

386 "过去酗酒的'坏雷'所发出的电讯……"出处同上，327页。

386 "不喝酒的每一天都带有光芒和热忱……"葛拉赫被引述于同上出处，350页。

386 "我对于捕完再放生没有兴趣……"卡佛被引述于同上出处，416页。

386 "将作家视作'酒喝得太多、车开得太快的疯子'……"杰·麦克纳尼《雷蒙德·卡佛：一个静止、细小的声音》，1989年8月6日《纽约时报》。

386 "雷尊重他的人物……"里奇·凯利《泰丝·葛拉赫访谈》，http://loa-shared.s3.amazonaws.com/static/pdf/LOA_interview_Gallagher_Stull_Carroll_on_Carver.pdf。

387 "多亏上帝开恩（我才逃过一劫）……"卡佛被引述于斯克莱尼卡《雷

蒙德·卡佛：一个作家的一生》，383页。

387 "我有点需要帮助，但是又有点不想……"卡佛《我致电的地方》，《短篇小说集》，460页。

387 "说下去，J.P.……别停下来，J.P.……如果他一直跟我说有一天他如何决定开始抛掷马蹄铁，我也会听的……"出处同上，454、456页。

387 "我热爱/这寒冷而湍急的水……"卡佛《在此处水和其他的水汇合》，《我们所有人：诗歌集》（纽约：克诺夫出版社，1998年），64页。

387 "像玻璃一样明净，像氧气一样维持人的生命……"泰丝·葛拉赫《访谈》，《短篇小说集》。

387 "爱河流，它深得我心……"卡佛《在此处水和其他的水汇合》，64页。

387 "作家奥利维亚·莱恩在这个瞬间找到了第三步骤的一个'浓缩的、特殊的版本'……"参见奥利维亚·莱恩《回声泉之旅：文人与酒的爱恨情仇》（纽约：反卡多出版社，2014年），278—279页。

388 "共性的纽带……"葛拉赫《前言》，《我们所有人：诗歌集》（纽约：克诺夫出版社，1998年），xxvii—xxviii页。

388 "想抽多少烟，就抽多少……果酱和肥腻的培根……"卡佛《派对》，《我们所有人》，103页。

388 "我的船正在定制中……"卡佛《我的船》，《我们所有人》，82页。

388 "他点着头并紧握着他的铲子……"卡佛《昨日，雪》，《我们所有人》，131—132页。

389 "那段人生已经过去了……"对雷蒙德·卡佛的访谈，莫娜·辛普森和刘易斯·布兹比《巴黎评论》（1983年夏）。

389 "他早就知道/他们会在不同的生活中、远离彼此的情况下死去……"卡佛《发出攻击的鳗鱼》，《我们所有人》，272页。

389 "你到底做了什么，以及对另一个人……"卡佛《酒》，《我们所有人》，10页。

393 "'我穿越整个国家，来到你的坟墓前……''我从日本来告诉你真相……'"这些笔记本中的留言摘自杰夫·贝克《工作中的西北作家：身在雷蒙德·卡佛之乡的泰丝·葛拉赫》，2009年9月19日《俄勒冈人报》。

393 "花钱就像酒精一样是一种逃避。我们都在试图填补那个空洞……"引述于莱恩《回声泉之旅：文人与酒的爱恨情仇》，296页。

393 "小比利·伯勒斯……在33岁时死于肝硬化——一次肝脏移植手术都无

法阻止他喝酒……"在儿子于1981年去世的三年后，老威廉·伯勒斯为小比利·伯勒斯的两部小说《速度》和《肯塔基火腿》写了一篇跋。其字里行间充满了静谧的悲伤、内在的自责和令人不安的放弃：在意识到他们之间的纽带的同时，也意识到这种纽带所缺乏的。老伯勒斯回忆起有一次他的儿子本应到伦敦去找他，却因为写了一张虚假的处方而被逮捕；因此，反而是老伯勒斯到佛罗里达去看望他，因为害怕在海关被查，而没敢带他的鸦片，最终因为纠正一个他自认"不那么小的习惯"而在戒除症状中过了1个月。父与子的人生有很多相似之处，其相似之处不仅仅在于两个人的上瘾，还有因为他们的上瘾而造成的种种困境。然而，这些相似之处并没有带来共鸣的安慰，而更多的是加重了负担：距离、阻碍和搬迁。在他的跋中，老伯勒斯记得"那一次小比利在一次车祸后从佛罗里达的一家医院里给我打了个长途电话。我能听见他的声音，但他听不见我的声音。我一直在说：'你在哪里，比利？你在哪里？'——既不自然也不和谐，把对的话说在错的时间，在对的时间说了错的话，且往往是在最错的时间说了最错的话……我记得在自己到隔壁房间就寝后，听到他在弹吉他，然后又一次感到深深的痛苦"。

这并不是通过理解达成的复原，不是通过互相认同达成的救赎，它不过是共情，但既没有紧握，也没有效用。无论一项程序是否个人化，其请求还是一样的：请不要让我失望。个人痛苦的声响是可以被人听到的，但永远都很辽远。老威廉·伯勒斯《树展示了风的形状》，《速度》和《肯塔基火腿》（纽约：俯瞰出版社，1973年；1984年重印），小威廉·伯勒斯编。

394 "美丽而坚强，就像是卡佛小说里的一个美容师……"威廉·卜斯《走在边缘》，2007年9月16日《华盛顿邮报》。

作者的话

398 "举个例子，丁丙诺啡就是一种部分活化剂，通过防止其他鸦片制剂产生制约作用而制约鸦片受体……"卢卡斯·曼恩《试图矫枉过正》，2016年4月15日《格尔尼卡》杂志。

400 "戒绝就不是一个你可以强加给所有人的模式……"加博尔·马泰被引述于莎拉·雷斯尼克《H》，《n+1》杂志24期（2016年冬）。

401 "如果我们把人当作人，那么我们就会把人当作人一样对待。句号……"

强尼·佩雷斯，专家小组讨论，维拉司法协会，2017年2月23日《芝加哥看法》杂志，http://www.vera.org/research/chicago-ideas-it-doesnt-have-to-be-this-way。

著作权合同登记号桂图登字:20-2021-118 号

图书在版编目(CIP)数据

在威士忌和墨水的洋流/(美)莱斯莉·贾米森著;高语冰译. —桂林:广西师范大学出版社,2021.6
书名原文:The Recovering:Intoxication and Its Aftermath
ISBN 978-7-5598-3864-3

Ⅰ. ①在… Ⅱ. ①莱… ②高… Ⅲ. ①酗酒-病态心理学-通俗读物 Ⅳ. ①B846-49

中国版本图书馆 CIP 数据核字(2021)第 104166 号

在威士忌和墨水的洋流
ZAI WEISHIJI HE MOSHUI DE YANGLIU

出 品 人:刘广汉
策划编辑:宋书晔
责任编辑:刘孝霞
执行编辑:宋书晔
装帧设计:李婷婷　王鸣豪
广西师范大学出版社出版发行

（广西桂林市五里店路9号　　　邮政编码:541004）
（网址:http://www.bbtpress.com）
出版人:黄轩庄
全国新华书店经销
销售热线:021-65200318　021-31260822-898
山东新华印务有限公司印刷
(济南市高新区世纪大道 2366 号　邮政编码:250104)
开本:650mm×960mm　　1/16
印张:30.25　　　　字数:408 千字
2021 年 6 月第 1 版　　2021 年 6 月第 1 次印刷
定价:88.00 元

如发现印装质量问题,影响阅读,请与出版社发行部门联系调换。